职业教育课程改革规划新教材

维修电工技能实训项目教程

（中　级）

主　编　陈亚南
副主编　蒋亦军
参　编　褚玉群　张　霞　龚　洁
主　审　李秉玉

机械工业出版社

本书是依据中等职业教育的人才培养目标、2008年人力资源和社会保障部培训就业司颁发的《维修电工技能训练教学大纲》和原建设部颁发的《建筑电气工程施工质量验收规范》（GB 50303—2002）的要求进行编写的。教材内容涵盖了维修电工的基本技能训练，焊接的基本操作训练，室内线路和接地装置的安装及检修，变压器的维护及检修，电动机的维护与检修，电子电路的安装、调试与维修等6个项目。

本书从中等职业技术学校和职业高中的实际教学情况出发，贯彻落实"以服务为宗旨、以就业为导向"的办学理念，坚持理论联系实际，体现"做中学、做中教"的教学方式，以技能实训为主，由浅入深、通俗易懂。

本书可作为中等职业技术学校和职业高中的电子类、机电类的技能实训专业教材，亦可作为上岗前职业培训（初、中级）维修电工考证的技能实训教材，也是工程技术人员、安装及维修电工的参考用书。

为方便教学，本书配有免费电子教案，凡是选用本书作为教材的教师可登录 www. cmpedu. com 注册、下载，流程见本书最后一页。

图书在版编目（CIP）数据

维修电工技能实训项目教程：中级/陈亚南主编. —北京：机械工业出版社，2011.9（2023.1重印）
职业教育课程改革规划新教材
ISBN 978-7-111-34528-2

Ⅰ.①维…　Ⅱ.①陈…　Ⅲ.①电工-维修-职业教育-教材　Ⅳ.①TM07

中国版本图书馆 CIP 数据核字（2011）第197189号

机械工业出版社（北京市百万庄大街22号　邮政编码100037）
策划编辑：高　倩　责任编辑：高　倩　版式设计：霍永明
责任校对：陈延翔　封面设计：鞠　杨　责任印制：常天培
北京机工印刷厂有限公司印刷
2023年1月第1版第10次印刷
184mm×260mm · 16.75印张 · 413千字
标准书号：ISBN 978-7-111-34528-2
定价：38.00元

前　言

本书是根据中等职业教育的培养目标，2008 年人力资源和社会保障部培训就业司颁发的《维修电工技能训练》教学大纲，原建设部颁发的《建筑电气工程施工质量验收规范》（BG 50303—2002）的要求编写的技能实训教材。

本书以初、中级维修电工职业技能鉴定规范为依据，以实用、够用、就业为导向，向读者传授初、中级维修电工基础工艺知识和操作技能。本书在编写内容和结构安排上，突出以下特点：

1）结合人力资源和社会保障部颁发的初、中级技工鉴定规范，突出职业技术操作分析、考核与评价，能让读者在真实的训练中去感受、体验，提高学习兴趣。

2）本书在编写结构上，打破传统以知识系统设计章节段落，按照维修电工的实际生产要求，以项目形成独立技能模块，再以任务进行分解，形成项目技能知识体系。技能目标明确，使学生知道用什么、学什么、会什么，明确掌握专业的知识和技能。

3）本书的技能实训主要体现“做中学，做中教”的指导思想，通过基础知识链接、操作分析、考核与评价等系列安排，加强技能实训的可操作性。技能操作要求规范，在实训中，把技能操作质量要求与电气工程施工质量验收规范有机结合，学生掌握的技能实际应用性强。

4）本书适用性广，可作为中等职业技术学校和职业高中的电子类、机电类实训教材，也可作为上岗前职业操作培训，初、中级维修电工技能鉴定操作考试培训的教材，而且还能作为工程技术人员、安装及维修电工的参考用书。

5）本书注重教学内容的直观性和形象化，图文、表格并茂，浅显易懂。

教学授课时间安排及技能鉴定等级见下表。

课程内容		学时数				技能鉴定等级	
		合计	讲授	实训	机动	初级	中级
项目一	任务一　了解维修电工安全常识		2	2		√	
	任务二　学习常用电工工具的使用		2	2		√	
	任务三　学习登高技能		2	4		√	
	任务四　学习导线的连接与绝缘恢复		2	2		√	
	任务五　辨识与选用常见电工材料		2	1		√	
	任务六　常见便携式仪表的使用与维护		3	3		√	
	小　计	29	13	14	2		
项目二	任务一　学习焊条电弧焊		1	2		√	
	任务二　学习烙铁钎焊		2	1		√	
	小　计	7	3	3	1		
项目三	任务一　了解塑料护套线配线		2	6		√	
	任务二　了解塑料槽板配线		1	4		√	
	任务三　了解线管配线		2	12		√	
	任务四　学习照明灯具、开关、插座及风扇的安装与维修		3	12		√	

（续）

课程内容		学时数				技能鉴定等级	
		合计	讲授	实训	机动	初级	中级
项目三	任务五　学习进户装置及量配电装置的安装		2	6		√	
	任务六　学习接地装置的安装与检修		2	6		√	
	小　计	62	12	46	4		
项目四	任务一　掌握三相电力变压器的维护		2	4			√
	任务二　学习小型变压器的绕制		1	4		√	
	小　计	12	3	8	1		
项目五	任务一　学习三相异步电动机的安装		2	4		√	
	任务二　学习三相异步电动机的拆卸		1	4		√	
	任务三　学习三相异步电动机的维修		1	8		√	
	任务四　学习三相异步电动机定子绕组的重绕		3	8		√	
	任务五　学习单相异步电动机的维修		1	2		√	
	任务六　学习直流电动机的维修		1	2			√
	小　计	40	9	28	3		
项目六	任务一　掌握电子元件的识别与测试		2	4		√	
	任务二　掌握电子焊接的基本操作		1	2		√	
	任务三　学习印制电路板的制作工艺		1	2		√	
	任务四　掌握单相桥式整流滤波电路的安装与调试		1	2		√	
	任务五　掌握串联型稳压电源的安装与调试		1	2		√	
	任务六　掌握放大电路的安装与调试		2	4		√	
	任务七　掌握功率放大器的安装与调试		1	2		√	
	任务八　掌握晶闸管触发电路的安装与调试		1	2			√
	任务九　学习555定时器应用电路的安装与调试		1	2		√	
	小　计	36	11	22	3		
	合　计	186	51	121	14		

本书由孝感市职业教育集团陈亚南担任主编，蒋亦军担任副主编；由武汉船舶职业技术学院李秉玉担任主审。编写人员及分工如下：项目一、二、三、四、六由陈亚南、蒋亦军、褚玉群、龚洁编写，项目五由襄阳汽车职业技术学院张霞编写。本书在编写中得到了孝感市职业教育集团领导、云梦县中等职业技术学校、安陆市中等职业技术学校和襄阳汽车职业技术学院的大力支持，在此表示感谢！

在编写过程中，编者参阅了大量书刊和相关论著，并吸取了其中的最新成果和经验，在此向原著者表示衷心的感谢！

由于编者的编写经验有限，书中难免存在缺点和错误之处，敬请读者批评指正。

编　者

目 录

前言
绪论 …… 1
项目一 维修电工的基本技能训练 …… 3
任务一 了解维修电工安全知识 …… 3
知识链接 1 触电与触电形式 …… 3
知识链接 2 触电后的急救知识和方法 …… 4
知识链接 3 用电安全技术措施 …… 6
知识链接 4 触电与电火灾的防范措施 …… 7
操作指导 触电现场的抢救 …… 8
知识拓展 防电火灾、防爆、防雷 …… 9
任务二 学习常用电工工具的使用 …… 10
知识链接 1 验电器 …… 10
知识链接 2 螺钉旋具 …… 11
知识链接 3 钢丝钳、尖嘴钳 …… 11
知识链接 4 剥线钳、电工刀 …… 12
知识链接 5 活扳手 …… 13
知识链接 6 喷灯 …… 13
知识链接 7 电钻与电锤 …… 14
操作指导 1 验电笔的使用操作 …… 14
操作指导 2 电锤的使用操作 …… 15
操作指导 3 喷灯的使用操作 …… 15
操作指导 4 认识几种电工工具的性能价格比较 …… 15
知识拓展 验电笔的使用 …… 16
任务三 学习登高作业 …… 16
知识链接 1 梯子登高操作 …… 16
知识链接 2 踏板、脚扣登杆 …… 17
知识链接 3 腰带、保险绳和腰绳 …… 18
操作指导 1 踏板登杆 …… 18
操作指导 2 脚扣登杆，腰带、保险绳和腰绳的使用 …… 20
任务四 学习导线的连接与绝缘恢复 …… 21
知识链接 1 导线绝缘层的剖削 …… 21
知识链接 2 导线的连接 …… 22
知识链接 3 导线绝缘层的恢复 …… 25
操作指导 1 导线绝缘层的剖削、连接及绝缘层的恢复 …… 27
操作指导 2 接头与接线柱的连接 …… 27
任务五 辨识与选用常见电工材料 …… 28
知识链接 1 绝缘材料 …… 28

知识链接 2 导电材料 …… 30
知识链接 3 电热材料 …… 32
知识链接 4 导线截面积的选择 …… 32
操作指导 导线的认知与截面积的选择 …… 33
任务六 常见便携式仪表的使用与维护 …… 34
知识链接 1 万用表的使用与维护 …… 34
知识链接 2 绝缘电阻表的使用与维护 …… 37
知识链接 3 钳形电流表的使用与维护 …… 39
知识链接 4 直流惠斯顿电桥的使用与维护 …… 40
知识链接 5 接地电阻测试仪的使用与维护 …… 41
操作指导 1 绝缘电阻表的操作使用 …… 42
操作指导 2 钳形电流表的操作使用 …… 43
操作指导 3 直流惠斯顿电桥的操作使用 …… 43
思考与练习 …… 44

项目二 焊接的基本操作训练 …… 46

任务一 学习焊条电弧焊 …… 46
知识链接 1 电焊工具 …… 46
知识链接 2 焊条 …… 48
知识链接 3 焊件的接头形式和焊接方式 …… 50
操作指导 电焊接的操作方法 …… 52
任务二 学习烙铁钎焊 …… 54
知识链接 1 电烙铁及焊锡 …… 54
知识链接 2 烙铁钎焊接的操作方法 …… 58
思考与练习 …… 62

项目三 室内线路和接地装置的安装及检修 …… 64

任务一 了解塑料护套线配线 …… 64
知识链接 1 电工图的种类及电工图例 …… 64
知识链接 2 电气原理图及安装图的识读 …… 67
知识链接 3 导线敷设的一般要求 …… 68
知识链接 4 塑料护套线配线的规范要求 …… 69
操作指导 塑料护套线配线安装的操作 …… 70
任务二 了解塑料槽板配线 …… 72
知识链接 1 塑料槽板配线的规范要求 …… 72
知识链接 2 塑料槽板 …… 73
操作指导 塑料槽板配线的安装操作 …… 73
任务三 了解线管配线 …… 74
知识链接 1 钢管及钢管加工 …… 74
知识链接 2 塑料管及硬塑料管加工 …… 76
知识链接 3 管配线的规范要求 …… 78
知识链接 4 钢管敷设 …… 79
知识链接 5 塑料管敷设 …… 80
知识链接 6 配线管的一般步骤 …… 81
知识链接 7 扫管穿线 …… 82

操作指导 硬塑料管明敷设配线的安装操作 …… 83
任务四 学习照明灯具、开关、插座及风扇的安装与维修 …… 84
知识链接 1 照明灯具的安装规范要求 …… 84
知识链接 2 照明灯具的安装操作 …… 86
知识链接 3 开关、插座及风扇的安装规范要求 …… 91
知识链接 4 开关、插座及风扇的安装操作 …… 92
知识链接 5 照明灯具及电路的维修 …… 93
操作指导 1 照明灯具、开关及插座的安装 …… 97
操作指导 2 照明灯具及其电路的维修操作 …… 98
任务五 学习进户装置及量配电装置的安装 …… 99
知识链接 1 进户装置的安装规范要求 …… 99
知识链接 2 照明配电箱（盘）的安装规范要求 …… 100
知识链接 3 低压配电及电度表的安装规范要求和操作 …… 100
操作指导 低压配电及电度表的安装操作 …… 104
任务六 学习接地装置的安装与检修 …… 105
知识链接 1 接地的概念及技术要求 …… 105
知识链接 2 接地体的安装规范要求 …… 106
知识链接 3 接地线的安装规范要求 …… 109
知识链接 4 接地装置的涂色和接地电阻的测量 …… 111
知识链接 5 接地装置的维修 …… 112
操作指导 人工接地装置的安装操作 …… 113
思考与练习 …… 114
项目四 变压器的维护及检修 …… 116
任务一 掌握三相电力变压器的维护 …… 116
知识链接 1 三相电力变压器的原理和结构 …… 116
知识链接 2 三相电力变压器的铭牌及磁路 …… 119
知识链接 3 三相电力变压器的运行维护 …… 121
知识链接 4 三相电力变压器的故障分析 …… 122
操作指导 变压器绕组直流电阻的测定 …… 125
任务二 学习小型变压器的绕制 …… 127
知识链接 小型单相变压器的结构与分类 …… 127
操作指导 1 小型变压器的绕组绕制、铁心装配与浸漆 …… 128
操作指导 2 变压器同极性端及其判别方法 …… 133
操作指导 3 小型变压器常见故障的分析及处理 …… 135
知识拓展 小型变压器的参数检测 …… 137
思考与练习 …… 139
项目五 电动机的维护与检修 …… 140
任务一 学习三相异步电动机的安装 …… 140
知识链接 1 三相异步电动机的原理 …… 140
知识链接 2 三相异步电动机的运行与维护 …… 143
知识链接 3 三相异步电动机的选择 …… 145
操作指导 三相异步电动机的安装与调试 …… 149
任务二 学习三相异步电动机的拆卸 …… 152

知识链接　三相异步电动机的基本结构 …… 152
操作指导　三相异步电动机的拆装 …… 153
任务三　学习三相异步电动机的维修 …… 157
知识链接 1　三相异步电动机的保养 …… 157
知识链接 2　三相异步电动机的故障分析与检查 …… 158
操作指导 1　定子绕组的故障排除 …… 161
操作指导 2　转子绕组的故障排除 …… 164
操作指导 3　三相异步电动机修理后的试验 …… 165
任务四　学习三相异步电动机定子绕组的重绕 …… 167
知识链接 1　记录原始数据、填写电动机修理单 …… 167
知识链接 2　定子、转子绕组的有关概念 …… 168
知识链接 3　定子绕组的展开图和接线图 …… 170
操作指导　三相异步电动机定子绕组的重绕 …… 177
任务五　学习单相异步电动机的维修 …… 184
知识链接 1　单相异步电动机的原理与结构 …… 184
知识链接 2　单相异步电动机的使用和维护方法 …… 186
操作指导 1　单相异步电动机的拆装 …… 186
操作指导 2　单相异步电动机常见故障的检测及维修 …… 187
任务六　学习直流电动机的维修 …… 189
知识链接 1　直流电动机的工作原理 …… 189
知识链接 2　直流电动机的结构形式及维护 …… 190
操作指导 1　直流电动机的拆装操作 …… 191
操作指导 2　直流电动机常见故障的检测及维修 …… 191
思考与练习 …… 193
项目六　电子电路的安装、调试与维修 …… 195
任务一　掌握电子元件的识别与测试 …… 195
知识链接 1　常用电阻元件的识别与测试 …… 195
知识链接 2　常用电容元件的识别与测试 …… 201
知识链接 3　常用电感元件的识别与测试 …… 204
知识链接 4　常用半导体元件的识别与测试 …… 207
操作指导　常用电子元件的识别和测试操作 …… 212
任务二　掌握电子焊接的基本操作 …… 214
知识链接　焊接的基本操作工艺 …… 214
操作指导　焊接的操作 …… 218
任务三　学习印制电路板的制作工艺 …… 219
知识链接 1　印制电路板的制作 …… 219
知识链接 2　电子元器件的安装要求 …… 222
操作指导　印制电路板的制作 …… 224
任务四　掌握单相桥式整流滤波电路的安装与调试 …… 225
知识链接　电路原理与分析 …… 225
操作指导　单相桥式整流滤波电路的安装与调试 …… 228
任务五　掌握串联型稳压电源的安装与调试 …… 229
知识链接　电路原理与分析 …… 229

操作指导 串联型稳压电源的安装与调试 …… 232
任务六 掌握放大电路的安装与调试 …… 234
知识链接 电路原理与分析 …… 234
操作指导 带负反馈的两级放大电路的安装与调试 …… 237
任务七 掌握功率放大器的安装与调试 …… 239
知识链接 电路原理与分析 …… 239
操作指导 OTL 功率放大器的安装与调试 …… 241
任务八 掌握晶闸管触发电路的安装与调试 …… 244
知识链接 电路原理与分析 …… 244
操作指导 晶闸管直流调光电路的安装与调试 …… 247
任务九 学习 555 定时器应用电路的安装与调试 …… 249
知识链接 555 集成定时器 …… 249
操作指导 门铃电路的安装、测试和分析 …… 252
思考与练习 …… 254
参考文献 …… 256

绪　论

1. 课程的性质和内容

本课程是电气维修方向教授维修电工知识与操作技能的专业课，主要培养学生在电焊、电器安装、维修等方面的操作技能和独立完成具体工作的能力。主要内容包括：维修电工的基本技能训练，焊接的基本操作训练，室内线路和接地装置的安装及检修，变压器的维护及检修，电动机的维护与检修，电子电路的安装、调试与维修等6个项目。

2. 课程的任务和要求

本课程的任务是培养学生全面掌握本工种初、中级技术等级对应操作技能并达到一定的熟练程度，培养独立分析和解决一般技术问题的能力，养成文明生产的良好习惯和良好的职业道德。通过本课程的学习，学生应达到下列要求：

1）掌握电工基本操作方法和操作技术。

2）能独立完成室内线路的安装和维修。

3）掌握电动机的安装方法。

4）掌握三相异步电动机的检修技术和其他常用电动机的维护和检修方法。

5）掌握电力变压器的维护方法和小型变压器的绕制方法。

6）能正确使用常用电工仪表和常用电子仪器。

7）能正确安装、调试和维修基本电子电路。

3. 教学中应注意的问题

1）技能实训课原则上应按照技能实训教学大纲的内容和要求进行教学。

2）在教学中，坚持教师在“做中教”，要加强基本操作技术和技能的训练，做好组织教学、讲解、示范和讲评等教学环节。贯彻讲解与示范相结合、集体指导与个别指导相结合、课堂教学与社会实践相结合的教学方法。

3）在基本操作技能实训中，坚持学生在“做中学”，要激发学生的学习积极性和克服困难的信心，鼓励学生勤学苦练，扎扎实实地练好基本功。

4）检修实训时，教室设置的人为故障点必须符合生产实际。安装实训时，可以走出课堂到现场参观或工地施工。

5）要注重对学习效果的评估，完善各阶段的评估体系和方式。

6）在技能实训的整个过程中，要注意培养学生爱护工具、设备，节约原材料和团结协作的良好职业习惯。

7）在技能实训过程中，必须加强安全教育，严格执行《电业工人安全操作规程》。

4. 实训安全操作规程

1）实训学生首先要尊重和服从指导教师的统一领导和安排，指导教师要对学生进行安全教育，提高学生的安全意识，防止安全事故的发生。

2）实训指导教师对有危险的实训操作项目，必须现场监督和指导安全操作，严防安全事故的发生。

3）实训场所一定要保持安静，严禁大声喧哗、逗打、吵闹和走动，发现问题要及时报告指导教师等待处理。

4）不要随便操作电器设备、仪表、工具，防止电器设备、仪表、工具的损坏；特别是电器设备，在尚未知道带电情况之前，一律视为带电设备，不准乱插、乱接、乱拨、乱触摸，防止触电事故的发生。

5）实训操作前，指导教师对电气设备、仪表、工具一定要认真检查，发现问题，立即停用。

6）实训操作时，一定要按实训的步骤或程序进行操作，注意实训操作安全，坚决杜绝违规操作和带电作业，防止发生安全事故。

7）学生实训安装的电路和设备，一定要经指导教师认真检查、检测，合格后，方由指导教师现场监督通电试验操作，不准学生擅自通电试验操作，防止发生短路烧坏设备和触电事故。

8）在实训操作时，对实训的材料、设备、仪表及工具要爱护好，放置要稳当、安全、有序，搬运时要轻拿轻放，要节约使用原材料，对违规操作损坏的设备、仪表、工具，根据具体情况赔偿。

9）实训操作完毕后，必须首先关闭电源、各种仪表，再拆卸连接的导线，最后将实训设备、仪表、工具及材料整理归位。

项目一　维修电工的基本技能训练

维修电工的基本技能是电气维修人员必须掌握的基本操作技能。它包括电工安全常识、电工工具使用方法、登高技能、导线连接与绝缘的恢复、常见电工材料的选用和电工仪表的使用等基础知识和基本操作技能。

知识目标

1. 知道维修电工的基本操作安全知识，安全用电、文明生产和消防知识。
2. 知道电工材料的分类与性质，知道常用电线、开关和熔断器的选用方法。

技能目标

1. 掌握触电后的急救知识和方法。
2. 熟悉电工常用工具的种类，掌握电工常用工具的使用技能。
3. 掌握使用梯子、踏脚板和脚扣的登高技能。
4. 掌握导线的连接技能，掌握恢复导线绝缘的技能。
5. 掌握万用表、钳形表、绝缘电阻表和惠斯顿电桥的使用和维护方法。

任务一　了解维修电工安全知识

【相关知识准备】

知识链接 1　触电与触电形式

1. 触电对人体的伤害作用

触电是电流对人体的伤害作用，它分为电击和电伤两种。

（1）电击　电击是指当电流通过人体时，造成人体内部组织的破坏的触电现象。人体通过电流的安全界限为 30mA，对人体危险的电流值为 50mA，能致人死亡的电流值为 100mA。

（2）电伤　电伤是指人体触电时局部受到伤害的触电现象，包括灼伤、电的烙印和皮肤金属化等。

2. 常见的触电形式

（1）单相触电　人站在地上，人体接触到一根带电导线，电流经人体到大地形成回路，这种触电方式称为单相触电，如图 1-1-1a 所示。大部分触电死亡事故都是这种触电方式造成的。

（2）两相触电　如果人体的两个部位同时分别接触三相电源的任何两根裸露导线，电线上的电流就会通过人体从一根电线传到另一根电线形成回路，使人触电，这种方式称为两相触电，如图 1-1-1b 所示。

（3）跨步电压触电　指电气设备相线碰壳接地或带电导线直接触地时，人体虽没有接触带电设备外壳或带电导线，但是跨步行走在电位分布曲线的范围内而造成的触电现象，如图 1-1-1c 所示。

a) 单相触电　b) 两相触电　c) 跨步电压触电

图 1-1-1　三种触电的形式

知识链接 2　触电后的急救知识和方法

在触电事故发生后，正确、及时的现场抢救可以挽救已触电的人的性命。下面介绍一些触电现场抢救的知识和技能。

1. 触电事故应急处理

如遇触电事故，首先应切断电源，使触电者尽快脱离电源。

两种触电情况的处理如下：高压时，特别注意运用可靠绝缘器材来做“断电”操作；低压时，在没有辅助绝缘材料的情况下，注意操作者自身可靠绝缘，例如，不能光脚站立在地上，不能用湿手操作开关等。

触电者在高空时，脱离电源后，应特别注意防止跌落造成二次伤害。

2. 对触电者的救护

对神志清醒的触电者，应将其放在阴凉通风处，安静休息。

对轻度昏迷，心跳呼吸均正常者应严加看护，并拨打电话报救护站。

对无心跳或无呼吸者，应立即进行体外心脏按压法或人工呼吸实施抢救，不能耽误时间，同时拨打 120 求救电话。

3. 触电现场的抢救

触电现场的抢救有诊断法、口对口人工呼吸抢救法和人工胸外按压抢救法等，还应注意若干现场抢救事项。

（1）触电现场的诊断法　当发生触电时，将触电者撤离电源后，除及时拨打“120”、联系医疗部门外，还应进行必要的现场诊断和抢救，直至救护人员到达。对触电者进行现场诊断的方法如下：一看胸部是否有扩张和收缩呼吸运动，眼珠瞳孔是否扩散；二听胸部是否

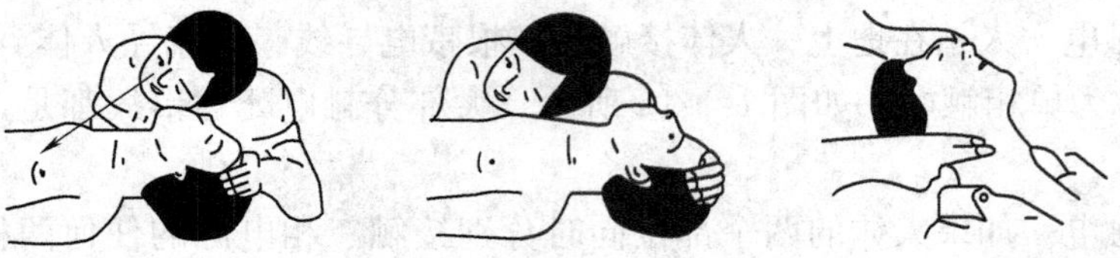

a) 一看　b) 二听　c) 三摸

图 1-1-2　触电现场诊断法

有心跳和呼吸声音；三摸颈动脉是否有搏动，以便于采用不同的抢救方法，如图 1-1-2 所示。

（2）口对口人工呼吸抢救法　当触电者呼吸停止，但还有心脏跳动时，应采用口对口人工呼吸抢救法，使触电患者头部后仰，呼吸道畅通，用手指捏住鼻翼，口紧对口，吹气 2s，停 3s 为一次呼吸，一般 1 ~ 2 次，如图 1-1-3 所示。

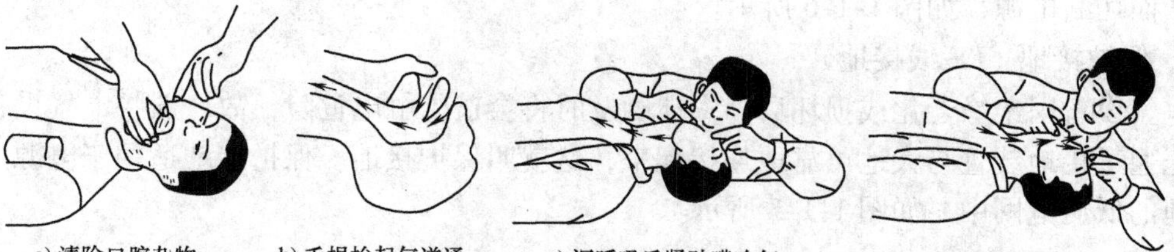

a) 清除口腔杂物　b) 舌根抬起气道通　c) 深呼吸后紧贴嘴吹气　d) 放松嘴鼻换气

图 1-1-3　口对口人工呼吸抢救法

（3）人工胸外按压抢救法　当触电者虽有呼吸但心脏停止，应采用人工胸外按压抢救法刺激心脏起搏，每分钟做 90 次左右，利用上身的重力，垂直将胸骨压陷 3 ~ 5cm，如图 1-1-4所示。

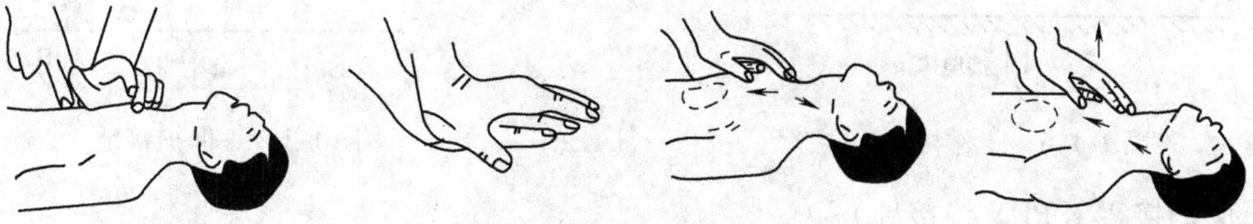

a) 找准位置　b) 按压姿势　c) 向下按压　d) 突然松手

图 1-1-4　人工胸外按压抢救法

当触电者伤势严重，呼吸和心跳都停止，或瞳孔开始放大时，应采用口对口人工呼吸1 ~ 2 次和人工胸外按压 15 次的方法交替抢救，如图 1-1-5 所示。

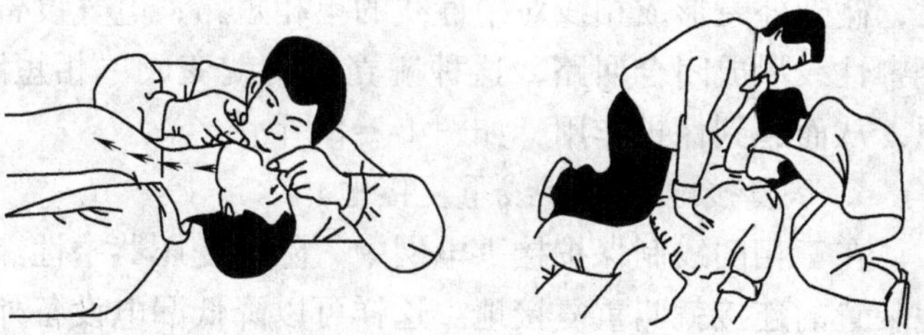

a) 单人操作　b) 双人操作

图 1-1-5　呼吸和心跳都停止的抢救方法

（4）现场抢救的注意事项

1）将触电者身上妨害呼吸的衣服全部迅速解开，越快越好。

2）迅速将口中的假牙或食物取出，保证呼吸道畅通。

3）如果触电者牙齿紧闭，必须使其张开，可把其下颚抬起，将两手四指托在下颚背后外，用力慢慢往前移动，使下牙移到上牙前。

4）现场抢救要发扬人道主义精神，认真地坚持做好人工抢救工作，一般现场抢救时间为 0.5 ~ 6h，直到患者恢复知觉。

5）抢救时，应保持做人工呼吸每分钟 12 ~ 16 次、对儿童每分钟 18 ~ 24 次、做人工胸外按压抢救保持每分钟 90 次左右的节奏；每抢救 1min 后，应采用“一看、二听、三摸”的方法在 5 ~ 7s 内完成对触电者是否恢复自然呼吸和心跳的再判断。

6）在现场抢救中，不能打强心针，也不能泼冷水。

知识链接 3　用电安全技术措施

1. 工作接地（N 线接地）

工作接地是指必须把电力系统的中性点接地，以便电气设备可靠运行。它的作用是降低人体的接触电压，因为当一相导线接地后，可形成单相短路电流，有关保护装置就能及时动作，从而切断电源，如图 1-1-6 所示。

2. 保护接地（PE 线接地）

电气设备因绝缘老化或损坏后，人体触及时将会遭受触电危险，故一般将电气设备的金属外壳通过接地装置与大地可靠地连接起来，这就叫保护接地。保护接地适用于电源中性点不接地的低压电网中，如图 1-1-7 所示。

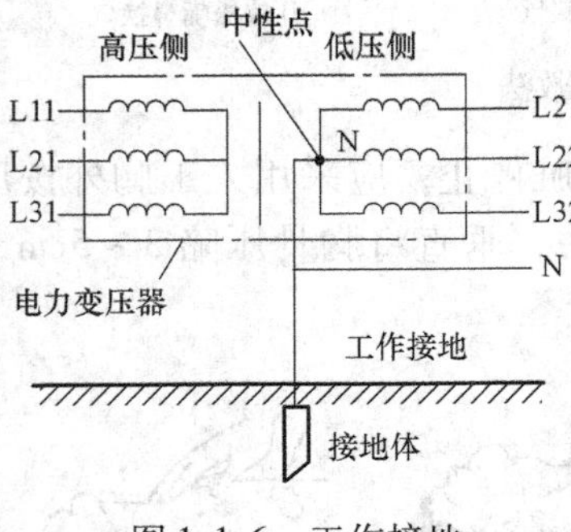

图 1-1-6　工作接地

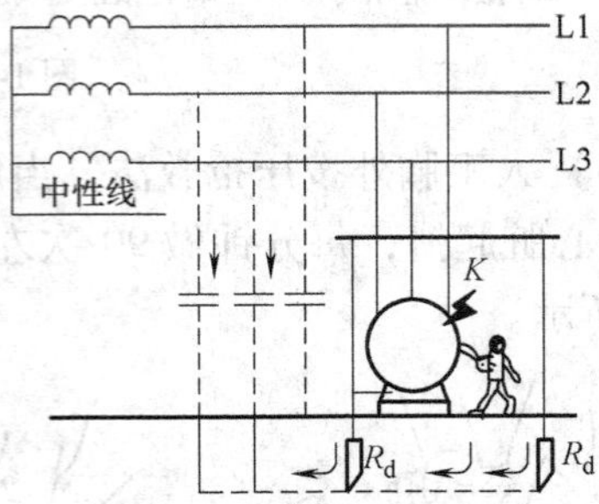

图 1-1-7　保护接地

3. 保护接零（PEN 线接地）

保护接零是指在电源中性点直接接地的三相四线制（380V/220 V）。低压系统中，把电气设备在正常情况下不带电的金属外壳与电源中性点可靠地连接起来。当电气设备发生漏电时，碰到外壳形成相线对中性线的单相短路，电气设备外壳直接接系统的中性线，短路电流经中性线形成闭合回路，这种碰壳短路就变成单相短路，使保护装置能可靠地迅速切断电源，从而起到保护作用，如图 1-1-8 所示。

4. 重复接地（PEN 线重复接地）

在三相四线制保护接零电网中，除了变压器中性点的工作接地之外，在零线上多点与接地装置的连接就叫重复接地。这样可以降低漏电设备外壳的对地电压，减轻触电的危险，如图 1-1-9 所示。

5. 漏电保护装置

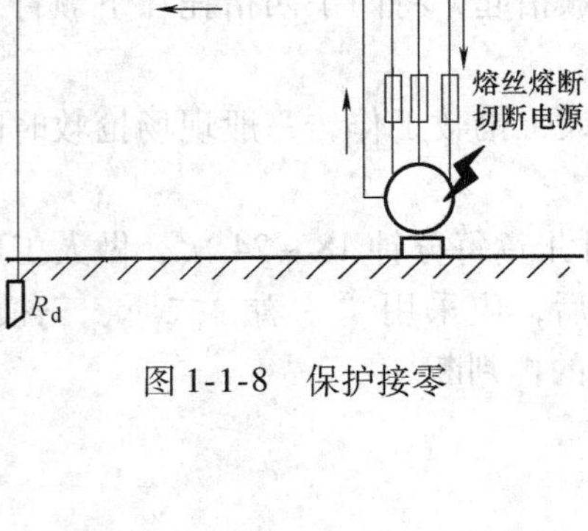

图 1-1-8　保护接零

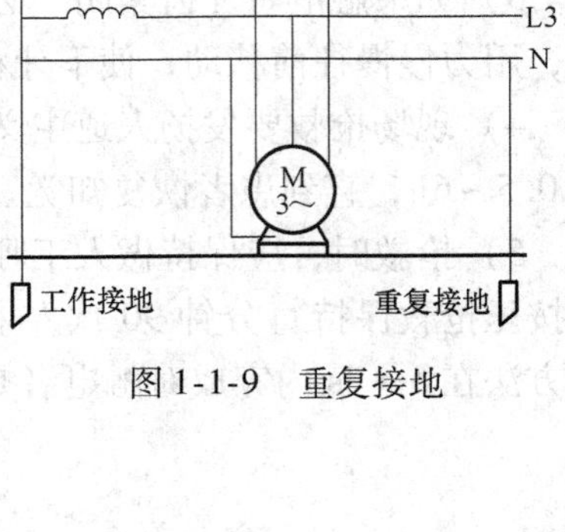

图 1-1-9　重复接地

漏电时常出现两种现象：一是金属外壳带电，二是三相电流的平衡遭到破坏。漏电保护装置就是通过检测机构取得这两种异常信号，经过中间机构的转换传递，使执行机构动作，通过开关设备立即切断电源起到保护作用。漏电保护装置分为电压型和电流型两类，其中，电流型又有电磁式和电子式之分。

6. 安全电压

根据我国《特低电压限值》（GB/T 3805—1993）标准规定的安全电压等级，50～500Hz的交流电压的安全额定值为42V、36V、24V、12V、6V这5个等级，规定任何时候安全电压不得超过50V（有效值），当电气设备采用大于24V的安全电压时，必须有防止人体直接触及带电体的保护措施。

我国规定局部照明安全电压为36V，在潮湿与导电的地沟或金属容器内工作时安全电压为12V，在水下工作时为6V。

知识链接4　触电与电火灾的防范措施

1. 合理选用供电电压

在使用电气设备时，首先要使电气设备的额定电压必须与供电电压相配。供电电压过高，容易烧毁电气设备；供电电压过低，电气设备不能充分发挥效能。其次，还要考虑环境对安全用电的影响。

2. 合理选用导线截面积

在合理选用供电电压之后，还必须合理选用导线截面积。导线是传输电流的，不允许过热，所以导线的额定电流比实际输送的电流要大些。家庭照明配电线路，其导线截面积一般选用1.5mm^2、2.5mm^2、4mm^2和6mm^2，材质为铜或铝。铜导线以每平方毫米允许通过的电流约为6A计算，铝导线则以4A计算。表1-1-1所列是常用铜、铝导线的截面积与安全载流量的对照表。

表1-1-1　常用铜、铝导线的截面积与安全载流量的对照表

导线截面积/mm^2	铜导线的安全载流量/A	铝导线的安全载流量/A
1.5	10	7
2.5	15	10
4	25	17
6	36	25

3. 合理选用开关、熔断器及熔体

应选用质量合格的开关，其额定电压大于电路的工作电压，其额定电流是负载电流的2～3倍，还要根据它开断的频率以及操纵距离的远近等条件进行选用。

熔断器选用时，应使额定电压大于电路的工作电压，额定电流是负载电流的2～3倍。

熔体的选用可遵循以下几条规则：在电阻性（白炽灯）负载短路保护电路中，熔体的额定电流等于或稍大于电路的工作电流；在电感性（电动机）负载短路保护电路中，熔体的额定电流等于或稍大于电路的工作电流的1.5～2.5倍；在保护配电电路中，支路上熔体的额定电流比干路上熔体的额定电流至少要小一个等级。

4. 制定各种安全制度，培养良好的工作习惯

电能的应用十分广泛，电工技术要求也越来越高，如果安装使用不规范，不定期检修，

就会发生事故。为了防止事故的发生，应狠抓用电安全工作，制定各种安全制度，培养良好的工作习惯。

例如：尽量避免带电操作，不使用不合格的电器设备；注意线路维护，及时更换损坏的导线，不乱拉电线及乱装插座；对有小孩的家庭，所有明线和插座都要安装在小孩够不着的部位；不在插座上装接过多功率过大的用电设备；不用铜丝代替熔丝等。

5. 为了安全用电，要重视电气设备的接地

对电气设备进行接地是保证人身和设备安全的重要措施。所谓电气上的“接地”是指电器设备的金属外壳与保护接地线相连接，在进行电器设备和电路安装时，一定要执行国家现行的电气安装安全规范，特别是住户自己安装电器和电路时，应安装接地极和保护地线。

【操作指导】

操作指导　触电现场的抢救

1. 目的要求

掌握触电现场的抢救操作。

2. 器材设施

人体呼吸模型一个，大垫子一个，用于隔口的卫生棉纱若干。

3. 实训前指导

（1）口对口人工呼吸抢救法　呼吸道要畅通，口紧对口吹气时，手要捏紧鼻子，不能漏气，深吸气用力吹直到胸部隆起。每次呼吸要保持吹 2s，停 3s。

（2）人工胸外按压抢救法　松开衣襟、腰带，呼吸道要畅通，两腿跨跪在触电者腰间，右手掌根部放在触电者的心窝口上方，左手掌叠放在右手掌上用力向下做压胸动作，突然放松两手，如此循环，每分钟 90 次左右。

4. 实训操作步骤

1）触电现场诊断方法；

2）口对口人工呼吸抢救法；

3）人工胸外按压抢救法。

注意!

① 做人工呼吸实训时，不能用人代替人体呼吸模型；② 实训要严肃、认真。

【考核与评价】

表 1-1-2　触电现场抢救的考核

项目内容	配分	评分标准	自评	互评	教师评
触电现场诊断方法	10	①“一看”　2 分 ②“二听”　4 分 ③“三摸”　4 分			
口对口人工呼吸抢救法	40	①清理触电患者的口腔使其没有杂物，头部后仰，操作者双腿跪下　10 分 ②口对口人工呼吸抢救方法　30 分			

（续）

项目内容		配分	评 分 标 准			自 评	互评	教师评
人工胸外按压抢救法		40	①清理触电患者的口腔使其没有杂物，松开衣襟、腰带，操作者双腿跪下 10分 ②人工胸外按压抢救方法 30分					
安全、文明操作①		10	违反一次 扣5分					
定额时间		45min	每超过5min 扣5分					
开始时间			结束时间		总评分			

①安全、文明操作的要求为：遵守实训纪律，团结协作，不损坏设备，遵守安全实训规程，不发生安全事故。

【知识拓展】

知识拓展　防电火灾、防爆、防雷

1. 防电火灾

电火灾是由于电气设备故障而使设备过热或产生电火花而引发的火灾。

其预防方法有：在线路设计上应充分考虑负载容量及合理的过载能力；禁止超载及乱接乱搭电源线；用电设备有故障应停用并尽快检修；某些电气设备应在他人监护下使用，做到“人去停电”。

易引起电火灾的场所分为三级：H-1级，有可燃挥发性液体；H-2级，有悬浮粉尘和纤维；H-3级，有固体可燃物。

平时应注意加强防火防爆宣传，配备防火器材，使用防爆电器。发生电火灾时，要冷静处理，先切断电源（用木柄消防斧切断电源进线），同时打火警电话“119”报警。

灭火时只能用“干粉”、CO_2、CCl_4 灭火器等灭火器材。

需要注意的是，在未确定火灾现场已全部切断电源线之前，禁止使用灭火器和用水灭火。

2. 防爆

当可燃气体、粉尘等与助燃气体混合后遇电火花易发生爆炸。常见的粉尘有粮食加工厂粉尘和纺织厂纤维粉尘等。

列举几种可燃气体的爆炸极限（遇火种时会产生爆炸的空气中含有该种气体的体积分数范围）如下：汽油为1%～6%；乙炔为1.5%～82%；液化石油气为3.5%～16.3%；家用管道煤气为5%～30%；氢气为4%～80%；氨气为15%-28%。

防爆措施有以下一些方面：合理选用防爆电气设备，工作场所通风良好；保持电气设备正常运行，防止短路过载；安装自动断电保护装置，使用便携式电气设备应特别注意安全；把危险性大的设备安装在危险地区外；防爆场所要选用防爆电动机等防爆设备；采用三相五线制与单相三线制；线路接头采用熔焊或钎焊。

3. 防雷

雷电是一种自然现象，雷击时，雷电流可高达数万安至数十万安，放电时间约为0.00015～0.001s，温度可达20000℃。

雷电的危害有对建筑物和电力调度造成破坏，对人畜造成伤害，引起大规模停电，造成火灾和爆炸等。

常用的防雷装置有避雷针、避雷线、避雷网、避雷带和避雷器等。

以上提及的避雷针、避雷线、避雷网和避雷带作为接闪器与引下线和接地装置一起构成完整通用防雷装置；避雷器则与接地装置一起构成特殊用途的防雷装置，用于建筑物。建筑物及露天的电力设施，应把防雷装置装设在保护对象最凸出的部位。根据保护范围的需要，在建筑物上可装设单支、双支或多支防雷装置。

任务二　学习常用电工工具的使用

【相关知识准备】

知识链接 1　验电器

1. 验电器的分类

验电器可分为低压验电器和高压验电器。

（1）低压验电器　又称电笔，是用来测试导线、开关和插座等电器及电气设备是否带电的工具，如图 1-2-1a 所示。常用的验电笔有螺钉旋具式和钢笔式两种，其结构如图 1-2-1b所示，主要由氖管、电阻、弹簧和笔身等组成。

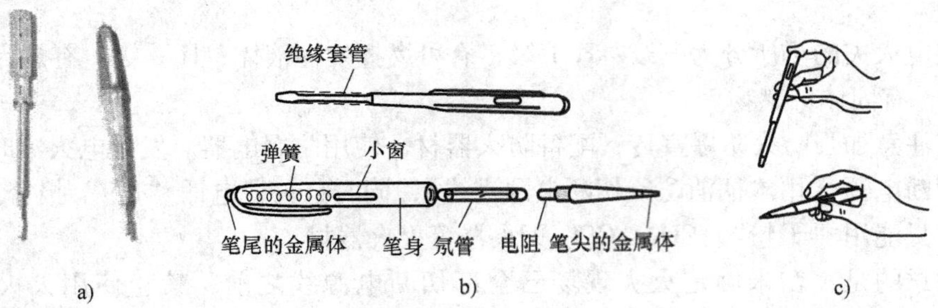

图 1-2-1　验电笔及其使用方法

验电笔在使用时应注意正确的握持方法，即右手握住验电笔身，食指触及尾部金属体，验电笔的小窗口朝向自己眼睛，如图 1-2-1c 所示。

（2）高压验电器　又称高压测电器，主要用来测量电力输送网络中的高压。

10kV 高压验电器由金属钩、氖管、氖管窗、固紧螺钉、护环和把柄等组成，如图 1-2-2 所示。

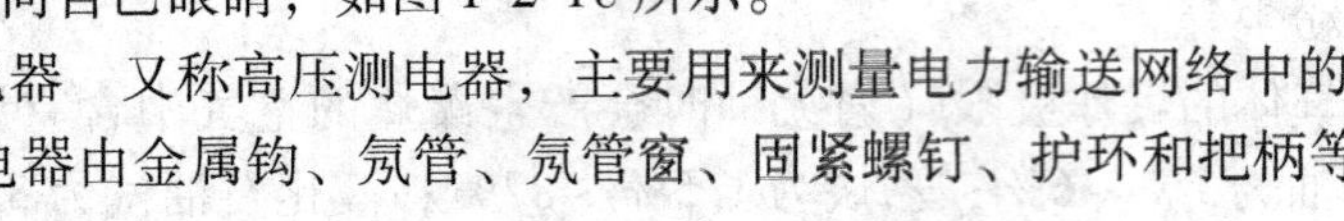

图 1-2-2　10kV 高压验电器

使用高压验电器时，应特别注意手握部位不得超过护环，其握法如图 1-2-3 所示。

2. 使用验电器的安全知识

1）验电器在使用前应在确有电源处试测，证明验电器确实良好后，方可使用。

2）使用时，验电器应逐渐靠近被测物体，直至氖管发亮；只有氖管不亮时，才可与被测物体直接接触。

3）室外使用高压验电器，应在天气晴朗时进行，雨、雪天气不宜使用，以防发生危险。

4）用高压验电器测试时，必须穿戴符合耐压要求的绝缘手套；身旁要有人监护。人体与带电体应保持足够的安全距离（10kV 高压的安全距离为 0.7m 以上），并应每半年一次作定期预防性试验。

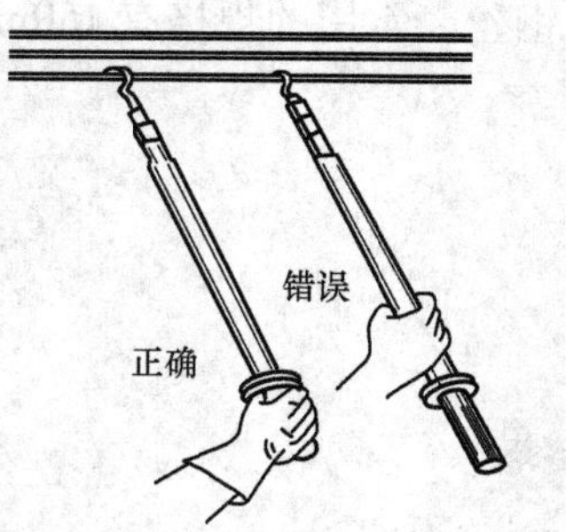

图 1-2-3　高压验电器的握法

3. 低压验电器的作用

1）区别相线与零线。在交流电路中，正常情况下，相线带电。当验电器触及相线时，氖管会发亮；触及零线时，氖管不会发亮。

2）区别电压的高低。氖管发亮的强弱由被测电压高低决定，电压高、氖管亮，反之则暗。

3）识别相线碰壳。用验电笔触及未接地的用电器金属外壳时，若氖管发亮强烈，则说明该设备有碰壳现象；若氖管发亮不强烈，搭接接地线后亮光消失，则该设备存在感应电。

4）识别相线接地。在三相三线制Y联结交流电路中，用验电笔触及相线时，有两根比平时稍亮，另一根稍暗，说明亮度暗的相线有接地现象，但不太严重。如果有一根不亮，则这一相已完全接地。

知识链接 2　螺钉旋具

螺钉旋具是用来旋紧或起松螺钉的，有一字螺钉旋具和十字螺钉旋具两种，电工使用的是木柄或塑料柄的绝缘螺钉旋具，常用规格按长短有 50mm、100mm、150mm 和 200mm 四种，如图 1-2-4 所示。

螺钉旋具使用时应注意安全，旋紧螺钉用力适度，防止触电。

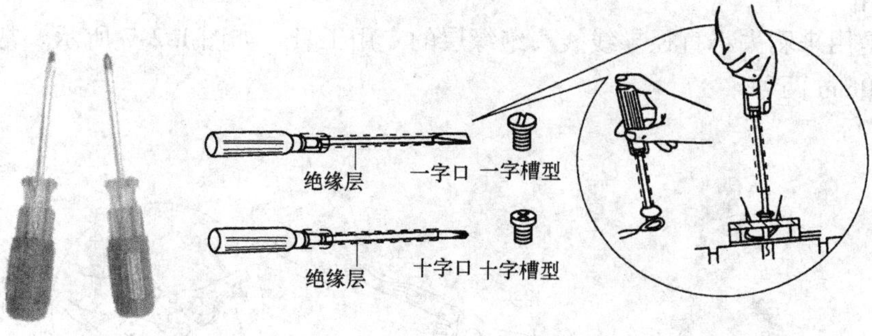

图 1-2-4　螺钉旋具及其使用方法

螺钉旋具使用时应注意：根据螺钉的大小，选用规格相应的螺钉旋具；不能使用穿芯螺钉旋具；不能把螺钉旋具当凿子用。

知识链接 3　钢丝钳、尖嘴钳

1. 钢丝钳

钢丝钳是用来钳夹、剪切电工器材（如导线）的常用工具，主要由钳头（包括钳口、切口（又称刀口）、齿口、铡口）、钳柄和绝缘套等组成。钳口主要用来弯绞或钳夹导线头，紧固或松动螺钉；刀口用来剪切导线或剖削软导线绝缘层，铡口用来铡切导线线芯、铁丝或钢丝。常用的规格有150mm、175mm和200mm三种，如图1-2-5所示。

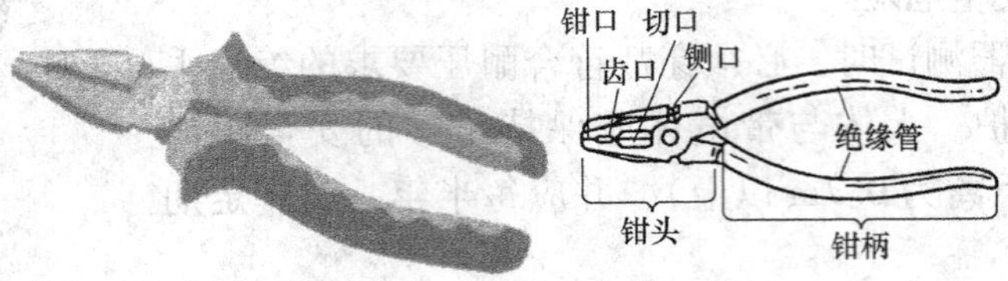

图1-2-5　钢丝钳及其构成

钢丝钳使用时应注意不能当做敲打工具；要保护好钳柄绝缘管，以免碰破绝缘管而造成触电事故。

2. 尖嘴钳

尖嘴钳的用途与钢丝钳相仿，由于尖嘴钳的钳头部分较细长，因而能在较狭小的地方工作，如灯座、开关内的线头固定等。常用的规格有130mm、160mm、180mm和200mm四种。尖嘴钳及其使用方法如图1-2-6所示。

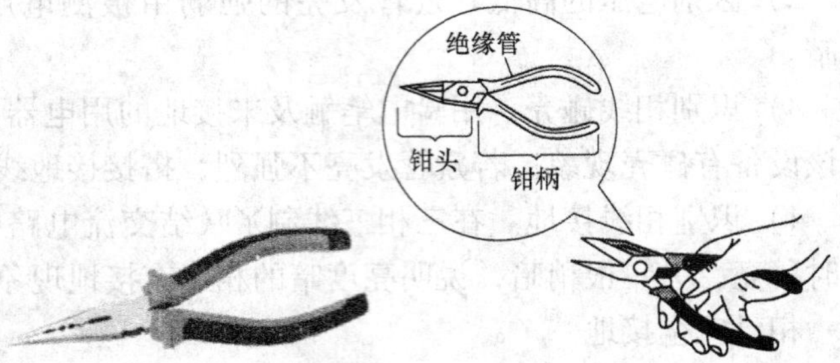

图1-2-6　尖嘴钳及其使用方法

尖嘴钳主要由钳头、钳柄和绝缘管等组成。尖嘴钳使用时的注意事项与钢丝钳使用时的注意事项相同。

知识链接4　剥线钳、电工刀

1. 剥线钳

剥线钳是用来剥去小直径导线线头绝缘层的专用工具，如图1-2-7所示。常用的规格有140mm和180mm两种。

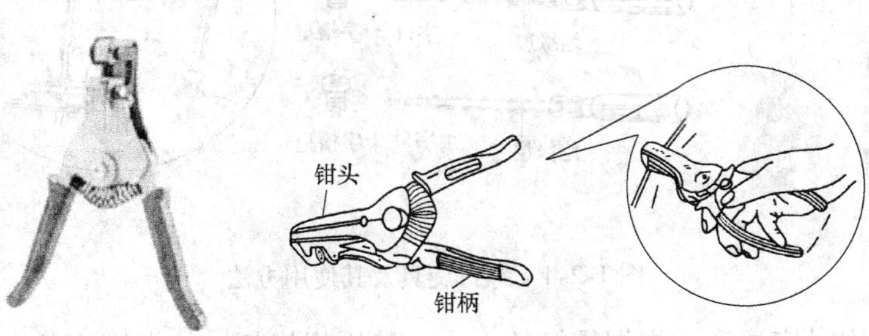

图1-2-7　剥线钳及其使用方法

剥线钳主要由钳头和钳柄组成，剥线钳使用时应注意根据不同的线径选择剥线钳不同的刃口。

2. 电工刀

电工刀是用来剖削电工材料绝缘层的工具，如剖削电线、电缆绝缘包皮等，如图1-2-8所示。

电工刀主要由刀身和刀柄组成。电工刀使用时刀口应朝外操作；在削割电线包皮时，刀口要放平一点，以免割伤线芯；使用后要及时把刀身折入刀柄内，以免刀刃受损或伤及人身。

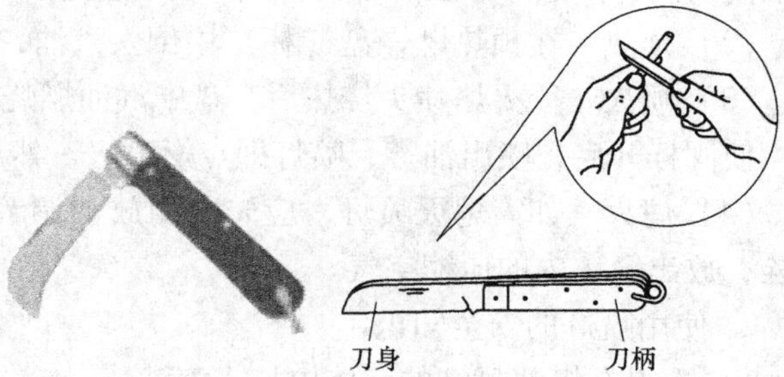

图 1-2-8　电工刀及其使用方法

知识链接 5　活扳手

活扳手是用来拧紧或拆卸六角螺钉（母）、螺栓的专用工具，活扳手主要由呆扳唇、活扳唇、扳口、蜗轮、轴销和手柄等组成，如图 1-2-9 所示。常用的规格（长度 × 最大开口宽度）有 150mm × 19mm（6in）、200mm × 24mm（8in）、250mm × 30mm（10in）和 300mm × 36mm（12in）等四种。

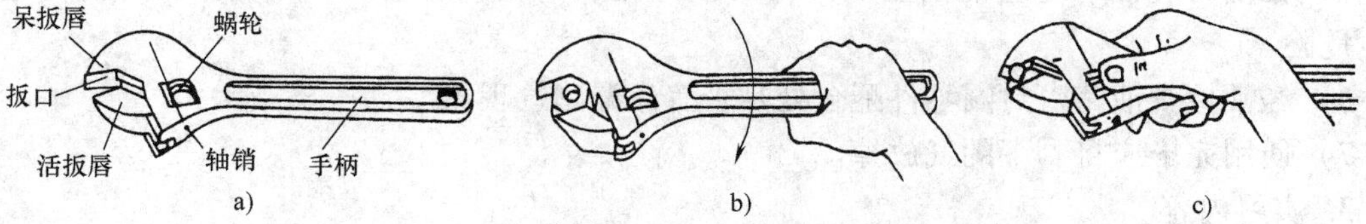

图 1-2-9　活扳手及其使用方法

活扳手使用时应注意不能当锤子使用；要根据螺钉、螺栓的大小选用相应规格的活扳手；活扳手的开口调节应能夹住螺钉、又能方便提取扳手、转换角度。

知识链接 6　喷灯

喷灯是一种利用喷射火焰对工件进行加热的工具，常用来焊接铅包电缆的铅包层，大截面积铜导线连接处的镀锡，以及其他电线连接表面的防氧化镀锡等。

1. 喷灯的结构及使用方法

喷灯的结构如图 1-2-10 所示。喷灯按使用燃料不同分为煤油喷灯和汽油喷灯两种。喷灯的使用方法如下：

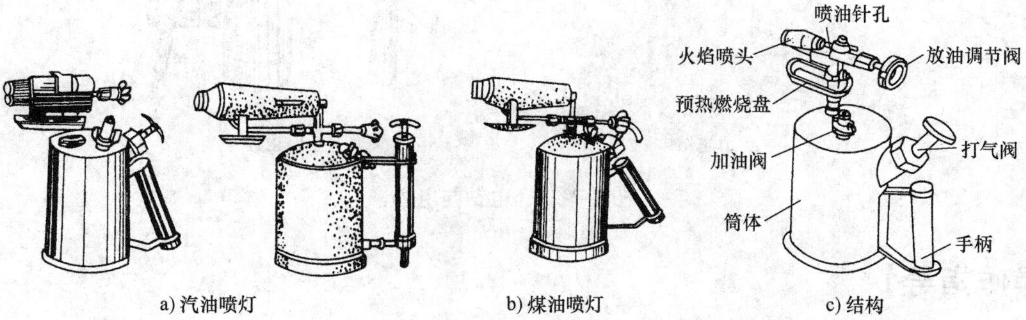

图 1-2-10　喷灯

（1）加油　旋下加油阀上面的螺栓，倒入适量的油，一般以不超过筒体的 3/4 为宜，保留一部分空间储存压缩空气以维持必要的空气压力。加完油后应旋紧加油口的螺栓，关闭放油阀的阀杆，擦净撒在外部的汽油，并检查喷灯各处是否有渗漏现象。

（2）预热　在预热燃烧盘（杯）中倒入汽油，用火柴点燃，预热火焰喷头。

（3）喷火　待火焰喷头烧热后，盘中汽油燃烧完之前，打气3～5次，将放油调节阀旋松，使阀杆开启，喷出油雾，喷灯即点燃喷火。然后继续打气，至火力正常时为止。

（4）熄火　如需熄灭喷灯，应先关闭放油调节阀，直到火焰熄灭，再慢慢旋松加油口螺栓，放出筒体内的压缩空气。

2. 使用喷灯的安全知识

1）不得在煤油喷灯的筒体内加入汽油。

2）汽油喷灯在加汽油时，应先熄火，再将加油阀上的螺栓旋松，听见气声后不要再继续旋出，以免汽油喷出，待气放尽后，方可开盖加油。

3）在加汽油时，周围不得有火。

4）打气压力不可过高，打完气后，应将打气柄卡牢在泵盖上。

5）在使用过程中应经常检查油筒内的油量是否少于筒体容积的1/4，以防筒体过热，发生危险。

6）经常检查油路密封圈零件配合处是否有渗漏跑气现象。

7）使用完毕应将剩下的气放掉。

3. 实习内容

按喷灯的使用步骤，对喷灯进行加油、预热、喷灯和熄火练习。

知识链接7　电钻与电锤

电钻可用麻花钻头在金属材料或在木质材料上钻孔；电锤可用冲击电钻头在砖墙、混凝土等处钻孔、开槽。电钻和电锤是电器设备安装的常用工具，如图1-2-11所示。

电锤使用时应注意：两手握紧手柄，用力均匀，防止电锤甩伤手腕。对电锤要注意爱护和保养，保证电锤的正常使用。

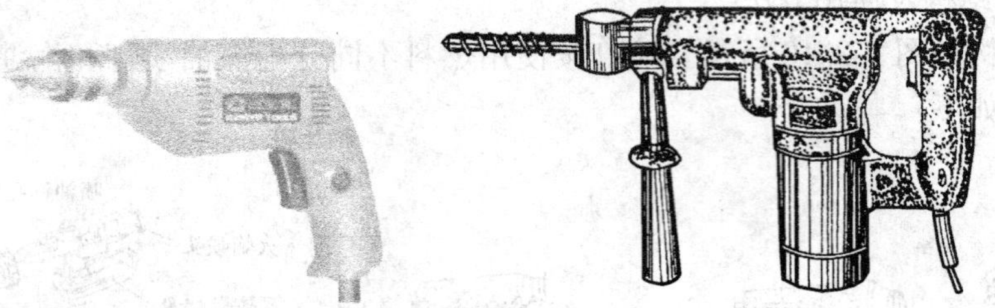

a) 电钻　　b) 电锤

图1-2-11　电钻与电锤

【操作指导】

操作指导1　验电笔的使用操作

（1）认识验电笔

（2）用验电笔测试导线、开关、插座等电器及电气设备是否带电

（3）验电笔的使用

操作指导2　电锤的使用操作

（1）认识电锤

（2）用电锤打孔及钻头的选用

操作指导3　喷灯的使用操作

1. 目的要求

掌握预热、喷灯、熄灭的使用要领。

2. 器材设施

煤油喷灯一个，适量的煤油、酒精，火柴。

3. 实训前指导

1）重温使用喷灯的安全知识。

2）备用灭火器，注意安全，小心烫伤。

4. 实训操作步骤

1）加油。

2）预热。

3）喷火。

4）熄灭。

实训时应注意组织好学生，对学生进行分组实训。

操作指导4　认识几种电工工具的性能价格比较

表1-2-1　几种电工工具的性能价格比较

序号	名　称	型　号	单位	价格	使用情况

【考核与评价】

表1-2-2　常用电工工具使用的考核

项目内容	配分	评分标准		自评	互评	教师评
验电笔的使用	30	①正确握法 ②相线与零线的判别 ③其他用途	10分 10分 10分			
电钻和电锤的使用	30	①电钻的使用 ②电锤的使用 ③钻头的选用	10分 10分 10分			
喷灯使用	30	①加油,预热操作 ②喷火操作 ③熄灭操作	10分 10分 10分			
安全、文明操作①	10	违反一次	扣5分			
定额时间	25min	每超过5min	扣10分			
开始时间		结束时间		总评分		

①要求与本项目任务一相同。

【知识拓展】

验电笔的使用

（1）判断家用电器外壳是否带电　若氖管闪亮，而且和接触相线时的亮度差不多，说明外壳带电，有危险；若氖管不亮，说明外壳没有电，是安全的。

（2）判断电器接地是否良好　把电笔做电器指示灯时，若氖管光源闪烁，则表明某线头松动、接触不良或电压不稳定。

（3）判断相线（L）或零线（N）是否断路　电路开关闭合后电器不能工作时，用验电笔分别接触相线和零线，若触及两线氖管都不发光，说明相线断开；若触及两线氖管都发光，说明零线断开。

（4）区分交流电和直流电　交流电通过电笔时氖管中两极会同时发亮，而直流电通过时氖管里只有一个极发光。

（5）区分交流电的同相和异相　两手各持一支电笔，站在绝缘体上，将两支电笔同时触及待测的两条导线，如果两支电笔的氖管均不太亮，则表明两条导线是同相；若发出很亮的光说明是异相。

（6）区分直流电的正负极　把电笔跨接在直流电的正、负极之间，氖管发亮的一头是负极，不发亮的一头是正极。

（7）判断直流电源正、负极接地　在要求对地绝缘的直流装置中，人站在地上用电笔接触直流电，如果氖管发光，说明直流电存在接地现象；反之则不接地。当电笔尖端一极发亮时，说明正极接地，若手握的一极发亮，则是负极接地。

（8）用作零线监测器　把电笔一头与零线相连，另一头与地线相连接，如果零线断路，氖管即发亮；如果没有断路，则氖管不发亮。

任务三　学习登高作业

【相关知识准备】

知识链接 1　梯子登高操作

登高常用的梯子有单梯和人字梯，如图 1-3-1a、b 所示，站姿如图 1-3-1c 所示。

a) 单梯　　b) 人字梯　　c) 站姿

图 1-3-1　电工常用的梯子

单梯通常用于室外登高作业，人字梯通常用于室内登高作业。

使用梯子登高时应注意以下事宜：

1）使用前应检查梯子是否有虫蛀及折裂的现象，单梯两脚是否绑扎胶皮之类的防滑材料，人字梯中间应绑扎两道防止自动滑开的安全绳。

2）在单梯上作业时，必须按正确方法站立，即重力线不能超出梯子外；在人字梯上作业时，切不可采取骑马的方式站立，以防人字梯两脚自动分开，造成事故。

3）单梯放置应与地面成60°~75°夹角。

4）梯子安放时要与带电设备等保持安全距离，扶梯人要戴好安全帽，梯子不能放在箱子或桶类物体上使用。

知识链接2　踏板、脚扣登杆

1. 踏板

又叫蹬板，用于攀登电杆。踏板由板、绳索和挂钩等组成，一般采用质地坚韧的材料制成，规格如图1-3-2a所示；绳索采用16mm三股白棕绳，绳两端系结在踏板两头的扎结槽内，顶端装上铁制挂钩，系结后绳长应为操作者的身长加上一臂长度，如图1-3-2b所示。踏板和白棕绳均应承重300kg，每半年进行一次载荷试验。挂钩的方法如图1-3-2c所示。

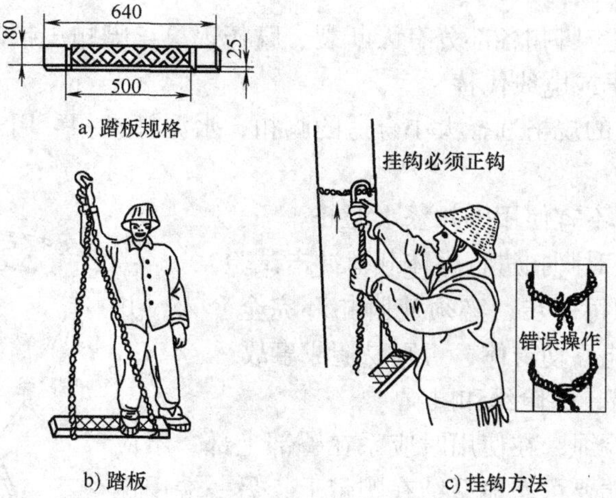

图1-3-2　踏板的使用方法

踏板登杆的注意事项如下：

1）踏板使用前，一定要检查踏板有无开裂和腐朽，绳索有无断股和腐朽。

2）踏板挂钩时必须向上正钩（钩尖向上），严禁反钩（钩尖向下），以免造成脱钩事故。

3）登杆前，应先将踏板钩挂好，用人体进行冲击载荷试验，检查踏板是否合乎要求，同时对腰带也用人体进行冲击载荷试验。

4）初学者必须在较低的电杆上训练，待熟练后才可正式进行杆上操作。

5）训练时，电杆下要放好海绵垫，以免发生坠落事故。

2. 脚扣

又叫铁脚，也是攀登电杆的工具。脚扣分为木杆脚扣和水泥杆脚扣两种，木杆脚扣的扣环上制有铁齿，其外形如图 1-3-3a 所示。水泥杆脚扣上裹有橡胶，以防止打滑，其外形如图 1-3-3b 所示。

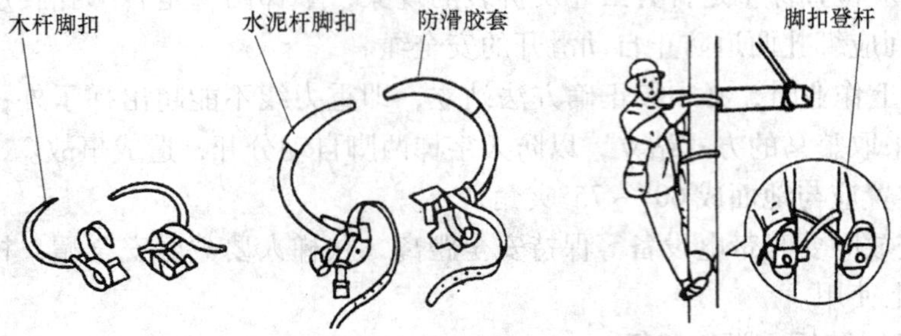

图 1-3-3　脚扣登杆的方法

脚扣登杆的攀登速度较快，方法容易掌握，但在杆上作业时没有踏板灵活舒适，容易疲劳，故适用于杆上短时间作业。为了保证杆上作业时人体的平稳，两只脚扣应按图 1-3-3c 所示的方法定位。

脚扣登杆的注意事项如下：

1）使用前必须检查脚扣各部分有无断裂、腐朽现象，脚扣皮带是否牢固可靠；脚扣皮带若损坏，不得用绳子或电线代替。

2）一定要按电杆的规格选择大小合适的脚扣，水泥杆脚扣可用于木杆，但木杆脚扣不能用于水泥杆。

3）雨天或冰雪天不宜使用脚扣登水泥杆。

4）在登杆前，应对脚扣进行人体载荷冲击试验。

5）上、下杆前的每一步，必须使脚扣环完全套入，并可靠地扣住电杆，才能移动身体，否则易造成事故。

知识链接 3　腰带、保险绳和腰绳

腰带用来系挂保险绳，在使用时应系在臀部上部，不应系在腰间。保险绳一端要可靠地系结在腰带上，另一端用保险钩钩在横担或抱箍上，如图 1-3-4 所示。使用时将腰绳系在电杆横担或抱箍下方，防止腰绳窜出电杆顶端，造成事故。

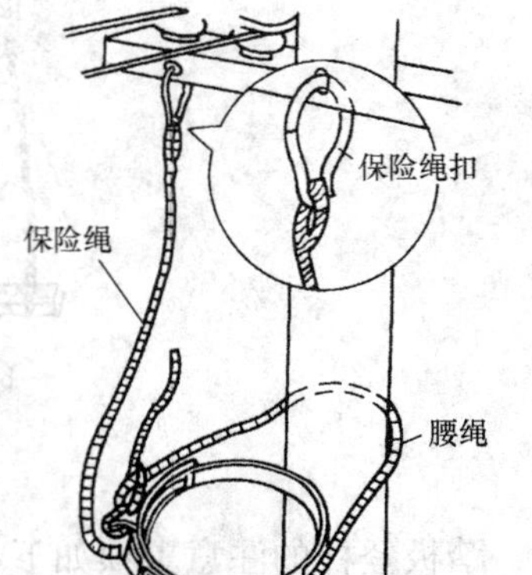

图 1-3-4　腰带、保险绳和腰绳

【操作指导】

操作指导 1　踏板登杆

1. 目的要求

掌握踏板登杆的方法。

2. 器材设施

踏板一副，保险腰带一副，安全帽一个，海绵垫子一块。

3. 实训前指导

1）注意人身安全，做好保护措施。

2）检查登高工具是否牢固可靠。

3）登杆时一要掌握动作要领，二要把握好自己的重心。

4）实训学员必须身体健康，无血压高、心脏病或恐高症等疾病。

4. 实训操作步骤

（1）踏板登杆

1）将一只踏板钩挂在电杆上，高度以操作者能跨上为准，另一只踏板反挂在肩上。

2）用右手握住挂钩端双根棕绳，并用大拇指顶住挂钩，左手握住左边贴近木板的单根棕绳，将右脚跨上踏板，然后用力使人体上升，待人体重心转到右脚后，左手即可向上扶电杆向上攀登，如图 1-3-5a、b 所示。

3）当人体上升到一定高度时，松开右手并向上扶住电杆使人体立直，将左脚绕过左边单根棕绳踏入木板内，如图 1-3-5c 所示。

4）待人体站稳后，在电杆上方挂上另一只踏板，然后右手紧握上一只踏板的双根棕绳，并使大拇指顶住挂钩，左手握住左边贴近木板的单根棕绳，把左脚从下踏板左边的单根棕绳内退出，改成踏在正面下踏板上，接着将右脚踏上上踏板，手脚同时用力，使人体上升，如图 1-3-5d 所示。

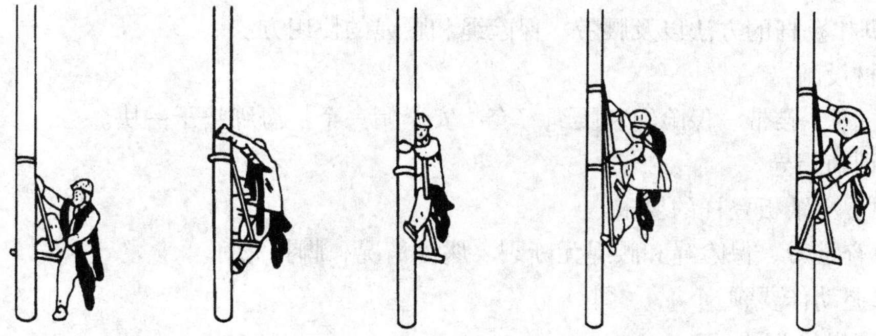

图 1-3-5　踏板登杆的方法

5）当人体离开下面一只踏板时，需把踏板解下，此时左脚必须抵住电杆，以免人体摇晃不稳，如图 1-3-5e 所示。以后重复上述各步骤进行登高，直至所需高度。

（2）踏板下杆

1）人体站稳在一只踏板上（左脚绕过左边棕绳踏入木板内），把另一只踏板钩在下方电杆上。

2）右手紧握踏板挂钩双根棕绳，并用大拇指抵住挂钩，左脚抵住电杆下端，随时用左手握住下踏板的挂钩处，人体也随左脚的下降而下降。同时下踏板下降到适当位置，把左脚插入下踏板两根绳间并抵住电杆，如图 1-3-6a 所示。

3）再用左手握住上踏板的左端棕绳，同时左脚用力抵住电杆，以防踏板滑下和人体摇晃，如图 1-3-6b 所示。

4）双手紧握上踏板的两根棕绳，左脚抵住电杆不动，人体逐渐下降，双手也随人体下降而下移到紧握棕绳的位置，直至贴近两端木板，此时人体向后仰，同时右脚从上踏板退下，使人体不断下降，直至右脚踏到下踏板，如图 1-3-6c、d 所示。

5）把左脚从下踏板两根棕绳内抽出，人体贴近电杆站稳，左脚下移并绕过左边棕绳踏到下踏板上，直至右脚踏到下踏板，如图 1-3-6e 所示。以后重复进行上述步骤，直至人体着地为止。

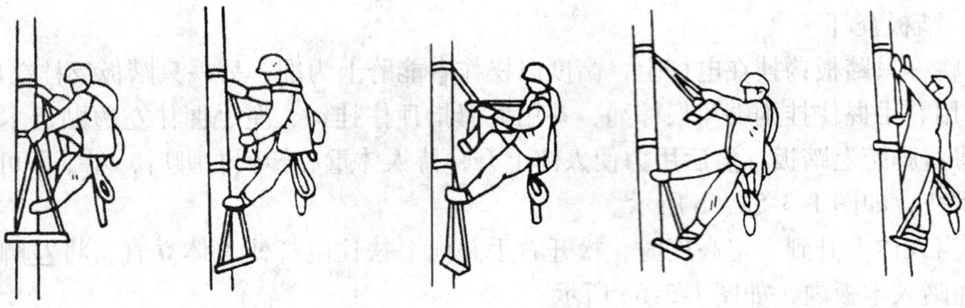

图 1-3-6　踏板下杆的方法

操作指导 2　脚扣登杆，腰带、保险绳和腰绳的使用

1. 目的要求

掌握脚扣登杆的方法以及腰带、保险绳和腰绳的使用方法。

2. 器材设施

脚扣一副，腰带、保险绳和腰绳一套，安全帽一个，海绵垫子一块。

3. 实训前指导

1）同上文踏板登杆的要求。

2）检查腰带、保险绳和腰绳无断裂、腐蚀情况，脚扣完好。

3）掌握动作要领。

4. 实训操作步骤

1）登杆前对脚扣进行人体载荷冲击试验，试验时先登一步电杆，然后使整个人体的重量以冲击的速度加在一只脚扣上，若没有问题再换另一只脚扣进行冲击试验。当试验证明两只脚扣都完好时，才能进行登杆训练，如图1-3-7a 所示。

2）然后左脚向上跨扣，左手应同时向上扶住电杆，如图 1-3-7b 所示。

3）接着右脚向上跨扣，右手应同时向上扶住电杆，如图 1-3-7c 所示。以后重复进行上述步骤，直至所需高度。

图 1-3-7　脚扣登杆方法

4）下杆方法与登杆方法相似。

实训时应注意以下事项：①要组织好，让学生分组进行实训；②指导教师一定要现场指导，注意安全；③学生实训时，不要让学生登得太高。

【考核与评价】

表 1-3-1　登高作业的考核

项目内容	配分	评分标准		自评	互评	教师评
梯子登高	20	①单梯的搭设与攀爬　10分 ②人字梯的架设与攀爬　10分				
踏板登高	25	①踏板的检查与使用操作　5分 ②踏板的上杆操作　10分 ③踏板的下杆操作　10分				
脚扣登高	25	①脚扣的检查与使用操作　5分 ②脚扣的上杆操作　10分 ③脚扣的下杆操作　10分				
腰带、保险绳和腰绳的使用	20	①腰带、保险绳和腰绳的检查与系法　10分 ②腰带、保险绳和腰绳的安全操作　10分				
安全、文明操作①	10	违反一次　扣5分				
定额时间	30min	每超过5min　扣10分				
开始时间		结束时间		总评分		

①要求与本项目任务一相同。

任务四　学习导线的连接与绝缘恢复

【相关知识准备】

知识链接1　导线绝缘层的剖削

1. 塑料硬导线绝缘层的剖削方法

（1）导线端头绝缘层的剖削　通常采用电工刀进行剖削，但线芯为 $4mm^2$ 及 $4mm^2$ 以下的塑料硬导线端头绝缘层可用钢丝钳、尖嘴钳或剥线钳进行剖削。线芯大于 $4mm^2$ 的塑料硬导线端头绝缘层，常用电工刀进行剖削。塑料硬导线端头绝缘层的剖削方法如图 1-4-1 所示。

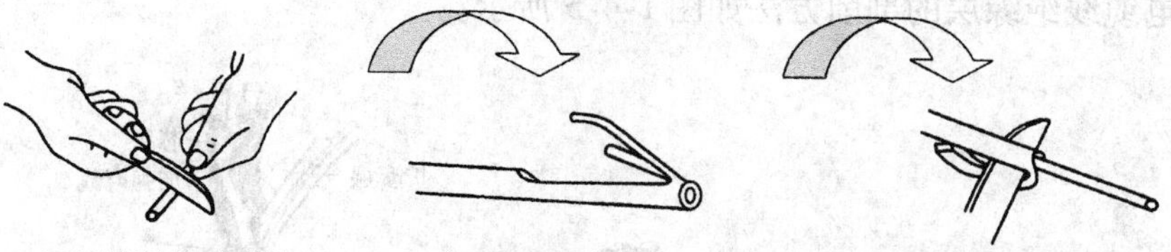

a) 刀呈45°切入绝缘层　b) 改15°向线端推削　c) 用刀切去余下的绝缘层

图 1-4-1　塑料硬导线端头绝缘层的剖削

（2）导线中间绝缘层的剖削　只能采用电工刀进行剖削。塑料硬导线中间绝缘层的剖削方法如图 1-4-2 所示。

2. 塑料软导线绝缘层的剖削方法

塑料软导线绝缘层的剖削方法如图 1-4-3 所示。

3. 塑料护套线的剖削方法

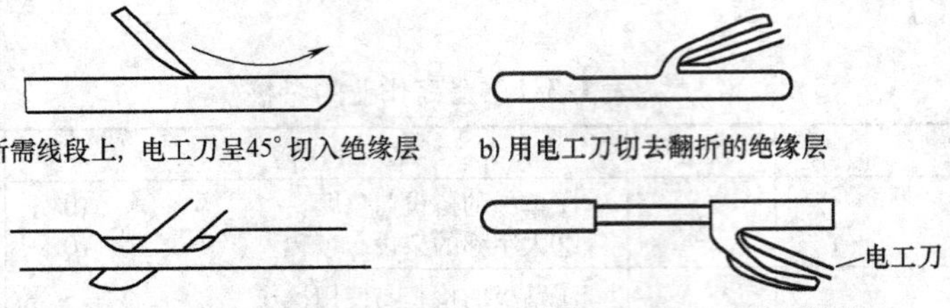

a) 在所需线段上，电工刀呈45°切入绝缘层　b) 用电工刀切去翻折的绝缘层

c) 电工刀刀尖挑开绝缘层，并切断一端　d) 用电工刀切去另一端的绝缘层

图 1-4-2　塑料硬导线中间绝缘层的剖削

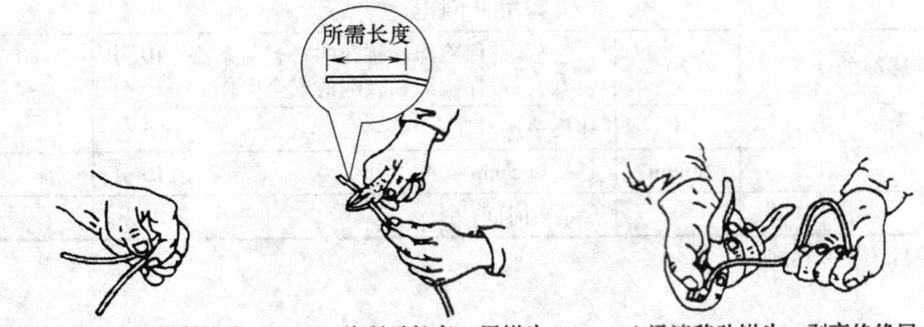

a) 左手拇、食指捏紧线头　b) 按所需长度，用钳头刀口轻切绝缘层　c) 迅速移动钳头，剥离绝缘层

图 1-4-3　塑料软导线绝缘层的剖削

塑料护套线绝缘层的剖削方法如图 1-4-4 所示。

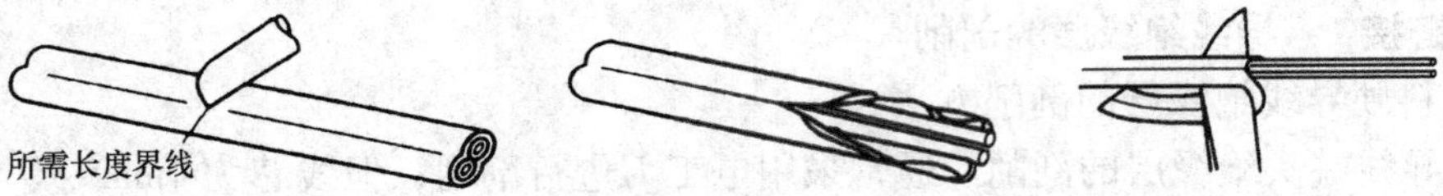

a) 用刀尖划破凹缝护套层　b) 剥开已划破的护套层　c) 翻开护套层并切断

图 1-4-4　塑料护套线绝缘层的剖削

4. 橡胶软电缆线的剖削方法

橡胶软电缆线绝缘层的剖削方法如图 1-4-5 所示。

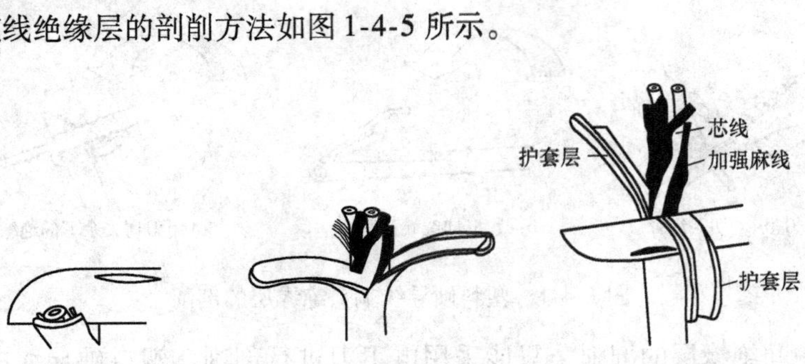

a) 用刀切开护套层　b) 剥开已切开的护套层　c) 翻开护套层并切断

图 1-4-5　橡胶软电缆线绝缘层的剖削

知识链接 2　导线的连接

1. 导线连接的要求

对导线连接的基本要求是“连接可靠、强度足够、接头美观、耐腐蚀”。

（1）连接可靠　接头连接牢固、接触良好、电阻小、稳定性好。接头电阻不应大于相同长度导线的电阻值。

（2）强度足够　接头机械强度不应小于导线机械强度的80%。

（3）接头美观　接头整体规范、美观。

（4）耐腐蚀　对于连接的接头要防止电化腐蚀。对于铜与铝导线的连接，应采用铜铝接头过渡连接，不准将铜与铝导线直接绞合连接。

2. 导线连接的方法

导线线头连接的方法一般分为单股导线与导线的连接、多股导线与导线的连接、导线与接线桩（端子）的连接等几种。

（1）单股导线与导线的连接　单股导线与导线的连接有直接连接和分支连接两种。

1）单股硬导线直接连接的操作步骤如图1-4-6所示。

第1步，将两根线头在离芯线根部的1/3处呈“×”状交叉。

第2步，把两线头如麻花状相互紧绞两圈。

第3步，把一根线头扳起与另一根处于下边的线头，保持垂直。

第4步，把扳起的线头按顺时针方向在另一根线头上紧绕6~8圈，圈间不应有缝隙，且应垂直排绕。绕毕切去线芯余端。

第5步，另一线端头的加工方法，按上述第3、4两步骤要求操作。

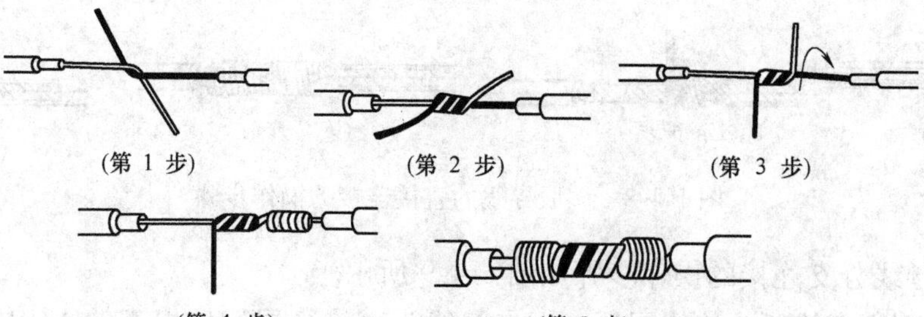

图1-4-6　单股硬导线的直接连接步骤

2）单股硬导线分支连接的操作步骤如图1-4-7所示。

第1步，将剖削绝缘层的分支线芯，垂直搭接在已剖削绝缘层的主干导线的线芯上。

第2步，将分支线芯按顺时针方向在主干线芯上紧绕6~8圈，圈间不应有缝隙。

第3步，绕毕，切去分支线芯余端。

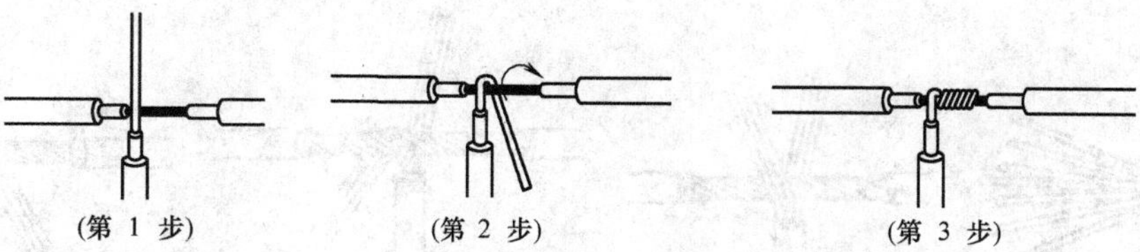

图1-4-7　单股硬导线的分支连接的操作步骤

（2）多股导线与导线的连接　多股导线与导线的连接有直接连接和分支连接两种。

1）多股导线直接连接的操作步骤如图 1-4-8 所示。

第 1 步，把在剖削绝缘层切口约全长 2/5 处的线芯进一步绞紧，接着把余下 3/5 的线芯松散呈伞状。

第 2 步，把两伞状线芯隔股对插，并插到底。

第 3 步，捏平插入后的两侧所有芯线，并理直每股芯线，使每股芯线的间隔均匀；同时用钢丝钳钳紧插口处，消除空隙。

第 4 步，将导线一端距芯线插口中线的 3 根单股芯线折起，成 90°（垂直于下边多股芯线的轴线）夹角。

第 5 步，先按顺时针方向紧绕两圈后，再折回 90°，并平卧在扳起前的轴线位置上。

第 6 步，将紧挨平卧的另两根芯线折成 90°，再按第 5 步进行操作。

第 7 步，把余下的 3 根芯线按第 5 步缠绕至第 2 圈后，在根部剪去多余的芯线，并钳平；接着将余下的芯线缠足 3 圈，剪去余端，钳平切口，不留毛刺。

第 8 步，另一侧按第 4 ~7 步进行加工。需要注意的是，缠绕的每圈直径均应垂直于下边芯线的轴线，并应使每两圈（或 3 圈）间紧缠紧挨。

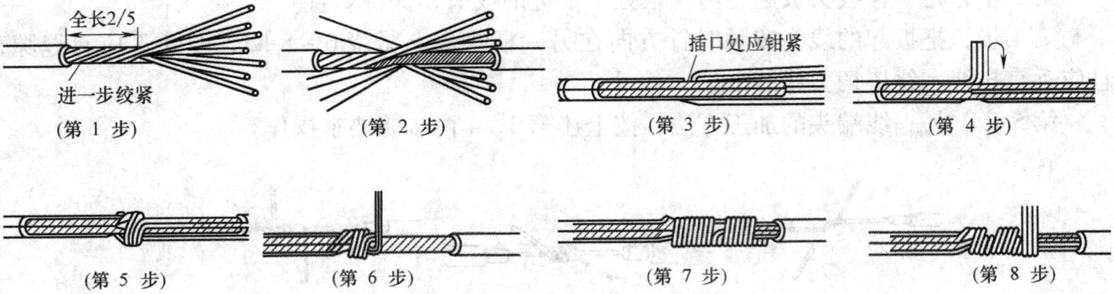

图 1-4-8 多股导线的直接连接的操作步骤

2）多股导线分支连接的操作步骤如图 1-4-9 所示。

第 1 步，剖削支线线头绝缘层后，把支线线头离绝缘层切口根部约 1/10 的一段芯线进一步绞紧，并把余下 9/10 的芯线松散呈伞状。

第 2 步，剖削干线中间芯线绝缘层后，把干线芯线中间用螺钉旋具插入芯线股间，并将分成均匀两组中的一组芯线插入干线芯线的缝隙中，同时移正位置。

第 3 步，先钳紧干线插入口处，接着将一组芯线在干线芯线上按顺时针方向垂直地紧紧排绕，剪去多余的芯线端头，不留毛刺。

第 4 步，另一组芯线按第 3 步紧紧排绕，同样剪去多余的芯线端头，不留毛刺。

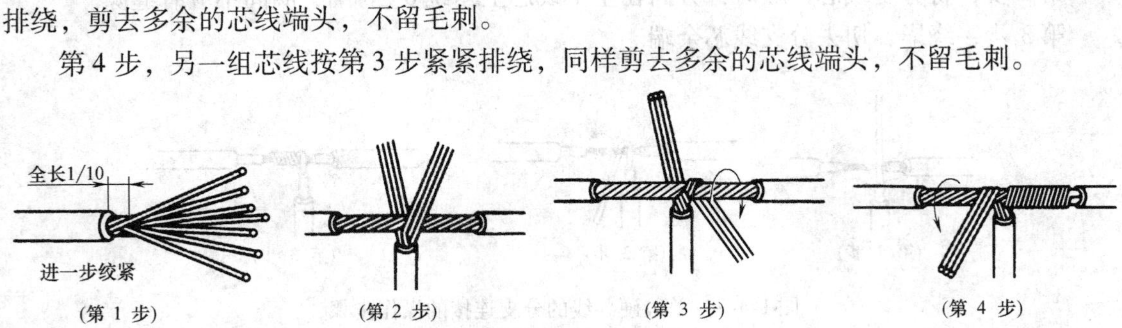

图 1-4-9 多股导线的分支连接的操作步骤

（3）导线与接线桩（端子）的连接　导线与接线桩（端子）的连接有螺钉式连接、针孔式连接及压板式连接和接线耳式连接等。

1）螺钉式连接。通常利用圆头螺钉进行压接，其间有加垫片与不加垫片两种。在灯头、灯开关和插座等电器上，一般都不加垫片，其操作如下。

第1步，制作羊眼圈，其步骤如图1-4-10所示。

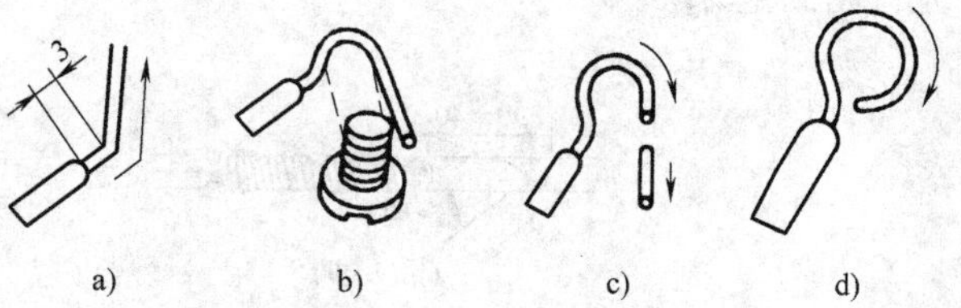

图1-4-10　制作羊眼圈

第2步，装接导线，其步骤如图1-4-11所示。

2）针孔式连接。通常利用黄铜制成矩形接线桩，端面有导线承接孔，顶面装有压紧导线的螺钉，其操作如下。

第1步，用剥线钳、尖嘴钳或钢丝钳剖削导线端头的绝缘层，如图1-4-12a所示。

第2步，当导线端头芯线插入承接孔后，再拧紧压紧螺钉就实现了两者的电气连接，如图1-4-12b所示。

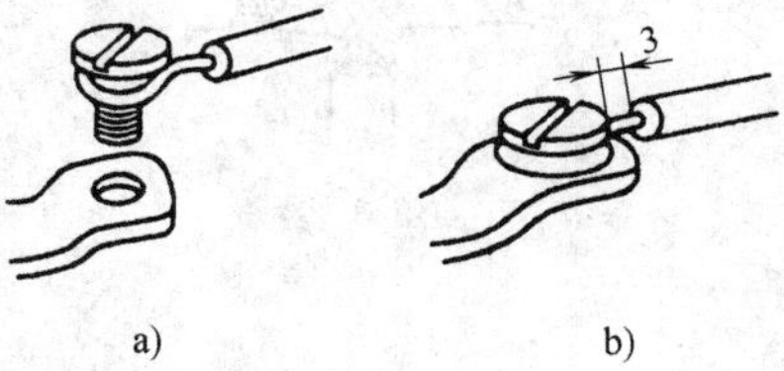

图1-4-11　利用螺钉垫片连接导线

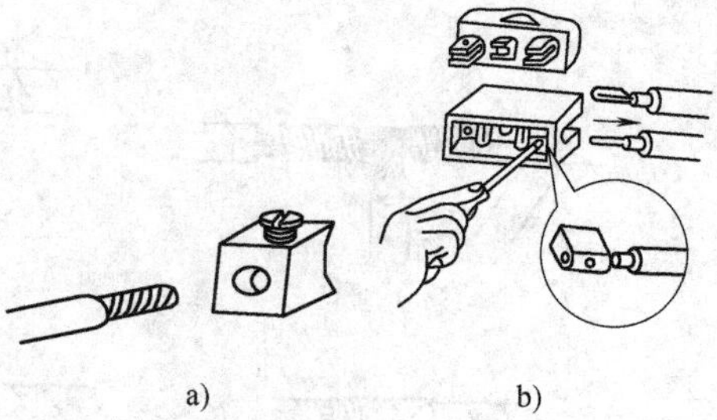

图1-4-12　针孔式连接

此外，还有其他一些形式的接线桩（端子）连接，如压板式连接和接线耳式连接等，如图1-4-13所示。

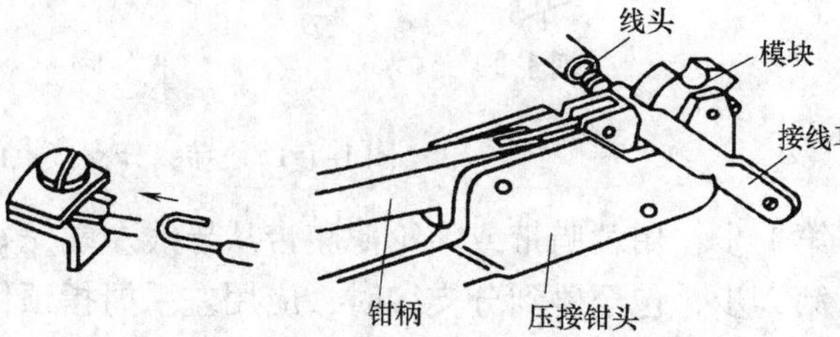

图1-4-13　其他两种形式的连接

知识链接3　导线绝缘层的恢复

导线连接后，必须进行导线绝缘层的恢复工作。导线绝缘层恢复的基本要求是绝缘带包缠均匀、紧密，不露线芯。

1. 导线直接点的绝缘层恢复

导线直接点绝缘层恢复的操作步骤如下，如图1-4-14所示。

第1步，用黄腊带或涤纶薄膜带从导线左侧的完好绝缘层上开始顺时针包缠。

第2步，进行包扎时，绝缘带与导线应保持45°的倾斜角并用力拉紧，使得绝缘带半幅相叠压紧。

第3步，包至另一端也必须包入与始端同样长度的绝缘层，然后接上黑胶带，黑胶带包出绝缘带至少半根带宽，即必须使黑胶带完全包没绝缘带。

第4步，黑胶带的包缠不应过疏或过密，包到另一端也必须完全包没绝缘带，收尾后应用双手的拇指和食指紧捏黑胶带两端口，按一正一反方向拧紧，利用黑胶带的黏性，将两端口充分密封起来。

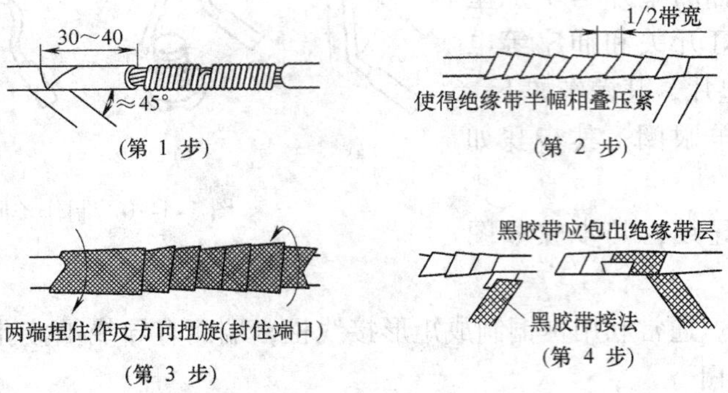

图1-4-14　导线直接点的绝缘层恢复

2. 导线分支接点的绝缘层恢复

导线分支接点的绝缘层恢复的操作步骤如下，如图1-4-15所示。

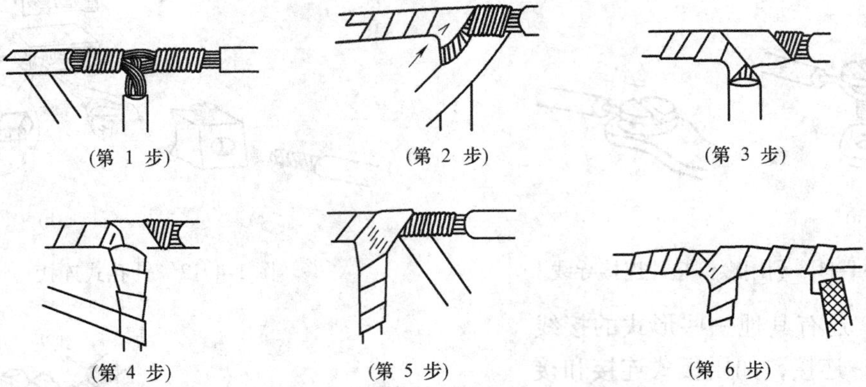

图1-4-15　导线分支接点的绝缘层恢复

第1步，用黄腊带或涤纶薄膜带从导线左端完好的绝缘层上开始顺时针包缠。

第2步，包至碰到分支线时，应用左手拇指顶住左侧直角处包上的带面，使它紧贴转角处芯线，并应使处于线顶部的带面尽量向右侧斜压。

第3步，绕至右侧转角处时，用左手食指顶住右侧直角处带面，并使带面在于线顶部向左侧斜压，与被压到下边的带面呈“×”状交叉，然后把带再回绕到右侧转角处。

第4步，用黄腊带或涤纶薄膜带沿紧贴住支线连接处根端，开始在支线上缠包，包至完好绝缘层上约两根带宽时，原带折回再包至支线连接处根端，并把带向干线左侧斜压。

第5步，当带围过干线顶部后，紧贴干线右侧的支线连接处开始在干线右侧芯线上进行包缠。

第6步，包至干线另一端的完好绝缘层上后，接上黑胶带后，再按第2～5步继续包缠黑胶带。

3. 导线并接点的绝缘层恢复

导线并接点的绝缘层恢复的操作步骤如下，如图 1-4-16 所示。

第 1 步，用黄腊带或涤纶薄膜带从左侧的完好的绝缘层上开始顺时针包缠。

第 2 步，由于并接点较短，绝缘带叠压宽度可紧些，间隔可小于 1/2 带宽。

第 3 步，包缠到导线端口后，应使带面超出导线端口 1/2 ~ 3/4 带宽，然后折回伸出部分的带宽。

第 4 步，把折回的带面揿平压紧，接着缠包第二层绝缘层，包至下层起包处止。

第 5 步，接上黑胶带，并使黑胶带超出绝缘带层至少半根带宽，并完全压没住绝缘带。

第 6 步，按第 2 步把黑胶带包缠到导线端口。

第 7 步，按第 3、4 步把黑胶带缠包端口绝缘带层，要完全压没住绝缘带；然后折回缠包第二层黑胶带，包至下层起包处止。

第 8 步，用右手拇指和食指紧捏黑胶带断带口，使端口密封。

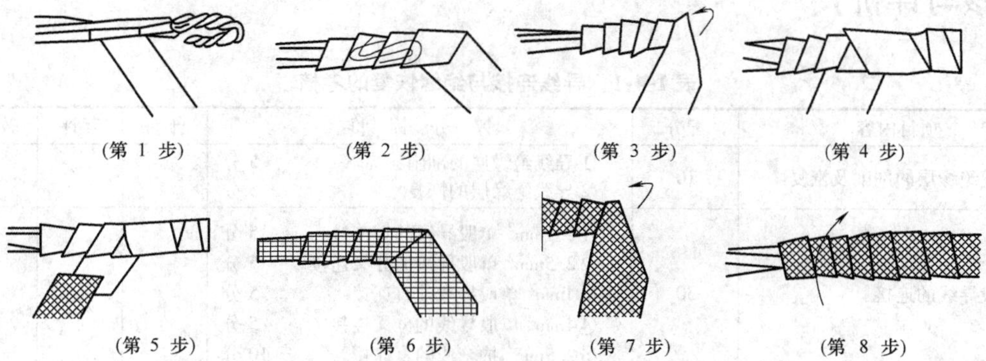

图 1-4-16　导线并接点的绝缘层恢复

【操作指导】

操作指导 1　导线绝缘层的剖削、连接及绝缘层的恢复

1. 目的要求

掌握导线绝缘层的剖削、连接及绝缘层的恢复操作。

2. 器材设施

电工刀，绝缘胶布，黄腊带，钢丝钳，线手套，2.5mm^2 的铝芯塑料护套线若干米，4mm^2 的铝芯塑料线若干米，16mm^2 的铝芯塑料线若干米。

3. 实训前指导

1）使用电工刀时，不要划伤手，刀口向外，不要用力太大伤及他人。

2）铝芯塑料护套线连接时，两接头应错开，且两根导线受力均匀。

3）使用电工刀不要伤害线芯。

4. 实训操作步骤

1）导线绝缘层的剖削。

2）导线连接。

3）绝缘层的恢复。

操作指导 2　接头与接线柱的连接

1. 目的要求

掌握导线接头与接线柱的连接的几种操作。

2. 器材设施

电工刀，钢丝钳，尖嘴钳，液压接线钳，大号螺钉旋具，4mm^2 的铝芯塑料线若干米，16mm^2 的铝芯塑料线若干米，16mm^2 的铝接线耳若干个。

3. 实训前指导

1）螺钉垫片式连接时，羊眼圈的绕向要跟螺钉旋紧绕向一致。

2）利用压接线钳压接线耳时，应注意压接模具与接线耳配套使用，每个接线耳要在不同的位置上压 2 ~ 6 处。

4. 实训操作步骤

1）羊眼圈制作。

2）螺钉垫片式连接，针孔式连接，压板式连接。

3）接线端耳压接，接线端耳连接。

【考核与评价】

表 1-4-1　导线连接与绝缘恢复的考核

项目内容	配分	评分标准			自评	互评	教师评
导线绝缘层的剖削及恢复	10	①导线绝缘层的剖削　5 分 ②导线绝缘层的恢复　5 分					
单股导线的连接	30	①2.5mm^2 单股导线的直连接　5 分 ②2.5mm^2 单股导线的分叉连接　5 分 ③4mm^2 单股导线的直连接　5 分 ④4mm^2 单股导线的分叉连接　5 分 ⑤2.5mm^2 护套线的直连接　10 分					
多股导线的连接	30	①16mm^2 多股导线的直连接　15 分 ②16mm^2 多股导线的分叉连接　15 分					
接头与接线柱的连接	20	①羊眼圈制作　5 分 ②接线端耳压接　10 分 ③几种接头与接线柱的连接　5 分					
安全、文明操作①	10	违反一次　扣 5 分					
定额时间	45min	每超过 5min　扣 5 分					
开始时间		结束时间		总评分			

①要求与本项目任务一相同。

任务五　辨识与选用常见电工材料

【相关知识准备】

知识链接 1　绝缘材料

1. 常用绝缘材料的分类

（1）无机绝缘材料　有云母、石棉、大理石、电瓷、玻璃和硫黄等。主要用做电动机、电器设备的绕组绝缘、开关的底板和绝缘子等。

（2）有机绝缘材料　有虫胶、树脂、橡胶、棉纱、纸、麻、蚕丝和人造丝等。主要用于制造绝缘漆、绕组导线的被覆绝缘物等。

（3）混合绝缘材料　由以上两种材料经加工后制成的各种成型绝缘材料，可用做电器的底座、外壳等。

2. 绝缘材料的耐热等级

绝缘材料的耐热等级见表1-5-1。

表1-5-1　绝缘材料的耐热等级

级别	绝缘材料	极限工作温度/℃
Y	木材、棉花、纸、纤维等天然的纺织品，以醋酸纤维和聚酰胺为基础的纺织品，以及易于热分解和熔点较低的塑料（原醛树脂）	90
A	用油或油树脂复合胶浸过的Y级材料、漆包线、漆布、漆丝的绝缘及油性漆、沥青漆等	105
E	聚酯薄膜和A级复合材料、玻璃布、油性树脂漆、聚乙烯醇缩醛高强度漆包线、乙酸乙烯耐热漆包线	120
B	聚酯薄膜，经合适树脂粘合或经涂覆的云母、玻璃纤维、石棉等制品，聚酯漆、聚酯漆包线	130
F	以有机纤维材料补强和石棉带补强的云母片制品、玻璃丝和石棉、玻璃漆布，以玻璃丝布和石棉纤维为基础的层压制品、以无机材料作补强和石棉带补强的云母粉制品、化学热稳定性较好的聚酯和醇酸类材料、复合硅有机聚酯漆	155
H	无补强或以无机材料补强的云母制品、加厚的F级材料、复合云母、有机硅云母制品、硅有机漆、硅有机橡胶聚酰亚胺复合玻璃布、复合薄膜、聚酰亚胺漆等	180
C	不采用任何有机粘合剂及浸渍剂的无机物，如石英、石棉、云母、玻璃和电瓷材料等	>180

3. 常用绝缘材料的名称与用途

电阻率大于$1.0\times10^7\Omega\cdot m$的材料称为绝缘材料，主要用于隔离带电导体或不同电位的导体，以保障人身和设备的安全。此外，在电气设备上还可用于机械支撑、固定、灭弧、散热、防潮、防霉、防虫、防辐射、耐化学腐蚀等场合。绝缘材料分有机绝缘材料、无机绝缘材料以及这两种材料经加工制成的各种成型材料。常用绝缘材料见表1-5-2。

表1-5-2　常用绝缘材料

种　类	名　称	用　途
绝缘漆和绝缘胶类	电磁线漆、浸渍漆、覆盖漆、绝缘复合胶	制作电磁线，加强电动机、电器线圈绝缘，绝缘器件表面保护，密封电器及零部件等
塑料制品	塑料、薄膜、粘带及复合制品	制作高温、高频电线电缆绝缘，电容器介质，包缠线头，电动机层间、端部、槽绝缘等
电瓷制品	瓷绝缘子	用于架空线、缆的固定和绝缘
橡胶制品	橡胶管、橡胶皮、橡胶板	电线、电缆绝缘皮、电气设备绝缘板、绝缘棒、电气防护用品
层压制品	层压板、层压管、层压棒	电动机、电器等设备中的绝缘零部件、灭弧材料
绝缘油	天然绝缘油、化工绝缘油	电力变压器、开关、电容器、电缆中作灭弧绝缘
绝缘包带	电工用黑胶布、涤纶带、橡胶带黄蜡绸、黄蜡带等	用于电线、电缆接头、电动机绕组接头等恢复绝缘层

知识链接 2　导电材料

1. 导电材料的特点

导电材料大部分是金属，但不是所有的金属都可以用做导电材料，因为用做导电材料的金属必须同时具备下列 5 个特点：①导电性能好（即电阻率小）；②有一定的机械强度；③不易氧化和腐蚀；④容易加工和焊接；⑤资源丰富，价格便宜。

铜和铝基本符合上述要求，因此它们是最常用的导电材料。但是在某些特殊的场合，也需要用其他的金属或合金作为导电材料。如架空线需具有较高的机械强度，常选用铝镁硅合金；熔丝需具有易熔的特点，故选用铅锡合金；电热材料需具有较大的电阻率，常选用镍铬合金或铁铬合金；电光源的灯丝要求熔点高，故选用钨丝作为导电材料。

铜导线的导电性能、焊接性能及机械性能都比铝导线好，因此要求较高的动力线、电气设备的控制线和电动机、电器的线圈大部分都采用铜导线。

2. 裸电线

裸电线包括圆铜线、圆铝线、铝绞线、钢芯铝绞线、硬铜绞线、轻型钢芯铝绞线及加强型钢芯铝绞线等。

常用裸电线的种类、型号、截面积（或线径）及主要用途见表 1-5-3。

表 1-5-3　常用裸电线的种类、型号、截面积及主要用途

名　称	型　号	截面积/mm^2	主要用途
圆铜线	TR TY TYT	0.02～14 0.02～14 1.5～5	用做架空线
圆铝线	LR LY4　LY6　LY8 LY9	0.3～10 0.3～10 0.3～5	用做架空线
铝绞线	LJ	10～600	用于 10 kV 以下，档距小于 125m 的架空线
钢芯铝绞线	LGJ	10～400	用于 35 kV 以上较高电压，或档距较大的线路
轻型钢芯铝绞线	LGJQ	150～700	用于 35kV 以上较高电压，或档距较大的线路
加强型钢芯铝绞线	LGJJ	150～400	用于 35 kV 以上较高电压，或档距较大的线路
硬铜绞线	TJ	16～400	用于机械强度高、耐腐蚀性高的低压输电线路

3. 绝缘电线

工厂中常用的绝缘电线有聚氯乙烯（塑料）和橡皮绝缘线，其型号、名称及主要用途见表 1-5-4。

表 1-5-4　常用聚氯乙烯和橡皮绝缘线的型号、名称及主要用途

型号	名　称	主要用途
BV BLV BVR BVV BLVV	铜芯聚氯乙烯绝缘电线 铝芯聚氯乙烯绝缘电线 铜芯聚氯乙烯绝缘电线 铜芯聚氯乙烯绝缘护套圆形电线 铝芯聚氯乙烯绝缘护套圆形电线	适用于各种交流、直流电气装置，电工仪器、仪表，电信设备，动力及照明线路固定敷设

（续）

型号	名　称	主要用途
RV RVB RVV RVVB	铜芯聚氯乙烯绝缘软线 铜芯聚氯乙烯绝缘平行软线 铜芯聚氯乙烯绝缘护套圆形软线 铜芯聚氯乙烯绝缘护套平行软线	用于各种交流、直流电器，电工仪器，家用电器，小型电动工具，动力及照明装置的连接
BX BLX BXR BXF BLXF	铜芯橡皮线 铝芯橡皮线 铝芯橡皮线 铜芯氯丁橡皮线 铝芯氯丁橡皮线	用于交流 500V 及以下或直流 1000V 及以下的电气设备及照明装置

1）BV（铜芯）、BLV（铝芯）聚氯乙烯（塑料）绝缘电线的安全载流量见表 1-5-5。

表 1-5-5　BV、BLV 聚氯乙烯绝缘电线的安全载流量　（单位：A）

导线截面积/mm^2	股数/单股直径（mm）	明线安装		穿钢管安装						穿硬塑料管安装					
				一管穿二根线		一管穿三根线		一管穿四根线		一管穿二根线		一管穿三根线		一管穿四根线	
		铜	铝	铜	铝	铜	铝	铜	铝	铜	铝	铜	铝	铜	铝
1.0	1/1.13	17		12		11		10		10		10		9	
1.5	1/1.37	21	16	17	13	15	11	14	10	14	11	13	10	11	9
2.5	1/1.76	28	22	23	17	21	16	19	13	21	16	18	14	17	12
4	1/2.24	35	28	30	23	27	21	24	19	27	21	24	19	22	17
6	1/2.73	48	37	41	30	36	28	32	24	36	27	31	23	28	22
10	7/1.33	65	51	56	42	49	38	43	33	49	36	42	33	38	29
16	7/1.70	91	69	71	55	64	49	56	43	62	48	56	42	49	38
25	7/2.12	120	91	93	70	82	61	74	57	82	63	74	56	65	50
35	7/2.50	147	113	115	87	100	78	91	70	104	78	91	69	81	61
50	19/1.83	187	143	143	108	127	96	113	87	130	99	114	88	102	78
70	19/2.14	230	178	177	135	159	124	143	110	160	126	145	113	128	100
95	19/2.50	282	216	216	165	195	148	173	132	199	151	178	137	160	121

2）BVV（铜芯）、BLVV（铝芯）聚氯乙烯（塑料）护套电线的安全载流量见表 1-5-6。

表 1-5-6　BVV、BLVV 聚氯乙烯护套电线的安全载流量　（单位：A）

导线截面积/mm^2	护套线								软导线		
	双根绝缘线				三根塑料绝缘线				单根芯	双根芯线	
	塑料绝缘		橡皮绝缘		塑料绝缘		橡皮绝缘		塑料绝缘	塑料绝缘	橡皮绝缘
	铜	铝	铜	铝	铜	铝	铜	铝	铜	铜	铝
0.5	7		7		4		4		8	7	7
0.75									13	10.5	9.5
0.8	11		10		9		9		14	11	10
1.0	13		11		9.6		10		17	13	11
1.5	17	13	14	12	10	8	10	8	21	17	14
2.0	19		17		13		12	12	25	18	17
2.5	23	17	18	14	17	14	16	16	29	21	18
4.0	40	23	28	21	23	19	21				
6.0	37	29			28	22					

4. 电磁线

电磁线分为漆包线、绕包线、无机绝缘电磁线和特种电磁线 4 大类。现简要介绍漆包线、绕包线和无机绝缘电磁线三类。

（1）漆包线　漆膜均匀、光滑柔软，有利于线圈的自动化绕制，广泛应用于中小型或微型电工产品中。

（2）绕包线　是用天然丝、玻璃丝、绝缘纸或合成薄膜等紧密绕包在导线芯上，形成绝缘层，或在漆包线上再绕包一层绝缘层，一般应用于大中型电工产品。

（3）无机绝缘电磁线　绝缘层采用无机材料陶瓷、氧化铝膜等制成，并经有机绝缘漆浸渍后烘干填孔。其特点是耐高温、耐辐射，主要用于高温、辐射等场合。

漆包线、绕包线和无机绝缘电磁线3类品种、型号、特点及主要用途的详细资料可查阅《电工手册》等书籍。

知识链接3　电热材料

在工程上，电热材料主要用于制作电加热设备中的发热元件。该元件在通电状态下，能将电能转换成热能，如电炉、电饭煲、电烤箱等电器中的发热体。它们的显著特点是电阻率较高，在高温下有良好的抗氧化性能。常用的电热材料见表1-5-7。

表1-5-7　常用的电热材料

种类	名称	特　点	用　途
电热材料	镍铬合金	工作温度达1150℃，电阻率高，高温下机械强度好，便于加工，基本无磁性	用于家用和工业电热设备
	高熔点纯金属（铂、钼、钽钨等）	工作温度在1300～1400℃，最高可达2400℃（钨）。电阻率较低，温度系数大	用于实验室及特殊电炉
电热元件	硅碳棒、硅碳管	工作温度在1250～1400℃，抗氧化性能好，但不宜在800℃以下长期使用	用于高温电加热设备发热元件
	管状电热元件	工作温度在550℃以下，抗氧化、耐振、机械强度好、热效率高，可直接在液体中加热	用于日用电热器发热元件、液体内加热的发热元件

知识链接4　导线截面积的选择

导线截面积选择过大时，将增加有色金属的消耗量，并显著地增加线路的造价，因为导线的投资在线路建设的总造价中占的比重比较大。导线截面积选择过小时，在线路运行期间，不仅产生过大的电压损失和电能损失，而且往往使导线接头处过热，以致引起断线等严重事故，另外还会限制以后负荷的增加。因此合理地选择导线的截面积，对节约有色金属、减少建设费用以及保证质量良好的供电都具有重大的意义。

1. 负荷电流的计算

（1）白炽灯和电热设备的负荷电流计算

$$I = P/U \tag{1-1}$$

（2）荧光灯、高压水银荧光灯、高压钠灯等照明的负荷电流计算

220V 单相：

$$I = P/(U\cos\phi) \tag{1-2}$$

380V 三相四线制：

$$I = P/(\sqrt{3}U\cos\phi) \tag{1-3}$$

式中，荧光灯的 $\cos\phi$ 取0.5；高压水银荧光灯的 $\cos\phi$ 取0.6；高压钠灯的 $\cos\phi$ 取0.4。

（3）电动机的负荷电流计算

1）单相电动机

$$I = P \times 1000/(U\cos\phi\eta) \quad (1\text{-}4)$$

式中　P——电动机额定功率，单位为kW；

U——电动机额定电压，单位为V，一般为220V；

$\cos\phi$——电动机的功率因数；

η——电动机的效率。

若单相电动机的 $\cos\phi$ 和 η 未知，则 $\cos\phi$ 和 η 都可取0.75。

2）三相电动机

$$I = P \times 1000/(\sqrt{3}U\cos\phi\eta) \quad (1\text{-}5)$$

三相电动机的额定电压 U 为380V；若 $\cos\Phi$ 和 η 未知，则 $\cos\Phi$ 和 η 都可取0.85。

（4）电焊机和X射线机的负荷电流计算

$$I = P \times 1000/U \quad (1\text{-}6)$$

2. 导线的安全载流量计算

（1）照明或电热电路：

$$I_s \geqslant \sum I_n \quad (1\text{-}7)$$

式中　I_s——进户导线的安全载流量；

$\sum I_n$——照明和电热设备总的额定电流之和。

（2）电动机电路

单台电动机

$$I_s \geqslant I_n \quad (1\text{-}8)$$

多台电动机

$$I_s \geqslant \sum I_n \times \text{最高利用率} \times 1.2(\text{宽裕度}) \quad (1\text{-}9)$$

示例：某车间装有100W的白炽灯10只，80W的高压汞灯10只，40W的荧光灯10只，0.5kW的单相电动机1台，2kW的三相异步电动机2台，3kW的三相异步电动机1台（荧光灯镇流器为8W，高压汞灯镇流器为10W），三相电动机最高利用率为80%。进线采用明线敷设，应选用何种规格的塑料铜芯线？

解：白炽灯　$I_1 = P/U = 100\text{W} \times 10/220\text{V} \approx 4.55\ \text{A}$

荧光灯　$I_2 = P/(U\cos\phi) = (40+8)\text{W} \times 10/(220 \times 0.5)\text{V} \approx 4.36\ \text{A}$

高压汞灯　$I_3 = (P/U\cos\phi) = (80+10)\text{W} \times 10/(220 \times 0.6)\text{V} \approx 6.82\ \text{A}$

单相电动机　$I_4 = (P/U\cos\phi\eta) = 0.5 \times 1000\text{W}/(220\text{V} \times 0.75 \times 0.75) \approx 4.04\ \text{A}$

三相电动机　$I_5 = P/(\sqrt{3}U\cos\phi\eta) = (2 \times 2 + 3)\text{W} \times 1000/(\sqrt{3} \times 380\text{V} \times 0.85 \times 0.85)$

$\approx 14.72\ \text{A}$

$I_s \geqslant I_1 + I_2 + I_3 + I_4 + I_5 \times 0.8 \times 1.2 = (4.55 + 4.36 + 6.82 + 4.04 + 14.72 \times 0.8 \times 1.2)\text{A}$

$\approx 33.90\text{A}$

查表1-5-5可知，应选用 4mm^2 的BV型塑料铜芯线。

【操作指导】

操作指导　导线的认知与截面积的选择

1. 目的要求

（1）掌握导线的识别方法及线径的测量

（2）掌握导线截面积的选择计算

2. 器材设施

各种型号和不同线径的绝缘导线、螺旋千分尺。

3. 实训操作步骤

（1）识别绝缘导线的型号及用途　将结果填入表 1-5-8。

（2）测量绝缘导线的线径　将结果填入表 1-5-8。

（3）绝缘导线线径的选择　某车间需安装 100W 的白炽灯 20 只，80W 的高压汞灯 15 只，40W 的荧光灯 15 只，1kW 的单相电动机 1 台，5kW 的三相异步电动机 5 台，10kW 的三相异步电动机 2 台，三相异步电动机的最高利用率为 60%（荧光灯镇流器为 8W，高压汞灯镇流器为 10W）。求进户线采用穿钢管敷设（一管穿 4 线），应选用何种规格的塑料铜芯线和铝芯线？

表 1-5-8　实训操作的导线选择

名称	型号	线径/mm^2	用途

【考核与评价】

表 1-5-9　电工材料选择的考核

项目内容	配分	评分标准			自评	互评	教师评
导线的识别与线径的测量	30	①导线绝缘层识别及用途 ②导线线径的测量		15 分 15 分			
导线的截面积计算与选择	60	①总电流计算 ②塑料铜芯线的选择 ③塑料铝芯线的选择		30 分 15 分 15 分			
安全、文明操作①	10	违反一次		扣 5 分			
定额时间	45min	每超过 5min		扣 5 分			
开始时间		结束时间		总 评 分			

①要求与本项目任务一相同。

任务六　常见便携式仪表的使用与维护

【相关知识准备】

知识链接 1　万用表的使用与维护

万用表是一种测量电压、电流和电阻等参数的仪表，有指针式和数字式两种，其外形如图 1-6-1 所示，主要由表壳、表头、机械调零旋钮、欧姆调零旋钮、选择开关（量程选择开关）、表笔插孔和表笔等组成。

1. 指针式万用表使用前的准备

（1）水平放置　将万用表水平放置。

（2）检查指针　检查万用表指针是否停在表盘左端的“零”位。如不在“零”位，用螺钉旋具轻轻转动表头上的机械调零旋钮，使指针指在“零”位，如图 1-6-2 所示。

a）指针式　　b）数字式

图 1-6-1　万用表

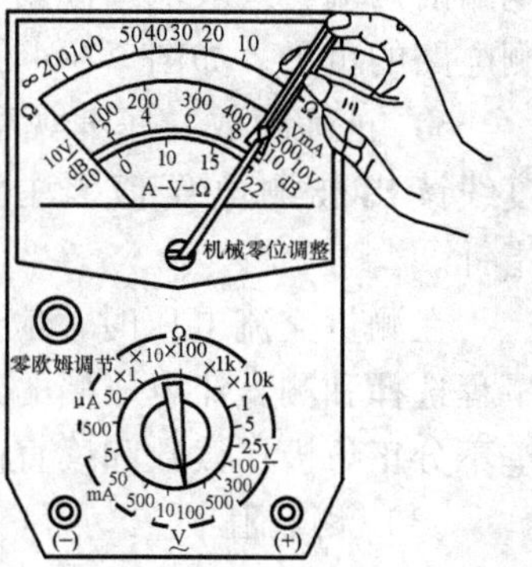

图 1-6-2　指针式万用表的机械调零

（3）插好表笔　将红、黑两支表笔分别插入表笔插孔。

（4）检查电池　将量程选择开关旋到电阻 R×1 档，把红、黑表笔短接，如进行“欧姆调零”后，万用表指针仍不能转到刻度线右端的零位，说明电压不足，需要更换电池。

（5）选择测量项目和量程　将量程选择开关旋到相应的项目和量程上。禁止在通电测量状态下转换量程选择开关，以免可能产生的电弧作用损坏开关触点。

2. 指针式万用表的使用

（1）测交、直流电流

1）选择交、直流电流档及量程。万用表有交（A∽）、直（A－）电流档。直流电流档有 1mA、10mA、100mA、500mA 等不同量程，交流电流档有 1mA、10mA、100mA、500mA、5A 等不同量程。应根据被测电流的大小，选择适当量程。若不知电流大小，应先用最大电流档测量，逐渐换至适当电流档。

2）测量方法。将万用表与被测电路串联，将电路相应部分断开后，把万用表表笔接在断点的两端。如果是测直流电流，应选择直流档，红表笔接在与电路正极相连的断点，黑表笔接在与电路负极相连的断点。如果是测交流电流，应选择交流档，将万用表两表笔任意与被测电路断开处串联即可，如图 1-6-3 所示。

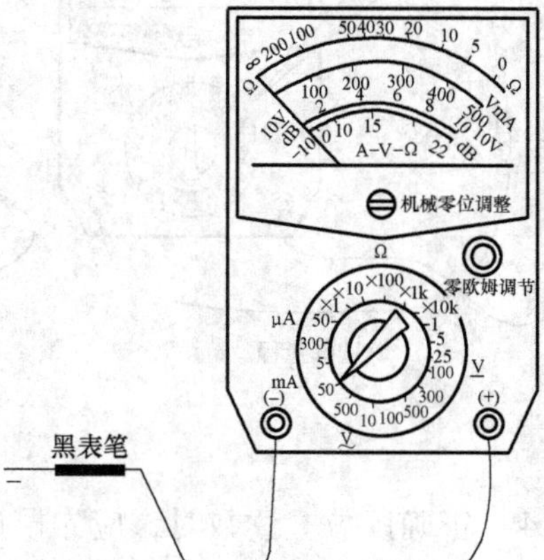

图 1-6-3　指针式万用表测量直流电流

3）正确读数。仔细观察标度盘，找到对应的刻度线读出被测电流值。注意读数时，视线应正对指针。

（2）测直流电压和交流电压

1）选择交、直流电压档及量程。万用表有交（V∽）、直（V－）电压档。直流电压档有 2.5V、

10V、50V、250V 和500V 等不同量程，交流电压有2.5V、10V、50V、250V 和500V 等不同量程。应根据被测电压的大小，选择适当量程。若不知道电压的大小，应先用最高电压档测量，逐渐换至适当电压档。

2）测量直流电压的方法。将万用表并联在被测电路的两端。红表笔接被测电路的正极，黑表笔接被测电路的负极，如图 1-6-4 所示。

3）正确读数。仔细观察标度盘，找到对应的刻度线读出被测电压值。注意读数时，视线应正对指针。

在测量交流电压时，应选择放在交流电压档上，量程选择和测直流电压档的方法相同。但测量时两表笔不分正负极，读数和读直流电压值的方法相同。

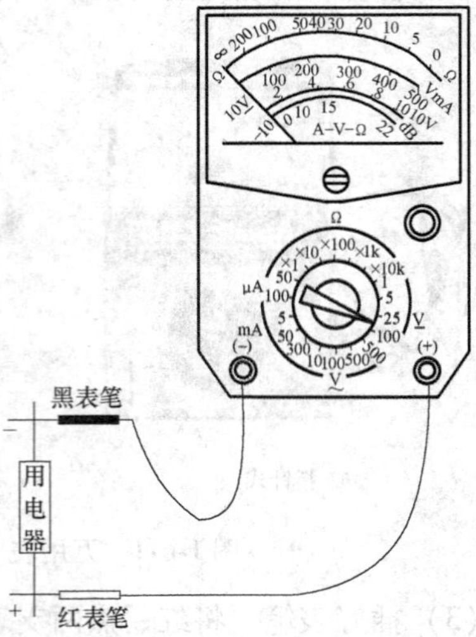

图 1-6-4 指针式万用表测量直流电压

（3）测电阻

1）选择量程。万用表电阻档标有“Ω”，有 $R\times1$、$\times10$、$\times100$、$\times1k$、$\times10k$ 等不同量程。应根据被测电阻的大小把量程选择开关拨到适当档位上，使指针尽可能地指在中心附近，因为这时的误差最小，如图 1-6-5a 所示。

2）欧姆调零。将红、黑表笔短接，如万用表指针不能满偏（指针不能偏转到刻度线右端的零位），可进行“欧姆调零”，如图 1-6-5b 所示。

3）测量方法。将被测电阻和其他元器件或电源脱离，单手持表笔并跨接在电阻两端，1-6-5c 所示。

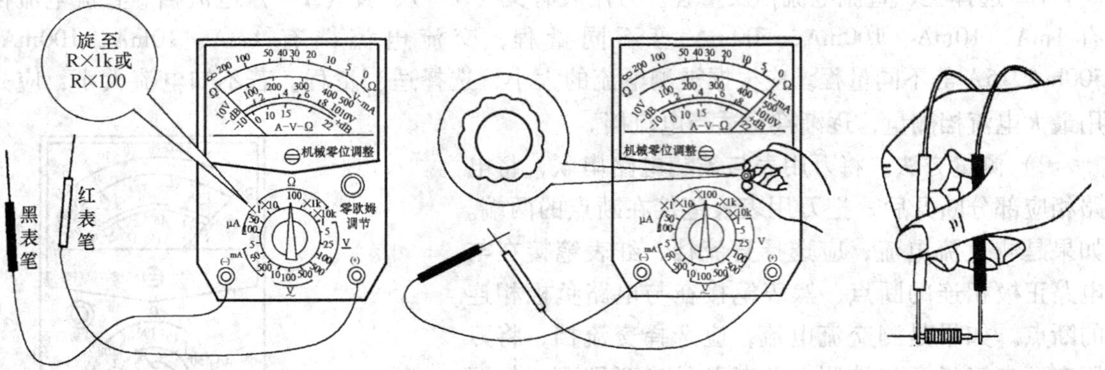

a) 选择量程　b) 欧姆调零　c) 测量方法

图 1-6-5 万用表测量电阻

4）正确读数。读数时，应先根据指针所在位置确定电波分度值，再乘以倍率，即为电阻的实际阻值。如指针指示的数值是 18.1Ω，选择的量程为 $R\times100$，则测得的电阻值为 1810Ω。

5）每次换档后，应再次调整“欧姆调零”旋钮，然后再测量。

3. 指针式万用表的维护

1）每次使用后，应拔出表笔。

2）将量程选择开关拨到“OFF”或交流电压最高档，防止下次开始测量时不慎烧坏万用表。

3）长期搁置不用时，应将万用表中的电池取出，以防电池电解液渗漏而腐蚀内部电路。

4）平时要保持万用表干燥、清洁，严禁振动和机械冲击。

知识链接 2　绝缘电阻表的使用与维护

1. 绝缘电阻表的外形

绝缘电阻表，习称兆欧表，是一种测量电动机、电器和电缆等电气设备绝缘性能的仪表，其外形如图 1-6-6 所示。绝缘电阻表上有两个接线柱，一个是线路接线柱（L），另一个是接地柱（E），此外还有一个铜环，称保护环或屏蔽端（G）。

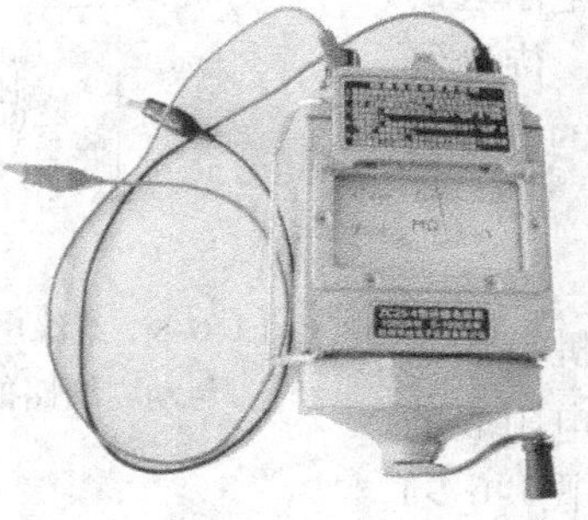
a) 实物图

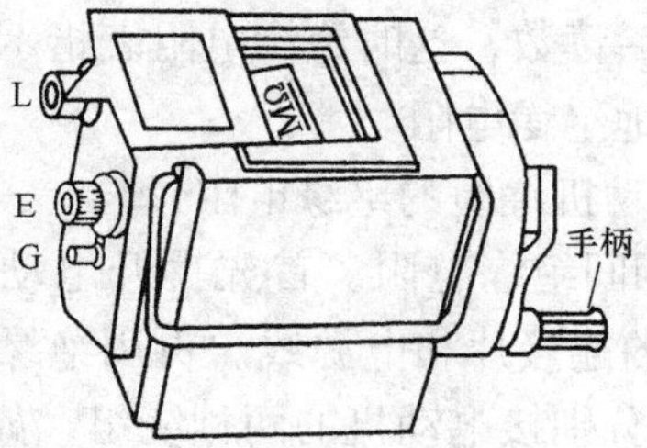

b) 示意图

图 1-6-6　绝缘电阻表

2. 绝缘电阻表使用前的准备

（1）选择种类　绝缘电阻表的种类很多，有 500V、1000V 和 2500V 等电压等级。在选用时，要根据被测设备的电压等级选择合适的绝缘电阻表。一般额定电压在 500V 以下的设备，选用 500V 或 1000V 的绝缘电阻表；额定电压在 500V 以上的设备，选用 1000V 或 2500V 的绝缘电阻表。

（2）选择导线　绝缘电阻表测量用的导线应采用单根绝缘导线，不能采用双绞线。

（3）平稳放置　绝缘电阻表应放置平稳的地方，以免在摇动手柄时，因表身抖动和倾斜产生测量误差，如图 1-6-7a 所示。

（4）开路试验　绝缘电阻表使用前，应先对绝缘电阻表进行开路试验。开路试验是先将绝缘电阻表的两接线端分开，再摇动手柄，转速达到 120r/min。正常时，绝缘电阻表指针应指“∞”，如图 1-6-7b 所示。

（5）短路试验　开路试验后，再进行短路试验。短路试验是先将绝缘电阻表的两接线端接触，再摇动手柄。正常时，绝缘电阻表指针应指“0”，如图 1-6-7c 所示。

（6）读数　摇动手柄的转速要稳定在 120r/min，约 1min，待绝缘电阻表指针稳定后读数，单位是 MΩ。

3. 绝缘电阻表的使用

（1）测量照明与动力线路的绝缘性能　测量时的接法如图 1-6-8 所示。将绝缘电阻表接

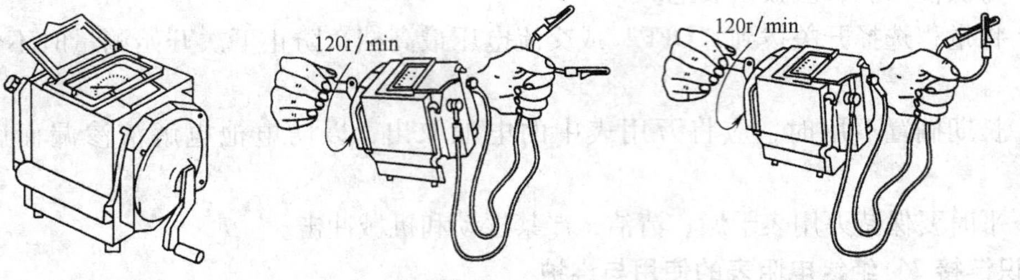

a) 平稳放置　b) 开路试验　c) 短路试验

图 1-6-7　绝缘电阻表使用前的开路试验和短路试验

线柱 E 可靠接地线（零线）或一相线，接线柱 L 与被测另一相线连接，测量时被测线路上不能带负载和控制类电感线圈。按顺时针方向由慢到快摇动绝缘电阻表的发电机手柄，转速达到 120r/min，大约 1min，待绝缘电阻表指针稳定后读数，这时绝缘电阻表指示的数值就是被测线路的对地绝缘电阻。

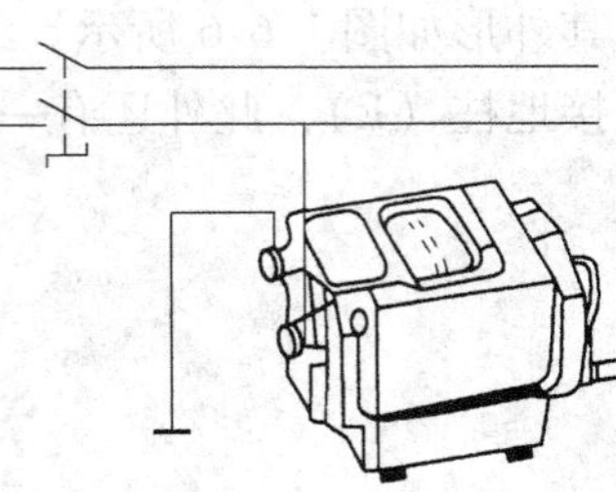

图 1-6-8　绝缘电阻表测量照明与动力线路的绝缘性能

（2）测量电动机绕组的绝缘电阻

1）测绕组相间绝缘电阻。首先拆开电动机接线盒里的Y和△联结的连接片和电源线。再用绝缘电阻表的两接线柱 E 和 L 分别接电动机的两相绕组，如图1-6-9a 所示。摇动绝缘电阻表的发电机手柄后读数，数值是电动机绕组的相间绝缘电阻。

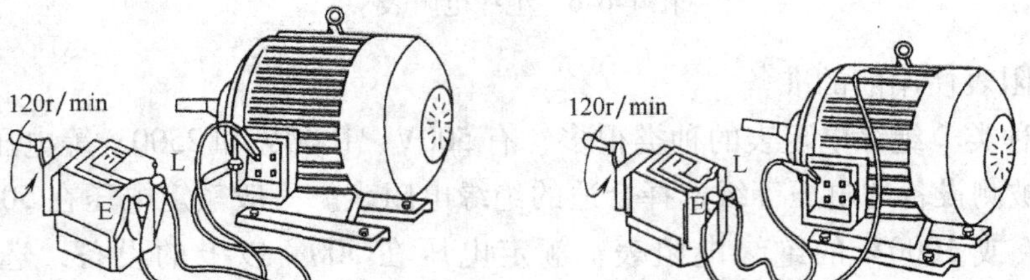

a) 测量电动机绕组的相间绝缘电阻　b) 测量电动机绕组的对地绝缘电阻

图 1-6-9　绝缘电阻表测量电动机绕组的绝缘电阻

2）测绕组对地绝缘电阻。绕组对地绝缘电阻将绝缘电阻表接线柱 E 接电动机外壳（应清除电动机机壳上接触处的漆或锈等），接线柱 L 接在电动机绕组上，如图 1-6-9b 所示。摇动绝缘电阻表的发电机手柄后读数，数值是电动机绕组的对地绝缘电阻。

（3）测量电缆绝缘电阻　测量时的接法如图 1-6-10所示。将绝缘电阻表接线柱 E 接在电缆外壳，接线柱 G 接电缆线芯与外壳之间的绝缘层上，接线柱 L 接电缆线芯，摇动绝缘电阻表的发电机手柄，待绝缘电阻表指针稳定后读数，这时指针所指示的读数就是电缆线芯与电缆外壳的绝缘电阻值。

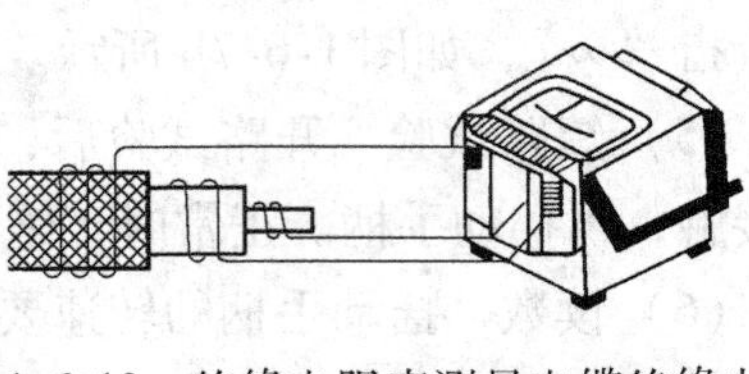

图 1-6-10　绝缘电阻表测量电缆绝缘电阻

4. 绝缘电阻表的使用注意事项及保养

1）测量绝缘电阻必须在被测设备和线路断电的状态下进行。对含有大电容的设备，测量前应先进行放电，测量后也应及时放电，放电时间不得小于2min，以保证人身安全。

2）绝缘电阻表与被测设备间的连接导线不能用双股绝缘线或绞线，应用单股线分开单独连接，以避免线间电阻引起的测量误差。

3）摇动手柄时应由慢渐快至额定转速120r/min。在此过程中，若发现指针指零，说明被测绝缘物发生短路事故，应立即停止摇动手柄，避免表内线圈因发热而损坏。

4）测量具有大电容设备的绝缘电阻，读数后不能立即停止摇动绝缘电阻表，以防止已充电的设备放电而损坏绝缘电阻表。此时，应在读数后一边降低手柄转速，一边拆去接地线。在绝缘电阻表停止转动和被测物充分放电之前，不能用手触及被测设备的导电部分。

5）测量设备的绝缘电阻时，应记录测量时的温度、湿度和被测设备的状况等，以便于分析测量结果。

6）测量绝缘电阻的结果如超过了规定值，应及时进行处理，否则可能发生人身和设备的安全事故。

7）使用完毕后，应放在干燥、避光、无振动的场合。

知识链接3　钳形电流表的使用与维护

钳形电流表是一种在不断开电路的情况下就能测量交、直流电流的专用仪表，其外形如图1-6-11所示。

1. 钳形电流表的使用

1）用钳形电流表测量三相交流电时，夹住一根相线测得的是本相线的电流值；夹住两根相线读数为第三相线的电流值；夹住三根相线时，如果三相平衡，则读数为零，若有读数，则表示三相不平衡，读出的是中性线的电流值。

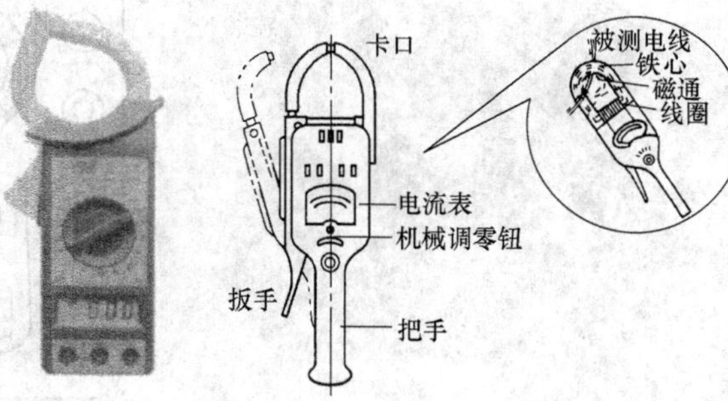

a) 实物图　　b) 示意图

图1-6-11　钳形电流表

2）用钳形电流表测量照明和日常小电器时，电流一般小于5A。测量时，为了得到较准确的电流值，可把负载绝缘线在钳形表的动铁心上多绕几匝，被测电流的计算公式：

被测电流 = 表的读数/绕线匝数

3）用钳形电流表测量低压母线等裸露导体的电流时，测量前应将临近各相用绝缘物隔开，以防钳口张开触及临近导体，引起相间短路。测量时应戴绝缘手套，站在绝缘垫子上，不得触及其他设备，以防短路或接地。观察测量值时，要特别注意保持头部与带电部分的安全距离。

2. 钳形电流表的操作方法

1）在进行测量时，用手捏紧手柄，钳口张开，将被测载流导线的位置放在钳口中间，然后松开手柄，使铁心闭合，表头就有指示。

2）使用时应先估计被测电流和电压的大小，选择合适的量程，若被测电流的大小未知，可将量程拨到较大的量程，然后再根据被测电流和电压的大小逐渐减小量程，使读数超过刻度的1/2，以便得到较准确的读数。

3）为使读数准确，钳口两个面应保证很好接合，如有杂物，可将钳口重新开合一次，如果开合时有声音，应检查结合面上是否有污垢，如有污垢可用汽油擦干净。

3. 钳形电流表的使用注意事项及保养

1）测量低压熔断器或低压母线电流时，应将临近的各相用绝缘板隔离，应戴绝缘手套，站在绝缘垫子上，头戴安全帽，以防钳口张开时可能引起的相间短路和触电安全事故。

2）测量交流电流、电压应分别进行，不能同时测量。

3）不能用于高压带电测量。

4）测量完毕后，一定要把调节开关放在最大量程的位置或关闭，以免下次使用时由于未经量程选择而造成仪表损坏。

5）钳形电流表钳口的两个面应保持干燥清洁，防止生锈，严禁振动和机械冲击。

知识链接 4　直流惠斯顿电桥的使用与维护

惠斯顿电桥也叫直流单臂电桥，是一种比较式测量仪器。主要用于测试低阻值电阻，如在电动机修理中测量绕组直流电阻；在线路检修中，测量线路直流电阻等。

直流惠斯顿电桥的电阻测量范围为 1 ~ 10Ω。本节以 QJ-23 型直流惠斯顿电桥为例介绍其使用方法。该电桥面板结构如图 1-6-12 所示。

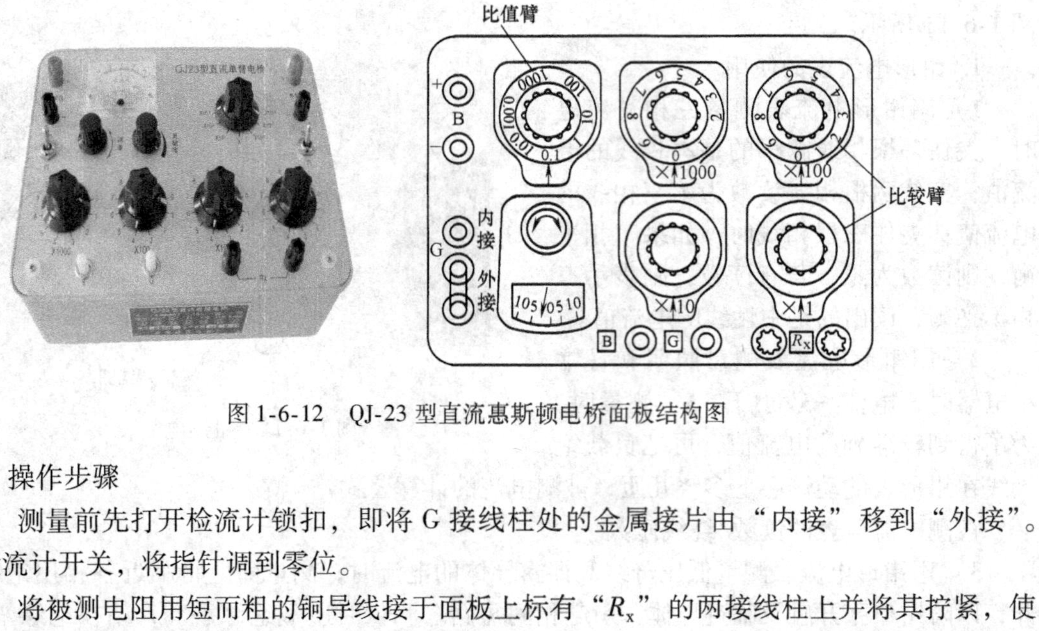

图 1-6-12　QJ-23 型直流惠斯顿电桥面板结构图

1. 操作步骤

1）测量前先打开检流计锁扣，即将 G 接线柱处的金属接片由“内接”移到“外接”。开启检流计开关，将指针调到零位。

2）将被测电阻用短而粗的铜导线接于面板上标有“R_x”的两接线柱上并将其拧紧，使其处于良好的接触状态。

3）估计待测电阻阻值（最好用万用表预测一个近似值），以便选择合适的比较臂与比值臂。这样不仅可节省测量时间，而且能保证测量结果的准确。选择比较臂时，最好能使比较臂最高档（×1000）不为零，再选择比值臂倍率。

4）进行电桥平衡调节，先按下按钮 B 接通电源，再按下按钮 G 接通检流计。根据检流计指针的偏转方向和速度，增加或减少比较臂电阻，反复调节直至指针指零。此时电桥处于平衡。在调节平衡过程中，电桥在未接近平衡状态时，每调节一次，短时按下一次按钮 G，观察平衡情况，当检流计指针偏转已不大时，即可旋紧按钮 G，再进行反复调节。电桥未平衡时，若指针向“+”方向偏转，应增大比较臂电阻值，反之减小比较臂电阻值。偏转速度越快，应增减的阻值越大。

5）测量结束后，先松开按钮G，再松开按钮B，切断电源，拆除被测电阻。记录数据后，将各比较臂旋钮均置于零，并将检流计接片从“外接”换到“内接”，使其从内部短路。

6）计算被测电阻

被测电阻阻值 = 比值臂倍率 × 比较臂总阻值（Ω）

2. 直流惠斯顿电桥的使用注意事项及保养

1）电桥内的电池电压不足会影响灵敏度，应及时更换。若用外接电源必须注意极性且电压不得超过允许值。长期不用时应取出电池。

2）惠斯顿电桥不宜测量0.1Ω以下的电阻，即使测量1Ω以下的低阻值电阻，也应降低电源电压并缩短测量时间，以免烧坏仪器。

3）测量带电感的电阻（如电动机绕组、变压器绕组）时，应先接通电桥电源，再接通检流计按钮G。断开时应先断开检流计按钮，再断开电桥电源，以免线圈自感电动势损坏检流计。

4）测量中不得使电桥比较臂电流超过允许值。

5）电桥不用时应将检流计锁住，以免搬运时损坏。

6）保证桥臂及相关接触点接触良好。

7）使用完毕后，应放在干燥、避光、无振动的场合。

知识链接5　接地电阻测试仪的使用与维护

接地电阻测试仪也叫接地摇表，主要用于测量电气系统、避雷系统等接地装置的接地电阻和土壤电阻率。它也是一种携带式指示仪表，形式有多种，用法也不尽相同，但工作原理却基本一样。本节以ZC-8型接地电阻测定仪为例介绍它的基本结构、工作原理及使用方法。ZC-8型接地电阻测定仪的外形及附件如图1-6-13所示。

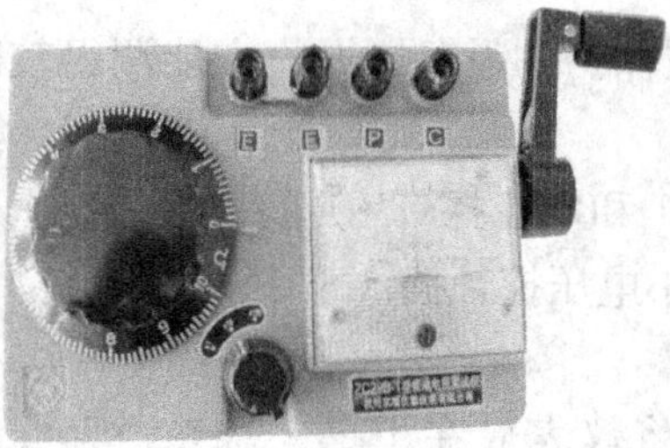

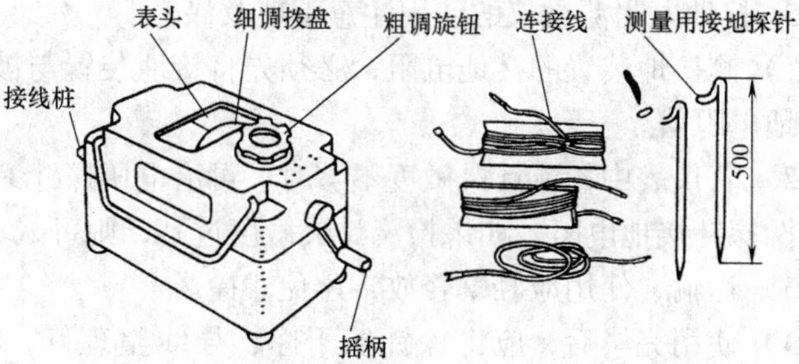

图1-6-13　ZC-8型接地电阻测试仪的外形及附件

1. 基本结构

ZC-8型接地电阻测试仪由高灵敏度的检流计、交流发电机、电流互感器及调节电位器、测量用接地极E、电压辅助电极P和电流辅助电极C等组成，被测接地电阻R_x接于E和P之间。

2. 使用方法与步骤

1）将接地电阻测试仪的P2、C2（或E）接线柱接入被测接地装置的接地体（极），将电压探针接P1接线桩，电流探针接C1接线桩。两个探针之间及与接地极之间均应保持20m以上的距离，具体接线方法如图1-6-14所示。

2）将仪表置于水平位置，对指针进行机械调零，使其指在标度尺红线上。

3）将量程（倍率）选择开关S置于最大量程位置，缓慢摇动发电机摇柄，同时调整“测量标度盘”，即可调节电位器Rp的阻值，使检流计指针始终指在零刻度线上，这表明仪表内部电路工作在平衡状态。当指针接近零刻度线时，加快发电机摇柄转速，使其达额定转速（120r/min），再次调节“测量标度盘”，使指针稳定在零刻度线上，这时用“测量标度盘”的读数（Rp）乘以倍率标度，即得所测接地电阻值。测量中，若发现“测量标度盘”读数小于1，应将量程选择开关置于较小的一档，重新测量。

4）用ZC-8型接地电阻测试仪测量导体电阻。将P1、C1接线桩用导线短接，再将被测电阻接于E（或P2、C2短接的公共点）与Pl之间，其余测量方法和步骤与测量接地电阻相同。

5）用ZC-8型接地电阻测试仪还可测土壤电阻率，这里不做介绍。

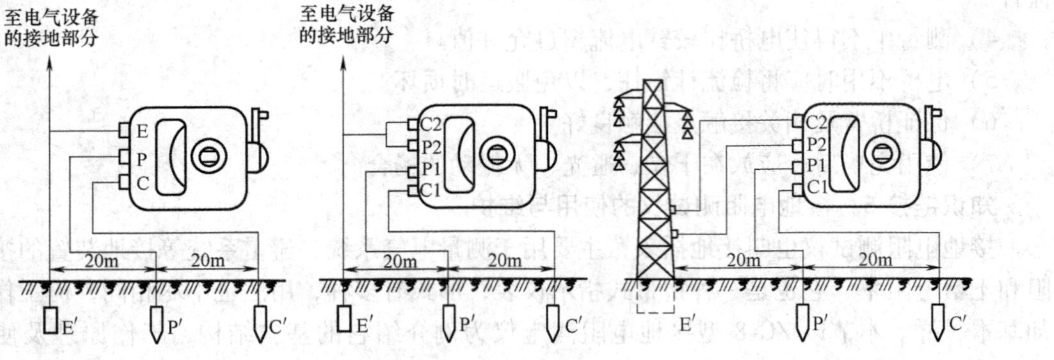

图1-6-14 接地电阻测试仪的几种操作

3. 接地电阻测试仪的使用注意事项及保养

1）测接地装置的接地电阻，必须先将接地装置与被保护的设备断开，方能测得较准确的接地电阻值。

2）若仪表中检流计灵敏度不够时，可沿电压探针P1和电流探针C1的接地处注水，以减小两探针接地电阻。如果检流计灵敏度过高，则可减小电压探针插入土中的深度。

3）运输、使用应轻拿轻放，避免碰撞。

4）使用完毕后，应将探针擦干净，导线整理好，将仪表放在干燥、避光、无振动的场合。

【操作指导】

操作指导1 绝缘电阻表的操作使用

1. 目的要求

掌握绝缘电阻表测量电气设备绝缘电阻的操作方法，能够正确判断电气设备的绝缘情况。

2. 器材设施

500 型绝缘电阻表一只，电缆线若干，三相异步电动机一台。

3. 实训操作步骤

1）测量电缆线的绝缘电阻值。

2）测量三相异步电动机各相之间的绝缘电阻值，各相对机座 E 的绝缘电阻值，将测量值填入表 1-6-1。

表 1-6-1　三相异步电动机各相之间和各相与地之间的绝缘电阻值

测试项目	测试结果	合格判断	测试项目	测试结果	合格判断
U 相-V 相			U 相-E		
V 相-W 相			V 相-E		
W 相-U 相			W 相-E		
三相异步电动机的情况					

操作指导 2　钳形电流表的操作使用

1. 目的要求

掌握用钳形电流表测量电流的操作方法。

2. 器材设施

钳形电流表一只，三相异步电动机一台，三相配电箱一处，单相小功率电器一台，安全帽一顶，绝缘手套一双，绝缘鞋一双，橡胶绝缘板若干块，连接导线若干。

3. 实训前指导

1）谨防触电事故发生。

2）防止短路事故发生。

3）掌握小电流的测量方法。

4. 实训操作步骤

1）三相异步电动机三相电流值的测量，将测量值填入表 1-6-2。

2）单相小功率电器电流值的测量，将测量值填入表 1-6-2。

3）三相四线供电系统三相电流和零线电流值的测量，将测量值填入表 1-6-3。

表 1-6-2　三相异步电动机三相电流值

三相异步电动机三相电流的测量值/A		单相小功率电器电流的测量值
U 相		I = 总电流/缠绕匝数
V 相		
W 相		

表 1-6-3　三相四线供电系统三相电流和零线电流值　（单位：A）

U 相		V、W 两相	
V 相		U、W 两相	
W 相		U、V 两相	
N 线		U、V、W 三相	

操作指导 3　直流惠斯顿电桥的操作使用

1. 目的要求

掌握用直流惠斯顿电桥测量三相异步电动机的三相电阻的操作方法。

2. 器材设施

直流惠斯顿电桥一台，万用表一块，三相异步电动机一台。

3. 实训前指导

1）使用时要轻拿轻放。

2）严格按照操作步骤进行。

4. 实训操作步骤

1）电桥调试。

2）用万用表初测量三相电阻值，正确选择电桥量程。

3）测量三相异步电动机三相绕组的电阻值填入表1-6-4。

表1-6-4 三相异步电动机三相绕组的电阻值

项目	U相电阻值/Ω	V相电阻值/Ω	W相电阻值/Ω
万用表测量值			
电桥量程选择			
电桥测量值			

【考核与评价】

表1-6-5 便携式仪表使用的考核

项目内容	配分	评分标准	自评	互评	教师评
绝缘电阻表的操作使用	30	①使用前的操作 5分 ②测量过程操作 20分 ③测量结果 5分			
钳形电流表的操作使用	30	①使用前后的操作 5分 ②测量过程操作 20分 ③测量结果 5分			
直流单臂电桥的操作使用	30	①使用前后的操作 5分 ②测量过程操作 20分 ③测量结果 5分			
安全、文明操作①	10	违反一次 扣5分			
定额时间	60min	每超过10min 扣5分			
开始时间		结束时间		总 评 分	

①要求与本项目任务一相同。

思考与练习

1. 发生触电事故，如何应急处理？
2. 对触电者应如何救护？
3. 触电现场的抢救方法和注意事项是什么？
4. 简述触电与火灾的防范措施是什么？
5. 用电安全的技术措施有哪些？
6. 低压验电笔是维修电工的常用工具，它有哪些使用功能？
7. 利用梯子登高作业时应注意哪些事项？

8. 导线的连接有哪些要求？

9. 绝缘导线有哪两大类？它们的主要用途分别是什么？

10. 绝缘电阻表的使用及保养的注意事项是什么？

11. 钳形电流表的使用及保养的注意事项是什么？

12. 直流惠斯顿电桥的使用及保养的注意事项是什么？

13. 接地电阻测试仪的使用及保养的注意事项是什么？

项目二　焊接的基本操作训练

焊接基本操作也是维修电工应具备的技能，它可分为焊条电弧焊和烙铁钎焊。

焊条电弧焊是利用电弧产生热量来熔化被焊金属及填充金属，然后凝固成牢固接头的一种手工操作的焊接方法。焊条电弧焊操作方便，设备简单，能够对空间不同位置、不同接头形式的焊缝进行焊接，是焊接中应用最广泛的方法。掌握了焊条电弧焊的操作原理对认识其他种类的熔焊有很大帮助，因此将焊条电弧焊的操作列为焊接基本操作的重要内容。

烙铁钎焊是电子产品装配中的一项重要技术，广泛应用于电子产品的试制、生产及维修中，焊接质量的优劣在相当程度上决定了电子产品是否能稳定可靠地运行。因此，焊接技术是从事电子产品调试、维修、开发工作必不可少的一项操作技能。

知识目标

1. 了解电焊机的原理及构造、焊条种类。
2. 了解电焊接头形式与方式。
3. 了解电焊的安全知识。

技能目标

1. 掌握电焊工具的基本使用技能。
2. 掌握焊条电弧焊的操作技能。
3. 掌握烙铁钎焊工具的使用及选用方法。
4. 掌握烙铁钎焊的基本操作方法。

任务一　学习焊条电弧焊

焊条电弧焊是利用焊条与焊件之间的电弧热，使焊条金属与母材熔化形成缝的一种焊接方法。焊接时，母材为一电极，焊条为另一电极，电弧在焊条与母材之间的空隙内通过外加电压引燃。操作时用焊钳夹持焊条，利用焊条与被焊金属工件间产生的电弧热量加热并熔化金属，随后形成焊缝，获得牢固接头，如图 2-1-1 所示。

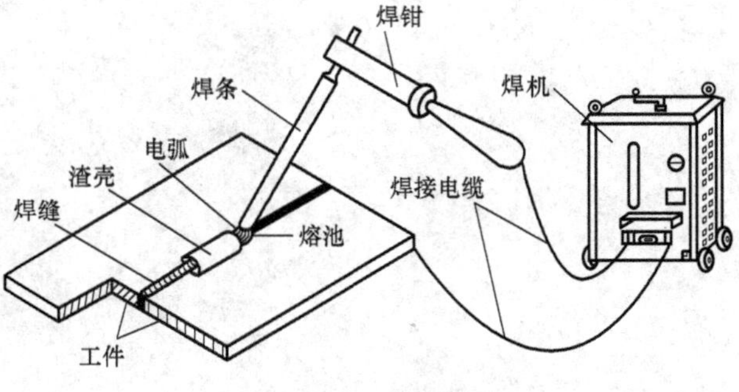

图 2-1-1　焊接示意图

【相关知识准备】

知识链接 1　电焊工具

1. 焊条电弧焊工具

焊条电弧焊工具有电焊机、焊条、焊钳、防护罩等，如图 2-1-2 所示。

a) 电焊机　b) 焊条　c) 焊钳　d) 防护罩

图 2-1-2　电焊工具

电焊机是焊接电弧的电源，用以保证焊接电弧的燃烧。电焊机实际上就是具有降压外特性的变压器，它将 220V 或 380V 的交流电变为 50～90V 的交流电。电焊机按输出电源种类可分为两种，一种是交流电源型；一种是直流电源型。直流型电焊机可以说也是一个大功率的整流器，分正、负极，交流电输入时，经电焊机后，再由整流器整流，然后输出具有降压外特性的直流电源，输出端在接通和断开时会产生较大的电压变化，两极在瞬间短路时引燃电弧，利用产生的电弧来熔化焊条和焊材，冷却后来达到使它们结合的目的。

焊条电弧焊时，欲获得优良的焊接接头，首先要使电弧稳定地燃烧。为确保能顺利起弧和稳定地燃烧，电焊机要做到以下两点：

1）焊接电源在引弧时，应供给电弧以较高的电压（通常规定该空载电压在 50～90V）和较小的电流（几安）；引燃电弧、并稳定燃烧后，又能供给电弧以较低的电压（16～40V）和较大的电流（几十安至几百安）。电源的这种特性，称为陡降外特性。

2）焊接电源还要满足可以灵活调节焊接电流，以满足焊接不同厚度的工件时所需的电流。此外，还应具有良好的动特性。

2. 电焊机的分类

常用的焊条电弧焊机分类如下。

交流弧焊机：由减压变压器、阻抗调节器、手柄和焊接电弧等组成。主要有动铁心式、同体式和动圈式三种。

旋转式直流弧焊机：由发电机和原动机两部分组成。

整流式直流弧焊机：它由主变压器、整流器组、调节装置和冷却风扇等装置组成。

常见的电焊机外形如图 2-1-3 所示。

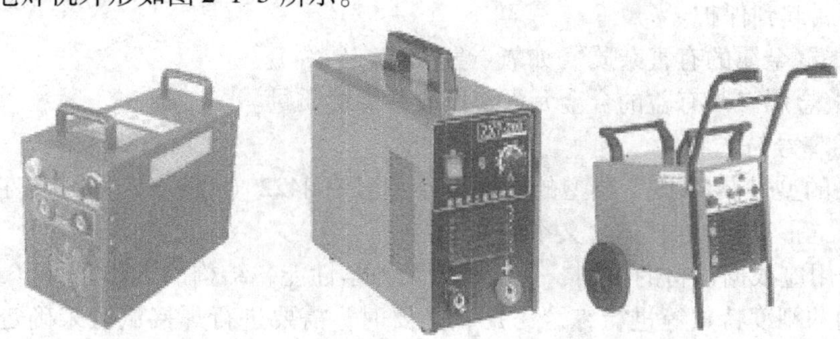

a) 交流电焊机　b) 直流电焊机

图 2-1-3　常见的电焊机外形

知识链接 2　焊条

1. 焊条的分类、组成和作用

焊条电弧焊用焊条的种类很多。按我国统一的焊条牌号，共分为十大类：结构钢焊条 J、钼和铬钼耐热钢焊条 R、低温钢焊条 D、不锈钢焊条 G、特殊用途焊条 W、堆焊焊条 B、铸铁焊条 Z、镍及镍合金焊条 N、铜及铜合金焊条 T、铝及铝合金焊条 L。其中应用最广的是结构钢焊条。

结构钢焊条按熔渣的性质，可分为酸性和碱性两类。它们的性能对比见表 2-1-1。

表 2-1-1　焊条的性能对比

	酸性焊条	碱性焊条
工艺性能特点	引弧容易，电弧稳定，可用交直流电源焊接 对铁锈、油污和水分的敏感性不大，对抗气孔能力强。使用前经 75～150℃烘培 1h 飞溅小，脱渣性好 焊接时烟尘较少	由于药皮中含有的氟化物影响气体电离，故电弧的稳定性较差，只能采用直流电源焊接 对水、锈产生气孔的敏感性较大，使用前经 350～400℃烘培 1h 飞溅较大，脱渣性稍差 焊接时烟尘较多
焊缝金属性能	焊缝常、低温性能一般 合金元素烧损较多 脱硫效果差，抗热裂纹能力差	焊缝常、低温性能较好 合金元素过渡效果好，塑性的韧性好。特别是低温冲击韧度好 脱氧、硫能力强。焊缝含氢、氧、硫低，抗裂性能好

焊条由焊芯和药皮组成，如图 2-1-4 所示。

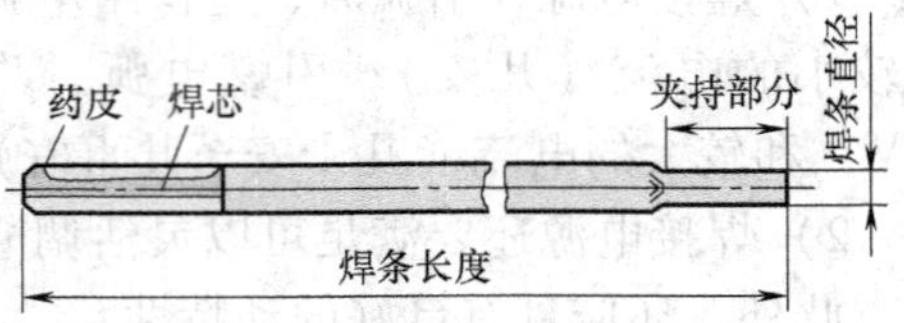

图 2-1-4　焊条的结构

焊芯的作用之一是作为电极导电，同时它也是形成焊缝金属的主要材料，因此焊芯的质量直接影响焊缝的性能，其材料都是特制的优质钢，焊接碳素结构钢的焊芯一般是 0.08%C 的低碳钢。常用的焊条直径（即焊芯的直径）为 2.5～6mm，长度为 350～450mm。

药皮是压涂在焊芯表面上的涂料层，焊接时形成熔渣及气体，药皮对焊接质量的好坏同样起着重要的作用。药皮的主要作用是：

1）保持电弧稳定燃烧；以改善焊接工艺，保证焊接质量。

2）对焊缝进行机械保护，药皮在焊接时产生大量的气体和熔渣，隔绝空气的有害影响，对焊缝金属起到保护。

3）脱去焊缝金属的有害杂质（如氧、氢、硫、磷等）。

4）向焊缝金属渗入有益的合金元素，以改善焊缝质量。

2. 焊条的牌号与选用

（1）焊条的型号及要求　典型的酸性焊条型号有 J422（E4303）等，碱性焊条牌号有 J507（E5015）等。牌号的具体含义举例如下：

焊条的选用应根据钢材的类别、化学成分及力学性能，结构的工作条件（载荷、温度、介质）和结构的刚度特点等进行综合考虑，必要时，需要进行焊接试验来确定焊条型号和牌号。对焊条的要求如下：

1）容易引弧，保持电弧稳定。

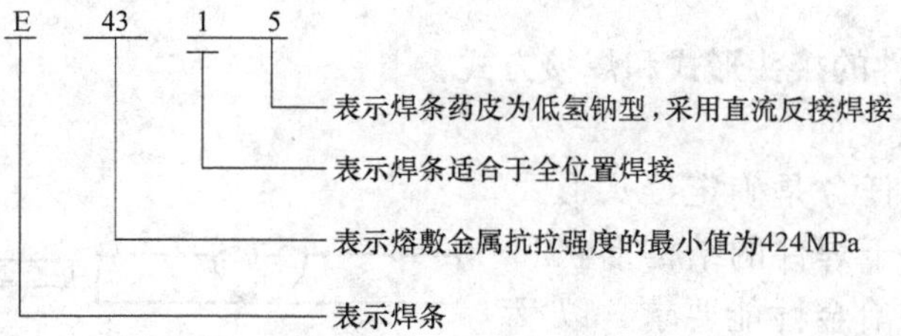

2）药皮熔化速度均匀，不整块脱落，形成套筒效应。

3）熔渣的密度应小于液体金属密度。

4）向焊缝过渡合金和冶金处理，补充合金，清除氧、氢、硫、磷等有害杂质。

（2）焊条的选用原则

1）选择与母材化学成分相同或相近的焊条。

2）选择与母材等强度的焊条。

3）根据结构的使用条件选择焊条药皮的类型。

4）焊条直径的选择主要应考虑焊件的厚度。一般地，焊件的厚度较大时，焊条选用直径较大。焊条直径与焊件厚度之间的关系见表2-1-2。

表2-1-2　焊条直径与焊件厚度之间的关系　（单位：mm）

焊条直径	1.5	2	2.5～3.2	3.2	3.2～4	3.2～5
焊件厚度	≤1.5	2	3	4～5	6～12	≥13

5）焊条电流的选择。焊条直径越大，焊条熔化所需要的热量越大，电流就越大。焊条直径与焊接电流的关系见表2-1-3。

表2-1-3　焊条直径与焊接电流的关系

焊条直径/mm	焊接电流/A	焊条直径/mm	焊接电流/A	焊条直径/mm	焊接电流/A
1.6	25～40	3.2	80～120	5.8	220～300
2.0	40～70	4.0	150～200		
2.4	50～80	5.0	180～260		

（3）不同材料焊条的选用

1）碳钢焊条的选用。一般按焊缝与母材等强的原则选用，但在焊缝冷却速度大（如薄板施焊、单层焊）时，也选用强度比母材低一级的焊条。不同强度级别的母材施焊，应选用强度级别较低的钢质焊条。

2）低合金钢焊条的选用。对强度级别较低的钢材，其选用原则与低碳钢焊条相同，基本上是等强原则。对于强度级别较高的钢材，特别是高强度钢，选用焊条时，应侧重考虑焊缝的塑性；对于铬钼钢，着眼于接头的高温性能；对于镍钢，则重点考虑焊缝的低温韧性。低合金异种钢焊接时，则应该依照强度级别较低的钢种选用焊条，施焊工艺则依照强度级别较高钢种的工艺，同时还应注意其他因素。

3）不锈钢焊条的选用。主要依据熔敷金属化学成分和母材相同或相近的原则，以满足焊缝的耐腐蚀性能。对于Cr5Mo、Cr9Mo、Cr13、Cr27类钢，为简化工艺，往往选用铬镍奥氏体不锈钢焊条来施焊。

焊条应保存在干燥的地方，避免受潮。特别是碱性焊条，每次使用前都要经烘干处理后才能使用。

知识链接 3　焊件的接头形式和焊接方式

1. 焊接接头形式

接头设计的主要任务是确定接头形式和坡口尺寸。它取决于焊件的结构形状和板厚，接头的力学和冶金性能要求，以及施工条件等。根据国家标准 GB/T 985—2008 规定，焊条电弧焊接头形式分为对接接头、搭接接头、角接接头及 T 形接头四种，如图 2-1-5 所示。

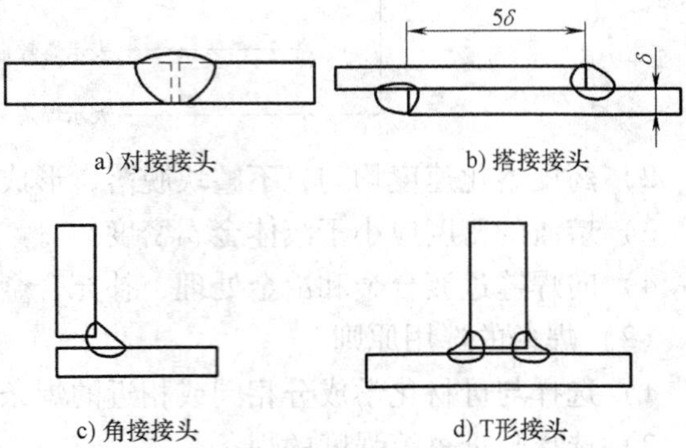

a) 对接接头　b) 搭接接头　c) 角接接头　d) T形接头

图 2-1-5　接头的基本形式

2. 坡口形式

焊件较薄时，在焊件接头处只要留出一定的间隙，采用单面焊或双面焊，就可以保证焊透。焊件较厚时，为了保证焊透，焊接前要把焊件的待焊部位加工成为所需的几何形状，即需要开坡口，不同接头形式的坡口形式如图 2-1-6 和图 2-1-7 所示。

根据坡口的形状，坡口分成 I 形（不开坡口）、V 形、Y 形、双 Y 形、U 形、双 U 形、单边 V 形、双单边 Y 形、J 形、K 形等坡口形式。

V 形和 Y 形坡口的加工和施焊方便（不必翻转焊件），但焊后容易产生角变形。

双 Y 形坡口是在 V 形坡口的基础上发展的。当焊件厚度增大时，采用双 Y 形代替 V 形坡口，在同样厚度下，可减少焊缝金属量约 1/2，并且可对称施焊，焊后的残余变形较小。缺点是焊接过程中要翻转焊件，在筒形焊件的内部施焊，使劳动条件变差。

U 形坡口的填充金属量在焊件厚度相同的条件下比 V 形坡口小得多，但这种坡口的加工较复杂。

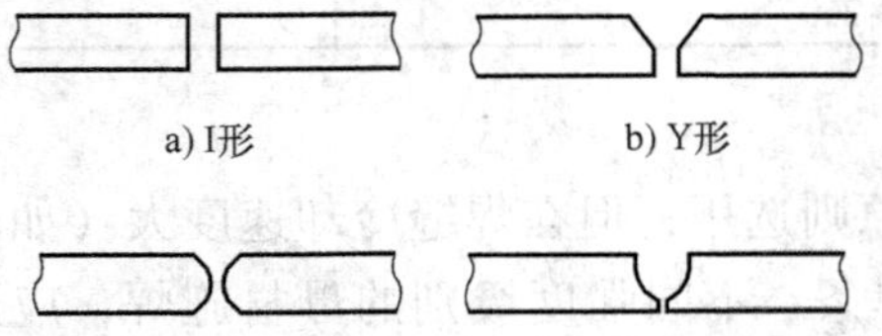

a) I形　b) Y形　c) 双Y形　d) U形

图 2-1-6　对接接头的坡口形式

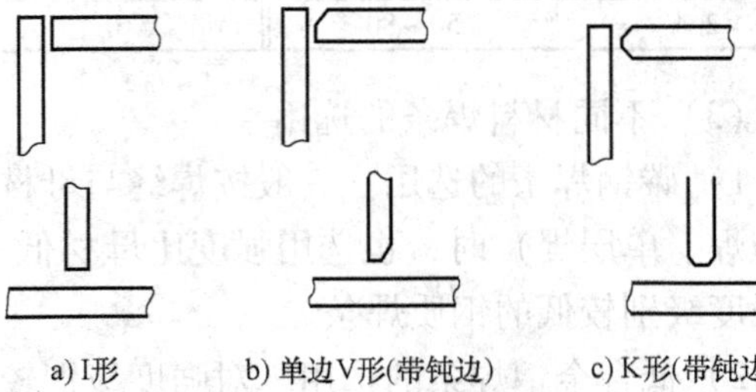

a) I形　b) 单边V形(带钝边)　c) K形(带钝边)

图 2-1-7　角接和 T 形接头的坡口

坡口选择按以下原则：一是要保证工件焊透和便于操作；二是要易加工；三是要提高生产效率，节省焊条；四是要变形小。

加工坡口时，通常在焊件厚度方向留有直边，称为钝边，其作用是为了防止烧穿。接头组装时，往往留有间隙，这是为了保证焊透。

3. 焊接方式

由于焊缝所处的空间位置不同，作用于熔滴、熔池的力发生了变化，因此不同位置焊缝的焊接特点亦有所不同，据此可分为平焊、立焊、横焊和仰焊。但有三个共同的要求：①合适的工艺操作；②正确的焊条角度；③适当的运条动作。

平焊位置的焊条角度如图 2-1-8 所示。

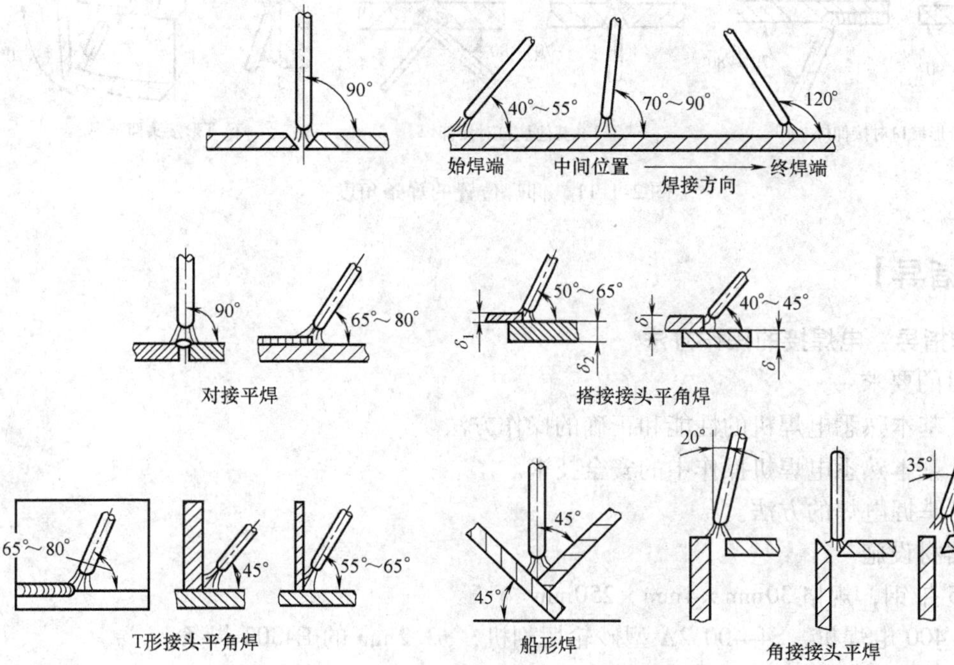

图 2-1-8　平焊位置的焊条角度

立焊位置的焊条角度如图 2-1-9 所示。

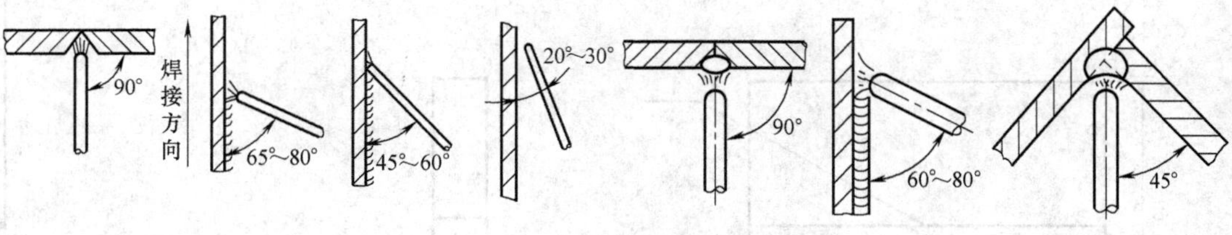

图 2-1-9　立焊位置的焊条角度

横焊位置的焊条角度如图 2-1-10 所示。

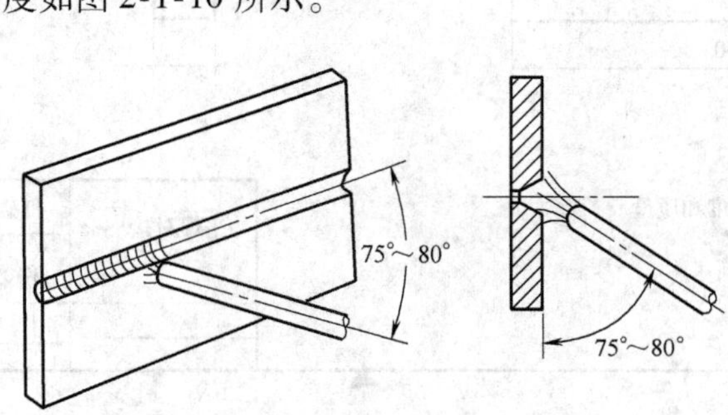

图 2-1-10　横焊位置的焊条角度

仰焊位置的焊条角度如图 2-1-11 所示。

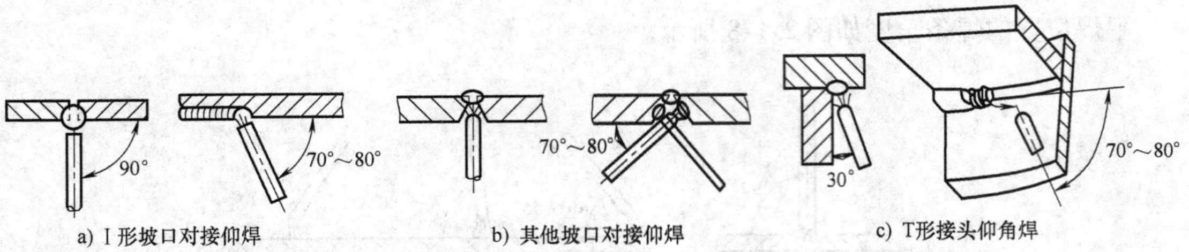

图 2-1-11　仰焊位置的焊条角度

【操作指导】

操作指导　电焊接的操作方法

1. 目的要求

(1) 基本熟悉电焊机的性能和正确的操作方法。

(2) 基本熟悉电焊机操作中的安全技术。

(3) 掌握电焊的方法。

2. 器材设施

Q235 带钢，规格 30mm × 4mm × 250mm

ZX7-400 电焊机，S4-400-2A 型砂轮切割机，ϕ3. 2mm 的 E4303 焊条。

实训图样如图 2-1-12 所示。

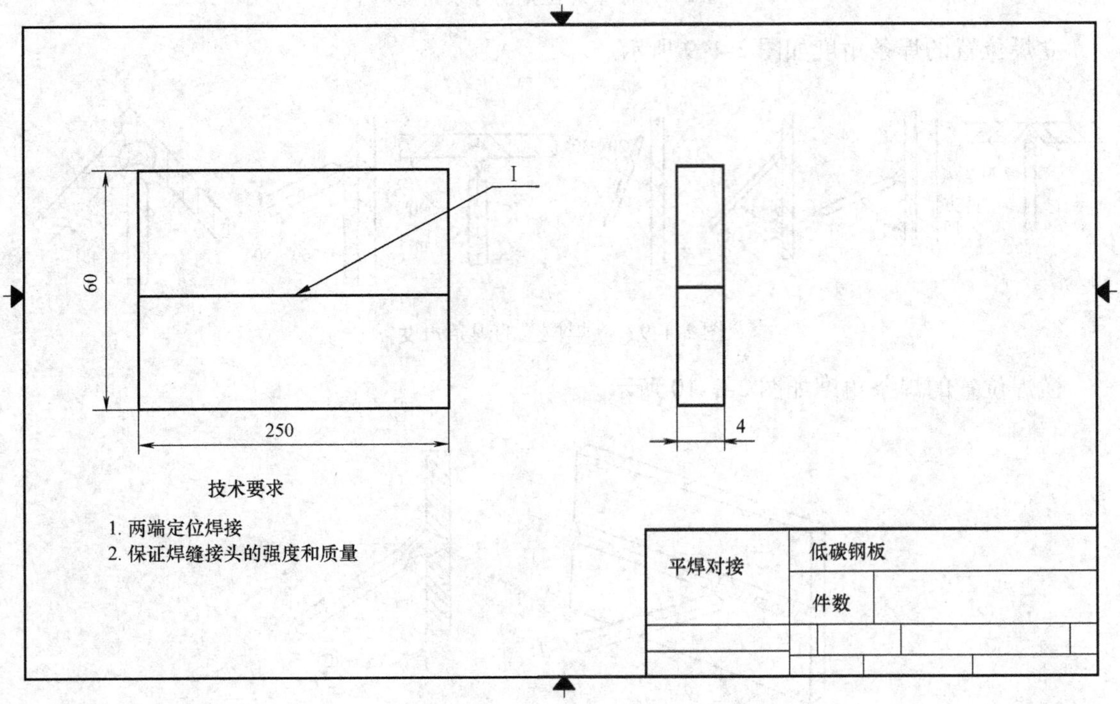

图 2-1-12　实训图样

3. 实训前指导

（1）基本操作说明

1）引弧。引弧就是使焊条与焊件间引燃并保持稳定的电弧。引弧的方法有敲击法和摩擦法两种。这两种方法都是使焊条末端与工件表面接触形成短路，然后迅速将焊条向上提起一段距离（2 ~ 4mm），即可引燃并保持稳定的电弧。

需要注意的是，焊条不能提得太高，否则电弧易熄灭。焊条末端与工件接触时间不能太长，以免焊条粘连在焊件上。当发生粘连时，应迅速左右摆动焊条，以使焊条脱离焊件。

2）运条。焊条电弧焊时，焊条除了沿其轴向向熔池送进和沿焊缝方向前移外，为了获得一定宽度的焊缝，焊条还应沿垂直于焊缝的方向横向摆动。

3）熄弧。熄弧是指焊缝结束，或一根焊条用完准备连接后一根焊条时的收尾动作。

焊缝结束时的焊弧，应在熄弧前让焊条在熔池处作短暂停顿或作几次环形运条，使熔池填满，然后将焊条逐渐向焊缝前方斜拉，同时抬高焊条，使电弧自动熄灭。连续熄弧，应在熄弧前减少焊条与焊件间的夹角，将熔池中的金属和上面的熔渣向后赶，形成弧坑后再熄弧。连接时的引弧应在弧坑前面，然后拉回弧坑，再进行正常焊接。

（2）实训安全规程

1）操作前必须检查焊机是否接地，电缆、焊钳绝缘是否良好。

2）操作时，必须穿好工作服、绝缘鞋，系好套袜，戴好手套和面罩。禁止不通过防护玻璃直视电弧，以防灼伤眼睛。

3）刚焊过的工件必须用手钳夹持，以防烫伤。

4）敲渣时应注意焊渣的飞出方向，以防烫伤。

5）不得将焊钳放在工作台上，以免短路烧坏焊机。

6）发现电焊机或线路发热烫手时，应停止工作，切断电源，并报告指导教师或实训室工作人员。

7）操作完毕后，应切断电源。

4. 实训操作步骤

（1）焊前准备工作　将带钢调平，有弯曲处用手锤将工件调整平直。用砂轮机或砂纸去掉带钢下料毛刺，清除焊件表面和焊缝两侧各 20mm 范围内的铁锈、油污和水分等。

检查电焊机是否接通电源、接地线是否与电焊机接好，输出端负极导线是否与工作台连接。

打开电焊机开关，检查电源是否接通，接通后，调整所需电流。根据焊件厚度选择焊条直径，再确定所需电流大小。

（2）组对　将两块钢板水平放在工作台对好，如图 2-1-13 所示。放一块引弧用的废钢板（不能在工作台上引弧）利用敲击法或划擦法引弧。将工件两端定位焊牢固（焊点不得大于 ϕ8mm），去掉焊渣，检查是否焊牢。如没焊在焊缝上，可在焊缝边再定位焊一点，将工件翻转过来待焊。

图 2-1-13　组对示意图

（3）焊接　首先要引好弧，再运条，利用掌握的焊条角度匀速进行运条焊接，电弧长不得大于焊条直径。焊好后熄弧（将焊条往回带一下将弧坑填满）。除清理上述渣壳以外，还应把焊件表面的飞溅等清理干净。再翻转焊件，焊另一面，焊后除渣。

检查工件是否存在焊接缺陷，即是否达到所需尺寸等，如有则及时处理。

（4）结束工作　关闭电源，将焊钳线卷好放在电焊机上。辅助工具放在指定地点。工件场地清扫干净，垃圾放指定地点。

需要注意的是：①焊机接电源线时，不要接错电源接线柱，否则易烧坏电焊机；②更换焊条时，不要把焊条拿在手上，再用焊钳去夹焊条的办法更换，否则会发生触电的危险，应将焊条放在防护面罩里，再用焊钳去夹焊条的办法更换；③焊接操作时，不准调节电焊机的调节电流旋钮，否则易烧坏调节电流旋钮，若要调节电流大小，必须停止焊接操作。

【考核与评价】

表 2-1-4　焊条电弧焊的考核

项目内容	配分	评分标准		自评	互评	教师评
操作技能	30	①正确调整焊接设备 ②握持焊钳或焊炬动作正确、规范 ③施焊步骤合理	10分 10分 10分			
工件质量	50	①焊缝宽度均匀 ②焊缝高度合适、波纹细密 ③焊缝焊透、无夹渣、咬边焊瘤等缺陷	15分 15分 20分			
安全、文明操作①	20	违反一次	扣5分			
定额时间	15min	超过1min	扣5分			
开始时间		结束时间		总评分		

①安全、文明操作的要求为：遵守实训纪律，团结协作，不损坏装备，遵守安全文明操作规程，不发生安全事故。

任务二　学习烙铁钎焊

烙铁钎焊焊接的种类很多，手工焊接适用于小批量生产的电子产品及其维修，它具有连接可靠、导电性能优良的特点。

锡焊的原理是通过加热的烙铁将固态焊锡丝加热熔化，再借助于助焊剂的作用，使其流入被焊金属之间，冷却后形成牢固可靠的焊接点。当钎料为锡铅合金、焊接面为铜时，钎料先对焊接表面产生润湿，伴随着润湿现象的发生，钎料逐渐向金属铜扩散，在钎料与金属铜的接触面形成附着层，使两者牢固地结合起来。所以焊锡是通过润湿、扩散和冶金结合这三个物理、化学过程来完成的。

【相关知识准备】

知识链接1　电烙铁及焊锡

电路焊接所用的工具有电烙铁、吸锡器、放大镜、镊子、尖嘴钳、斜口钳、剥线钳、小刀、台灯和烙铁架等，以下主要介绍焊接工具电烙铁和焊锡。

1. 电烙铁

（1）电烙铁的种类　电烙铁的种类很多，按结构分为内热式、外热式、恒温式、吸锡式及热风枪等品种。按功率分为15W、20W、25W、30W、45W、75W、100W和300W等数种规格，功率越大，内阻越小，烙铁的温度越高，常用的内热式电烙铁的工作温度见表2-2-1，使用者应根据所焊物的大小、性质和导线粗细选用合适的电烙铁，如图2-2-1所示。

表2-2-1　常用的内热式电烙铁的工作温度

烙铁功率/W	20	25	45	75	100
端头温度/℃	350	400	420	440	455

1）内热式电烙铁。由于烙铁心安装在烙铁头里面，故称为内热式电烙铁。该型烙铁具有升温快、重量轻、耗电省、体积小和热效率高等特点，因而得到普遍应用。

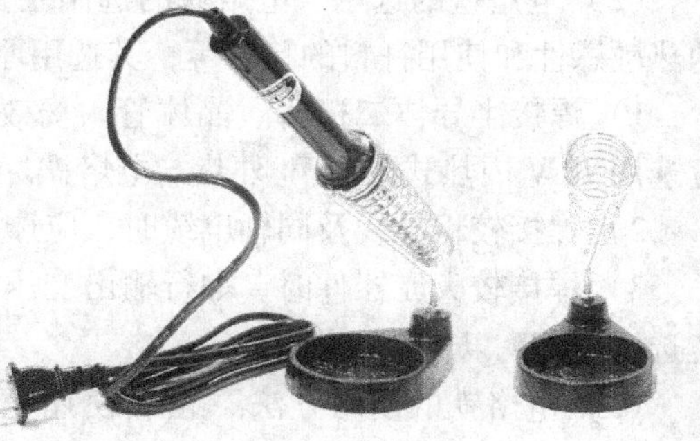

图2-2-1　电烙铁

内热式电烙铁的外观如图2-2-2所示，其结构如图2-2-3所示。

内热式电烙铁头的后端是空心的，用于套接在连接杆上，并用弹簧夹固定。更换烙铁头时，必须先将弹簧夹退出，同时用钳子夹住烙铁头的前端，慢慢将它拔出，切忌用力过大而损坏连接杆。

图2-2-2　内热式电烙铁的外观

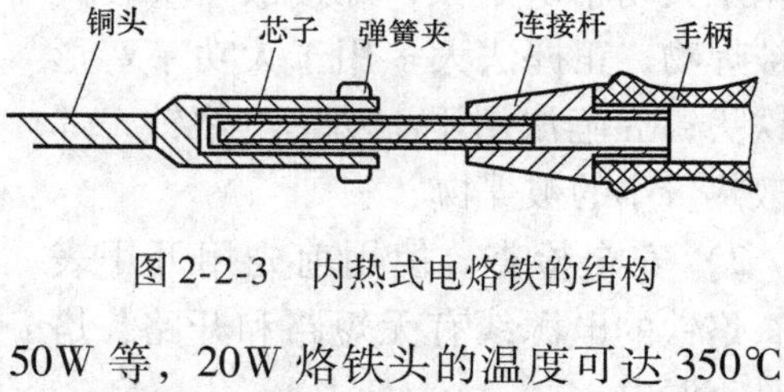

图2-2-3　内热式电烙铁的结构

常用的内热式电烙铁的规格有20W、35W和50W等，20W烙铁头的温度可达350℃左右。焊接集成电路、一般小型元器件选用20W内热式电烙铁即可。使用的电烙铁功率过大，容易烫坏元器件。

2）外热式电烙铁。外热式电烙铁外观如图2-2-4所示，其结构如图2-2-5所示，它由烙铁头、烙铁心、外壳、木柄、电源引线和插头等组成。因烙铁头安装在烙铁心内，故称为外热式电烙铁。

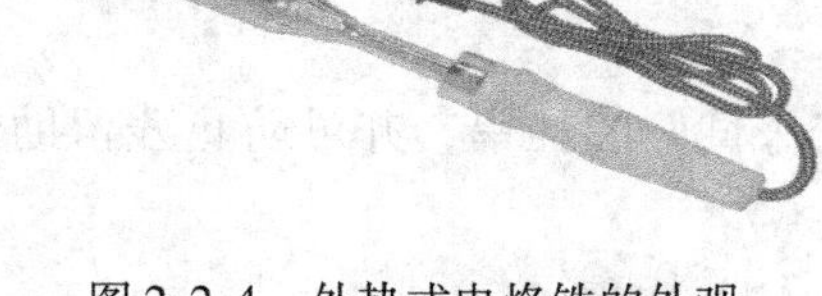

图2-2-4　外热式电烙铁的外观

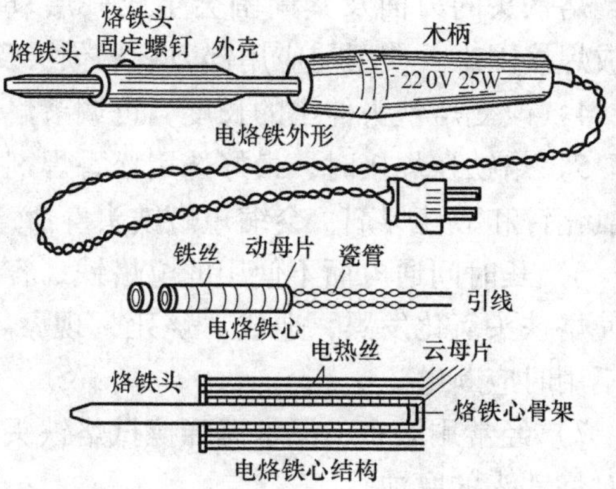

图2-2-5　外热式电烙铁的外形与结构

烙铁心是电烙铁的关键部件，它是将电热丝平行地绕制在一根空心瓷管上，中间由云母片绝缘，电热丝的两头与两根交流电源线连接。

烙铁头是由纯铜材料制成，其作用是储存热量和传导热量，它的温度比被焊物体的温度要高得多。为适应不同焊接物的要求，烙铁头的形状有所不同，常见的有锥形、凿形和圆斜面形等。外热式电烙铁常用的规格有25W、45W、75W和100W等，当被焊接物较大时常使用外热式电烙铁。

（2）电烙铁的选用　电烙铁的选用主要依据是电子设备的电路结构形式、被焊元器件的热敏感性和使用钎料的特性等，其选用原则如下：

1）焊接半导体二极管、晶体管、场效应晶体管、集成电路及其他受热易损元器件时，应选用20W内热式或25W外热式电烙铁。

2）焊接较粗导线及同轴电缆时，应选用50W内热式或45～75W外热式电烙铁。

3）焊接较大元器件时，如行输出变压器和大电解电容的引线、金属底盘接地焊片等，应选用100W以上的电烙铁。

（3）电烙铁的使用方法　正确使用电烙铁，可获得高质量的焊点，其使用方法归纳如下。

1）电烙铁的握持法。电烙铁的三种握持法如图2-2-6所示。其中，反握法用于大功率电烙铁，焊接散热量较大的被焊物；正握法大多用于大功率弯形烙铁头；握笔法用于小功率电烙铁，焊接散热量小的被焊物。

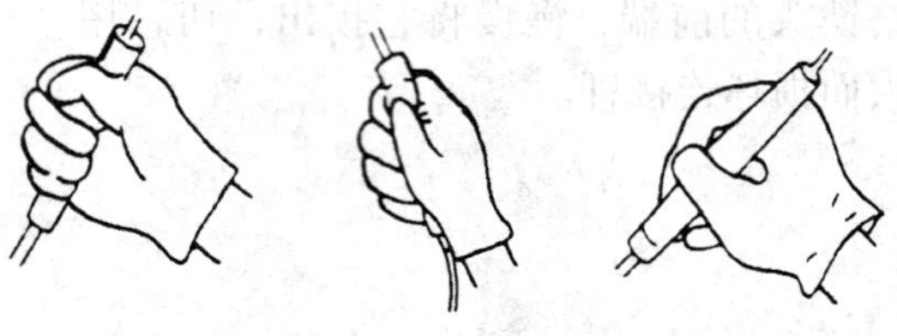

a) 反握法　b) 正握法　c) 握笔法

图2-2-6　电烙铁的握法

2）安全检查。使用前先用万用表检查烙铁的电源线有无短路和开路，烙铁是否漏电。

3）使用前的处理。新烙铁的烙铁头必须经处理后方可使用，其方法是：先用锉刀把烙铁头按需要加工成一定的形状，然后通电升温至烙铁头能熔锡时，将烙铁头在松香上蘸一下，等松香冒烟后再涂上一层焊锡，如此反复进行2～3次，使烙铁头的刃面全部挂上一层锡，这个过程称为“吃锡”。经“吃锡”处理后，新烙铁便可使用了。电烙铁使用一段时间后，烙铁头的刃面及其周围会生成一层氧化层，造成“吃锡”困难，或烙铁头出现凹坑，造成焊接困难。使用前应用锉刀将氧化层及凹坑锉掉，重新涂上焊锡待用。

4）改变烙铁头伸出的长度，可调节烙铁头的温度，以适合不同被焊物的要求。

5）烙铁在焊接时，最好选用松香焊剂，以保护烙铁头不被腐蚀。对烙铁头腐蚀性较大的氯化锌和酸性焊剂，会缩短烙铁头寿命，故不宜采用。

6）长时间通电而不使用的电烙铁，容易使烙铁心加速氧化而烧断，同时会因温度升高而使烙铁头氧化发黑，造成“烧死”现象。“烧死”后的烙铁头必须重新处理再用。故长时间不用时应断电。

7）经常用湿布、浸水海绵擦拭烙铁头，以保持烙铁头良好的挂锡，并可防止残留助焊剂对烙铁头的腐蚀。

8）烙铁头上多余的锡不可乱甩，以免伤及自己和他人。

9）焊接完毕时，烙铁头上的残留焊锡应继续保留，以防止再次加热时出现氧化层。焊接期间，电烙铁通电后温度高达250℃以上，不用时应把电烙铁稳妥地放在烙铁架上，以免烫坏其他物体和伤人。停止使用时，应拔出电源插头。

10）更换烙铁心时，要注意正确连接引线，以防电烙铁外壳带电。电烙铁有三个接线柱，其中一个是接地的，另外两个是接烙铁心的两根引线，并直接与220V交流电源相接，切忌接错，以免电烙铁带电，发生触电事故。

（4）电烙铁的常见故障　电烙铁最常见的故障是电路内部开路，其现象是通电后烙铁长时间不发热。使用者可拆开烙铁，用万用表欧姆档分别测量电源输入和输出两处的电阻值，便可找出电烙铁的故障所在。烙铁头使用过久，会出现腐蚀、凹坑等现象，这样会影响正常焊接，此时应使用锉刀对其进行整形，把它加工成符合焊接要求的形状。

2. 焊锡和助焊剂

能熔合两种或两种以上的金属，使之成为一个整体的易熔金属或合金都叫钎料。钎料的种类很多，焊接不同的金属使用不同的钎料，按其成分可分为锡铅钎料、银钎料、铜钎料等；按其耐温情况可分为高温钎料、低温钎料以及低熔点钎料等。在一般电子产品装配中，通常使用锡铅钎料，俗称“焊锡”。焊接时，还需要焊锡和助焊剂。

（1）焊锡　焊锡的作用是使元件引脚与印制电路板的连接点连接在一起，焊锡的选择对焊接质量有很大的影响。丝状的焊锡最常见，但也有泥状、锭状和特定形状的焊锡。焊锡泥常用于罐、管型器及贴片元件的焊接。焊接电子元件一般采用有松香芯的焊锡丝。这种焊锡丝，如图2-2-7所示，熔点较低，而且内含松香助焊剂，使用极为方便。选用焊锡丝时，要选择符合工作要求的焊锡丝尺寸。较粗的焊锡丝对小焊点而言供锡量过大，会淹没焊点，而细的焊锡丝则使锡丝脚易于控制。以下提供选择参考指导：直径为0.8mm或1.0mm的焊锡丝用于电子或电类焊接；直径0.6mm或0.7mm的焊锡丝用于超小型电子元件焊接。

焊接时焊锡丝一般有两种拿法，如图2-2-8所示。

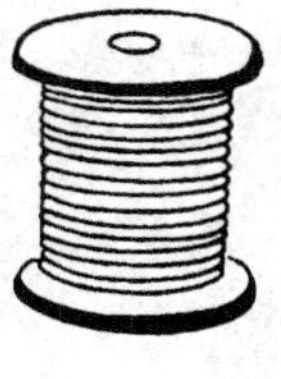

图2-2-7　焊锡丝

a) 连续锡焊时　b) 断续锡焊时

图2-2-8　焊锡丝拿法

由于焊丝的成分中，铅占有一定比例，因此操作时应戴手套或操作后洗手，避免食入。焊锡泥由极细小的钎料颗粒组成，对人体的危害更大，所以，粘在皮肤上的焊锡泥必须立即清洗。

（2）助焊剂　在进行焊接时，为能使被焊物与钎料焊接牢固，要求金属表面无氧化物和杂质。因此，焊接前，可用机械方法和化学方法清除氧化物和杂质，前者是用砂纸和刀子将其除掉；后者是用助焊剂清除。助焊剂具有不损坏被焊物、效率高、防止氧化和助焊作用等特点。

助焊剂可分可分为无机系列、有机系列和树脂系列。无机系列的主要成分是氯化锌或氯化铵及其混合物，其特点是助焊作用好，但具有强烈的腐蚀性，常用于可清洗的金属制品焊接中，以及清除焊点的锈渍。有机系列主要由有机酸卤化物组成，其特点是助焊性能好、可靠性高，但具有一定的腐蚀性。树脂活性系列中，最常用的是松香和在松香焊剂中加入活性剂，如将20%的松香、78%的酒精和2%的三乙醇胺配成的松香酒精液态焊剂。该焊剂具有无腐蚀性、高绝缘性能、焊接后易清洗、长期的稳定性和耐湿性等特点。

（3）辅助工具　为了方便焊接操作，常采用尖嘴钳、偏口钳、镊子、小刀和剪刀等作为辅助工具，如图2-2-9所示，应学会正确使用这些工具。

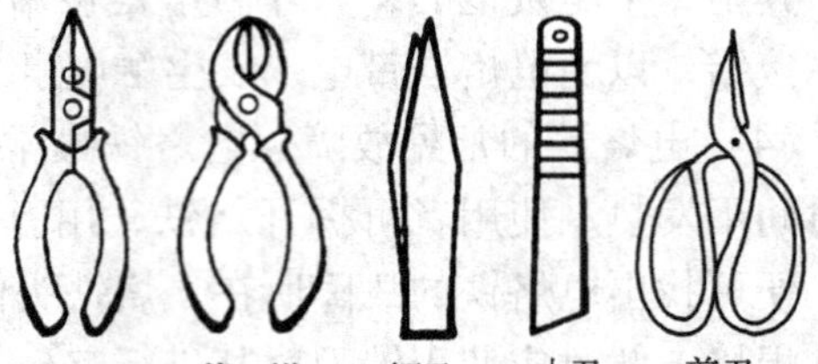

图2-2-9　辅助工具

知识链接2　烙铁钎焊接的操作方法

1. 焊接的操作方法

（1）待焊材料的预加工　包括待焊材料的清洁、待焊材料的预焊镀锡处理（浸焊或涂焊）。焊接前，应对元器件引脚或电路板的焊接部位进行焊前处理。一般元器件引脚在插入印制电路板之前，都必须刮干净再镀锡，个别因长期存放而氧化的元器件，也应重新镀锡。需要注意的是，对于扁平封装的集成电路引线，不允许用刮刀清除氧化层，只能用橡皮擦。

1）清除焊接部位的氧化层。可用断锯条制成小刀，刮去金属引线表面的氧化层，使引脚露出金属光泽。印制电路板可用细砂纸将铜箔打光后，涂上一层松香酒精溶液。

2）元件镀锡。在刮净的引线上镀锡。可将引线蘸一下松香酒精溶液后，将带锡的热烙铁头压在引线上，并转动引线，即可使引线均匀地镀上一层很薄的锡层。导线焊接前，应将绝缘外皮剥去，再经过上面两项处理，才能正式焊接。若是多股金属丝的导线，打光后应先拧在一起，然后再镀锡，如图2-2-10所示。

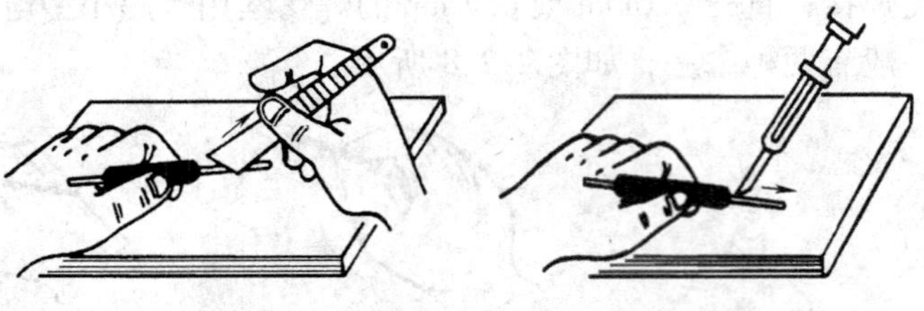
a)刮去氧化层　　b)均匀镀上一层锡

图2-2-10　元件镀锡示意图

（2）助焊剂的选择　选用松香作助焊剂。因为焊锡膏、焊油等焊剂的腐蚀性大，所以在印制电路板的焊接中禁止使用。

（3）焊锡的选用　选用芯内储有松香助焊剂的空心焊锡丝，它的常用规格有1mm、1.5mm和2.0mm等。使用者可根据焊件的大小加以选择。

（4）焊接　包括焊接的操作步骤、手工焊接的要领。

1）焊接的操作步骤。做好焊前处理之后，就可正式进行焊接。电子元件的完整焊接操作分焊接、检查、剪短三步完成，如图2-2-11所示。

2）五步操作法。手工锡焊技术要掌握好电烙铁的温度和焊接时间，选择恰当的烙铁头和焊点的接触位置，才可能得到良好的焊点，采用五步法焊接训练是很有成效的。五步法焊接如图2-2-12所示。

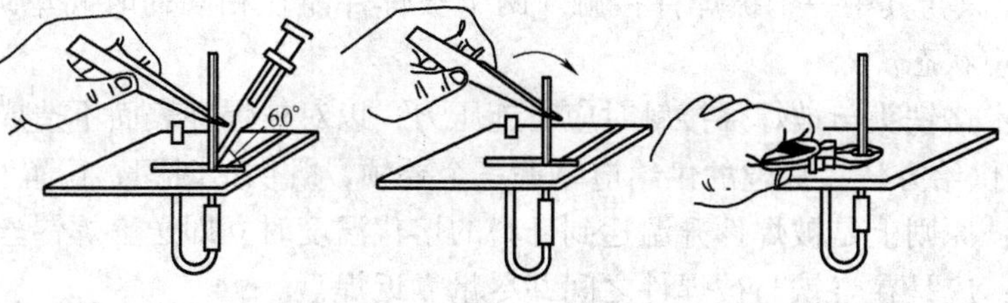

a) 焊接　　b) 检查　　c) 剪短

图 2-2-11　焊接的过程

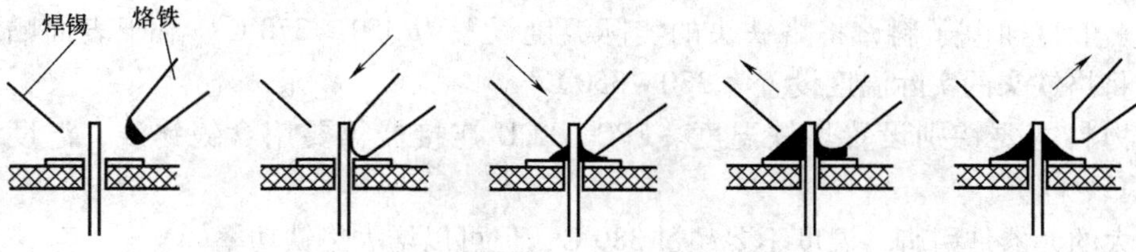

a) 准备　　b) 加热　　c) 加焊锡　　d) 去焊锡　　e) 去烙铁

图 2-2-12　五步法焊接

五步法有普遍性，是掌握手工烙铁焊接的基本方法。特别是各步骤之间停留的时间，对保证焊接质量至关重要，只有通过实践才能逐步掌握。

① 准备施焊：准备好焊锡丝和烙铁。

② 加热焊件：将烙铁接触焊接点，注意首先要保持烙铁加热焊件各部分，其次要注意让烙铁头的扁平部分（较大部分）接触热容量较大的焊件，烙铁头的侧面或边缘部分接触热容量较小的焊件，以保持焊件均匀受热。

③ 熔化钎料：当焊件加热到能熔化钎料的温度后将焊丝置于焊点，钎料开始熔化并润湿焊点。操作时鼻子离烙铁头的距离通常以 30cm 为宜，以免吸入有害气体。

④ 移开焊锡：当熔化一定量的焊锡后将焊锡丝移开。

⑤ 移开烙铁：当焊锡完全润湿焊点后移开烙铁，注意移开烙铁的方向应该是大致 45°的方向。

3）三步操作法。对于热容量小的焊件，例如印制电路板上较细导线的连接，可以简化为三步操作。

① 准备：准备好焊锡丝和烙铁。

② 加热与送丝：烙铁头放在焊件上后即放入焊丝。

③ 去丝移烙铁：焊锡在焊接面上浸润扩散达到预期范围后，立即拿开焊丝并移开烙铁，并注意移去焊丝的时间不得滞后于移开烙铁的时间。

各步骤的节奏控制，顺序的准确掌握，动作的熟练协调，都是要通过大量实践并用心体会才能解决的问题。有人总结出了在五步操作法中用数秒的办法控制时间：烙铁接触焊点后数一、二（约 2s），送入焊丝后数三、四，移开烙铁，焊丝的熔化量要靠观察决定。

4）手工焊接的要领

① 烙铁头与两个被焊件的接触方式应考虑位置和压力两个方面。

接触位置：烙铁头应同时接触要相互连接的两个被焊件（如焊脚与焊盘），烙铁一般倾斜45°，应避免只与其中一个被焊件接触。两个被焊件能在相同的时间里达到相同的温度，被视为加热理想状态。

接触压力：烙铁头与被焊件接触时应略施压力，以对被焊件表面不造成损伤为原则。

② 焊丝的供给方法：焊丝的供给应掌握三个要领，既供给时间、位置和数量。

供给时间：原则上是被焊件升温达到钎料的熔化温度时立即送上焊锡丝。

供给位置：应是在烙铁与被焊件之间并尽量靠近焊盘。

供给数量：应看被焊件与焊盘的大小，焊锡盖住焊盘后焊锡高于焊盘直径的1/3 即可。

③ 焊接时间及温度设置：温度由实际使用决定，以焊接一个锡点4s 最为合适，最大不超过8s，平时观察烙铁头，当其发紫时候，温度设置过高。

对于一般直插电子料，将烙铁头的实际温度设置为350～370℃；对于表面贴装物料（SMC），将烙铁头的实际温度设置为330～350℃。

特殊物料需要特别设置烙铁温度。FPC、LCD 连接器等要用含银锡线，温度一般在290～310℃之间。

焊接大的元器件引脚，温度不要超过380℃，但可以增大烙铁功率。

2. 焊点质量及检查

（1）焊点的质量要求　对焊点的质量要求，应该包括电气接触良好、机械结合牢固和美观三个方面。对焊接的基本要求如下：

1）焊点的锡量要适当，且大小均匀，光洁圆润，其表面应有良好的光泽。典型焊点的外观如图2-2-13a所示。其特点是：外形以焊接导线为中心，匀称、成裙形拉开；钎料的连接呈半弓凹面，钎料与焊件交界处平滑，接触角尽可能小；表面有光泽且平滑；无裂纹、针孔、夹渣。

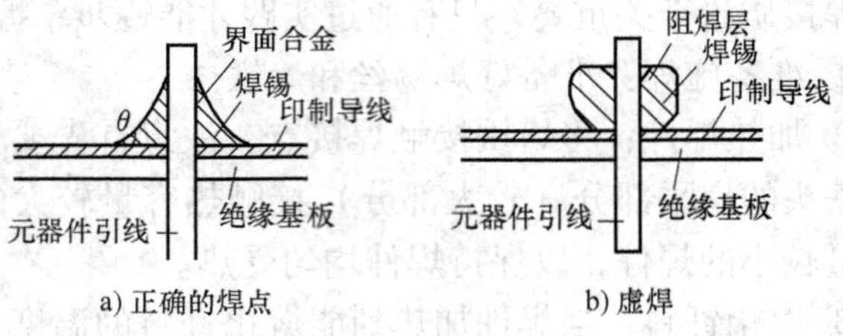

图2-2-13　焊点示意图

2）焊接可靠，防止虚焊，以保证良好的导电性。虚焊是指钎料简单地依附在被焊物的表面，焊点成渣状，影响导电性，如图2-2-13b 所示。一般来说，焊接造成虚焊的主要原因是：焊锡质量差；助焊剂的还原性不良或用量不够；被焊接处表面未预先清洁好，镀锡不牢；烙铁头的温度过高或过低，表面有氧化层；焊接时间掌握不好，太长或太短；焊接中焊锡尚未凝固时，焊接元器件松动等。

3）焊点的机械强度要足够。为保证被焊件在受到振动或冲击时不至脱落、松动，因此要求焊点要有足够的机械强度。一般可将被焊物的引线端子打弯后再焊接，但不宜用过多的钎料堆积，以免造成虚焊、短路等现象。

（2）焊点的质量检查　为了保证锡焊质量，一般在锡焊后都要进行焊点质量检查，锡焊中常见的缺陷有虚焊和假焊、拉尖、桥连、空洞和堆焊等。焊点缺陷见表2-2-2。

焊点的质量检查主要有以下几种方法：

1）外观检查。外观检查就是通过肉眼从焊点的外观上检查焊接质量，可以借助3～10倍的放大镜进行目检。目检的主要内容包括：焊点是否有错焊、漏焊、虚焊和连焊，焊点周围是否有助焊剂残留物，焊接部位有无热损伤和机械损伤现象。

表 2-2-2　焊点缺陷

焊点缺陷	外观特点	危害	原因分析
 焊料过多	焊料面呈凸形	浪费焊料,且容易包藏缺陷	焊锡丝撤离过迟
 焊料过少	焊料未形成平滑面	机械强度不足	焊锡丝撤离过早
 松香焊	焊缝中加有松香渣	强度不足,导通不良	助焊剂过多或失效:焊接时间不足,加热不够;表面氧化膜未除去
 过热	焊点发白,无金属光泽,表面较粗糙	焊盘容易剥落,强度降低	电烙铁功率过大,加热时间过长
 冷焊	表面呈现豆腐渣状颗粒,有时可能有裂纹	强度低,导电性不好	焊料未凝固前焊件抖动或电烙铁功率不够
 虚焊	焊料与焊件交面接触角过大	强度低,不通或时通时断	焊件清理不干净;助焊剂不足或质量差;焊件未充分加热
 不对称	焊锡未流满焊盘	强度不足	焊料流动性不好:助焊剂不足或质量差,加热不足
 松动	导线或元器件引线可动	导通不良或不导通	焊接未凝固前引线移动造成空隙,引线未处理好(镀锡)
 拉尖	出现尖端	外观不佳,容易造成桥接现象	助焊剂过少,而加热时间过长,电烙铁撤离角度不当
 桥接	相邻导线连接	电气短路	焊锡过多:电烙铁撤离方向不当
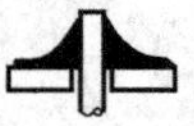 针孔	目测或低倍放大镜可见有孔	强度不足,焊点容易腐蚀	焊盘空与引线间隙太大

2）拨动检查。在外观检查中发现有可疑现象时，可用镊子轻轻拨动焊接部位进行检查，并确认其质量。主要包括导线、元器件引线和焊盘与焊锡是否结合良好，有无虚焊现象；元器件引线和导线根部是否有机械损伤。

3）通电检查。通电检查是在外观检查及连接检查无误后才可进行的工作，也是检查电路性能的关键步骤。通电检查可以发现许多微小的缺陷，例如，用目测观察不到的电路桥接、内部虚焊等。

3. 焊点的拆除

因焊接错误，或调试、维修更换已焊接的元器件，称为拆焊。拆焊的方法很多，对于一般电阻、电容、晶体管等引脚不多，且每个引线能相对活动的元器件可用电烙铁直接拆焊。

将印制电路板竖起来夹住，一边用电烙铁加热待拆元器件的焊点，一边用镊子或尖嘴钳夹住元器件的引线轻轻拉出。重新焊接时，需先用锥子将焊孔在加热熔化焊锡的情况下扎通。需要指出的是，这种方法不宜在一个焊点上多次使用，因为印制导线和焊盘经反复加热后很容易脱落，造成印制电路板损坏。当需要拆下多个焊点且引线较硬的元器件时，一般有以下几种方法：

（1）选用合适的医用空心针拆焊　将医用针头用钢锉锉平作为拆焊的工具，具体方法是：一边用烙铁熔化焊点，一边把针头套在被焊的元器件引线上，直至焊点熔化后，将针头迅速插入印制电路板的孔内，使元器件的引线脚与印制电路板的焊盘脱开。

（2）铜编制线进行拆焊　将铜编制线的部分涂上松香焊剂，然后放在将要拆焊的焊点上，再把电烙铁放在铜编制线上加热焊点，待焊点上的焊锡熔化后，就被铜编制线吸去，如焊点上的钎料一次没有被吸完，则可进行第二次，第三次，直至吸完。当编制线吸满钎料后就不能再用，需要把已吸满钎料的部分减去。

（3）用气囊吸锡器进行拆焊　将被拆的焊点加热，使钎料熔化，然后把吸锡器挤瘪，将吸嘴对准熔化的钎料，放松吸锡器后，钎料就被吸进吸锡器内。

（4）用吸锡电烙铁拆焊　吸锡电烙铁也是一种专用拆焊烙铁，它能在对焊点加热的同时，把锡吸入内腔，从而完成拆焊。

拆焊是一项细致的工作，为保证拆焊的顺利进行应注意以下两点：

第一，烙铁头加热被拆焊点时，钎料一熔化，就应及时按垂直印制电路板的方向拔出元器件的引线，不管元器件的安装位置如何，是否容易取出，都不要强拉或扭转元器件，以避免损伤印制电路板和其他元器件。

第二，当插装新元器件之前，必须把焊盘插线孔内的钎料清除干净，否则在插装新元器件引线时，将造成印制电路板的焊盘翘起。

清除焊盘插线孔内钎料的方法是：用合适的缝衣针或元器件的引线，从印制电路板的非焊盘面插入孔内，然后用电烙铁对准焊盘插线孔加热，待钎料熔化时，缝衣针便从孔中穿出，从而清除了孔内钎料。

思考与练习

1. 电焊机有哪几种？它们各自的特点是什么？
2. 焊条药皮有什么作用？
3. 酸、碱性焊条各有什么特点？
4. 焊条的种类有哪些？选择焊条的基本原则是什么？
5. 焊件的坡口形式有哪些？选择坡口的基本原则是什么？
6. 电焊接工作的安全技术有哪些内容？
7. 如何用万用表检查电烙铁（烙铁心）的好坏？
8. 焊接时，如何选择烙铁头的形状？为什么？
9. 助焊剂有什么作用？在电子产品装配中，常用的助焊剂是哪种？为什么？
10. 手工焊接握持电烙铁的方法有哪几种？印制电路板上元器件的焊接需用哪种握持方法？
11. 什么是焊接的“五步法”？什么是焊接的“三步法”？

12. 简述手工钎焊接的工艺要求。

13. 有人将元件的焊点焊成如图 2-2-14 所示形状，请指出哪些地方焊得不好？

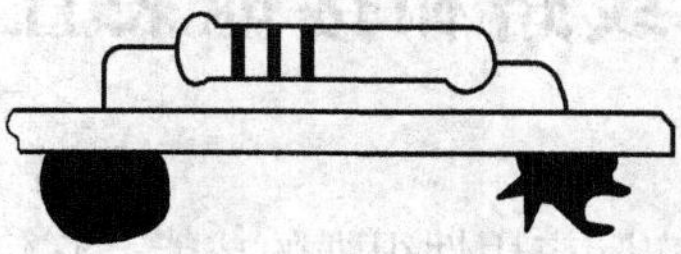

图 2-2-14　成形焊点

项目三　室内线路和接地装置的安装及检修

室内线路的安装施工是一项实际应用性很强的技能，它包括塑料护套线配线，塑料槽板配线，线管配线，照明灯具、开关、插座及风扇的安装与维修，进户装置及量配电装置的安装等。接地装置的安装是保障电力供电系统，用电和防雷的安全技术措施，它包括接地装置的安装与检修。安装施工时要求配电安全，布线合理，投资经济，且能满足使用者的不同要求。

通过本项目的学习和技能实训，了解室内线路和接地装置的安装施工的基本规范要求和工序，能看懂室内线路的原理图和安装图，掌握室内线路、电器的安装及检修技能。

知识目标

1. 理解电气原理图和电气安装图。
2. 了解塑料护套配线、塑料槽板配线、线管配线的安装规范要求。
3. 了解灯具、开关、插座的安装规范要求。

技能目标

1. 掌握塑料护套线配线的方法和步骤及其安装技能。
2. 掌握塑料槽板布线的方法和步骤及其安装技能。
3. 掌握钢管配线、塑料管配线的安装方法和步骤。
4. 掌握常用照明灯具、开关及插座的安装方法和步骤，熟悉常用照明灯具及电路故障的排除方法。
5. 掌握配电装置、电流互感器、电能表的安装方法。
6. 掌握接地装置的技术要求及安装、维修技能。

任务一　了解塑料护套线配线

【相关知识准备】

知识链接 1　电工图的种类及电工图例

电工图的种类有电气原理图、安装接线图、端子排图和展开图等，其中电气原理图和安装接线图是最常见的两种形式。

1. 电气原理图

电气原理图简称电原理图，是用来说明电气系统的组成和连接的方式，以及表明它们的工作原理和相互之间的作用，它不涉及电气设备和电气元件的结构或安装情况。

图 3-1-1 所示是某住宅楼供电系统的电气原理图。它表示该住宅照明的电源是取自供电系统的低压配电线路，即由总配电箱出来的进户线穿过墙进户以后，先到用户的分配电箱，经总断路器和分支路断路器，分成 8 条支路，再接到灯具和其他用电设备上。为了保证每条

支路工作互不影响，在各自线路中串接单独控制用的开关。

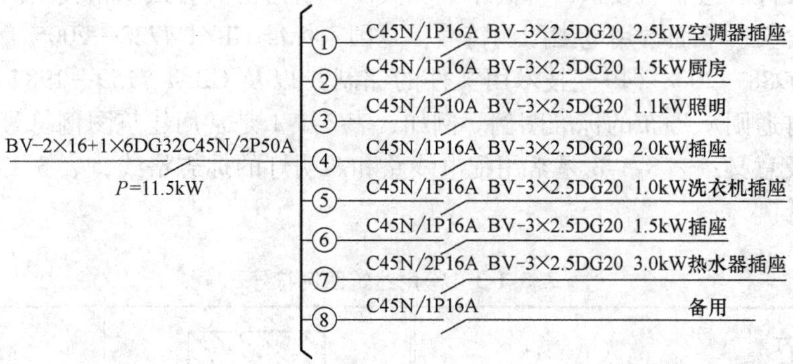

图 3-1-1　某住宅楼供电系统的电气原理图

2. 安装图

安装图又称安装接线图，它是电气安装施工的主要图样，是根据电气设备或元件的实际结构和安装要求绘制的图样。在绘制时，只考虑线路的配线安装和电气设备的安装位置，而不反映该元件的工作原理。

图 3-1-2 所示是某住宅楼供电（照明）系统的安装图。它表示各房间电路安装的走线情况，各种电器设备的安装位置。

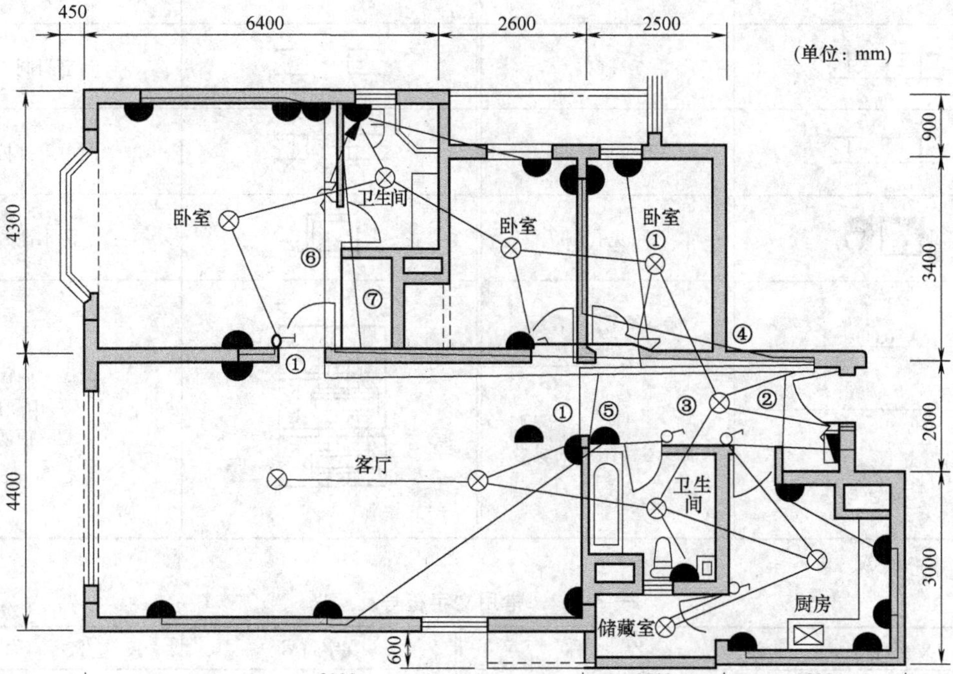

注：1. 空调插座距地面1.8m　2. 冰箱、洗衣机、厨房插座距地面1.3m
3. 开关距地面1.3m　4. 卫生间电热水器、排风扇距地面2.4m
5. 油烟机距地面2.4m　6. 其他插座距地面0.3m

图 3-1-2　某住宅楼供电（照明）系统的安装图

3. 电工图例

电工图的设计、绘制与读识，都离不开相关图例符号。只有认识相关图例符号，才能表达和理解图纸含义。下面常用电工图例符号，是国家标准 GB/T 4728—2005《电气简图图形符号》、GB/T 6988—2008《电气技术用文件的编制》以及 GB/T 7159—1987《电气技术中的文字符号制订通则》颁布的标准图例。例如，表 3-1-1 是常用建筑图例符号；表 3-1-2 是常用文字符号及意义；表 3-1-3 是常用配电线路和照明灯的标志格式；表 3-1-4 是常用电气设备图形符号等。

表 3-1-1　常用建筑图例符号

	窗户	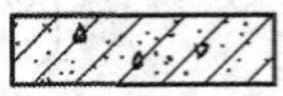	钢筋混凝土
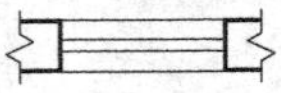	窗户		金属
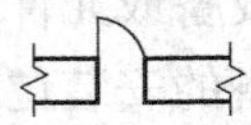	单扇门	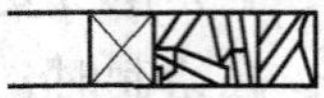	木材
	双扇门	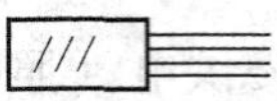	玻璃
	双扇弹簧门		松土夯实
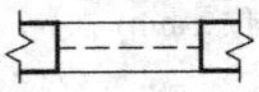	高窗	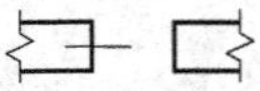	空门洞
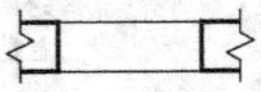	不可见孔洞	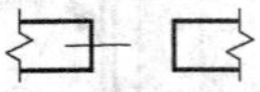	墙内单扇推拉门
	可见孔洞		污水池
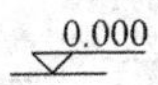	标高符号/m 表示	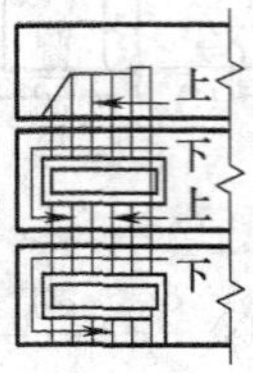	楼梯　底层 中间层 顶层
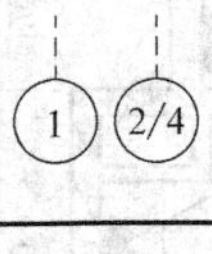	轴线号与附加轴线号		

表 3-1-2　常用文字符号及意义

文字符号	名　称	文字符号	名　称
M	明敷设	ZM	沿柱敷设
A	暗敷设	CM	沿墙敷设
CT	用瓷夹瓷卡敷设	PM	沿天花板敷设
CB	沿隔板敷设	DM	沿地敷设

表3-1-3　常用配电线路和照明灯的标志格式

在配电线路上的标志格式	对照明灯的标志格式
$a-b(c\times d)e-f$	$a-b\frac{c-d}{e}-f$
a——网路标号	a——灯具数
b——导线型号	b——型号
c——导线根数	c——每盏灯的灯泡数
d——导线截面积	d——灯泡容量/W
e——敷设方式	e——安装高度/m
f——敷设部位	f——安装方式

表3-1-4　常用电气设备图形符号

图形符号	名　称	图形符号	名　称
	电铃	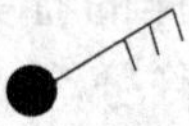	暗装三极开关
	电话机的一般符号		荧光灯的一般符号
	单相插座	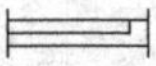	三管荧光灯
	暗装单相插座		分线盒
	密封(防水)单相插座		分线箱
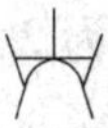	带接地插孔的三相插座		球形灯
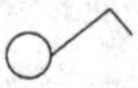	单极开关		壁灯
	暗装单极开关	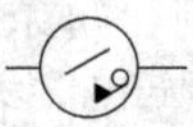	辉光启动器
	双极开关		保护接地
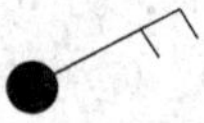	暗装双极开关		接地
	三极开关		电流表

知识链接2　电气原理图及安装图的识读

识读电工图应弄清识图的基本要求，掌握好识图步骤，才能提高识图的水平和加快分析线路的速度。

1. 识图的基本要求

（1）结合相关图例符号读图　电工图的设计、绘制与读识离不开相关图例符号。只有认识相关图例符号，才能理解图纸含义。

（2）结合电工基本原理识图　电工图的设计，离不开电工的基本原理。要看懂线路图的结构和基本工作原理，必须懂得电工原理的有关知识，才能分析线路，理解图样所含内容。

（3）结合建筑结构识图　在安装图中往往有各种相关的电器设备安装，如配电箱、开关、白炽灯、插座等，必须先懂得这些电器设备的基本结构、性能和用途；看电器设备在整个建筑结构中的安装位置等，才能读懂并理解电路图。

（4）结合设计说明、电气原理图和安装图读图　电气安装施工图，包括了设计说明、电气原理图和安装图，只有将三者结合识读，就能了解整个设计意图，才能完成整个电气安装施工。

2. 识图的一般步骤

（1）阅读图样的有关说明　图样的有关说明包括图样目录、技术说明、器件（元件）明细表、施工说明书及本工程图例符号等。阅读图样的有关说明，可以了解工程的整体轮廓、设计内容及施工的基本要求。

（2）识读电气原理图　根据电工基本原理，在图样上首先分出室外电路及电器设备安装和室内电路及电器设备安装。室外电路及电器设备安装包括进户导线的根数、横截面积、安装方式，电能表、总开关的安装等；室内电路及电器设备安装包括室内开关配电箱的安装，箱内总开关、各支路开关的安装，各支路导线的根数、横截面积、安装方式，各支路负载形式等。

（3）识读安装图　结合设计说明、电气原理图和建筑房屋结构，理解各电器设备安装位置和高度，理解各支路导线在建筑房屋结构上的走向和所到位置，读图时还应注意施工中所有器件（元件）的型号、规格和数量。

例如：从图 3-1-1 所示的某住宅楼供电系统电气原理图可识读出：单元总导线为 2 根横截面积 16mm^2 加 1 根 6mm^2 的 BV 型铜芯电线，设计使用功率 11. 5kW，总导线用穿直径为 32mm 的管暗敷设，从外到室内开关配电箱，由总断路器（型号 C45N/2P50A）控制；室内电气线路分 8 路控制（其中一只在配电箱内，备用），并在线路上标出①~⑧字样，各路由空气开关（型号 C45N/1P16A）控制，每条支路（线路）由 3 根横截面积为 2. 5mm^2 的 BV 铜芯线，穿直径为 20mm 的管暗敷设。各支路设计使用功率分别为 2. 5kW、1. 5kW、1. 1kW、2kW、1kW、1. 5kW、3kW。

从图 3-1-2 所示的某住宅楼供电（照明）系统安装图可识读出：该住宅有客厅 1 间、卧室 3 间、卫生间 2 间和厨房、储藏室各一间，共计 8 间。在门厅过道有配电箱一个，分 8 路（其中 1 路在配电箱内作备用）引出，也在线路上标出①、②、③、④、⑤、⑥、⑦字样，这与电气原理中的各支路号字样一一对应，各支路导线沿墙或楼板到负载电器的安装位置；室内顶棚灯座 10 处、墙壁插座 24 处，所有的开关及连接这些灯具（电器）的导线、插座及开关配电箱在设计位置暗敷设；各电器的安装高度在说明或在“注”中标明，标出空调器插座、厨房冰箱插座、洗衣机用插座及开关等电器件距地面的安装技术数据。

知识链接 3　导线敷设的一般要求

室内线路配线的方法有明敷设配线和暗敷设配线。明敷设配线包括塑料护套线配线、塑料槽板配线和明管配线；暗敷设配线常是暗管配线。

导线敷设应安全可靠、敷设合理、整齐美观，能满足使用者的不同需要，应做到以下几点。

1）导线敷设应减少弯曲而取直。当导线交叉时，为避免碰线，每根导线均应套以绝缘管，并将套管牢固固定。

2）导线的额定电压应大于线路的工作电压。

3）导线绝缘层应符合线路的安全方式和敷设的环境条件。

4）导线截面积应满足供电容量和机械强度的要求。

5）导线敷设中应尽量减少接头，以减少故障点。水平敷设的导线（线路）距地面低于2.5m、垂直敷设的导线（线路）距地面低于1.8m的线段，应采用套管加以保护，以防止机械损伤。

6）为了减少接触电阻和防止脱落，截面积在$10mm^2$以下的导线可将线芯直接与电器端子压接。截面积在$16mm^2$以上的导线，可将线芯先装入接线端子内压紧，然后再与电器端子连接，以保证有足够的接触面积。

7）导线敷设应尽可能避开热源。

8）导线敷设的位置，应便于检查和维修。

9）导线间和导线与地线间的绝缘电阻不小于0.5 MΩ。

知识链接4　塑料护套线配线的规范要求

1）护套线等器材，符合国家或行业颁布的现行标准，有合格证件。

2）导线敷设应安全可靠，敷设合理，整齐美观，不得有扭绞、死弯、绝缘层损坏和护套层断裂等缺陷。

3）塑料护套线配线的支持点间的距离应根据导线截面积的大小而定，一般为150～200mm。塑料护套线在终端、转弯和进入电气器具、接线盒处，均应装设线卡固定，线卡与终端、转弯中点、电气器具或接线盒边缘的距离为50～100mm。在接近电气设备或接近墙角处间距有偏差时，应逐步调整均匀，以保持美观。护套线配线支持点的位置和距离如图3-1-3所示。

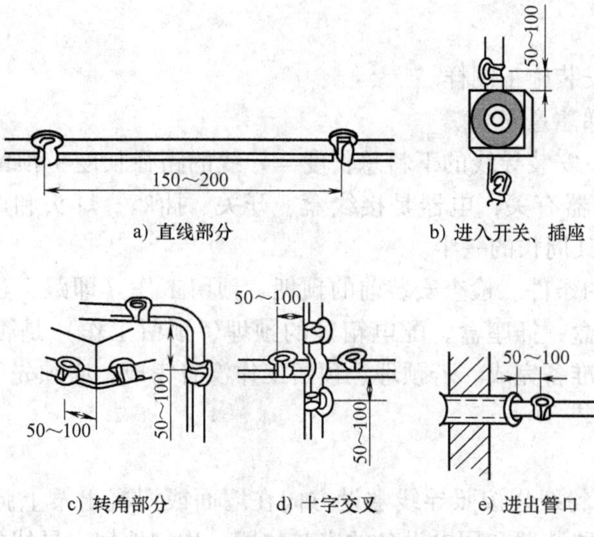

图3-1-3　护套线配线支持点的位置和距离

4）塑料护套线敷设在同一墙面上高度一致，离地面高度不应低于2.5m，横平竖直。转弯时，导线弯曲半径 R 应不小于护套线宽度的3倍。弯曲时不应损伤护套和芯线外的绝缘层。铅皮护套线弯曲半径不得小于其外径的10倍。

5）塑料护套线进入接线盒或电气设备与电器连接时，护套层应引入盒内或设备内，与接地体及不发热的管道紧贴交叉时应加绝缘管保护；敷设在易受机械损伤的场所时应用钢管保护；导线穿越楼板、墙体，绝缘保护管突出墙面的长度为3～10mm。

6）暗配在空心楼板板孔内的导线，不得损伤导线的护套层，导线板孔内不得有接头。

7）塑料护套线穿过楼板或墙壁（间壁）时，应用保护管保护。但穿过楼板必须用钢管保护，其保护高度距地面不应低于1.8m，如在装设开关的地方，可到开关所在位置。

8）塑料护套线不得直接埋入抹灰层内暗配敷设，也不得在室外露天气场所敷设。

9）塑料护套线的连接头和分支接头应放在接线盒内、开关、插座内连接。

10）敷设塑料护套线的环境温度，不得低于－15℃。

11）测量绝缘电阻。绝缘电阻值不小于0.5MΩ。

【操作指导】

操作指导　塑料护套线配线安装的操作

1. 目的要求

掌握塑料护套线配线安装的操作方法。

2. 器材设施

电气安装施工图样，塑料护套线，铝片线卡，粉线袋，电工用人字形架梯，圆头铁锤，錾子，螺钉旋具，电工刀，钢丝钳，电工包，电锤，钢卷尺，万用表，绝缘电阻表，其他材料等。

3. 工作量与内容

（1）工作量　塑料护套线100m（在砖、砌体结构墙面上施工）。

（2）工作内容　测位，画线，打眼，埋螺栓，下过墙管，上卡子，装盒子，配线，接焊包头。

4. 实训前指导

1）认真识读电气安装施工图样。

2）使用人字形架梯注意安全。

3）放线下料要准。安装导线的下料总长度＝导线的路径长度＋预留长度，预留长度一般与导线两端连接的电器有关，电器是接线盒、开关、插座、灯头和电扇，则预留150～200mm，配电箱应预留其周长的一半。

4）检查安装施工的条件。检查安装前的预埋、预留工作（即跟土建施工一起完成的过墙套管和接线盒、开关盒、插座盒、配电箱等的预埋、预留工作）是否完成。室内装修要完成，施工材料及工具准备完成。若预埋、预留工作没有完成，必须先用电锤完成预埋、预留工作，再进行配线安装。

5. 实训操作步骤

（1）画线定位　用粉线袋按照导线敷设方向在墙面或混凝土梁上弹出水平垂直线路基准线，同时标出所有线路装置和用电设备的安装位置，均匀地划出导线的支持点。

（2）固定线卡　在弹出水平垂直线路基准线上，将线卡用铁钉钉在弹线上，勿使钉帽凸出，以免划伤导线的外护套。在木结构上，可直接用钉子钉牢。导线沿门头线和线脚敷设时，可不必弹线，但线卡必须紧靠门头线和线脚边缘线上。

在混凝土梁或预制板上敷设时，线卡可用粘结剂粘贴在建筑物表面上，如图3-1-4所示。粘接时，一定要用钢丝刷将建筑物上粘接面上的粉刷层刷净，使线卡底座与水泥直接粘接。

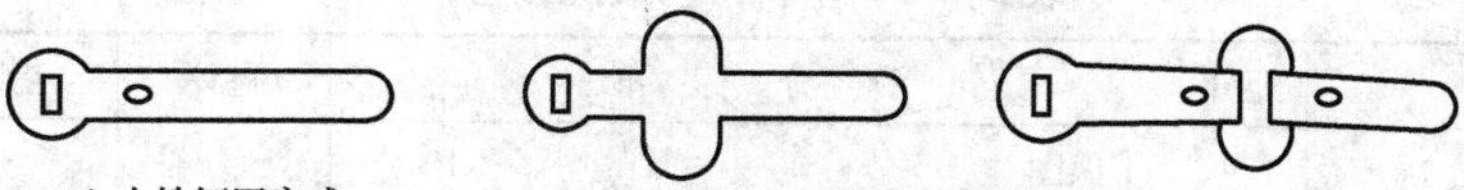

a) 小铁钉固定式　b) 粘接剂固定式

图3-1-4　铝片线卡

（3）放线下料　放线是保证护套线敷设质量的重要一步。整盘护套线，不能搞乱，不可使导线产生扭曲。所以放线时，使用放线架放线，或两人合作，一人把整盘线按图3-1-5所示套入双手中，另一人握住线头向前拉。放出的导线不可在地上拖拉，以免擦破或弄脏电线的护套层。线放完后先放在地上，量好下料长度，并留出一定余量后剪断。

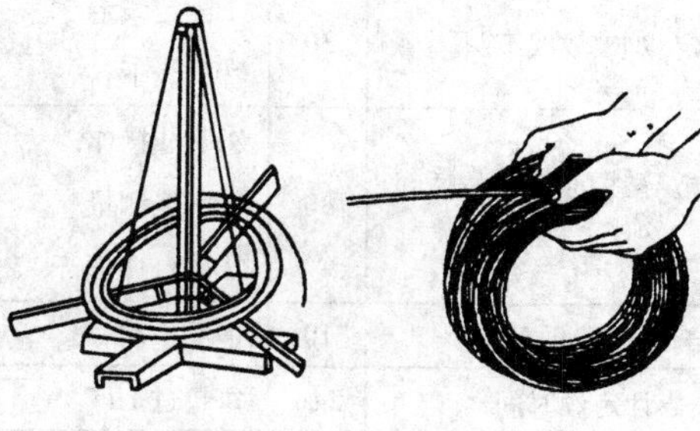

a) 放线架放线　b) 手工放线

图3-1-5　放线操作

（4）直敷导线　为使线路整齐美观，必须将导线敷设得横平竖直。几条护套线成排平行敷设时，应上下左右排列紧密，不能有明显空隙。敷线时，应将导线勒直、勒平收紧置于铝片线卡上，接着用铝片线卡夹持紧，如图3-1-6所示。短距离的直线部分先把导线一端夹紧，然后再夹紧另一端，最后再把中间各点逐一固定。长距离的直线部分可在其两端的建筑构件表面上临时各装一幅瓷夹板，把收紧的导线先夹入瓷夹中，然后逐一夹上线卡。在转角部分，戴上手套用手指顺弯按压，使导线挺直平顺后夹上线卡。中间有接头和分支连接处应装置接线盒，接线盒固定应牢固。在多尘和潮湿的场所时应使用密闭式接线盒。

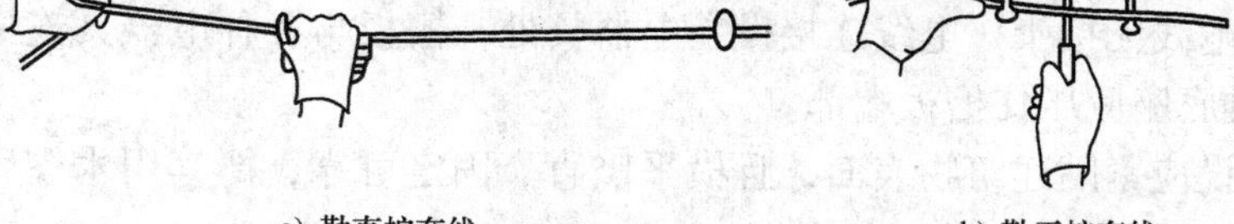

a) 勒直护套线　b) 勒平护套线

图3-1-6　护套线的直敷

（5）夹持操作　护套线应置于线卡的钉孔位（或粘贴部分）中间，然后按图3-1-7所示的步骤进行夹持操作。每夹持4～5个线卡后，应目测进行一次检查，如有偏斜，可用锤敲线卡纠正。

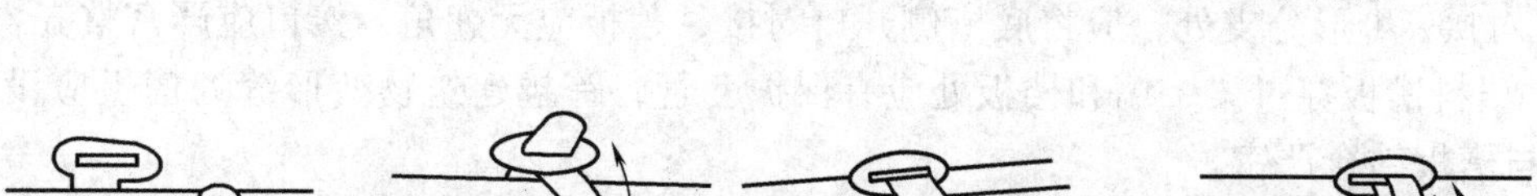

图3-1-7　铝片的夹持

（6）电气工程安装的检测与质量验收。

实训时应注意：①做好实训组织工作，建议三人为一组，一天完成；②做好施工安全教育，遵守施工现场安全规定，做好安全防范措施；③做好土建施工和装修施工的协调工作。

【考核与评价】

表 3-1-5　塑料护套线配线考核

项目内容	配分	评分标准			自评	互评	教师评
依图画线定位、预埋预留工作	30	①识图 ②画线定位 ③打孔预埋预留		10 分 10 分 10 分			
固定线卡、放线下料	30	①固定线卡 ②放线下料		20 分 10 分			
直敷导线的检测与质量评定	30	①敷线操作 ②绝缘测量 ③质量评定		20 分 5 分 5 分			
安全、文明操作①	10	违反一次		扣 5 分			
累计定额时间②	24h	每超过 1h		扣 5 分			
开始时间		结束时间		总评分			

① 安全、文明操作的要求为：遵守实训纪律，遵守施工安全规程，团结协作、爱惜工具、节约材料，不发生安全事故。

② 国家《劳动法》规定一个标准工日为 8h，则累计定额时间 = 工日量 × 8h，即累计定额时间 24h = 3 个标准工日 × 8h，表示三人一天完成的工作量。

任务二　了解塑料槽板配线

【相关知识准备】

知识链接 1　塑料槽板配线的规范要求

1）槽板内电线无接头，电线连接设在电器具处；槽板与各种电器具连接时，电线应留有余量，电器具底座应压住槽板端部。

2）槽板敷设应紧贴建筑物表面，且横平竖直、固定可靠，严禁用木楔固定；塑料槽板应是阻燃型 PVC 塑料槽板。

3）塑料槽板无扭曲变形。槽板底槽固定点间距应小于 500mm，底槽距终端 50mm 处应固定。

4）塑料槽板的底槽接口与盖板接口应错开不小于 20mm，底槽与盖板在 90°转角处应成 45°斜口对接，T 形分支处，应将底槽侧开口对接，盖板应无翘角，接口应严密整齐。

5）塑料槽板穿过梁、墙和楼板处应有保护套管，跨越建筑物变形缝处槽板应设补偿装置，且与槽板结合严密。

6）敷设塑料绝缘导线和塑料槽板时的环境温度不应低于 －15℃。

7）导线间和导线对地间的绝缘电阻值必须大于 0.5MΩ。

知识链接2　塑料槽板

塑料槽板GA系列的规格如图3-2-1所示。图中，L、a、b分别表示塑料槽板的长、宽、高，单位为mm。

塑料槽板常见的规格有：2400mm × 15mm × 10mm、2400mm × 24mm × 14mm、2400mm × 39mm × 18mm、2400mm × 60mm × 22mm、2400mm × 100mm × 27mm、2400mm × 60mm × 40mm、2400mm × 80mm × 40mm、2400mm × 100mm × 40mm等。

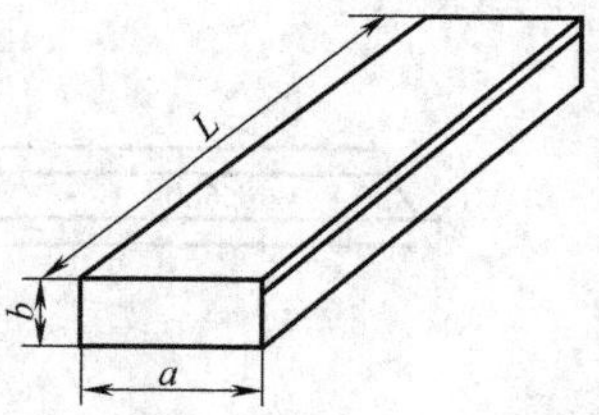

图3-2-1　塑料槽板

【操作指导】

操作指导　塑料槽板配线的安装操作

1. 目的要求

掌握塑料槽板配线安装的操作方法。

2. 器材设施

电气安装施工图样，红、绿、黄、蓝、黑色塑料导线，塑料槽板，钢钉，粉线袋，电工用人字形架梯，圆头铁锤，錾子，螺钉旋具，电工刀，钢丝钳，电工包，电锤，钢卷尺，万用表，绝缘电阻表和其他材料等。

3. 工作量与工作内容

（1）工作量　塑料槽板50m，塑料导线150m（在砖、砌体结构墙面上施工）

（2）工作内容　测位、打眼，埋螺钉，下过墙管，断料、作角弯，装盒子，配线、接焊包头。

4. 实训前指导

1）认真识读电气安装施工图样。

2）使用人字形架梯注意安全。

3）放线下料要准，安装导线的放线下料总长度 = 导线的路径长度 + 预留长度，预留长度的方法相同。

4）检查安装施工的条件。室内装修要完工，安装工程的预埋、预留工作要完成。

5. 实训操作步骤

（1）画线定位　用粉线袋按照导线敷设方向在墙面或混凝土梁上弹出水平垂直线路基准线，同时标出所有线路装置和用电设备的安装位置。

（2）固定槽板底槽　在已弹出的水平垂直线路基准线上，将槽板底槽沿线路基准线用钢钉钉牢固，勿使钉帽凸出，以防槽板底槽不紧贴建筑物表面。槽板底槽沿门头线和线脚敷设时，可不必弹线，但槽板底槽必须紧靠门头线和线脚边缘线上。

在混凝土梁或预制板上敷设时，要用冲击电钻在槽板底槽固定位置打眼上塑料膨胀栓，再用自攻螺钉牢固紧。

槽板底槽固定点间距应小于500mm，底槽两端距端点50mm处应固定。

塑料槽板拐角和分支的连接，拐角连接处，应把两根槽板端部锯成45°斜口，再拼成直角；分支连接处，应在底槽侧壁分支处开口对接成直角，如图3-2-2所示。

（3）放线下料　与前文介绍的护套线的放线下料方法相同。

（4）敷线、盖槽板　底槽内敷设的导线要有一定的松弛度，不要绞扭、打结，绝缘层

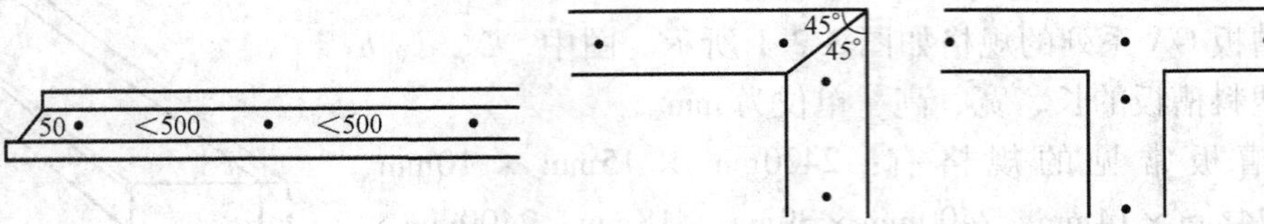

图 3-2-2　塑料槽板底槽的安装及固定

破坏；导线要标记分清相线、零线、地线及回路编号，一般地，红、绿、黄色导线为相线，蓝色导线为零线，黑色或双色导线为地线。盖槽板时，把盖板上的卡口夹住底槽侧壁上口，轻轻用手顺着拍打即可，但是盖板接口与底槽接口不能在同一处，应错开不小于20mm，如图 3-2-3 所示。

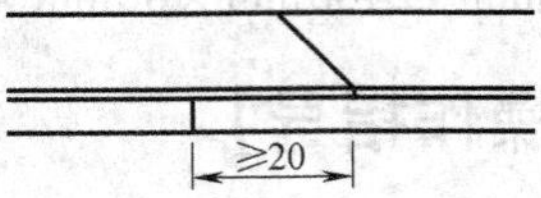

图 3-2-3　盖槽板

（5）电气工程安装的检测与质量验收。

实训时应注意：①做好实训组织工作，建议三人为一组，半天完成；②做好施工安全教育，遵守施工现场安全规定，做好安全防范措施；③做好土建施工和装修施工的协调工作。

【考核与评价】

表 3-2-1　塑料槽板配线考核

项目内容	配分	评分标准		自评	互评	教师评
依图画线定位、预埋预留工作	30	①识图	10 分			
		②画线定位	10 分			
		③打孔预埋预留	10 分			
安装槽板底槽，槽板拐角、分支的制作	30	①槽板底槽的固定	10 分			
		②槽板拐角、分支的制作	10 分			
		③放线下料	10 分			
敷线盖板的检测与质量评定	30	①槽内敷线	10 分			
		②盖板与制作	10 分			
		③绝缘检测与质量评定	10 分			
安全、文明操作①	10	违反一次	扣 5 分			
累计定额时间	12h	每超过 0.5h	扣 5 分			
开始时间		结束时间		总评分		

① 要求与本项目任务一相同。

任务三　了解线管配线

【相关知识准备】

知识链接 1　钢管及钢管加工

1. 穿线钢管

穿线钢管有薄壁钢管和厚壁钢管。薄壁钢管（线管）的规格见表 3-3-1，厚壁钢管（焊管）的规格见表 3-3-2。薄壁钢管适用于干燥场合明敷或暗敷；厚壁钢管适用于潮湿、易燃、易爆和埋入地下等场所。

表 3-3-1　薄壁钢管（碳素结构钢电线套管 YB/T 5305—2008）

公称直径/mm	外径/mm	壁厚/mm	理论质量/(kg/m)
13	12.70 ±0.30	1.60 ±0.15	0.438
16	15.88 ±0.30	1.60 ±0.15	0.581
19	19.05 ±0.30	1.80 ±0.20	0.766
25	25.40 ±0.30	1.80 ±0.20	1.048
32	31.75 ±0.30	1.80 ±0.20	1.329
38	38.10 ±0.30	1.80 ±0.20	1.611
51	50.80 ±0.30	2.00 ±0.24	2.407

表 3-3-2　厚壁钢管（低压流体输送用焊接钢管 GB/T 3091—2008）

公称直径/mm	外径/mm	壁厚/mm	理论质量/(kg/m)
15	21.3 ±0.50	2.75(1 ±12.0%)	1.26
20	26.8 ±0.50	2.75(1 ±12.0%)	1.63
25	33.5 ±0.50	3.25(1 ±12.0%)	2.42
32	42.3 ±0.50	3.25(1 ±12.0%)	3.13
40	48.0 ±0.50	3.50(1 ±12.0%)	3.84
50	60.0 ±0.50	3.50(1 ±12.0%)	4.88
65	75.5 ±0.50	3.75(1 ±12.0%)	6.64
80	88.5 ±0.50	4.00(1 ±12.0%)	8.34

2. 厚壁钢管配件

厚壁钢管配件包括钢质的直接头（管箍或管接头）、灯头盒、接线盒、开关盒和锁紧螺母等，灯头盒和接线盒如图 3-3-1 所示。内螺、锁紧螺母的公称直径和厚壁钢管的公称直径相同，与相同公称直径的钢管配套使用。

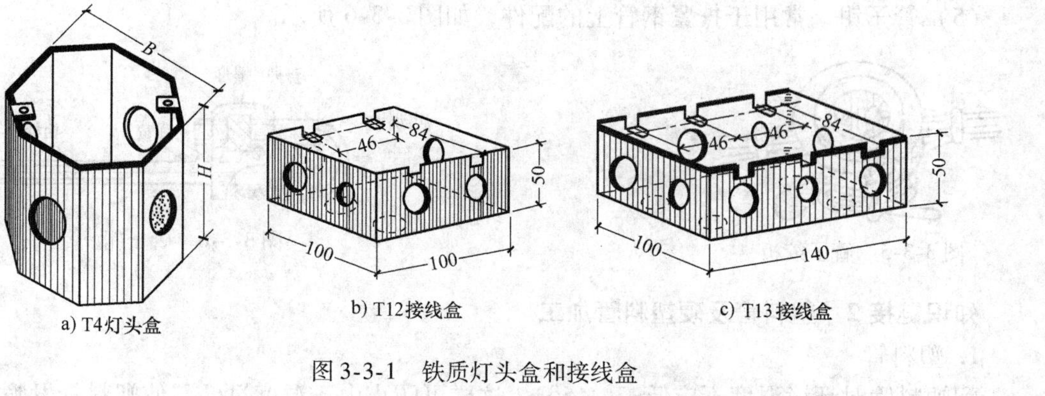

a) T4灯头盒　b) T12接线盒　c) T13接线盒

图 3-3-1　铁质灯头盒和接线盒

3. 钢管加工及工具

包括弯管器、龙门钳、管子割刀、管子铰板和管子钳等。

（1）弯管器　主要用于冷弯钢质 DG32 以下的线管，它配有与线管不同公称直径的模具一套，冷弯线管能保证弯管的质量。大于等于 DG32 以上的线管，要用电动或液压弯管机弯制，如图 3-3-2 所示。

a) 手动弯管器

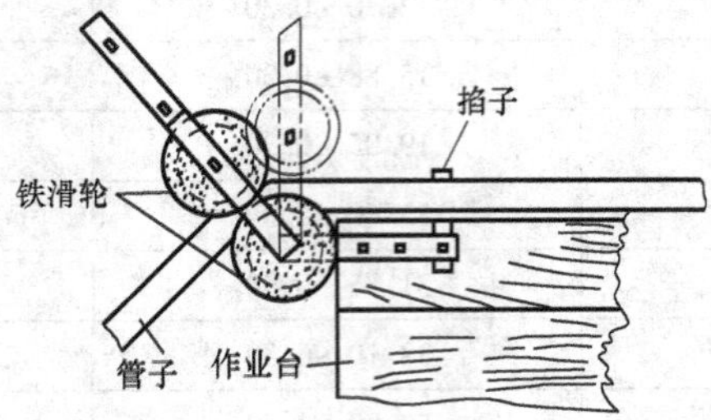

b) 滑轮弯管器

图 3-3-2　弯管器

（2）龙门钳　安装在钳凳上，主要用于夹紧钢管，对钢管进行套丝、切断等对钢管进行加工，如图 3-3-3 所示。

（3）管子割刀　主要用于割断钢管，如图 3-3-4 所示。

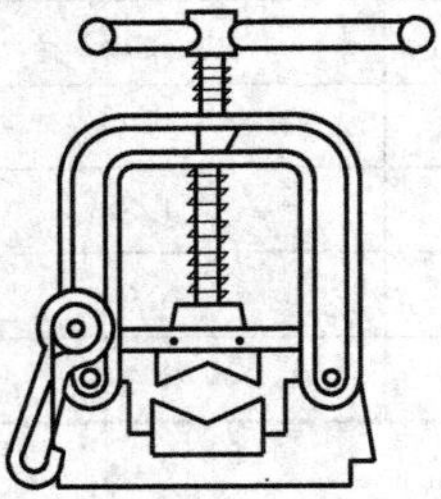
图 3-3-3　龙门钳

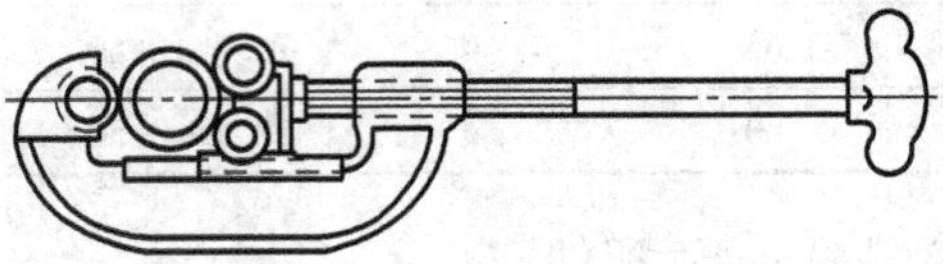
图 3-3-4　管子割刀

（4）管子绞板　主要用于对钢管套制管螺纹，它配有与钢管不同公称直径的螺纹板牙一套，用于不同公称直径的钢管套丝，如图 3-3-5 所示。

（5）管子钳　常用于拧紧钢管上的配件，如图 3-3-6 所示。

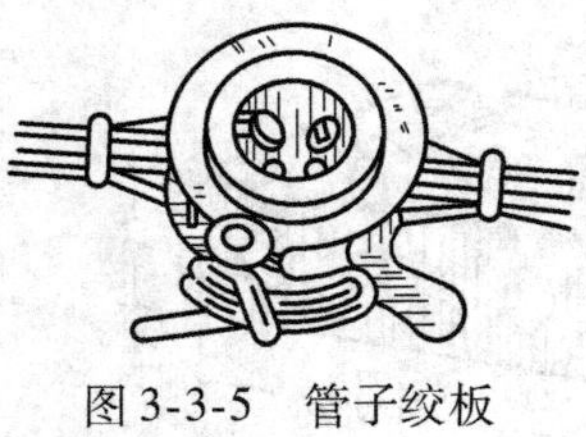
图 3-3-5　管子绞板

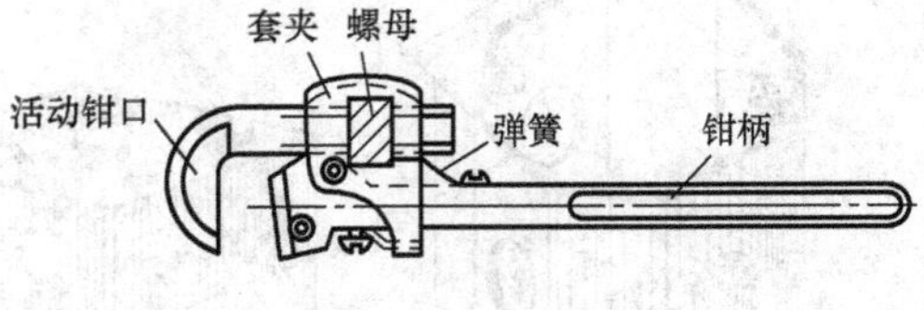

图 3-3-6　管子钳

知识链接 2　塑料管及硬塑料管加工

1. 塑料管

配塑料管时环境温度不应低于 −15℃，这样可防止由于温度过低，使塑料管发脆造成断裂，影响工程质量。塑料管可分为硬聚氯乙烯管（见表 3-3-3）、半硬塑料管（见表 3-3-4）和聚氯乙烯难燃型可挠管（波纹管见表 3-3-5）。塑料管配用的接线盒、灯头盒、开关盒、直接和角弯等，使用塑料配套制品。

表 3-3-3　常用硬聚氯乙烯管的规格　（单位：mm）

标称直径	外　径	轻型管壁厚	重型管壁厚
15	20 ±0.7	2.0 ±0.3	2.5 ±0.4
20	25 ±1.0	2.0 ±0.3	3.0 ±0.4
25	32 ±1.0	3.0 ±0.45	4.0 ±0.6
32	40 ±1.2	3.5 ±0.5	5.0 ±0.7
40	51 ±1.7	4.0 ±0.6	6.0 ±0.7
50	65 ±2.0	4.5 ±0.7	7.0 ±1.0

表 3-3-4　半硬塑料管的规格

标称直径/mm	规格尺寸/mm			型　号	
	外径 D2	壁厚 b	内径 D1	PVCBY-1（普通型）	PVCBY-2（耐寒型）
15	16	2.0	12	HY1011	HY1021
20	20	2.0	16	HY1012	HY1022
25	25	2.5	20	HY1013	HY1023
32	32	3.0	26	HY1014	HY1024
40	40	3.0	34	HY1015	HY1025
50	50	3.0	44	HY1016	HY1026

表 3-3-5　聚氯乙烯难燃型可挠管的规格

标称直径/mm	内径 D1/mm	外径 D2/mm	每米质量/（kg/m）	长度/m	型　号
15	14.3 +0.5	18.7 ±0.1	0.060	100	HSR1001
20	16.5 +0.5	21.2 ±0.15	0.070	100	HSR1011
25	23.3 +0.5	28.9 ±0.15	0.105	50	HSR1021
32	29.0 +0.5	34.5 ±0.15	0.130	50	HSR1031
40	36.2 +0.6	42.5 ±0.20	0.184	50	HSR1041
50	47.7 +0.8	54.5 ±0.20	0.260	25	HSR1051

2. 塑料配套制品

包括直接头、三通、角弯、接线盒、开关盒、灯头盒、锁紧螺母和开口管卡等。塑料配件和钢卡圈的标称直径与塑料管的标称直径相同，和同种标称直径塑料管配套使用。

1）直接头、角弯、三通和十字接头分别如图 3-3-7a ~ d 所示。

2）塑料接线盒和灯头盒如图 3-3-8a ~ c 所示。

3. 塑料管加工及工具

包括木胎模具和弯管弹簧等，它的规格与塑料管的标称直径相同，使用时应与标称直径相同的塑料管配套使用。

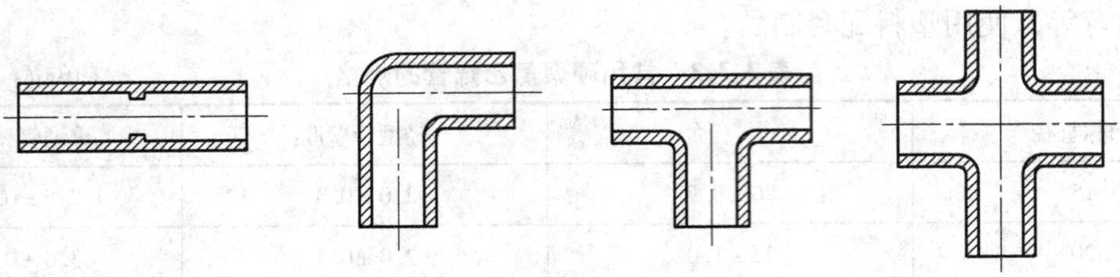

a) 直接头　　b) 90°角弯　　c) 三通　　d) 十字接头

图 3-3-7　塑料管配件

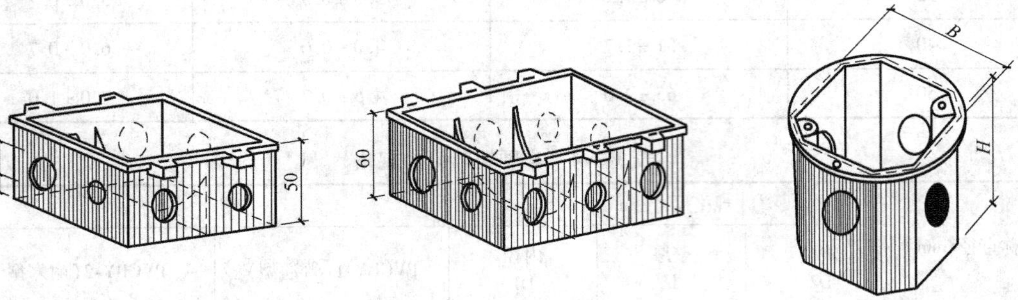

a) S12 接线盒　　b) S13 接线盒　　c) S4 灯头盒

图 3-3-8　塑料接线盒、灯头盒

（1）硬聚氯乙烯管的热煨弯

1）填砂：先将一端管口用木塞堵好，然后将干砂子灌入管内压实，将另一端管口用木塞堵好。

2）加热弯曲：在要弯曲的部位均匀加热至 130℃ 左右，即可放入相应管径的木胎模具上弯制成型，如图 3-3-9 所示。

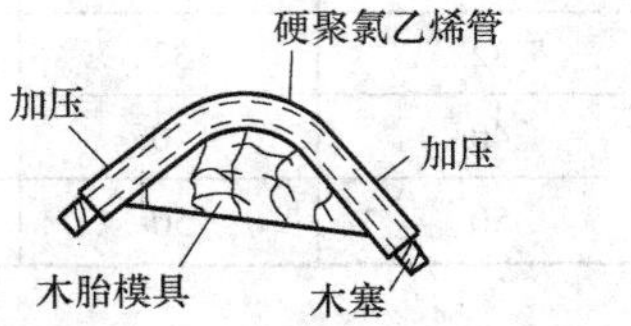

图 3-3-9　硬聚氯乙烯管的热煨弯

（2）半硬塑料管的冷弯曲

1）把弯管弹簧一端系上一段绳索，便于拉出弯管弹簧。

2）将弯管弹簧插入半硬塑料管内，置于要弯曲的部位，然后双手用力弯曲达到要求为止，最后将弯管弹簧拉出。

知识链接 3　管配线的规范要求

1）敷设于多尘和潮湿场所的电线管路，管口、管子连接处均应做密封处理。

2）暗配的电线管路宜选用最近的路线敷设并应减少弯曲；埋入墙或混凝土内的管子，离表面的净距不应小于 15mm。

3）进入落地式配电箱的电线管路，排列应整齐，管口应高出基础面不少于 50mm。

4）埋于地下的电线管路不宜穿过设备基础，在穿过建筑物基础时，应加保护管保护。

5）电线管路的弯曲处，不应有折皱、凹穴和裂缝等现象，弯扁程度不应大于管外径的 10%，弯曲半径应符合下列要求：明配时，一般不小于管外径的 6 倍；如只有一个弯时，可不小管外径的 4 倍。暗配时，不应小于管外径的 6 倍；埋设于地下或混凝土楼板内时，不应

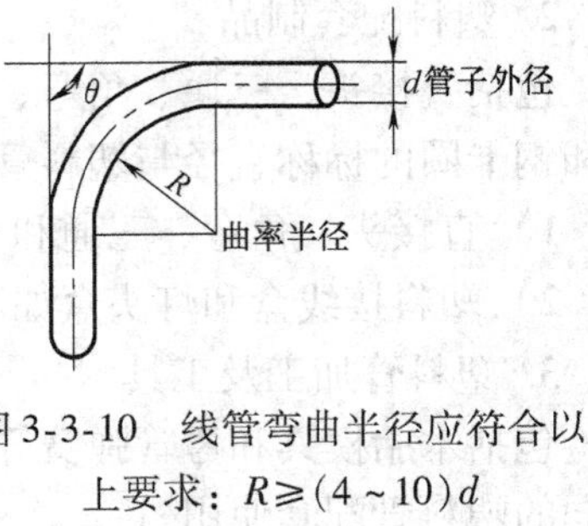

图 3-3-10　线管弯曲半径应符合以上要求：$R \geq (4 \sim 10)d$

小于管外径的 10 倍，如图 3-3-10 所示。

6）在电线管路超过下列长度时，中间应加装接线盒或拉线盒，其位置应便于穿线：

① 管子长度每超过 45m，无弯曲时。

② 管子长度每超过 30m，有一个弯时。

③ 管子长度每超过 20m，有两个弯时。

④ 管子长度每超过 12m，有三个弯时。

在垂直敷设时，敷设于垂直线管中的导线每超过下列长度时，应加装设接线盒或拉线盒，并在管口处或接线盒中加以固定：

① 导线截面积为 $50mm^2$ 及以下，为 30m。

② 导线截面积为 $70\sim95mm^2$，为 20m。

③ 导线截面积为 $120\sim240mm^2$，为 18m，如图 3-3-11所示。

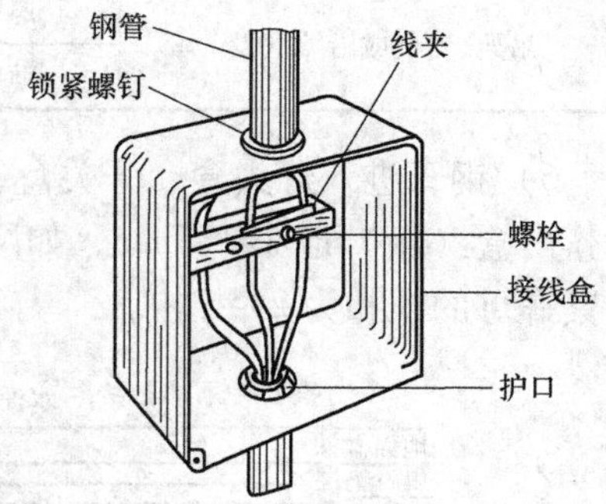

图 3-3-11　垂直配管导线的支持

7）水平或垂直敷设的明配管路允许偏差值，在 2m 以内允许的偏差均为 3mm，全长不应超过管子内径的 1/2。

8）配塑料管时的环境温度不应低于 −15℃。配塑料管用的接线盒、灯头盒和开关盒等，均宜使用配套的塑料制品。

9）塑料管在进入接线盒、灯头盒、开关盒或配电箱内时，应加以固定。

10）塑料管在砖墙内剔槽敷设时，必须用强度不小于 100 号水泥砂浆抹面保护，厚度不应小于 15mm。

知识链接 4　钢管敷设

1）钢管不应有瘪陷和裂缝，管内无铁屑及毛刺，切断口应锉平，管口应刮光。

2）明配于潮湿场所和埋于地下的钢管，均应使用厚壁钢管；明配或暗配于干燥场所的钢管，宜使用薄壁钢管。

3）钢管内、外均应刷防腐漆，埋入混凝土内的管外壁除外；埋入土层内的钢管，应刷两次沥青或使用镀锌钢管；埋入有腐蚀性土层内的钢管，应按设计规定进行防腐处理。使用镀锌钢管时，在锌层剥落处，也应刷防腐漆。

4）钢管的连接应符合下列要求：

① 螺扣连接，管端套丝长度不应小于管接头长度的 1/2，在管接头两端应焊跨接接地线。

② 套管连接宜用于暗配管，套管长度为连接管外径的 1. 5 ~ 3 倍；连接管的对口处应在套管的中心，坡口应焊接牢固、严密，如图 3-3-12 所示。

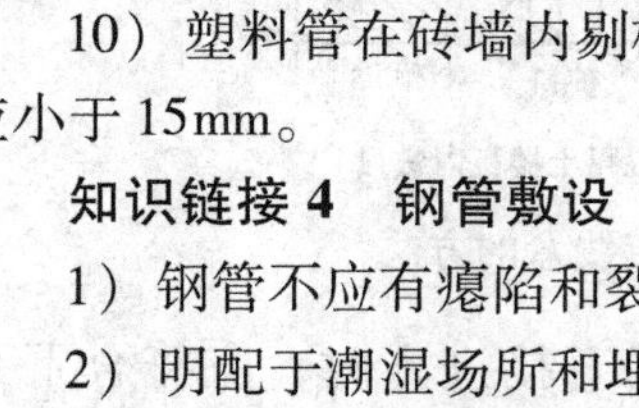

图 3-3-12　套管连接

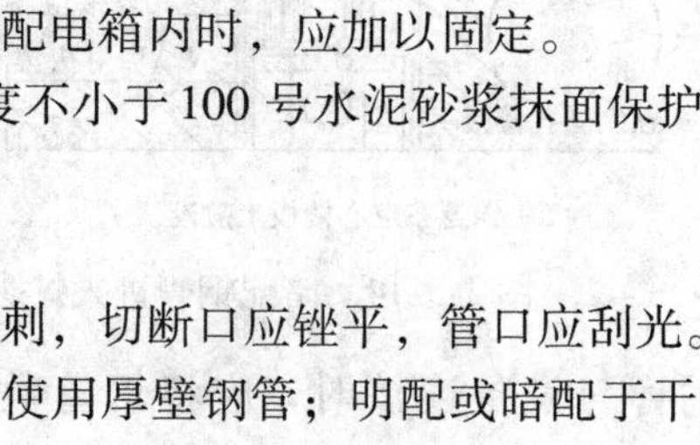

图 3-3-13　管卡与转弯中点、接线盒边缘的距离

③ 厚壁钢管的连接必须用螺扣连接。

5）明配钢管应排列整齐，固定点的距离应均匀。管卡与终端、转弯中点、电气器具或接线盒边缘的距离为150～500mm，如图3-3-13所示。中间的管卡最大距离应符合表3-3-6的规定，管卡大小的制作要符合规定。

表3-3-6　钢管中间管卡的最大距离

敷设方式	钢管名称	钢管直径/mm			
		15～20	25～32	40～50	65～100
		最大允许距离/m			
吊架、支架或沿墙敷设	厚壁钢管	1.5	2.0	2.5	3.5
	薄壁钢管	1.0	1.5	2.0	

6）钢管进入灯头盒、开关盒、拉线盒、接线盒及配电箱时，暗配管可用焊接固定，管口露出盒（箱）应小于5mm，如图3-3-14所示；明配管应用锁紧螺母或护圈帽固定，露出锁紧螺母的螺扣为2～4扣。

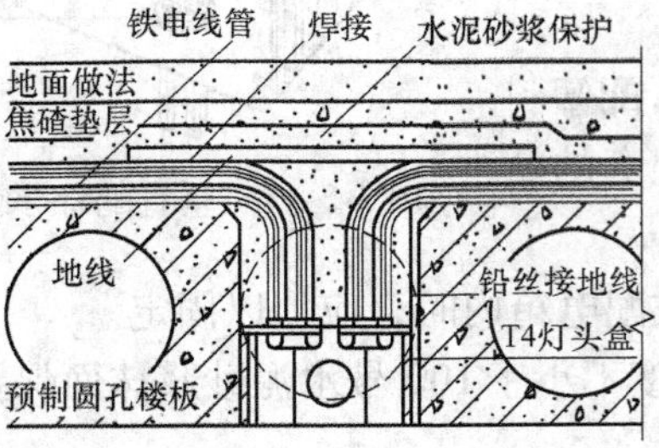

a) 钢管在空心楼板上敷设

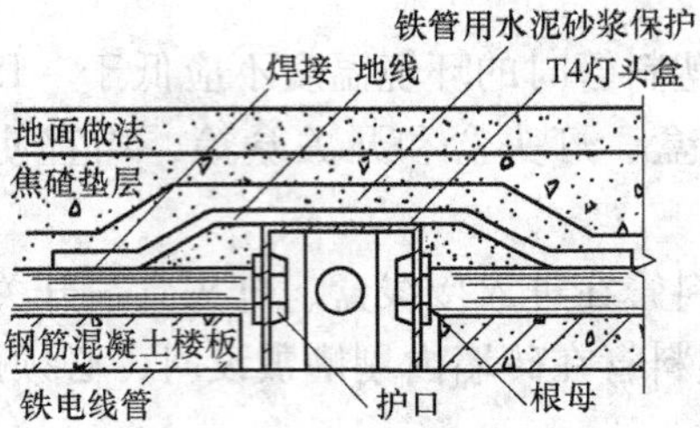

b) 钢管在现浇混凝土楼板内敷设

图3-3-14　暗配钢管进入灯头盒、开关盒、拉线盒和接线盒的方法

7）钢管与设备连接时，应将钢管敷设到设备内。如不能直接进入时，应符合下列要求：

① 在干燥房屋内，可在钢管出口处加保护软管引入设备，管口应包扎严密。

② 在室外或潮湿房屋内，可在管口处装设防水弯头，由防水弯头引出的导线应套绝缘保护软管，经弯成防水弧度后再引入设备。

③ 管口距地面高度一般不宜低于200mm。

8）金属软管引入设备时，应符合下列要求：

① 软管与钢管或设备连接应用软管接头连接。

② 软管应用管卡固定，其固定点间距不应大于1m。

③ 不得利用金属软管作为接地导体。

知识链接5　塑料管敷设

1. 硬塑料管敷设

1）硬塑料管适用于室内或有酸、碱等腐蚀介质的场所，不得在高温和易受机械损伤的场所敷设。

2）硬塑料管的连接处应用胶合剂粘接，接口必须牢固、密封，并符合下列要求：

① 插入法连接：插入深度为管内径的1.1～1.8倍，如图3-3-15所示。

② 套接法连接：套管长度为连接管内径的 1.5 ~ 3 倍，连接管的对口处应在套管的中心，如图 3-3-16 所示。

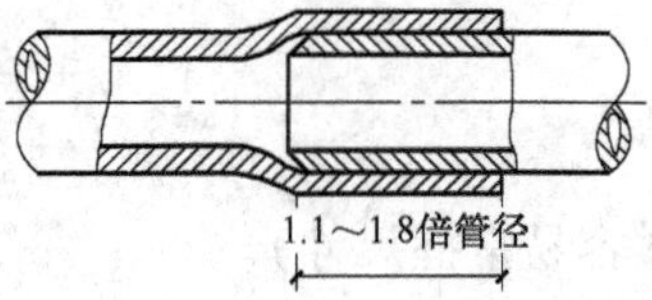

图 3-3-15　插入法连接

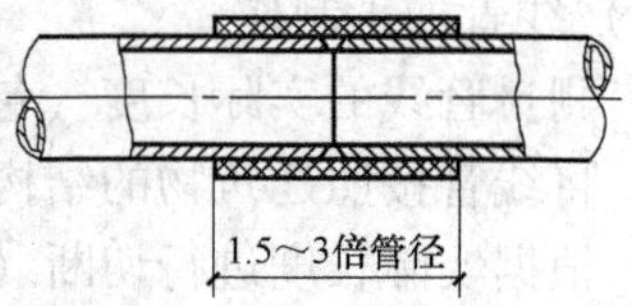

图 3-3-16　套接法连接

3）硬塑料管沿建筑物的表面敷设时，在直线段上每隔 30m 应装设补偿装置（在支架上架空敷设除外）。利用小口径管套入大口径管可发生相对运动进行热胀冷缩补偿，如图 3-3-17 所示。

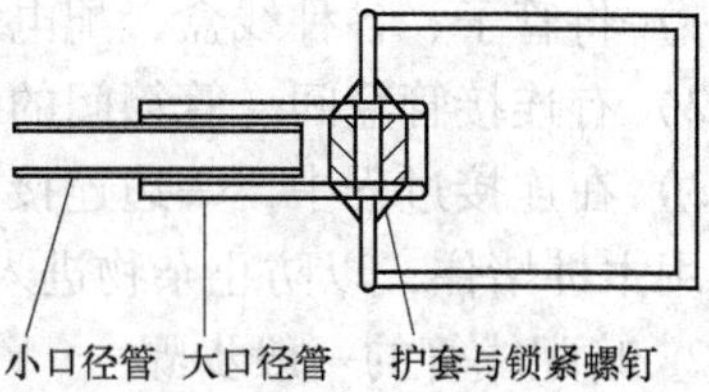

图 3-3-17　利用接线盒或灯头盒制作的补偿装置

4）明配硬塑料管应排列整齐，固定点的距离应均匀；管卡与终端、转弯中点、电气器具或接线盒边缘的距离为 150 ~ 500mm；中间的管卡最大距离应符合表 3-3-7 的规定。

表 3-3-7　硬塑料管中间管卡最大距离

敷设方法	硬塑料管内径/mm		
	<20	25 ~ 40	>50
	最大允许距离/m		
吊架、支架或沿墙敷设	1.0	1.5	2.0

5）明配硬塑料管在穿过楼板易受机械损伤的地方应用钢管保护，其保护高度距楼板面不应低于 500mm。

6）埋于地面内的硬塑料管，露出地面易受机械损伤的一段，应有保护措施。

7）埋于地下受力较大处的硬塑料管，宜使用比一般硬塑料管管壁厚的重型管。

2. 半硬塑料管敷设

1）半硬塑料管适用于一般民用建筑的照明工程暗配敷设，不得在高温场所和顶棚内敷设。

2）半硬塑料管应使用套管粘接法连接，套管的长度不应小于连接管外径的两倍，接口处应用胶合剂粘接牢固。

3）半硬塑料管的弯曲半径不应小于管外径的 6 倍。

4）敷设半硬塑料管宜减少弯曲，当线路直线段的长度超过 15m 或直角弯超过 3 个时，均应装设接线盒。

5）半硬塑料管敷设于现场捣制的砌体结构中，应有预防机械损伤的措施。

知识链接 6　配线管的一般步骤

1. 明配线管的一般步骤

（1）画线定位

1）依照安装图样，确定电器与设备（如配电箱、开关、插座和灯头等）的位置。

2）划出管路走向的中心线和管路的交叉位置。

3）埋设木榫或其他预埋件和紧固件。

（2）线管加工制作

1）测量管线的实际长度（包括弯曲部分）。

2）将线管按照建筑物的结构形状进行弯曲。

3）根据实际长度进行切断（最好先弯管再切断，这样容易掌握尺寸）。

4）对需螺纹联接的部位要套螺纹丝口。

（3）线管明敷管

1）将管子、各种线盒、配电箱等连接成整体或部分进行安装固定。

2）有连接管盒间、管箱间的跨接地线，用电焊使金属外壳连成一体。

3）在连接过程中，一边连接，一边将钢丝穿入线管中以备穿线作引线；凡是向上的管口需用木榫堵住，以防止杂物进入线管。

2. 暗配线管的一般步骤

（1）确定管线走向

1）依照安装图样，确定电器与设备的安装位置。

2）根据建筑结构确定管线最短走向。

（2）线管加工制作

1）测量管线的实际长度（应尽量走捷径，以减少弯头）。

2）配管加工（选材、弯管、锯管和套丝等）。

（3）线管暗敷设

1）配合土建施工，进行线管与各种线盒的连接，并同时穿入引线钢丝。

2）将配电箱、各种线盒、线管连接成整体或部分，固定预埋在混凝土梁、顶棚、柱、墙和地坪的钢筋和模板上，是砖墙体的暗埋部分应预留，以后可在墙上剔槽埋设。

3）有连接管盒间、管箱间的跨接地线，用电焊使金属外壳连成一体。

4）管口均堵上木塞，盒内放废纸或木屑，防止水泥砂浆和杂物进入。

知识链接7　扫管穿线

1）穿在管内绝缘导线的额定电压不应低于500V。

2）管内穿线宜在建筑物的抹灰及地面工程结束后进行，在穿入导线之前，应将管中的积水及杂物清除干净。

3）不同回路、不同电压和交流与直流的导线，不得穿入同一根管子内，但下列几种回路可除外：

① 电压为65V及以下的回路；

② 同一台设备的电动机回路和无抗干扰要求的控制回路。

③ 照明花灯的所有回路。

④ 同类照明的几个回路，但管内导线总数不应多于8根。

4）同一交流回路的导线必须穿于同一钢管内。

5）导线在管内不得有接头和扭结，其接头应在接线盒内连接。

6）管内导线的总截面积（包括外护层）不应超过管子截面积的40%，导线穿管的最小允许管径见表3-3-8。

表 3-3-8　导线穿管的最小允许管径

标称截面积/mm^2	导线根数								
	2	3	4	5	6	7	8	9	10
	最小管直径/mm								
1.0	13	13	19	19	19	25	25	25	25
1.5	13	19	19	19	25	25	25	25	25
2.0	13	19	19	19	25	25	25	25	25
2.5	13	19	19	25	25	25	25	25	32
4	13	19	19	25	25	25	32	32	32
6	19	19	25	25	25	32	32	32	32
10	19	25	32	32	38	38	38	50	50
16	25	32	32	38	38	50	50	50	63
25	32	32	38	50	50	63	63	63	63
35	32	38	50	50	63	63	63	63	75
50	38	50	50	63	63	63	75	75	75

7）导线穿入钢管后，在导线出口处，应装护线套保护导线；在不进入盒（箱）内的垂直管口，穿入导线后，应将管口做封密处理。

8）导线穿入线管时，一般用预留在线管中的钢丝引拉或另穿钢丝引拉，如图 3-3-18 所示。

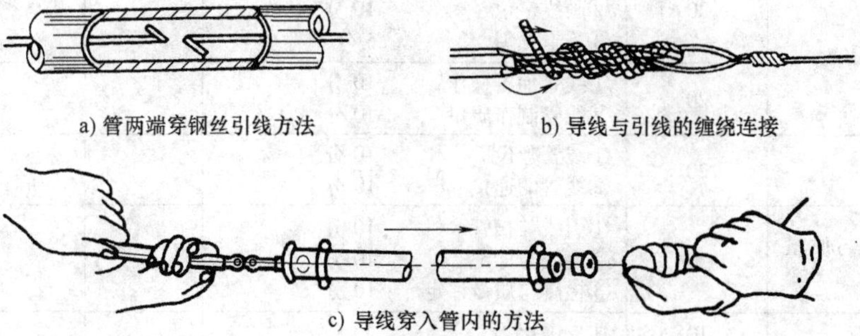

a) 管两端穿钢丝引线方法　b) 导线与引线的缠绕连接

c) 导线穿入管内的方法

图 3-3-18　导线穿入线管的做法

【操作指导】

操作指导　硬塑料管明敷设配线的安装操作

1. 目的要求

掌握硬塑料管的明敷设配线安装的操作方法。

2. 器材设施

电气安装施工图样，硬塑料管，红、绿、黄、蓝、黑色塑料导线，弯管模具，开口塑料管卡，粉线袋，电工用人字形架梯，圆头铁锤，錾子，螺钉旋具，电工刀，钢丝钳，电工包，电锤，钢卷尺，万用表，绝缘电阻表，其他材料等。

3. 工作量与工作内容

（1）工作量　ϕ20 硬塑料管 50m，导线截面积 2.5mm^2 铜芯塑料导线 150m（在砖、砌体结构墙面上施工）。

（2）工作内容　测位、画线、打眼、埋螺栓、锯管、煨弯、接管和配管等。

4. 实训前指导

1）认真识读电气安装施工图样。

2）使用人字形架梯注意安全。

3）放线下料要准，线管制作要标准。

4）检查安装施工的条件：室内装修完工，安装工程的预埋预留工作完成。

5. 实训操作步骤

（1）画线定位　依照安装图样画线定位，用电锤打孔埋置塑料膨胀螺栓，安装塑料管卡。

（2）线管制作　用弯管弹簧对半硬塑料管弯制造型，量准下料。

（3）线管敷设　敷管连接，穿钢丝引线。

（4）扫管穿线　配线下料，扫管穿线，标记回路。

（5）电气工程安装的检测与质量验收。

实训时应注意：①做好实训组织工作，建议三人为一组，一天完成；②做好施工安全教育，遵守施工现场安全规定，搞好安全防范措施；③做好土建施工和装修施工的协调工作。

【考核与评价】

表 3-3-9　线管配线考核

项目内容	配分	评分标准			自评	互评	教师评
画线定位	20	①识图　5 分 ②画线定位　10 分 ③管卡预埋　5 分					
线管制作	20	①线管加工操作　10 分 ②线管制作质量　10 分					
线管敷设	20	①线管敷设　10 分 ②线管的连接　10 分					
扫管穿线检测与质量评定	30	①引线与扫管　10 分 ②穿线与标记　10 分 ③检测与质量评定　10 分					
安全、文明操作①	10	违反一次　扣 5 分					
累计定额时间	24h	每超过 1h　扣 5 分					
开始时间		结束时间		总评分			

① 要求与本项目任务一相同。

任务四　学习照明灯具、开关、插座及风扇的安装与维修

【相关知识准备】

知识链接 1　照明灯具的安装规范要求

1）灯具的固定应符合下列规定：

① 灯具的重量大于3kg时，固定在螺栓或预埋吊钩上。

② 软线吊灯，灯具重量在0.5kg及以下时，采用软电线自身吊装；大于0.5kg的灯具采用吊链，软电线可编叉在吊链内，使电线不受力。

③ 灯具固定牢固可靠，不使用木楔。每个灯具有固定螺钉或螺栓不少于2个；当绝缘台直径在75mm及以下时，采用1个螺钉或螺栓固定。

2）花灯吊钩圆钢直径不应小于灯具挂销直径，且不应小于6mm。大型花灯的固定及悬吊装置，应按灯具重量的2倍做过载试验。

3）当钢管做灯杆时，钢管内径不应小于10mm，钢管厚度不应小于1.5mm。

4）固定灯具带电部件的绝缘材料以及提供防触电保护的绝缘材料均应耐燃烧、防明火。

5）当设计无要求时，灯具的安装高度和使用电压等级应符合下列规定：

① 一般敞开式灯具，灯头对地面距离不小于下列数值（采用安全电压时除外）：室外：2.5m（室外墙上安装）；厂房：2.5m；室内：2m；软吊线带升降器的灯具在吊线展开后：0.8m。

② 危险性较大及特殊危险场所，当灯具距地面高度小于2.4m时，使用额定电压为36V及以下的照明灯具，或采取专用保护措施。

6）当灯具距地面高度小于2.4m时，灯具的可接近裸露导体必须接地（PE）或接零（PEN）可靠，并应有专用接地螺栓，且有标识。

7）引向每个灯具的导线线芯最小截面积应符合表3-4-1的规定。

表3-4-1　导线线芯最小截面积　（单位：mm^2）

灯具安装的场所及用途		导线线芯最小截面积		
		铜芯软线	铜线	铝线
灯头线	民用建筑室内	0.5	0.5	2.5
	工业建筑室内	0.5	1.0	2.5
	室外	1.0	1.0	2.5

8）灯具的外形、灯头及其接线应符合下列规定：

① 灯具及其配件齐全，无机械损伤、变形、涂层剥落和灯罩破裂等缺陷。

② 软线吊灯的软线两端做保护扣，两端芯线搪锡；当装升降器时，套塑料软管，采用安全灯头。

③ 除敞开式灯具外，其他各类灯具白炽灯容量在100W及以上者采用瓷质灯头。

④ 连接灯具的软线盘扣、搪锡压线，当采用螺口灯头时，相线接于螺口灯头中间的端子上。

⑤ 灯头的绝缘外壳无破损和漏电；带有开关的灯头，开关手柄无裸露的金属部分。

9）变电所内，高低压配电设备及裸母线的正上方不应安装灯具。

10）装有白炽灯泡的吸顶灯具，灯泡不应紧贴灯罩；当灯泡与绝缘台间距离小于5mm时，灯泡与绝缘台间应采取隔热措施。

11）安装在重要场所的大型灯具的玻璃罩，应采取防止玻璃罩碎裂后向下溅落的措施。

12）投光灯的底座及支架应固定牢固，枢轴应沿需要的光轴方向拧紧固定。

13）安装在室外的壁灯应有泄水孔，绝缘台与墙面之间应有防水措施。

知识链接 2　照明灯具的安装操作

1. 白炽灯

（1）白炽灯　由白炽灯泡和灯头组成，按连接方式可分为螺口式和卡口式两类，灯头有吊式灯头和平底座式灯头，其外形、灯头及电路如图 3-4-1 所示。

（2）白炽灯的工作原理　白炽灯是利用灯丝电阻的电流热效应，使灯丝炽热发光，其发光效率低。

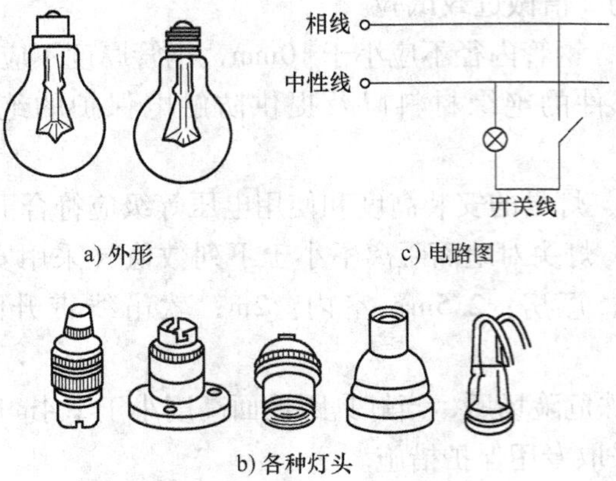

图 3-4-1　白炽灯外形、灯头及电路

（3）白炽灯的安装

1）圆木（木台）的安装。先加工圆木，在圆木底部刻一条线槽，并电钻钻 3 个小孔，接着将电源相线和中性线卡入圆木线槽，并穿过圆木中部两侧小孔，留出足够连接电器或软吊线的线头。然后用螺钉从中心孔穿入，将圆木固定在事先完工的预埋件上，如图 3-4-2 所示。近来，灯具安装有的不用圆木，直接用与灯具配套的金属或塑料底座，通过膨胀螺栓固定在建筑物上。

2）挂线盒的安装。先将圆木上的电线头从挂线盒底座中穿出，用木螺钉将挂线盒紧固在圆木上。然后将伸出挂线盒底座的线头剥去 20mm 左右的绝缘层，弯成接线圈后，分别压接在挂线盒的两个接线桩上。再按灯具的安装高度要求，取一段铜芯软线（花线或塑料绞线）作为挂线盒与灯头之间的连接线，上端接挂线盒内的接线桩，下端接灯头接线桩。为了不使接头处承受灯具重力，吊灯电源线在进入挂线盒盖后，在离接线端头 50mm 处打一个结，如图 3-4-3 所示。这个结正好卡在挂线盒线孔里，承受着部分悬吊灯具的重量。

图 3-4-2　圆木的安装

图 3-4-3　挂线盒的安装

此外，平灯座在圆木或金属、塑料底座上的安装也与塑料挂线盒在圆木上的安装方法大体相同，不同的是不需用软吊线，由穿出的电源线直接与平灯座两接线桩相接。

3）吊灯头的安装。旋下灯头上的胶木盖子，将软吊线下端穿入灯头盖孔中，在离导线下端头 30mm 处打一个结，然后把去除了绝缘层的两个下端头芯线分别压接在两个灯头接线桩上，最后旋上灯头盖子。

如果是螺口灯头，相线应接在跟中心铜片相连的接线桩上，中性线接在与螺口相连的接线桩上，如图 3-4-4 所示。如果接反，容易出现触电事故。

4）开关的安装。开关应串联在通往灯头的相线上。拉线开关的做法与挂线盒大体相同，只是在从圆木中穿出线头时，一根是电源相线，另一根是进入灯头的相线，它们应分别接在开关底座的两个接线桩上，然后旋紧开关盖；如果是 86 型板把开关，则要将电源相线引到开关底盒，再接开关线，最后将开关面板上好。按上述方法安装的单联开关只能在一个地方控制一盏灯或同时控制几盏灯。在日常生活、工作和生产中，经常需要在两个地方控制同一盏灯的情况，这就必须安装双联开关。用两个双联开关在两个地方控制一盏灯的原理图如图 3-4-5 所示。

现代建筑物，特别是会议室、办公室、住房等大量安装豪华灯具作照明。这类灯具的安装方法是：先在工作台上根据白炽灯或荧光灯的线路要求接线、进行灯具的组合。并在灯具固定位置预埋紧固件，最后将组合完工的豪华灯具固定在紧固件上。

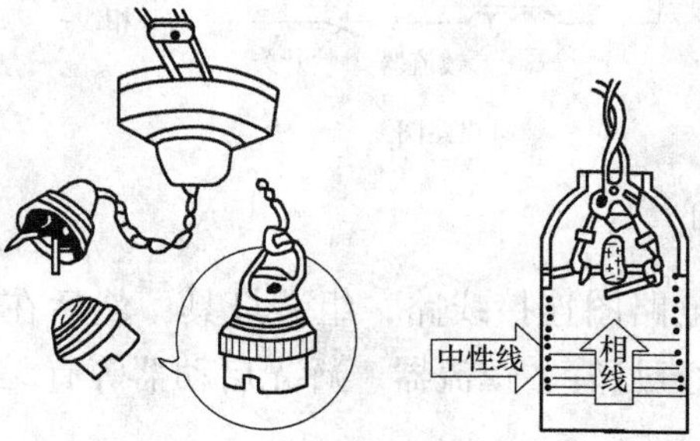

图 3-4-4　吊灯头的安装

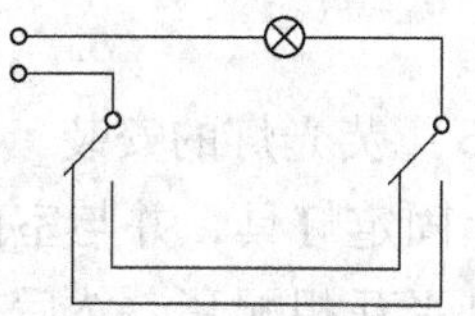
图 3-4-5　双联开关原理图

2. 荧光灯

（1）荧光灯的组成　由灯管、辉光启动器、镇流器、灯架和灯座组成，如图 3-4-6a ~ d 所示。

（2）荧光灯的工作原理　当荧光灯接通电源后，电源电压经过镇流器、灯丝，在辉光启动器的“n”形动触片和静触片之间产生电压，引起辉光放电。放电时产生的热量使“n”形动触片膨胀并向外伸张，与静触片接触，接通电路，使灯丝预热并发射电子。与此同时，由于“n”形动触片与静触片相接触，使两片间电压为零而停止辉光放电，“n”形动触片冷却并复原脱离静触片。在动触片断开瞬间，镇流器两端会产生一个比电源电压高得多的感应电动势。这个感应电动势加在灯管两端，使灯管内的惰性气体被电离而引起弧光放电，随着灯管内温度升高，液态汞就汽化游离，引起汞蒸气弧光放电而发出肉眼看不见的紫外线，紫外线激发灯管内壁的荧光粉后，发出近似日光的灯光，电路如图 3-4-6e 所示。

镇流器另外还有两个作用，一是在灯丝预热时，限制灯丝所需的预热电流值，防止热过高而烧断，并保证灯丝电子的发射能力；二是在灯管辉光启动后，维持灯管的工作电压和限制灯管工作电流在额定值内，以保证灯管能稳定工作。

并联在辉光启动器氖泡上的电容有两个作用，一是与镇流器线圈形成 LC 振荡电路，该电路能延长灯丝的预热时间和维持感应电动势；二是能吸收干扰收音机和电视机的交流声。当电容击穿时，剪除后，辉光启动器仍能使用。

较短灯管一端的灯丝断路时，连接引出脚后，荧光灯仍可继续使用。

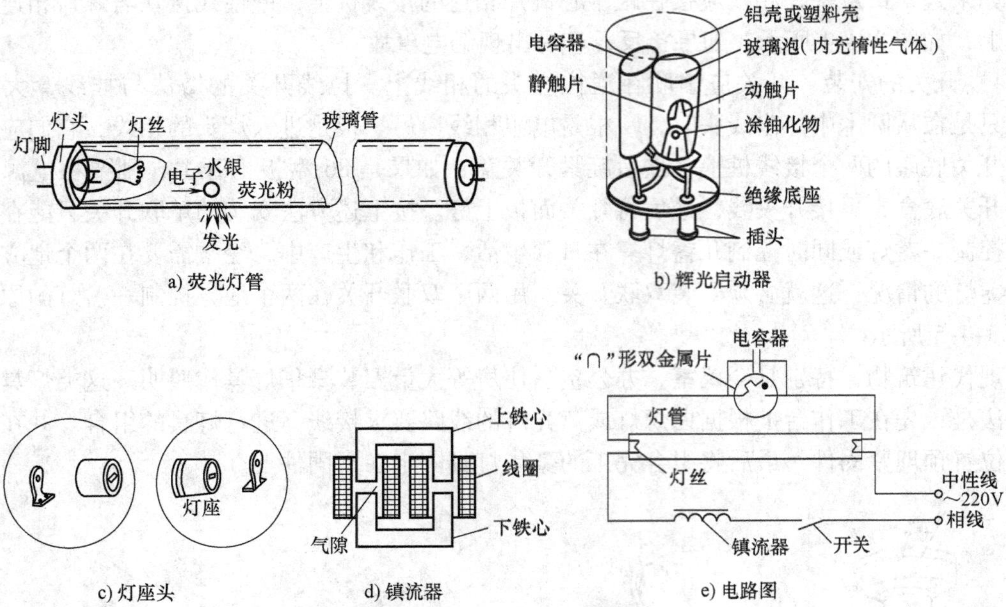

图 3-4-6　荧光灯

(3) 荧光灯的安装　安装荧光灯，首先要对照电路图连接线路，组装灯具，然后在建筑物上固定灯具，并与室内的主线接通。安装前应检查灯管、镇流器、辉光启动器等有无损坏，是否互相配套，然后按下列步骤安装。

1）准备灯架。根据荧光灯管长度的要求，购置或制作与之配套的灯架。

2）组装灯架。对分散控制的荧光灯，将镇流器安装在灯架的中间位置；对集中控制的几盏荧光灯，几只镇流器应集中安装在控制点的一块配电板上。然后将辉光启动器座安装在灯架的一端，两个灯座分别固定在灯架两端，中间距离要按所用灯管的长度量好，使灯管两端灯脚既能插进灯座插孔，又能有较紧的配合。各配件位置固定后，按电路图进行接线，只有灯座才是边接线边固定在灯架上。接线完毕，要对照电路图详细检查，以免接错、接漏。

3）固定灯架。固定灯架的方式有悬吊式和吸顶式两种。悬吊式又分金属链条悬吊和钢管悬吊两种。安装前先在设计的固定点打孔预埋合适的紧固件，然后将灯架固定在紧固件上。其安装方式和实际接线如图 3-4-7 所示。

最后把辉光启动器旋入底座，把荧光灯管装入灯座，开关安装在相线上。检查无误后，即可通电试用。

3. 节能型荧光灯

(1) 节能型荧光灯的结构　由荧光灯管、灯管座、镇流器、底盘和玻璃罩组成。

(2) 节能型荧光灯及工作原理　近年来，世界各国十分重视节能减排。当今应用得最

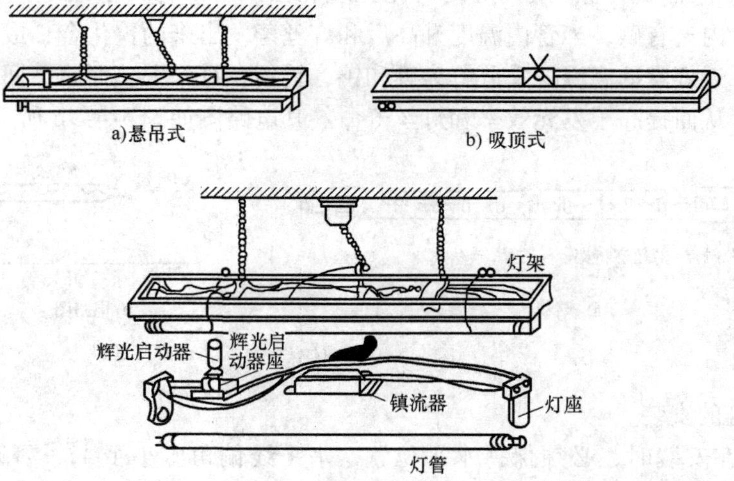

a)悬吊式　b) 吸顶式　c) 接线图

图 3-4-7　荧光灯的安装

多、最普遍的是电能，节省电能具有非常重要的意义。目前，已有不少新型节能型荧光灯投入市场，且安装和使用均极其方便，如吊装式的环形灯、简易式（可直接装在灯座上）的小型吊灯和品种多式多样的节能型荧光灯等。从光源色调来分，有暖色调的，也有冷色调的。从灯管形状来分，有 U 形、H 形、O 形和 W 形等多种，如图 3-4-8a 所示。另外还有细管型和粗管型的区分。灯管规格还常用英寸（1in = 0.3048m）来标称，常用的有 6in、8in 和 10in 等多种。新型节能荧光灯的工作原理类同于常规荧光灯。与常规荧光灯比较，在灯管的外电路中少了一件辉光启动器；此外，它只用一只灯座。它的电路原理如图 3-4-8b 所示。

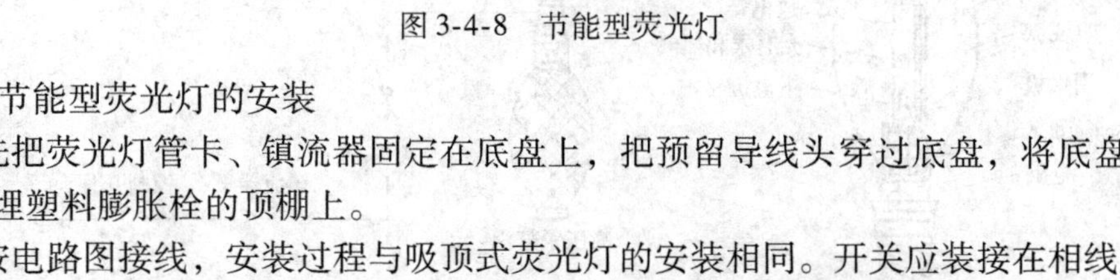

a) 灯管　b) 电路图

图 3-4-8　节能型荧光灯

（3）节能型荧光灯的安装

1）先把荧光灯管卡、镇流器固定在底盘上，把预留导线头穿过底盘，将底盘用螺钉固定在带预埋塑料膨胀栓的顶棚上。

2）按电路图接线，安装过程与吸顶式荧光灯的安装相同。开关应装接在相线上。

3）如果荧光灯管和镇流器是一体化的产品，就按白炽灯的安装方法进行安装。

4. 碘钨灯

（1）碘钨灯的结构　碘钨灯一般制成圆柱状玻璃灯管，两端灯脚为电源触点，管内中心螺旋状灯丝（钨丝），管内充有微量的碘，其结构如图 3-4-9a 所示。在高温下，利用碘与钨的结合与分解循环，提高发光效率并延长灯丝寿命。灯管卡在专用耐热灯座的支持架上。

（2）碘钨灯的工作原理　碘钨灯的发光原理和白炽灯一样，都以灯丝作为发光体，不同的是碘钨灯管内充有碘，当管内温度升高后和灯丝蒸发出来的钨化合，成为挥发性的碘化钨。碘化钨在靠近灯丝的高温处又分解为碘和钨，钨留在灯丝上，而碘又回到温度较低的位置，如此循环，从而提高了发光效率和灯丝寿命。其电路图如图 3-4-9b 所示。

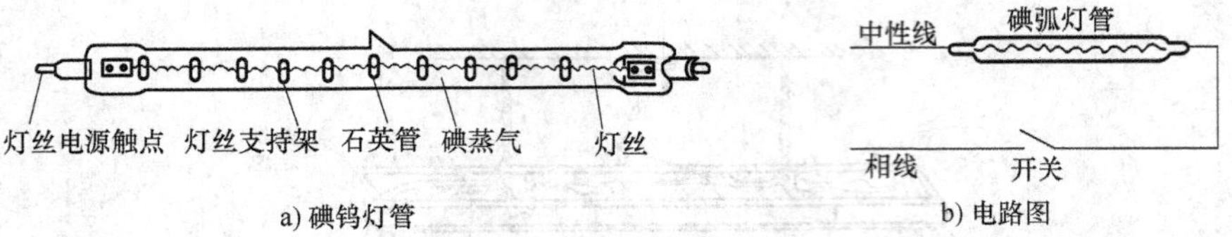

图 3-4-9　碘钨灯

（3）碘钨灯的安装

1）碘钨灯在安装时，必须保持水平位置，水平线偏角应小于 4°，否则会破坏碘钨循环，缩短灯管寿命。

2）碘钨灯发光时，灯管周围的温度很高，因此，灯管必须装在专用的有隔热装置的金属灯架上。

5. 高压汞荧光灯

（1）高压汞荧光灯的结构　主要由放电管、玻璃外壳、灯头和镇流器等组成，放电管内有上电极、下电极和引燃极，管内还充有汞和氩气，如图 3-4-10a 所示。

（2）高压汞荧光灯的工作原理　高压汞荧光灯的电路图如图 3-4-10b 所示。

当电源接通后，电压加在引燃极和相邻的下电极（主电极）之间，也加在上、下电极之间；由于引燃极和相邻的下电极靠近，电压加上后即产生辉光放电，使放电管温度上升。接着在上、下电极之间便产生弧光放电，使放电管内汞汽化而产生紫外线，紫外线激发玻璃外壳内壁上的荧光粉。发出近似日光的光线，灯管就稳定工作了。此时，由于引燃极上串联着一个很大的电阻，当上、下电极间产生弧光放电时，引燃极和下电极间的电压不足以产生辉光放电，因此引燃极就停止工作了。高压汞荧光灯工作时，由于放电管内汞蒸气的压力很高，故称这种灯为高压汞荧光灯。高压汞荧光灯需点燃 8 ~ 10min 才能正常发光。

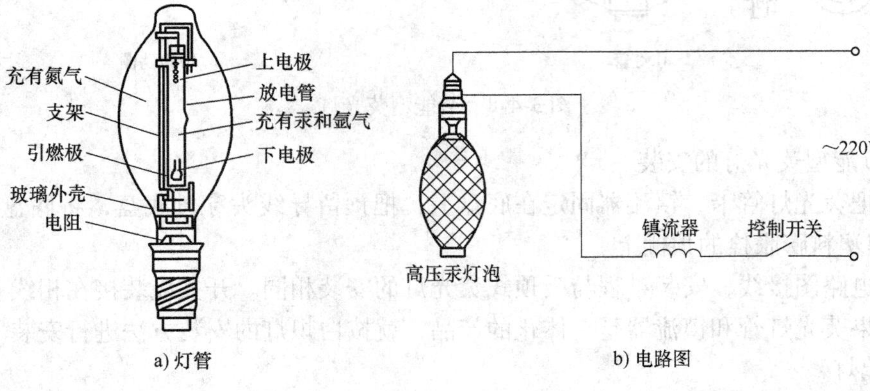

图 3-4-10　高压汞荧光灯

（3）高压汞荧光灯的安装

1）功率在125W及其以下的，应配用E27型瓷质灯座；功率在175 W及以上的，应配用E40型瓷质灯座。

2）镇流器的规格必须与高压汞荧光灯的功率一致，镇流器宜安装在灯具附近，并应装在人体触及不到的位置，在镇流器接线桩上应覆盖保护物。镇流器装在室外应有防雨措施。

知识链接3　开关、插座及风扇的安装规范要求

1. 开关

照明开关安装应符合下列规定：

1）同一建筑物、构筑物的开关采用同一系列的产品，开关的通断位置一致，操作灵活、接触可靠。

2）相线经开关控制，民用住宅无软线引至床边的床头开关。

3）开关安装位置便于操作，开关边缘距门框边缘的距离为0.15~0.2m，开关距地面高度为1.3m；拉线开关距地面高度为2~3m，层高小于3m时，拉线开关距顶板不小于100mm，拉线出口垂直向下。

4）相同型号并列安装及同一室内开关安装高度一致，且控制有序不错位。并列安装的拉线开关的相邻间距不小于20mm。

5）暗装的开关面板应紧贴墙面、四周无缝隙、安装牢固，表面光滑整洁、无碎裂、划伤，装饰帽齐全。

2. 插座

（1）插座安装的一般要求　当交流、直流或不同电压等级的插座安装在同一场所时，应有明显的区别，且必须选择不同结构、不同规格和不能互换的插座；配套的插头应按交流、直流或不同电压等级区别使用。

（2）插座接线　应符合下列规定：

1）单相两孔插座，面对插座的右孔或上孔与相线（L）连接，左孔或下孔与中性线（N）连接；单相三孔插座，面对插座的右孔与相线（L）连接，左孔与中性线（N）连接，上面孔与保护地线（PE）连接。

2）单相三孔、三相四孔及三相五孔插座的保护接地（PE）或保护中性（PEN）线接在上孔。插座的接地端子不与中性线端子连接。同一场所的三相插座，接线的相序一致。

3）保护接地（PE）或保护中性（PEN）线在插座间不串联连接，如图3-4-11所示。

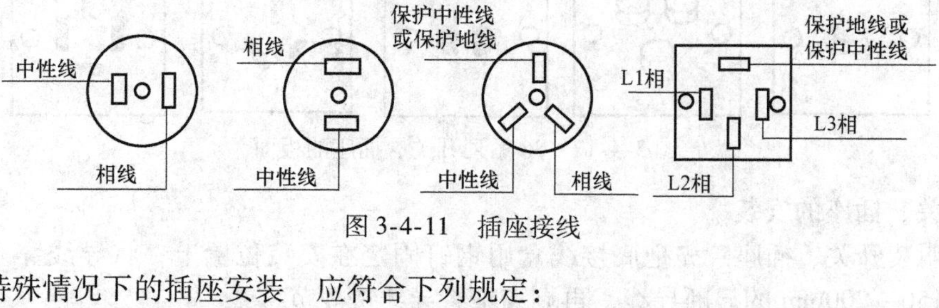

图3-4-11　插座接线

（3）特殊情况下的插座安装　应符合下列规定：

1）当接插有触电危险的家用电器的电源时，采用能断开电源的带开关插座，开关断开相线。

2）潮湿场所采用密封带保护地线触头的保护型插座，安装高度不低于1.5m。

（4）插座安装　应符合下列规定：

1）当不采用安全型插座时，在托儿所、幼儿园及小学等儿童活动场所的安装高度不小于1.8m。

2）暗装的插座板紧贴墙面、四周无缝隙、安装牢固，表面光滑整洁、无碎裂、划伤，装饰帽齐全。

3）车间及试（实）验室的插座安装高度距地面不小于0.3m；特殊场所暗装的插座距地面不小于0.15m；同一室内插座安装高度一致。

4）地插座面板与地面齐平或紧贴地面，盖板固定牢固，密封良好。

3. 风扇

风扇分为吊扇和壁扇。

（1）吊扇安装　应符合下列规定：

1）吊扇挂钩安装牢固，吊扇挂钩的直径不小于吊扇挂销直径，且不小于8mm，有防振橡胶垫；挂销的防松零件齐全、可靠。

2）吊扇扇叶距地高度不小于2.5m。

3）吊扇组装不改变扇叶角度，扇叶固定螺栓防松零件齐全。

4）吊杆间、吊杆与电动机间螺纹连接，啮合长度不小于20mm，且防松零件齐全紧固。

5）吊扇接线正确，运转时扇叶无明显颤动和异常声响。

6）涂层完整，表面无划痕、无污染，吊杆上下扣碗安装牢固到位。

7）同一室内并列安装的吊扇开关高度一致，且控制有序不错位。

（2）壁扇安装　应符合下列规定：

1）壁扇底座采用尼龙塞或膨胀螺栓固定；尼龙塞或膨胀螺栓的数量不少于两个，且直径不小于8mm，固定牢固可靠。

2）壁扇防护罩扣紧，固定可靠，当运转时扇叶和防护罩无明显颤动和异常声响。

3）壁扇下侧边缘距地面高度不小于1.8m。

4）涂层完整，表面无划痕、无污染，防护罩无变形。

知识链接4　开关、插座及风扇的安装操作

1. 开关、插座的分类

开关、插座一般常用86系列，按安装形式分为明装和暗装两大类，如图3-4-12所示。

开关、插座不论是明装还是暗装，都由底接线盒和开关、插座的板面组成配套安装使用。

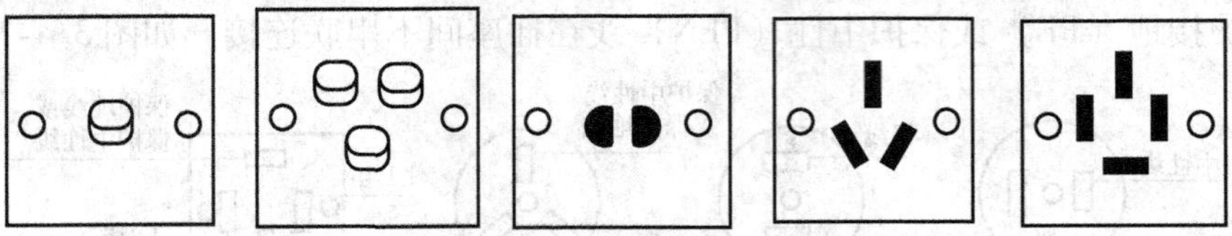

图3-4-12　86系列开关、插座的板面

2. 开关、插座的安装

（1）明装开关、插座　先把底接线盒用钢钉固定在安装位置上，将导线穿入底接线盒内，预留150~200mm的截断导线，再剥离绝缘导线按规范接线。

（2）暗装开关、插座　在室内装修前，应将底接线盒用混凝土预埋在安装位置上，使底接线盒上口与室内装修墙面相平，在底接线盒上边预留进线孔。安装时，将导线从上边预留的进线孔穿入底接线盒内，预留150~200mm的截断导线，导线进入墙体到底接线盒内要套绝缘管，绝缘管在墙体外保留3~5mm长，再剥离绝缘导线按规范接线。

3. 吊扇的安装

1）依据吊扇安装的高度，用 $\phi \geqslant 8$mm 的圆钢预制吊扇钩，在安装的位置预埋固定。

2）吊扇的组装要牢固可靠，防止松脱。吊扇安装在钩上要有防振橡胶垫圈，拧紧螺母，上好防滑栓。连接导线、调速器要安装在相线上。

4. 壁扇的安装

1）依据壁扇底座的安装固定孔，在安装的位置用电锤打孔安装膨胀螺栓。

2）将壁扇安装就位，拧紧螺栓，连接导线。

知识链接 5　照明灯具及电路的维修

1. 电路的维修及要求

电路的维修的要求是：恢复使用功能，达到设计要求，符合安全标准。

下面以照明线路为例，来学习照明灯具及电路的维修技能。

（1）电气线路的故障寻迹图　电气设备在使用过程中，难免会发生故障，这时应仔细观察、检测、认真分析，做出正确的判断，及时排除故障。否则会造成电气线路这样或那样的故障。电气线路常见故障一般有短路故障、断路故障和漏电故障 3 类。灯具线路的故障寻迹图如 3-4-13 所示。

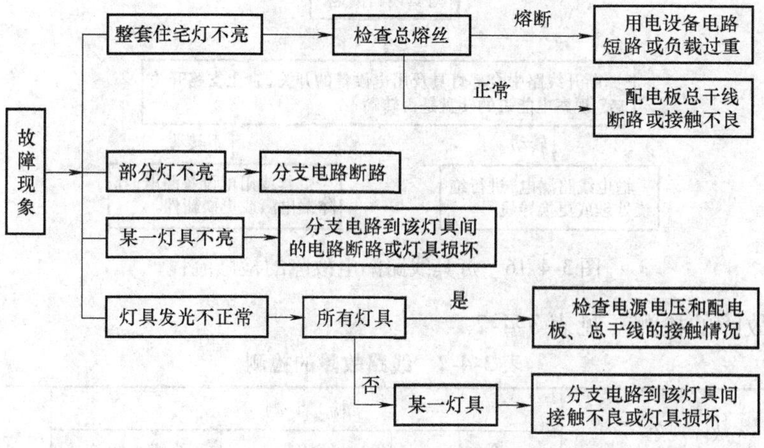

图 3-4-13　灯具线路的故障寻迹图

（2）短路故障　短路是指电流不经过用电设备而直接构成回路，也叫碰线。在日常生活中，应避免出现短路的情况。灯具线路短路故障的检修流程如图 3-4-14 所示。

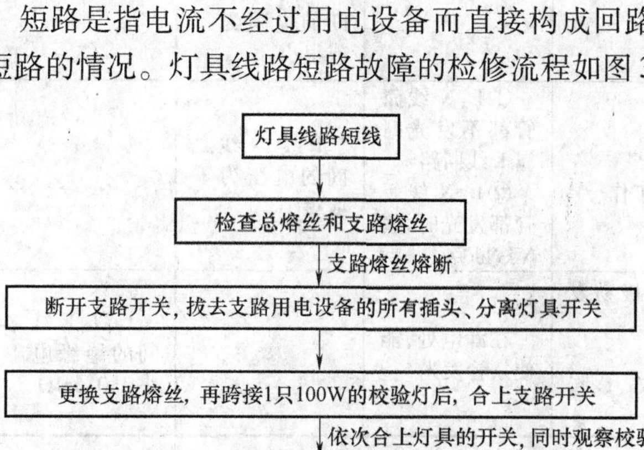

图 3-4-14　灯具线路短路故障的检修流程

（3）断路故障　断路是指线路中断或接触不良，使电流不能形成回路。灯具线路的断路故障的检修流程如图 3-4-15 所示。

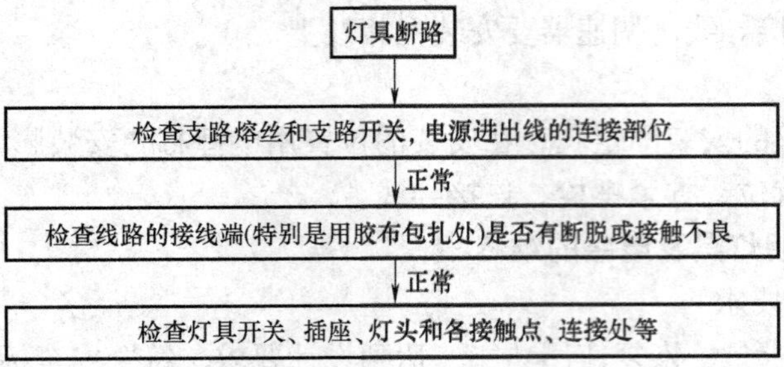

图 3-4-15　灯具线路断路故障检修流程

（4）漏电故障　漏电是指部分电流没有经过用电设备而白白漏掉。灯具线路漏电故障的检修流程如图 3-4-16 所示。

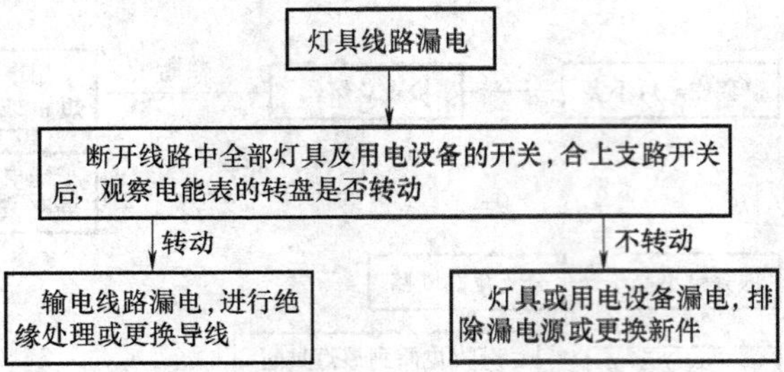

图 3-4-16　灯具线路漏电故障的检修流程

（5）线路故障的检测　见表 3-4-2。

表 3-4-2　线路故障的检测

电路故障	故障现象	检　测			可 能 原 因
		验电笔	万用表	绝缘电阻表	
短路或超载	烧断熔丝 空开跳闸 L 线、N 线发热		L 线、N 线之间的电阻为零或很小		①电路短路 ②用电器短路
断路或接触不良	用电器不工作或 用电器间歇性工作	①L、N 线氖管都不发光时属 L 线断路 ②L、N 线氖管都发光时，属 N 线断路	L 线、N 线之间的电压为零或很小		①导线接头或电器的连接点接触不良或断路 ②开关、熔丝和插座处接触不良或断路
漏电	漏电位置带电极易发生触电事故 耗电量增加 严重时电压下降、烧断熔丝	在漏电处，能使氖管发光		L 线、E 线之间的绝缘电阻小于 0.5MΩ	①导线绝缘老化 ②电器绝缘破坏

2. 灯具的维修

（1）白炽灯线路的常见故障分析及检修　见表 3-4-3。

表 3-4-3　白炽灯线路的常见故障分析及检修

故障现象	产生故障的可能原因	检修方法
白炽灯不亮	①白炽灯钨丝烧断 ②电源熔断器的熔丝烧断 ③灯座或开关接线松动或接触不良 ④线路中有断路故障	①调换白炽灯 ②检查熔丝烧断的原因并更换熔丝 ③检查灯座及开关的接线处并修复 ④用试电笔或校火灯头检查线路能断路处并修复
开关合上后熔断器熔丝烧断	①灯座内两线头短路 ②螺口座内中心铜片与螺旋铜圈相碰 ③线路中发生短路 ④用电器发生短路 ⑤用电量超过熔丝容量	①检查灯座内两接线头并修复 ②检查灯座并扳正中心铜片 ③检查导线绝缘是否老化或损坏,并修复 ④检查用电器并修复 ⑤减小负荷或更换熔断器熔丝
白炽灯忽亮忽暗或忽亮忽熄	①灯丝烧断但受振后忽接忽离 ②灯座或开关接线松动 ③熔断器熔丝接头接触不良 ④电源电压不稳	①调换白炽灯 ②检查灯座和开关并修复 ③检查熔断器并修复 ④采取措施稳定电源电压
白炽灯发强烈白光,瞬间或短时烧坏	①白炽灯额定电压与电源电压不符 ②白炽灯钨丝有搭丝,从而使电阻减小、电流增大	①更换与电源电压相符的白炽灯 ②更换新白炽灯
灯光暗淡	①白炽灯使用时间较长,钨丝升华后变细,电阻增大,电流减小;玻璃泡内表面变黑,光通量减小 ②电源电压过低	①正常现象,不必修理,更换白炽灯 ②电路负载过重

（2）荧光灯线路的常见故障分析及检修　见表 3-4-4。

表 3-4-4　荧光灯线路的常见故障分析及检修

故障现象	产生故障的可能原因	检修方法
接通电源,灯管完全不发光	①荧光灯供电线路开路或接触不良 ②辉光启动器坏或与灯座接触不良 ③新装荧光灯可能接线错误 ④灯丝断开或灯管漏气 ⑤灯脚与灯座接触不良 ⑥镇流器线圈开路或与灯管不配套 ⑦电源电压太低或线路电压降太大	①检修供电电路,排除故障点 ②换新或检修辉光启动器座 ③改正灯具接线 ④调换新灯管 ⑤检修灯座,去除灯脚氧化层 ⑥更换合格镇流器 ⑦用交流稳压器稳定供电电压
灯管两头发红但不辉光启动	①辉光启动器内电容击穿或氖泡内动、静触片粘连 ②电源电压太低或线路电压降太大 ③气温太低 ④灯管老化	①更换合格辉光启动器 ②用交流稳压器稳压 ③避免冷风直吹灯管或热敷灯管 ④更换新灯管
灯管辉光启动困难,两端不断闪烁,中间不辉光启动	①辉光启动器不配套 ②电源电压太低 ③环境温度太低 ④镇流器与灯管不配套,辉光启动电流小 ⑤灯管陈旧	①更换配套辉光启动器 ②配交流稳压器 ③热敷灯管 ④更换配套镇流器 ⑤更换新灯管
灯管发光后立即熄灭	①接线错误,烧断灯丝 ②镇流器内部短路,灯管两端电压偏高而烧断灯丝	①改正接线后,换新灯管 ②更换合格镇流器后再换新灯管

（续）

故障现象	产生故障的可能原因	检修方法
灯管两头发黑或有黑斑	①灯管内水银凝结 ②辉光启动器性能不好或与座接触不良 ③镇流器不配套 ④线路电压太高，加速灯丝发射物蒸发 ⑤灯管使用时间过长，使两头发黑	①属正常现象 ②更换合格辉光启动器或检修故障点 ③更换合格镇流器 ④用交流稳压器稳压 ⑤更换新灯管
灯管亮度变低或色彩变差	①气温低，影响水银气化 ②电源电压低或线路电压损失大 ③灯管上积垢太多 ④灯管陈旧 ⑤镇流器不配套，使电路工作电流小	①对灯管加防风设备 ②加交流稳压器 ③清洁灯管 ④更换新灯管 ⑤更换配套镇流器
灯光闪烁	①新灯管的暂时现象 ②辉光启动器坏 ③线路连接点接触不良，时通时断	①起动几次即可正常 ②更换合格辉光启动器 ③排除线路故障点
灯管点亮后有交流嗡声或其他杂声	①镇流器硅钢片未插紧 ②电源电压太高 ③镇流器过载或内部短路 ④镇流器温升过高	①更换合格镇流器 ②加交流稳压器 ③更换合格镇流器 ④更换合格镇流器
镇流器过热	①灯架内温升过高，散热不好 ②电源电压偏高 ③镇流器质量不佳 ④灯管闪烁时间或连续通电时间过长	①改善灯架通气条件 ②接入交流稳压器 ③更换合格镇流器 ④排除灯管闪烁故障，适当缩短通电时间

（3）碘钨灯常见故障分析及检修　见表 3-4-5。

表 3-4-5　碘钨灯常见故障分析及检修

故障现象	产生故障的可能原因	检修方法
通电后不亮	①熔丝熔断 ②供电线路开路 ③灯脚与导线接触不良 ④开关失灵或动、静触点松脱 ⑤灯管损坏 ⑥因反复热胀冷缩使灯脚密封处松动，接触不良	①更换同规格熔丝 ②按表 3-4-3 中白炽灯线路检修方法检修 ③重新接线 ④检修或更换开关 ⑤更换灯管 ⑥更换灯管
灯管寿命短	①安装水平倾斜度过大 ②电源电压波动较大	①调整水平倾斜度在 4°以内 ②加交流稳压器

（4）高压汞荧光灯常见故障分析及检修　见表 3-4-6。

表 3-4-6　高压汞荧光灯常见故障分析及检修

故障现象	产生故障的可能原因	检修方法
不能辉光启动	①电源电压过低 ②镇流器不配套，使电流过小 ③高压汞荧光灯内构件损坏	①有条件时提高电源电压 ②更换配套镇流器 ③更换高压汞荧光灯
只亮灯芯	高压汞荧光灯的玻璃外壳漏气或破裂	更换高压汞荧光灯，暂时买不到可先不更换
忽亮忽熄	①电源电压下降 ②灯座、镇流器或开关接线松动或接触不良 ③高压汞荧光灯损坏	①加交流稳压器 ②检修开关、灯座、镇流器和检修线头连接处 ③更换高压汞荧光灯

（续）

故障现象	产生故障的可能原因	检修方法
开而不亮	①熔丝熔断 ②开关失灵或开关内接触松脱 ③镇流器线圈烧断或接线松脱 ④灯座中心弹簧片未弹起 ⑤线路开路 ⑥高压汞荧光灯损坏	①更换同规格熔丝 ②检修或更换开关 ③更换镇流器或检修线路 ④用尖嘴钳挑起弹簧片 ⑤按表3-4-3高压汞荧光灯检修方法检修线路 ⑥更换高压汞荧光灯

3. 开关、插座的维修

开关、插座的常见故障及检修见表3-4-7。

表3-4-7　开关、插座的常见故障分析及检修

电器	电路状态	故障现象	产生故障的可能原因	检修方法
开关	短路	不能关电灯	簧片、螺钉脱落短路	更换开关
	断路	不能开电灯	导线、簧片断开	导线连接、更换开关
插座	短路	插入插头时跳火	①相零线铜片相触 ②长期超载高温，塑料炭化或潮湿	更换插座
	断路	无输出电压	相线或零线脱落	重新连接

【操作指导】

操作指导1　照明灯具、开关及插座的安装

1. 目的要求

掌握照明灯具、开关及插座安装的操作方法

2. 器材设施

电气安装施工图样，照明灯具，开关及插座，电工用人字形架梯，圆头铁锤，錾子，螺钉旋具，电工刀，钢丝钳，尖嘴钳，电工包，电锤，钢卷尺，万用表，绝缘电阻表，其他材料等。

3. 工作量与工作内容

1）单管吊链式荧光灯具，明装开关、插座，各10套。

2）荧光灯具的工作内容：测位、画线、打眼、埋螺栓，上木台、吊链，灯具组装，接线、接焊包头。

3）开关、插座的工作内容：测位、画线、打眼、埋螺栓，清扫盒子、上木台、装开关、插座，接线、装盖。

4. 实训前指导

1）认真识读电气安装施工图样。

2）使用人字形架梯注意安全。

3）检查安装施工的条件：室内装修要完工，安装工程的预埋预留、敷管和导线的穿管或敷设工作要完成。

5. 实训操作步骤

1）在设计安装的位置，继续完成接线底盒的预埋预留工作。

预埋预留接线底盒的高度、位置要符合设计和规范要求。

2）开关、插座的接线安装工作。

接线安装要符合设计和规范要求。

3）白炽灯的接线安装工作

开关、灯头的接线安装要符合设计和规范要求。

4）电气工程安装的检测与质量验收。

操作指导 2　照明灯具及其电路的维修操作

1. 目的要求

1）掌握照明灯具及其电路的维修操作方法。

2）会根据故障现象，正确分析判断，迅速排除故障。

3）恢复使用功能，达到设计要求，符合安全标准。

2. 器材设施

电工用人字形架梯，圆头铁锤，錾子，螺钉旋具，电工刀，钢丝钳，尖嘴钳，电工包，电锤，钢卷尺，验电笔，万用表，绝缘电阻表，其他材料等。

3. 实训前指导

1）不允许带电动手操作。

2）使用人字形架梯注意安全。

3）会正确使用验电笔、万用表、绝缘电阻表等仪表。

4. 维修操作步骤

1）照明灯具的维修。

2）电路的维修。

3）电路功能的恢复情况，不带负载检测电路的绝缘电阻值不小于0.5MΩ。

实训时应注意：①做好实训组织工作，建议两人为一组，一天完成；②做好施工安全教育，遵守施工现场安全规定，做好安全防范措施；③做好土建施工和装修施工的协调工作。

【考核与评价】

表 3-4-8　照明灯具、开关、插座及风扇安装维护考核

项目内容	配分	评分标准		自评	互评	教师评
照明灯具安装	30	①荧光灯的组装　10分 ②荧光灯的安装　10分 ③荧光灯安装的质量　10分				
开关、插座安装	30	①开关的安装　10分 ②插座的安装　10分 ③开关、插座安装的质量　10分				
照明灯具及电路的维修	30	①电路的维修　15分 ②照明灯具的维修　15分				
安全、文明操作①	10	违反一次　扣5分				
累计定额时间	16h	每超过0.5h　扣5分				
开始时间		结束时间		总评分		

① 要求与本项目任务一相同。

任务五 学习进户装置及量配电装置的安装

【相关知识准备】

知识链接1 进户装置的安装规范要求

进户装置是户内外线路的衔接装置，是低压用户内部线路的电源引接点，由进户杆、角钢、绝缘子、进户线和进户管等组成。

1. 进户杆的安装

凡是进户点低于2.7m或接户线（从架空电杆至用户外第一支持点之间的一段导线）因安全需要而放高等的情况，需加装进户杆来支持接户线和进户线（从用户外第一个支持点至用户内配电箱之间的导线）。进户杆分长进户杆和短进户杆，采用水泥杆和木杆两种，如图3-5-1所示。

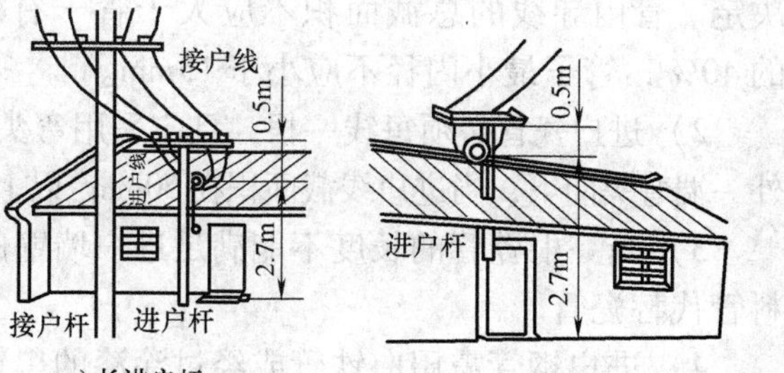

图3-5-1 进户杆的安装

1）木质长进户杆埋入地面的深度是全杆长的1/6，埋入地面前应在地面以上300mm和地面以下500mm的一段，采用烧根式涂沥青等方法进行防腐处理。木质短进户杆与建筑物连接时，应用两道穿墙螺栓或抱箍等紧固方法进行接装，两道紧固点的中心距离不应小于500mm。

2）水泥杆做进户杆在安装前应检查是否有弯曲、裂缝和松酥等情况，埋入地面的深度与木质杆相同。

3）进户杆杆顶应安装横担，横担上安装绝缘子。横担用镀锌角钢制成，单相电路一般规定角钢规格不应小于40mm×40mm×5mm，三相四线制电路一般规定不小于50mm×50mm×6mm，两绝缘子在角钢上的距离不小于150mm。

4）用角钢支架加装绝缘子来支持接户线和进户线，如图3-5-2所示。

2. 进户线的安装

1）进户线必须采用绝缘良好的铜芯或铝芯绝缘导线，铜芯导线最小截面积不小于1.5mm^2，铝芯导线最小截面积不小于2.5mm^2，进户线中间不得有接头。

2）进户线穿墙时，应套上瓷管、钢管或塑料管，如图3-5-3所示。

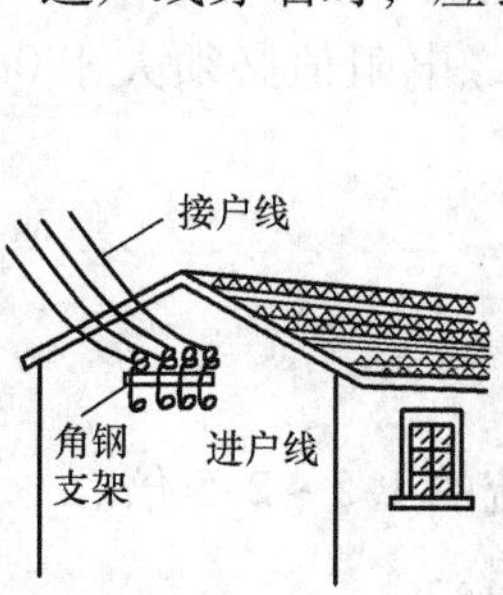

图3-5-2 角钢支架加装绝缘子装置

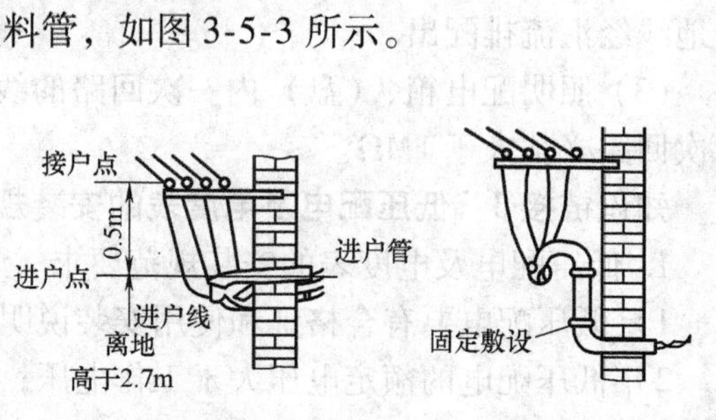

图3-5-3 进户线穿墙安装方法

3）进户线在安装时应有足够的长度，户内一端接总熔断器盒，户外一端与接户线连接后保持200mm的松弛度，户外进户线一般不应小于800mm，如图3-5-4所示。

3. 进户管的安装

用来保护进户线常用的进户管有瓷管、钢管和塑料管等，分弯口、反口两种，瓷管管径以内径标称，常用的有16mm、19mm、25mm和32mm等多种。

1）进户管的管径应根据进户线的根数和截面积来决定。管内导线的总截面积不应大于管子有效截面积的40%，管子最小内径不应小于15mm。

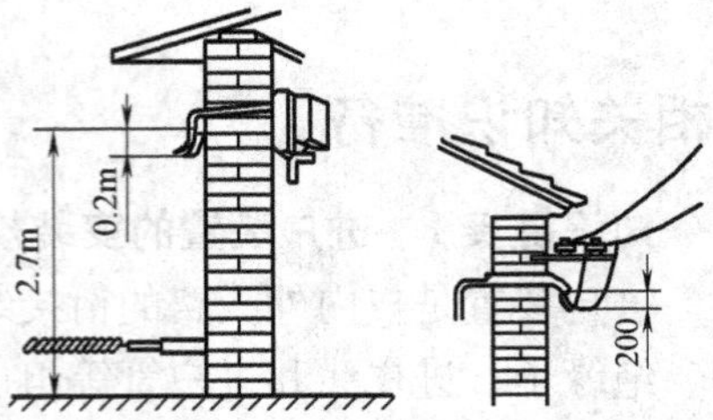

图3-5-4 进户线两端的接法

2）进户瓷管必须每线一根，且应采用弯头瓷管。户外一端弯头向下，当进户线截面积在$50mm^2$以上时，宜用反口瓷管进户，另外一端应稍低。

3）当一根瓷管的长度不能满足进户墙壁的厚度时，可用两根瓷管紧密连接，或用硬塑料管代替瓷管。

4）进户钢管需用白铁管或经过涂漆的黑铁管，钢管两端应装护圈，户外一端必须有防雨弯头，进户线必须全部穿于一根钢管内。

知识链接2 照明配电箱（盘）的安装规范要求

（1）照明配电箱（盘）安装 应符合下列规定：

1）位置正确、部件齐全，箱体开孔与导管管径适配，暗装配电箱箱盖紧贴墙面，箱（盘）涂层完整。

2）箱（盘）内接线整齐，回路编号齐全，标识正确。

3）箱（盘）不采用可燃材料制作。

4）箱（盘）安装牢固，垂直度允许偏差为1.5%；箱（盘）暗装时，底边距地面为1.5m；明装照明配电板和户用配电箱，底边距地面不小于1.8m。

（2）照明配电箱（盘）安装配线、动作及保护 应符合下列规定：

1）箱（盘）内配线整齐，无铰接现象。导线连接紧密，不伤芯线、不断股。垫圈下螺钉两侧压的导线截面积相同，同一端子上导线连接不多于两根，防松垫圈等零件齐全。

2）箱（盘）内开关动作灵活可靠，带有漏电保护的回路，漏电保护装置动作电流不大于30mA，动作时间不大于0.1s。

3）照明箱（盘）内，分别设置零线（N线）和保护地线（PE线）汇流排，零线和保护地线经汇流排配出。

（3）照明配电箱、（盘）内一次回路的线间和线对地间的绝缘电阻值必须大于0.5MΩ；二次回路必须大于1MΩ。

知识链接3 低压配电及电度表的安装规范要求和操作

1. 低压配电及电度表的安装规范要求

1）低压配电要有合格证和使用安装说明。

2）低压配电的额定电压大于工作电压；额定电流是工作电流的1.5~2.5倍。

3）低压配电布局合理、垂直安装，固定牢固，电源上进下出。

4）电度表总线必须采用铜芯塑料硬线，配线合理、美观，其最小截面积不得小于$1.5mm^2$，中间不准有接头，总熔断器盒至电度表之间的长度不宜超过10m。

5）电度表总线必须明线敷设。采用线管安装时，线管也必须明装；在进入电度表时，一般以“左进右出”原则接线。

6）电度表的安装必须垂直于地面。

2. 低压配电装置的安装操作

配电装置由总熔断器盒、电度表、电流互感器、控制开关、过载及短路保护电器组成。容量较大的要装隔离开关，将总熔断器盒装在进户管的墙上。而将电流互感器、电度表、控制开关、短路和过载保护器均安装在同一块配电板上，配电板的安装如图 3-5-5 所示。

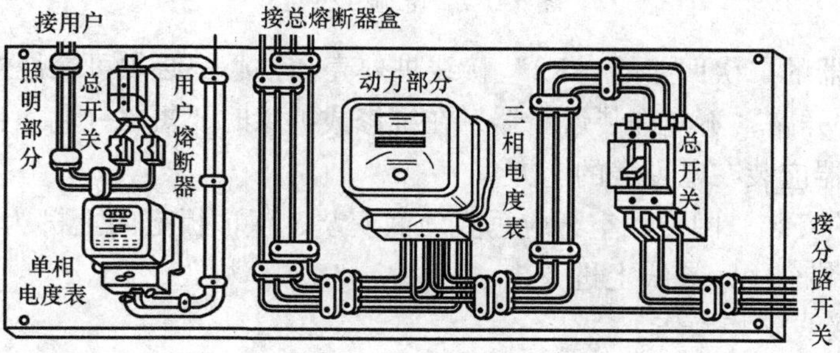

图 3-5-5　配电板的安装

（1）总熔断器盒的安装

1）总熔断器盒有防止下级电力线路的故障蔓延到前级配电干线上而造成更大区域停电及加强计划用电管理的作用。常用的有铁皮盒式和铸铁壳式，铁皮盒式分 1 ~4 型四种规格。1 型最大，盒内装 3 只 200A 熔断器；4 型最小，盒内装 3 只 10A 或 1 只 30A 熔断器及 1 只接线桥。总熔铸铁壳式分 10A、30A、60A、100A、200A 五种规格，每只盒内均只能单独装一只熔断器。

2）总熔断器盒应安装在进户管的户内侧，安装方法如图 3-5-6 所示。

3）总熔断器盒必须安装在实心木板上，木板表面及四沿必须涂防火漆，安装时 I 型铁皮盒式和 200A 铸铁壳式的木板，应用穿墙螺栓固定在建筑物面上，其余各型木板可用木螺钉固定。

4）总熔断器盒内熔断器上的接线柱应分别与进户线的电源相连接，标有 N 的接线柱应与进户线的电源中性线连接，标有 E 的接线柱应与保护接地线连接。

5）总熔断器盒如果安装多只电度表，则在每只电度表前级分别安装总熔断器盒。

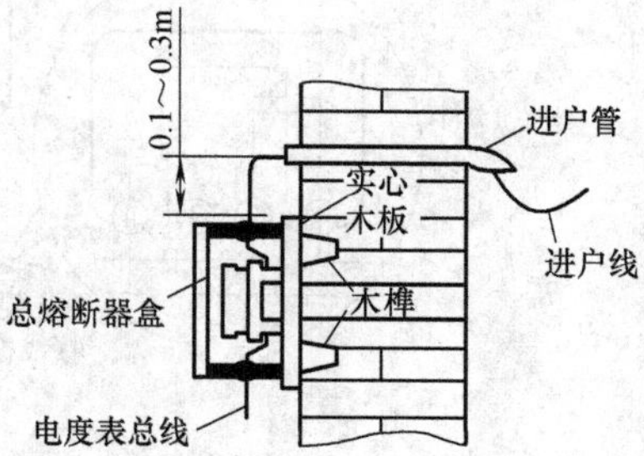

图 3-5-6　总熔断器盒的安装

（2）电流互感器的安装

1）要正确接线：电流互感器的一次回路是穿过圆孔的被测负载电路（一次回路与被测电路串联），二次回路与电流表串联，如图 3-5-7 所示。

2）电流互感器的二次回路标有“K1”的接线柱要与电度表进线线圈的进线柱连接；标有“K2”的接线柱要与电度表的出线柱连接，不可接反。电流互感器的一次回路标有“L1”应接电源，标有“L2”应接负载。

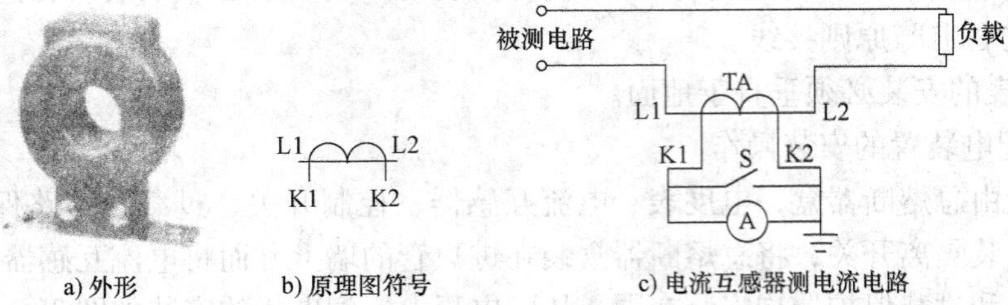

图 3-5-7　电流互感器

3）电流互感器的二次回路的“K2”接线桩外壳和铁心都必须可靠地接地。二次回路在运行中绝对不允许开路，不允许装熔断器，在维修或拆除时要短路（将 S 闭合）。

4）电流互感器应装在电度表的上方。

（3）断路器的安装　闸刀、空开应垂直地面安装，保证板把向上掷为“合”，板把向下掷为“分”。要安装牢固，导线上进下出。

3. 电度表的接线安装操作

（1）电度表的分类　电度表有单相电度表和三相电度表，三相电度表有三相三线制和三相四线制，按接线方式的不同分为直接式和间接式。直接式三相电度表的规格有 10A、20A、30A、50A、75A 和 100A 等多种。一般用于电流较小的电路上，间接式三相电度表常用的规格是 5A，与电流互感连接后，可用于电流较大的电路上。

（2）单相电度表　单相电度表共有 4 个接线桩，从左到右按 1、2、3、4 编号，接线方法一般为 1、3 接电源进线，2、4 接出线，如图 3-5-8 所示。也有些单相电度表的接线方法是 1、2 接电源进线，3、4 接出线，具体的接线方法应参照电度表接线桩盖子上的接线图。

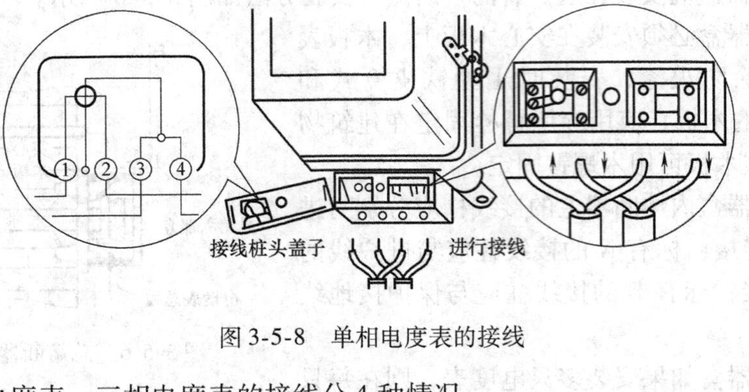

图 3-5-8　单相电度表的接线

（3）三相电度表　三相电度表的接线分 4 种情况。

1）直接式三相四线制电度表的接线。这种电度表从左至右共有 11 个接线桩，如图 3-5-9所示。其中，1、4、7 是电源相线的进线桩，用来连接从总熔断器盒下接线桩引出来的 3 根相线；3、6、9 是电源相线的出线桩，分别去接总开关的 3 个进线桩；10、11 是电源中性线的进线桩和出线桩；2、5、8 这 3 个接线桩可空着。

2）直接式三相三线制电度表的接线。这种电度表共有 8 个接线桩，其中 1、4、6 是电源相线进线桩；3、5、8 是电源相线出线桩；2、7 两个接线桩可空着，如图 3-5-10 所示。

3）间接式三相四线制电度表的接线。这种电度表需配用三只同规格的电流互感器，接线时把三个总熔断器下的三根相线分别从三只电流互感器一次绕组的“L1”端穿入，“L2”端穿出，同时用三根绝缘导线从这三根相线接线引出，分别与电度表2、5、8三个接线桩连接；用三根绝缘导线从这三只电流互感器二次绕组的“K1”接线桩引出，与电度表的1、4、7三个接线桩连接，又用三根绝缘导线从三只电流互感器二次绕组的“K2”接线桩引出，分别与3、6、9三个接线桩连接，并且要做可靠的接地；再用一根绝缘导线从电源中性线接线引出，与电度表10接线桩连接；最后，把三只电流互感器的一次绕组的出线“L2”分别与总开关三个进线桩连接起来；接线时必须先将电度表接线盒内的三块连片卸下，如图3-5-11所示。

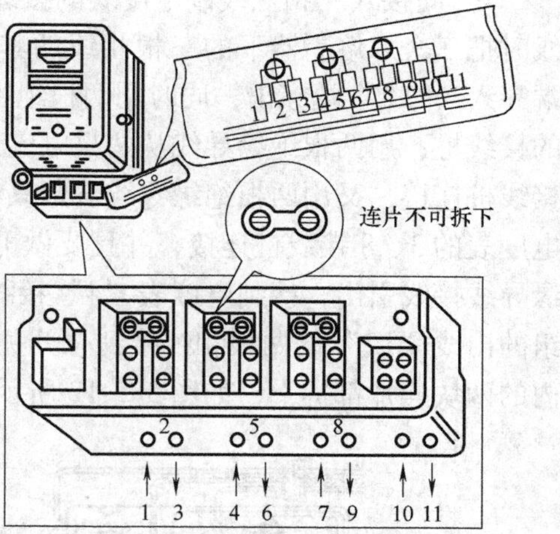

图3-5-9　直接式三相四线制电度表的接线

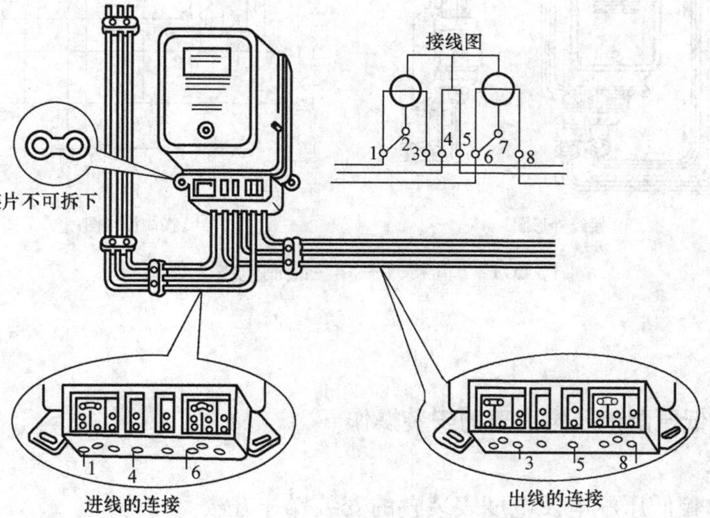

图3-5-10　直接式三相三线制电度表的接线

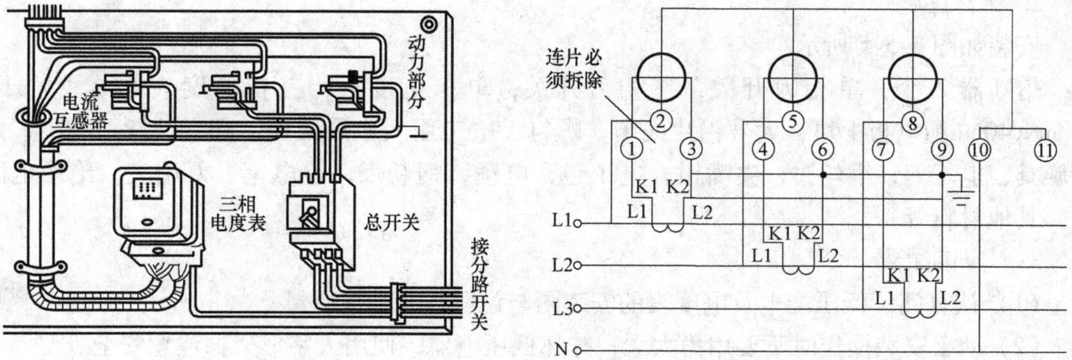

a) 接线外形图　　b) 接线原理图

图3-5-11　间接式三相四线制电度表的接线

4）间接式三相三线制电度表的接线。这种电度表需配用两只同规格的电流互感器，接线时把三个总熔断器下的三根相线的其中两根相线分别从两只电流互感器一次绕组“L1”端穿入，“L2”端穿出，同时用两根绝缘导线从两根穿入相线接线引出，分别接电度表2、7的接线桩；用两根绝缘导线从两只电流互感器的“K1”接线桩引出，分别与电度表1、6的接线桩连接，又用两根绝缘导线从两只电流互感器二次绕组的“K2”接线桩引出，分别与电度表的3、8接线桩连接，并且要做可靠的接地；再将总熔断器下的第三根相线用一根绝缘导线接线引出，接到电度表“4”接线桩上，第三根相线和分别经过电流互感器的一次绕组的出线“L2”的两根相线接到总开关的三个进线桩；在接线时必须将三相电度表接线盒内的两块连片都拆下，如图3-5-12所示。

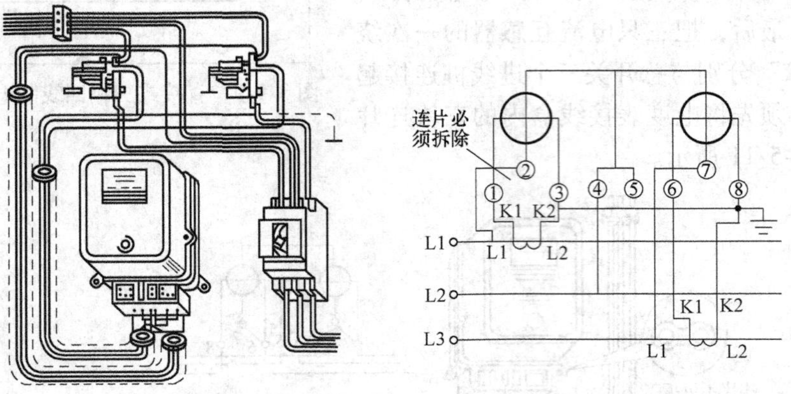

a) 接线外形图　　b) 接线原理图

图3-5-12　间接式三相三线制电度表的接线

【操作指导】

操作指导　低压配电及电度表的安装操作

1. 目的要求

（1）掌握单相低压配电及电度表装置的安装操作方法。

（2）掌握三相低压配电及电度表装置的安装操作方法。

2. 器材设施

安装如图3-5-5所示。

熔断器2个，单相刀开关，三相刀开关，单相电度表，三相电度表，导线若干。80cm×40cm配电板1块，大号铝片线卡，螺钉，电工用人字形架梯，圆头铁锤，錾子，螺钉旋具，电工刀，钢丝钳，尖嘴钳，电工包，电锤，钢卷尺，验电笔，万用表，绝缘电阻表，其他材料等。

3. 实训前指导

（1）认真阅读低压配电及电度表的安装图与说明，并检查质量。

（2）动手安装操作时不要用力太大，拧坏低压电器，使用人字形架梯注意安全。

4. 实训操作步骤

（1）低压配电及电度表在板面上的布局设计。

（2）低压配电及电度表的固定与定位。

（3）导线的布线与定位。

（4）质量评定与检测。

实训时应注意：①做好实训组织工作，建议两人为一组，半天完成；②做好施工安全教育。

【考核与评价】

表 3-5-1 进户装置及量配电装置安装考核

项目内容	配分	评 分 标 准		自评	互评	教师评
单相低压配电及电度表装置的安装	40	①版面设计布局 ②低压配电及电度表固定 ③导线布线定位 ④质量评定与检测	10 分 10 分 10 分 10 分			
三相低压配电及电度表装置的安装	50	①版面设计布局 ②低压配电及电度表固定 ③导线布线定位 ④导线布线定位	10 分 10 分 20 分 10 分			
安全、文明操作①	10	违反一次	扣 5 分			
累计定额时间	8h	每超过 0.5h	扣 5 分			
开始时间		结束时间		总 评 分		

① 要求与本项目任务一相同。

任务六 学习接地装置的安装与检修

【相关知识准备】

知识链接 1 接地的概念及技术要求

接地就是利用接地装置将电力系统中各种电气设备的某一点（接地连接点）与大地直接构成回路，使电力系统无论是在正常运行、遭受雷击还是发生故障的情况下，均能形成对地电流和流泄雷电流，从而保证整个电力系统的安全运行和人身安全。因此，所有电气设备、装置的接地连接点与大地之间必须有可靠的和符合技术要求的电连接。

接地按不同的作用可分为工作接地（如配电变压器低压侧中性点的接地和避雷器、避雷线的接地）和保护接地（如各种电气设备、用电器具金属外壳的接地）等。

1. 接地装置的分类

接地装置就是连接电气设备与大地之间的金属导体，一般由接地体和接地线两部分组成，如图 3-6-1 所示。接地装置按接地体数量又分为单极接地装置、多极接地装置和接地网接地装置三种形式。

埋入地下且直接与大地接触的金属导体或导体组称为接地体，连接接地体与电气设备之间的金属线称为接地线，构成接地网的接地线又分为接地干线和接地支线，如图 3-6-1 所示。

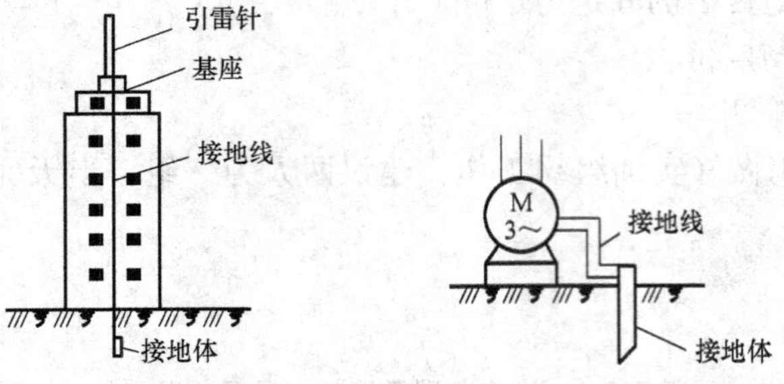

a) 避雷线的接地装置　　b) 电动机的接地装置

图 3-6-1　接地装置

2. 接地装置的技术要求

接地电阻是接地装置技术要求中最基本的技术指标。原则上要求接地装置的接地电阻越小越好，一般是根据接地设备的容量、所处地位、工作性质以及数量和价格来决定。设备容量越大，所处地位越重要，数量越多，价格越高，要求接地电阻越小。几个设备共用一副接地装置，它的接地电阻应按其中接地要求最高的一个设备为标准。

为了保证电力系统的安全运行，变配电系统线路的避雷装置在单独接地时，要求接地装置的接地电阻应小于10Ω。配电变压器低压侧中性点接地时，要求接地装置的接地电阻在0.5～10Ω范围内（按变压器容量的大小决定）。为了保证人身安全，避免触电事故，用电设备金属外壳在接地时，要求接地装置的接地电阻在4Ω左右。

知识链接 2　接地体的安装规范要求

1. 接地体的安装规范要求

1）人工接地装置或利用建筑物基础钢筋的接地装置必须在地面以上按设计要求位置设置测试点。

2）测试接地装置的接地电阻值必须符合设计要求。

3）防雷接地的人工接地装置的接地干线埋设，经人行通道处埋地深度不应小于1m，且应采取均压措施或在其上方铺设卵石或沥青路面。

4）接地模块顶面埋深不应小于0.6m，接地模块间距不应小于模块长度的3～5倍。接地模块埋设基坑，一般为模块外形尺寸的1.2～1.4倍，且在开挖深度内详细记录地层情况。

5）接地模块应垂直或水平就位，不应倾斜设置，保持与原土层接触良好。

6）当设计无要求时，接地装置顶面埋设深度不应小于0.6m。圆钢、角钢及钢管接地极应垂直埋入地下，间距不应小于5m。接地装置的焊接应采用搭接焊，搭接长度应符合下列规定：

① 扁钢与扁钢搭接为扁钢宽度的2倍，不少于三面施焊。

② 圆钢与圆钢搭接为圆钢直径的6倍，双面施焊。

③ 圆钢与扁钢搭接为圆钢直径的6倍，双面施焊。

④ 扁钢与钢管，扁钢与角钢焊接，紧贴角钢外侧两面，或紧贴3/4钢管表面，上下两侧施焊。

⑤ 除埋设在混凝土中的焊接接头外，其他均应有防腐措施。

7）当设计无要求时，接地装置的材料采用钢材，热浸镀锌处理，最小允许规格、尺寸应符合表3-6-1的规定。

表3-6-1　最小允许规格、尺寸

种类、规格		敷设位置及使用类别			
		地上		地下	
		室内	室外	交流电流回路	直流电流回路
圆钢直径/mm		6	8	10	12
扁钢	截面积/mm^2	60	100	100	100
	厚度/mm	3	4	4	6
角钢厚度/mm		2	2.5	4	6
钢管管壁厚度/mm		2.5	2.5	3.5	4.5

8）接地模块应集中引线，用干线把接地模块并联焊接成一个环路，干线的材质与接地模块焊接点的材质应相同，钢制的采用热浸镀锌扁钢，引出线不少于两处。

2. 接地体的分类

接地体分为自然接地体和人工接地体。

（1）自然接地体　接地装置的接地体应尽量选用自然接地体，以便节约钢材和减少施工费用。下列装置和设备可以用做交流电气设备接地装置的接地体：

1）敷设在地下的各种金属管道（自来水管、下水管和热力管等），但液体燃料和爆炸性气体金属管道以及包有黄麻、沥青等绝缘的金属管道除外。

2）建筑物、构筑物，与地连接的金属结构。

3）有金属外皮的电缆（包有黄麻、沥青绝缘层的电缆除外）。

4）钢筋混凝土建筑物与构筑物的基础等。

在选用这些自然物作为接地体时，应保证导体有可靠的连接，以形成连续的导体，同时应用两根以上导体在不同地点与接地干线相连。

（2）人工接地体的制作　人工接地体应尽量选用钢材，一般常用角钢与钢管。在有腐蚀性的土壤中，应使用镀锌钢材或增大接地体尺寸。角钢一般选用40mm×40mm×5mm或50mm×50mm×5mm两种规格。角钢长度为2.5m，下端切成30°角的尖端。

管材一般选用直径为50mm、壁厚不小于3.5mm的钢材，长度为2.5m，下端切成30°角的尖端。

（3）接地体的安装操作

1）垂直安装的棒形接地体一般用角钢或钢管制成，长度一般在2~3m之间，不能短于2m。接地体的下端要加工成尖角状，角钢的尖角点应保持在角脊线上，构成尖点的两条斜边要求对称。钢管的下端应单面削尖，形成一个尖点（不可双面削尖）以便于安装时打入土中，如图3-6-2所示。

接地体的上端部可与扁钢（40mm×4mm）或圆钢（直径16mm）相连，用做接地体的加固和作为接地体与接地线之间的连接板。连接方法如图3-6-2所示。

2）在冬季由于地皮表面易于冰冻，冻土层使接地电阻加大。另外由于地皮表面常被挖动，若接地装置不埋入地下一定深度，则不仅接地电阻不稳定，而且易于被破坏：所以装设接地体之前，需要沿着接地体的线路挖沟，以便打入接地体和敷设连接地线。通常沟深为

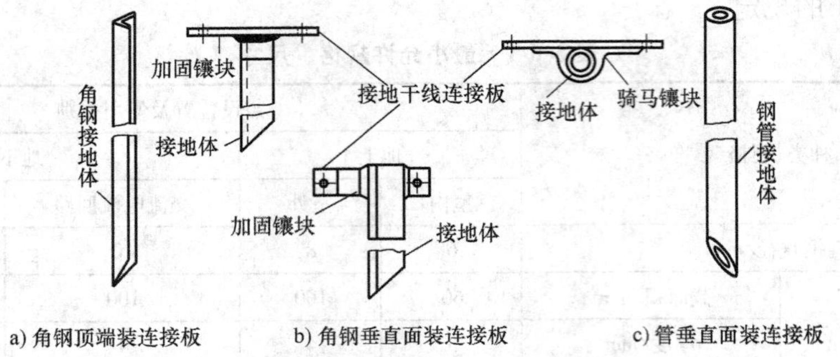

图 3-6-2　垂直接地体

0.8～1m，宽为0.5m，沟的上部稍宽底部稍窄，沟底如有石子应清除。

3）一般用打桩法将接地体打入地下，如图 3-6-3 所示。

接地体在打入地下时，应与地面保持垂直，不可歪斜，有效的散流深度不应小于 2m。多极接地的接地体与接地体之间，或者接地网的接地体与接地体之间，它们在地下应保持 3m 以上的直线距离，如图 3-6-4 所示。

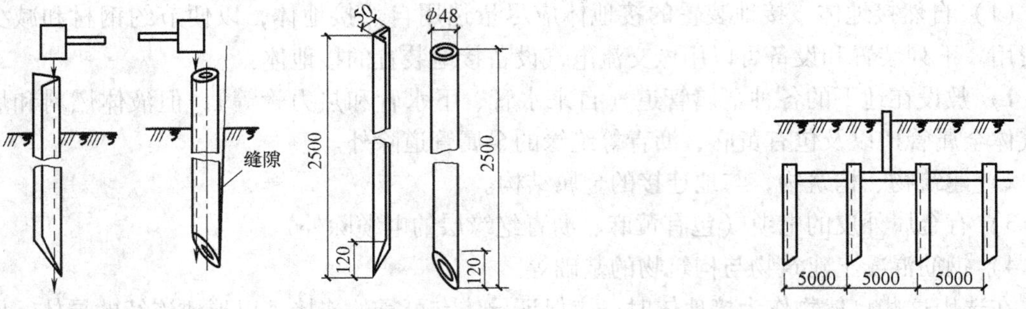

图 3-6-3　接地体打入土壤的情况　　图 3-6-4　接地体之间的距离

角钢制成的接地体与钢管制成的接地体相比，在散流性能上，前者比后者稍为差些，但较容易打入地下；当用大锤子击打角钢时，垂击力会顺着角脊直接传到下端的尖角处，由于力量集中，容易打入、打直。如果采用钢管，击打时，锤击力就很难集中在尖端的切点位置，较难打入，且容易把接地体打得歪斜，接地体与土壤间产生隙缝，增加了接地体与土壤的接触电阻，这是必须注意的，图 3-6-3 就是接地体打入土壤的情况。

接地体全部打入地下后，应在其周围用土壤埋入夯实，以减小接触电阻。

（4）改善土壤电阻率的措施

1）在土壤电阻率不太高的地层安装接地体时，只要增加接地体的根数，就可以达到降低接地电阻的目的。

2）在土壤电阻率较高的地层，当接地电阻值达不到要求时，可在每一根接地体周围 0.5m 以下，1.2m 以上的中间地层部位填放化学填料。每份化学填料的成分主要包括 30kg 粉状木炭、8 kg 盐和适量的水。配制方法为：食盐先溶解于水中，然后与炭粉一起搅拌，待均匀后填入接地体周围。

3）在土壤电阻率很高的地层，安装接地体时，就要采用置换土壤的方法，即用土壤电阻率较低的黏土、黑土或沙质黏土来代替电阻率很高的沙石土壤。

4）当需要接地处的土壤电阻率很高，而离之不远处的土壤电阻率较低时，可采用接地体外引的方法，用较长的接地线，把设备的接地点引出土壤电阻率较高的范围，让接地体安装在电阻率较低的土壤中。

知识链接 3　接地线的安装规范要求

接地线有自然接地线和人工接地线两种。

1. 自然接地线

接地装置的接地线应尽量选用下列自然物：

1）建筑物的金属结构，如梁、柱等可作为接地线，但必须保证整体有可靠的连接，以形成连续的导体。因此，除在结合处要采用焊接外，凡用螺栓连接或铆钉连接的地方，都要采用跨接线连接，跨接线一般采用扁钢。扁钢的截面积一般不小于 $100mm^2$，但作为接地支线时，可减少至 $48mm^2$。

2）生产用的金属结构吊车轨道、配电装置的构架等也可用做接地线。

3）配线用的钢管也是一种良好的接地线，但其壁厚不应小于 1.5mm，以免产生锈蚀而成为不连续的导体，同时在管接头与接线盒处应用跨接线连接。当钢管直径在 40mm 以下时，跨接线应采用 6mm 直径的圆钢；当钢管直径在 50mm 以上时，跨接线应采用 25mm × 4mm 的扁钢，其装设方法如图 3-6-5 所示。

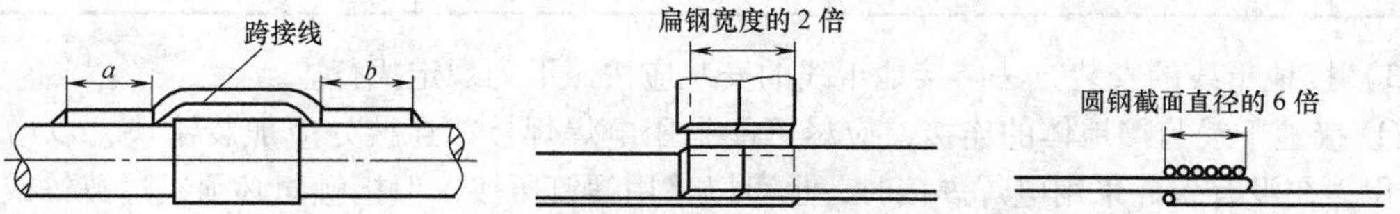

图 3-6-5　配线钢管用做接地线的连接

4）电力电缆的铅包皮或铝包皮也可用做接地线，但要有两根，如只有一根电缆时，可与电缆平行敷设一根直径为 8mm 的圆钢或 12mm ×4mm 的扁钢作为辅助接地线，该辅助接地线两端应与电缆外皮相连。施工时，接地线卡箍内部垫以 2mm 的铅带，电缆钢铠与接地线卡箍相接触的部分应刮净。

5）电压在 1000V 以下的电气设备可用金属管道作为接地线，但可燃液体管道与可燃或爆炸性气体管道除外。

2. 人工接地线

1）工作接地线的选用。用于输配电系统工作接地的接地线应满足下列各项规定。

① 10kV 避雷器的接地支线宜采用多股导线，接地线可选用铜芯或铝芯绝缘导线或裸线，也可以选用扁钢、圆钢或多股镀锌铁绞线。根据不同要求及使用环境选配，它的截面积不应小于 $16mm^2$。用于避雷针或避雷线的接地线，截面积不应小于 $25mm^2$。接地干线通常采用扁钢或圆钢，扁钢的截面积不应小于 12mm ×4mm，圆钢直径不应小于 6mm。

② 用做配电变压器低压侧中性点的接地支线，应采用裸铜绞线，它的截面积不应小于 $35mm^2$，但变压器容量在 100kV · A 及以下时，接地支线均可采用 $25mm^2$。

2）保护接地线的选用

① 接地线所用材料的最小和最大截面积见表 3-6-2。

② 当接地线最小截面积的安全载流量不适应表 3-6-2 的规定时，则接地支线必须按相应的电源相线截面积的 1/13 选用，接地干线必须按相应的电源相线截面的 1/2 选用。但接地线的最大截面积不必超过表 3-6-2 中最大截面积的规定，因为一般场合的对地短路电流不会超过规定的最大截面积的承受能力。

③ 装于地下的接地线不准采用铝质导电材料。

④ 移动电具的接地支线必须采用铜芯绝缘软线，不准采用单股铜芯线，也不准采用铝芯绝缘电线，更不准采用裸电线。

表 3-6-2　保护接地线的截面积规定　（单位：mm^2）

接地线类别		最小截面积	最大截面积
铜材	绝缘铜线	1.5	25
	裸铜线	4.0	
铝材	绝缘铝线	2.5	35
	裸铝线	6.0	
扁钢	户内:厚度不小于 3mm	24.0	100
	户外:厚度不小于 4mm	48.0	
圆钢	户内:直径不小于 5mm	19.0	100
	户外:直径不小于 6mm	29.0	

3）接地干线的安装方法。接地干线的安装应按照下列规定执行。

① 接地干线与接地体的连接，应尽可能采用电焊焊接，连接处应加装镶块，以增加焊接面积。在没有条件采用电焊焊接时，也可以采用螺钉压接，但接触面必须经过镀锌或镀锡的防锈处理，以保证连接可靠；连接也应加装镶块，以保证连接处有足够的接触面积和机械强度。在有振动的场所，螺钉上应加装弹簧垫圈。安装时，螺钉必须拧紧，一般宜用直径 12mm 或 16mm 的螺钉，并需经镀锌防锈处理；接触面应保持平整，不可有缝隙。连接处应置于便于检查和维修的地方，如果埋入地下，应在地面标明位置。公用配电变压器的接地干线与接地体的连接点，一般都埋入地面以下 100～200mm 深处。在接地干线引出地面 2～2.5m 处断开，再用螺钉压接接牢，这样便于测量接地体的散流电阻，如图 3-6-6 所示。

② 多极接地或接地网各接地体之间的连接干线，如果需要提供接地线，就要安装在地沟中，如图 3-6-7 所示。

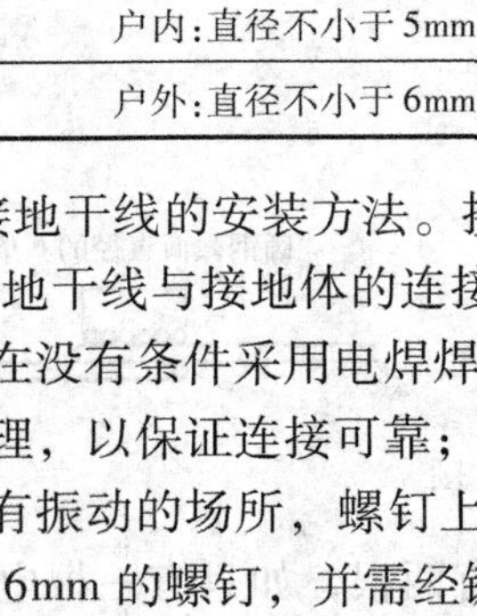

图 3-6-6　配电变压器接地干线断开点

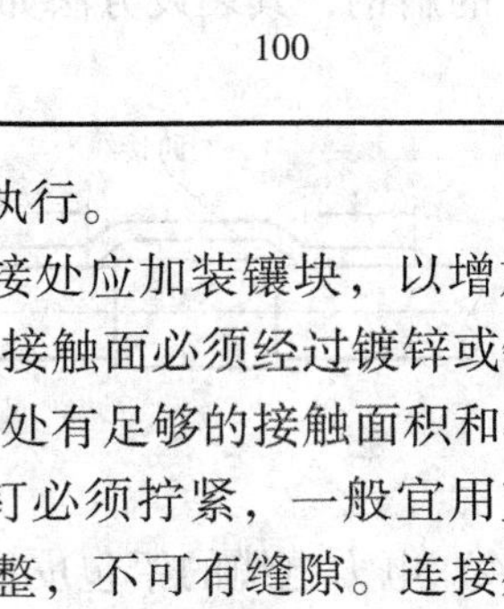

图 3-6-7　接地线连接干线地沟

沟上要覆有沟盖，沟盖应与地面齐平，接地体连接干线在采用宽面垂直安装时，应预先钻好接线用的通孔，并在连接处预先镀锡，便于引接接地线，如图 3-6-8 所示。

③ 从接地体或从接地体干线上引出的接地线应明敷，不可穿管敷设或埋入建筑物内，但在穿越楼板或墙壁时，应穿管加以保护；接地干线应支持牢固，并涂成黄绿色或黑色；采用多股电线作接地线时，连接应采用接线耳（铜接头），如图 3-6-8 所示，不可把线头直接弯压接在螺钉上。在有振动的地方，螺母要加弹簧垫圈，防止松散。

④ 采用扁钢或圆钢做接地干线，需要延长时，必须用电焊焊接，不宜采用螺钉压接。焊接处要两端搭接，扁钢的搭接长度为其宽度的 2 倍；圆钢的搭接长度为其直径的 6 倍，如图 3-6-9 所示。

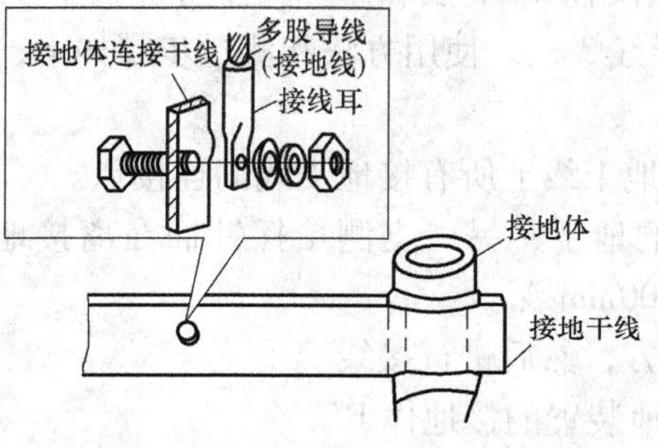

图 3-6-8　用接线耳（铜接头）连接

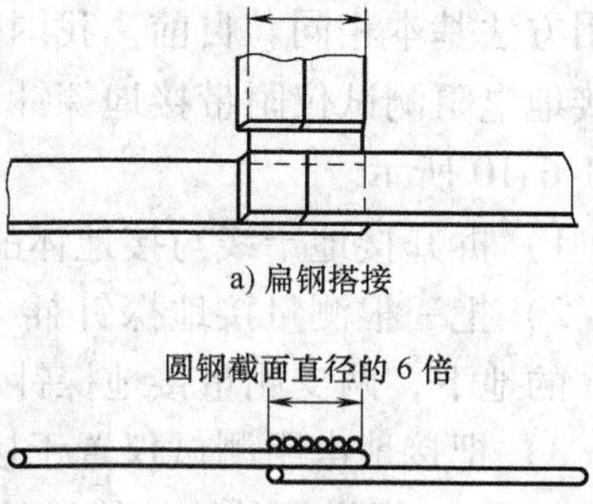

图 3-6-9　接地干线搭接的方法

接地干线沿墙敷设时，应与墙壁保持 10 ~ 15mm 的间距。水平敷设时，应与地面保持 200 ~ 250mm 的间距，并应采用支架支持牢固。

4）接地支线的安装

① 每台设备的接地点必须用一根接地线与接地干线单独进行连接，切不可用一根接地支线把几个设备的接地点串接起来后再与接地干线连接，也不可把几根接地支线并接在接地干线的一个连接点上。

② 在户内，容易被人体触及的地方，接地支线宜采用多股绝缘绞线；在户外或户内，不易被人触及的地方，一般宜采用多股裸绞线。用于移动用具的电源线，常用的是较柔软的三芯或四芯塑料护套电缆，其中黑色或黄绿色的一根绝缘导线规定为接地支线。

③ 接地支线允许和电源线同时架空敷设，或同时穿管敷设，但必须与相线和中性线有明显的区别，尤其不能与中性线随意并用；明设的接地支线，在穿越墙壁或楼板时，应套入管内加以保护。

④ 接地支线与接地干线或与设备接地点的连接，一般都用螺钉压接，但接地支线的线头应用接线耳，不宜采用弯羊眼圈的方法：直接连接。有振动的地方，螺母应加弹簧垫圈，防止松散。

⑤ 用于固定敷设的接地支线需要接长时，连接必须正规，铜芯线连接处需搪锡加固。用于移动电具的接地支线，不允许中间有接头。

⑥ 凡采用绝缘电线作为连接接地支线和接地干线的，连接处应恢复绝缘层。

⑦ 接地支线的每个连接处都应置于明显位置，以便于检查。

知识链接 4　接地装置的涂色和接地电阻的测量

1. 接地装置的涂色

当接地装置安装完毕后，应对各接地干线和支线的外露部分，以及电气设备的接地部分进行外观检查，检查各接地线的焊接或螺钉连接是否牢固。检查完后，应在接地螺钉的表面涂上防锈漆，在焊缝表面涂以沥青漆。明线安装的接地线及固定零件均应涂黑色。根据房间的装饰形式，也可以将明线安装的接地线涂其他颜色，但在连接处及接地支线处应涂以15mm的两条黑带，其间距为150mm。中性点的明线接地线及其扁钢应涂紫色漆，并在其上每隔150mm涂以15mm宽的黑漆带。1 kV以上电气装置的接地线的导线或扁钢，应涂上与相线相同的颜色，并带黑色条纹，黑色条纹宽15mm，每隔150mm涂一条。

2. 接地电阻的测量

接地电阻的测量方法较多，通常都采用ZC型接地电阻测试仪进行测量。这种方法比较简单，测量数值也比较可靠。ZC型接地电阻测试仪的外形结构随型号的不同稍有变化，但使用方法基本相同。目前，我国生产的接地电阻测试仪有ZC-8型和ZC-29型等。其中ZC-8型接地电阻测试仪附带接地探针2支、长短不同的导线3根。使用方法和测量步骤如下，如图3-6-10所示。

1）拆开接地干线与接地体的连接点，或拆开接地干线上所有接地支线的连接点。

2）把一根测量接地探针插入离接地体40m远的地下；另一支测量探针插在离接地体20m的地下，两支测量接地探针均需垂直插入地面400mm深。

3）把接地电阻测试仪置于接地体近旁平整的地方，然后进行接线。

① 用一根最短的连接线连接表上接线桩E和接地装置的接地体E′。

② 用一根最长的连接线连接表上接线桩C和一根距接地E′40m的接地探针C′。

③ 用一根中等长度的连接线连接表上接线桩P和一根距接地体E′20m的接地探针P′。

4）根据被测接地体的接地电阻要求，调节好粗调旋钮（上有三挡可调范围）。

5）用手柄以约120 r/min的速度均匀地摇动接地电阻测试仪，当表针偏斜时，随即调节微调拨盘，直至表针居中为止。以微调拨盘调定后的读数，去乘以粗调定位倍数，即是被测接地体的接地电阻。例如微调读数为0.4，粗调的电阻定位倍数是10，则被测的接地电阻是4Ω。

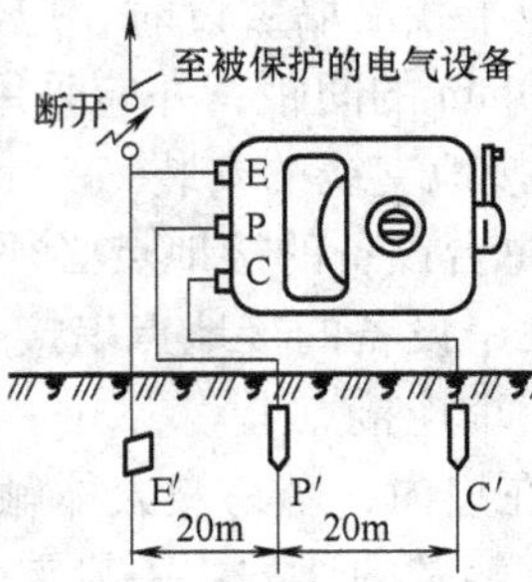

图3-6-10　用ZC-8型接地电阻测试仪测量接地电阻

6）为了保证所测接地电阻值的可靠，应在测量完毕后改变两支接地棒测量点的方位，重新进行复测。一般每次所测的电阻值不会完全一致，最后确定的数值，可取几次测得值的平均值。

知识链接5　接地装置的维修

1. 定期检查与维护保养

1）接地装置的接地电阻必须定期复测，其规定是：工作接地每隔0.5～1年复测一次；保护接地每隔1～2年复测一次。接地电阻增大时，应及时修复，切不可勉强使用。

2）接地装置的每个连接点，尤其是采用螺钉压接的连接点，应每隔0.5～1年检查一次，连接出现松动时，必须及时拧紧。采用焊接的连接点，也应定期检查焊接是否保持完好。

3）对接地线的每个支撑点，应进行定期检查，发现有松动或脱落的，应及时重新固定好。

4）应定期检查接地体和接地体连接干线有否出现严重锈蚀，若有严重锈蚀，应及时修复或更换，不可勉强继续使用。

2. 接地装置常见故障的排除方法

1）连接点松散或脱落最容易出现松脱的有：移动电具的接地支线与外壳（或插头）之间的连接处，铝芯接地线的连接处，具有振动的设备的接地线连接处。发现有松散或脱落的应及时重新接妥。

2）遗漏接地或接错位置在设备进行维修或更换时，一般都要拆卸电源线头和接地线头，待重新安装设备时，往往会因疏忽而把接地线漏接或接错位置。发现有漏接或接错位置时，应及时纠正。

3）接地线局部电阻增大通常是由于连接点或跨接过渡线存在轻度松散，连接点的接触面存在氧化层或其他污垢等造成的。

4）接地线的截面积太小通常是由于设备容量增加后，接地线没有相应更换所引起的。

5）接地体散流电阻增大通常是由于接地体被严重腐蚀所引起的，也可能是由于接地体与接地干线之间接触不良引起的。应重新更换接地体，或重新把连接处接好。

【操作指导】

操作指导　人工接地装置的安装操作

1. 目的要求

掌握人工接地装置的安装操作方法。

掌握使用接地电阻测试仪测量接地电阻值的操作方法。

2. 器材设施

长2.1m的50mm×50mm×4mm镀锌角钢3根，长6m的40mm×4mm镀锌扁钢3根。铁锹，镢土，大铁锤，钢锯，电焊机，焊条，电锤，接地电阻测试仪，钢卷尺，其他材料等。

3. 实训前指导

1）挖地沟，用大铁锤打接地极应注意安全。

2）使用电焊机应注意安全，确保焊接质量。

3）正确使用接地电阻测试仪测量接地电阻值。

4）接地装置及其安装平面图如图3-6-11所示。

图中，a表示接地体，是长2.1m的50mm×50mm×4mm镀锌角钢3根，接地体离墙面5m，接地体之间相距5m，垂直埋入地下，上端离地面0.7m；b表示沿墙上引接地体干线，是40mm×4mm镀锌扁钢，高出地面2m，在离地面0.3m和1.8m两处固定，终端设接线卡；虚线表示埋地下的接地干线，是40mm×4mm镀锌扁钢，水平埋入地下，离地面0.7m。

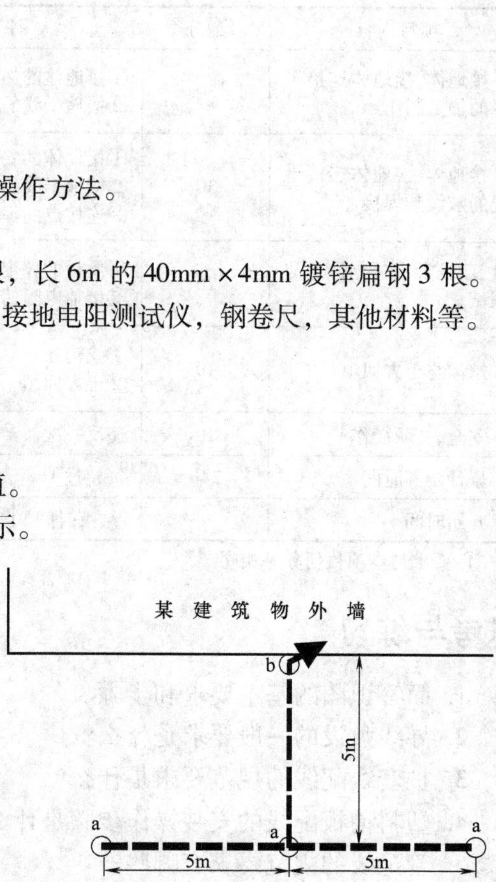

图3-6-11　接地装置与安装平面图

5）接地装置的安装操作步骤

① 加工制作接地体连接干线，按设计要求对 3 根镀锌扁钢进行下料、连接、打孔，如有弯曲，应校正至平直。

② 加工制作接地体，对 3 根镀锌角钢的下端依次加工成尖角状，如有弯曲，应校正至平直。

③ 按图 3-6-11 的尺寸在地面上标划好接地体的安装位置，并沿接地体连接干线路径挖好地沟。

④ 根据设计要求，用大铁锤在接地体位置，将 3 根接地体垂直打入地面 2m 深处。

⑤ 用电焊机焊接接地体与接地干线的连接点。

⑥ 用接地电阻测试仪测量接地装置的接地电阻。

⑦ 记录接地电阻值，检查焊接接地体之间的接地干线的焊接点，并做好防腐，填写隐蔽工程验收报告。

⑧ 土方回填夯实。

实训时应注意：①做好实训组织工作，建议三人为一组，一天完成；②做好施工安全教育，遵守施工现场安全规定，搞好安全防范措施。③做好土建施工和装修施工的协调工作。

【考核与评价】

表 3-6-3 接地装置安装与检修考核

项目内容	配分	评 分 标 准		自评	互评	教师评
接地体、接地体连接干线的加工制作	30	①接地体的加工制作 ②接地干线的加工制作	15 分 15 分			
接地体、接地体连接干线的敷设与焊接	30	①接地体的安装敷设 ②接地干线的安装敷设 ③连接点的焊接	10 分 10 分 10 分			
工程质量的评定与测试	20	①质量的评定 ②接地电阻的测试	10 分 10 分			
挖沟与土方回填	10	①挖沟 ②土方回填	5 分 5 分			
安全、文明操作①	10	违反一次	扣 5 分			
累计定额时间	24h	每超过 1h	扣 5 分			
开始时间		结束时间		总 评 分		

① 要求与本项目任务一相同。

思考与练习

1. 简答识图的基本要求和步骤。
2. 导线敷设的一般要求是什么？
3. 护套线配线的规范要求是什么？
4. 塑料槽板配线的安装操作步骤是什么？
5. 管配线的规范要求有哪些？
6. 明配线管的一般步骤是什么？

7. 扫管穿线的有哪些要求?
8. 简答荧光灯的工作原理及安装步骤。
9. 插座安装接线应符合哪些规定?
10. 简述电路的维修要求及常见几种故障的检查方法。
11. 低压配电及电度表的安装有哪些规范要求?
12. 接地装置的技术要求是什么?

项目四　变压器的维护及检修

变压器是重要的电器设备。它的种类很多，广泛应用于输配电系统、电子电路和电器仪表中。维修电工必须掌握变压器的有关基础知识。

本项目主要学习变压器的原理和结构，电力变压器的运行维护、常见故障，变压器试验的项目，小型变压器的绕制方法等知识和操作技能。

知识目标

1. 了解三相变压器的工作原理和结构。
2. 了解单相变压器的结构。

技能目标

1. 掌握电力变压器运行的维护方法，能够分析电力变压器的常见故障。
2. 熟悉小型变压器绕制材料的选择，掌握小型变压器的绕制方法。

任务一　掌握三相电力变压器的维护

【相关知识准备】

知识链接 1　三相电力变压器的原理和结构

1. 电力变压器的原理

变压器是一种静止的电气设备。它利用电磁感应原理，把输入的交流电压升高或降低为同频率的交流输出电压，以满足高压送电、低压供电及其他用途的需要。

（1）变压器的空载运行　单相变压器的一次绕组加上额定电压，而二次绕组开路，变压器便在空载下运行，为了分析方便，将一次绕组和二次绕组分别画在两边，其中一次绕组的匝数为 N_1，二次绕组的匝数为 N_2，如图 4-1-1 所示。

1）图中各交变量按图中原则规定其正方向。

① 在一次绕组内，电压的正方向与电流的正方向一致。

② 磁通的正方向与电流的正方向符合右手螺旋定则。

③ 感应电动势的正方向与产生它的磁通的正方向之间符合右手螺旋定则。

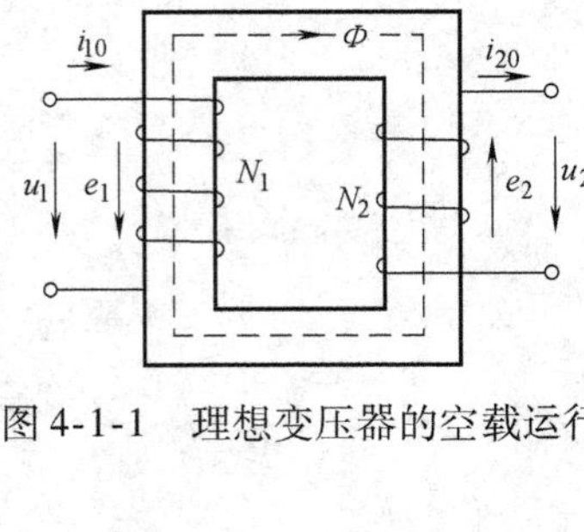

图 4-1-1　理想变压器的空载运行

2）设变压器是理想的，即绕组没有电阻，励磁后没有漏磁。磁路不饱和，且铁心没有损耗。变压器空载运行是指变压器的一次绕组接交流电压 u_1，二次绕组开路的运行情况。此时，二次绕组中的电流 $i_{20}=0$，电压为开路电压 u_2，一次绕组通过的电流称为空载电流 i_{10}，该电流就是励磁电流，图中各量的方向按参考方向选取，e_1、e_2 与 Φ 符合右手螺旋定则。

由于二次开路，这时变压器的一次电路相当于一个交流铁心线圈电路。其磁动势为 $i_{10}N_1$，它在铁心中产生主磁通 Φ，主磁通 Φ 通过闭合铁心，在一次、二次绕组中分别感应出电动势 e_1、e_2。根据电磁感应定律可得 e_1、e_2 为

$$e_1 = -N_1\frac{d\Phi}{dt} \qquad e_2 = -N_2\frac{d\Phi}{dt} \tag{4-1}$$

根据电工基础可知，

$$U_1 \approx E_1 = 4.44fN_1\Phi_m \tag{4-2}$$

$$U_2 \approx E_2 = 4.44fN_2\Phi_m \tag{4-3}$$

式中　f——交流电源的频率；

Φ_m——主磁通的最大值。由式（4-2）、式（4-3）可得

$$\frac{U_1}{U_2} \approx \frac{E_1}{E_2} = \frac{4.44fN_1\Phi_m}{4.44fN_2\Phi_m} = \frac{N_1}{N_2} = K \tag{4-4}$$

从式（4-4）可以看出，变压器空载运行时，一次、二次绕组上电压的比值等于两者的匝数比，这个比值 K 称为变压器的电压比。当一次、二次绕组匝数不同时，变压器就可以将某一数值的交流电压变换为同频率的另一数值的电压，这就是变压器的电压变换作用。利用这个规律，就可以在制造变压器时控制一次、二次绕组的匝数，从而得到升压变压器或减压变压器。当 $K>1$ 时，变压器为减压变压器；当 $K<1$ 时，为升压变压器。

（2）变压器负载运行　如图 4-1-2 所示，变压器的一次绕组接入交流电压 u_1，二次绕组带上负载 Z_L，变压器向负供电，这种运行状态称为变压器的负载运行。负载运行后一次绕组电流由 i_{10} 增大到 i_1，二次侧的电流为 i_2。

由于二次绕组接上负载后，一次、二次绕组电流 i_1、i_2 均比空载时增大了，一次、二次绕组本身的内部电压降也要比空载时增大，所以二次绕组电压 U_2 比 E_2 稍低一些。但一般变压器内部电压降小于额定电压的 10%，因此变压器有无负载对电压比的影响不大，可以认为负载运行时，变压器一次、二次绕组的电压比仍基本等于一次、二次绕组的匝数之比。

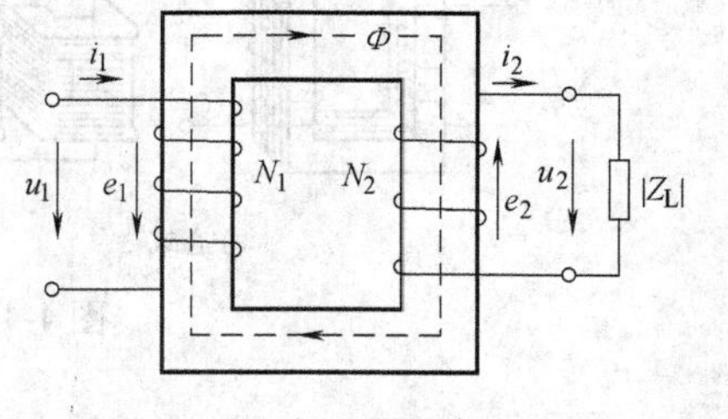

图 4-1-2　变压器的负载运行

变压器负载运行时，由于 i_2 形成的磁动势 i_2N_2 对磁路也产生影响，故这时铁心中的主磁通 Φ 是由 i_lN_1 和 i_2N_2 共同产生的。又由式（4-2）可知，当电源的电压和频率一定时，铁心中磁通最大值 Φ_m 也保持不变，因而从空载状态到负载状态，磁动势应保持不变，即

$$i_1N_1 + i_2N_2 = i_{10}N_1 \tag{4-5}$$

由于变压器的空载电流 i_{10} 很小，一般只有额定电流的百分之几，因此当变压器额定运行时，$i_{10}N_1$ 可忽略不计，于是可得

$$i_1N_1 = -i_2N_2 \tag{4-6}$$

这说明了变压器负载运行时，一次、二次绕组的磁动势近似相等而方向相反，即 i_2N_2 对 i_1N_1 有去磁作用。也就是说，当二次电流 i_2 增大时，使铁心中的主磁通 Φ 减小，这时一次电流 i_1 必然增加，以保持主磁通 Φ 基本不变，所以二次电流变化时，一次电流也会相应

变化。

如果只考虑一次、二次绕组电流有效值的数值关系，由式（4-6）可得

$$\frac{I_1}{I_2} \approx \frac{N_2}{N_1} = \frac{1}{K} \tag{4-7}$$

式（4-7）说明，变压器负载运行时，其一次、二次绕组的电流有效值之比近似等于它们匝数比的倒数，即电压比的倒数，这就是变压器变换电流作用。

2. 电力变压器的结构

变压器的主要组成部分是铁心、绕组和附件。

（1）铁心　铁心是变压器的磁路部分，又称为它的机械骨架。铁心分铁心柱和铁轭两部分。铁心柱上套装绕组，铁轭的作用是使磁路闭合。

为了提高导磁性能，减少磁滞损耗和涡流损耗，铁心多采用0. 35～0. 50mm 厚的硅钢片叠装而成，片间彼此绝缘。铁心结构的基本形式有心式和壳式两种，如图 4-1-3 所示。

1）铁心分为对接式和叠接式，如图 4-1-4 所示。

2）小型变压器为简化工艺和减少气隙，常采用 E 字形、F 字形和日字形冲片交错地叠装而成，如图 4-1-5 所示。

3）大型变压器采用超导磁系数、低损耗的冷轧硅钢片时，应用斜切钢片，如图 4-1-6 所示。

4）小型变压器铁心柱的截面是方形或长方形，大型变压器常采用阶梯形截面，图 4-1-7 所示为铁心柱的截面。

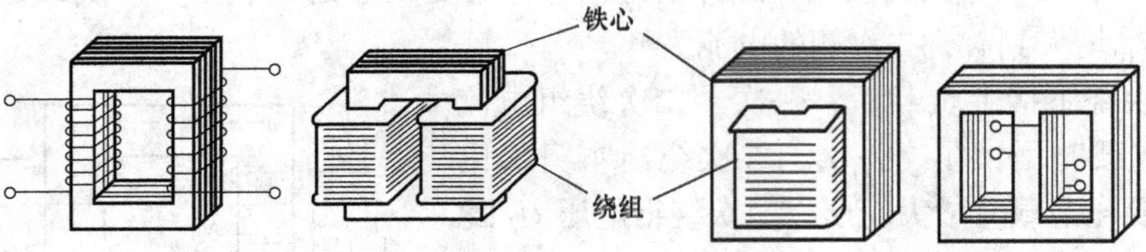

a) 心式　　b) 壳式

图 4-1-3　心式变压器和壳式变压器

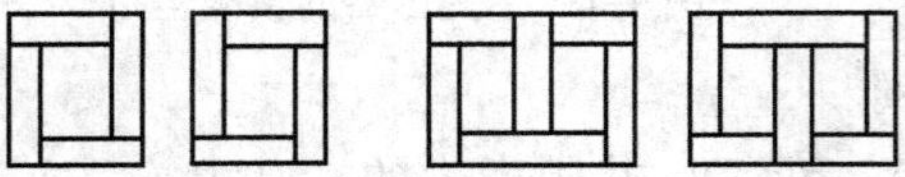

a) 单相铁心　　b) 三相铁心

图 4-1-4　对接式和叠接式铁心

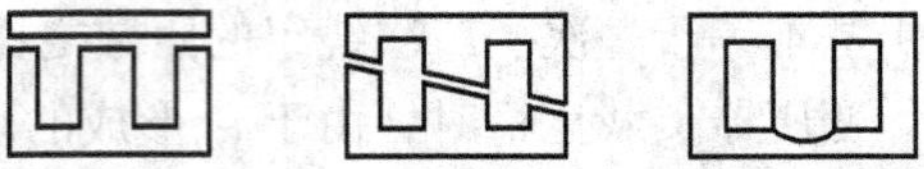

a) E字形　　b) F字形　　c) 日字形

图 4-1-5　E 字形、F 字形和日字形

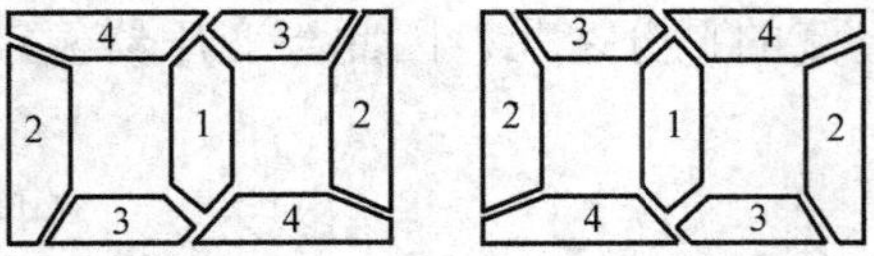

a) 1, 3, 5,…单数层　　b) 2, 4, 6,…双数层

图 4-1-6　斜切钢片

a) 方形　　b) 阶梯形　　c) 有油道的阶梯形

图 4-1-7　铁心柱的截面

5）大型变压器的铁轭截面采用长方形或阶梯形，如图 4-1-8 所示。

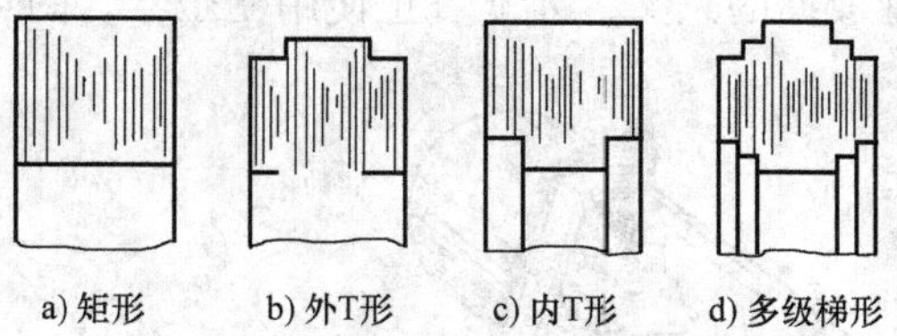

图 4-1-8　铁轭的截面

（2）绕组　绕组是变压器的电路部分，常用材料为绝缘铜线和铝线。

1）变压器中工作电压高的绕组称为高压绕组，工作电压低的称为低压绕组。

2）按高、低压绕组相互位置和形状不同，绕组可分为同心式绕组（见图 4-1-9）和交叠式绕组（见图 4-1-10）两种。

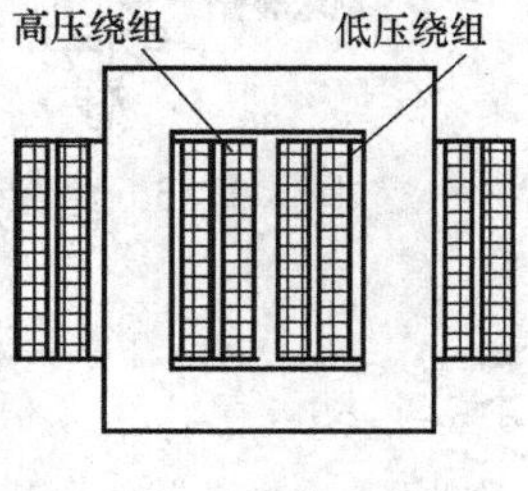

图 4-1-9　同心式绕组

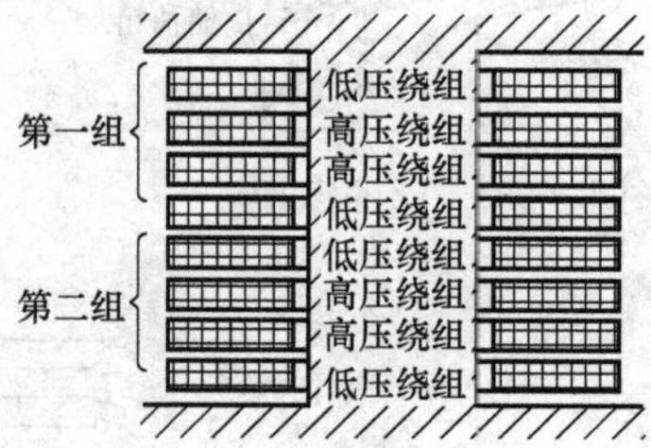

图 4-1-10　交叠式绕组

（3）附件　变压器的其他附件有外壳、储油罐柜、安全气道和气体继电器等，其作用在于保证变压器的安全和可靠运行。

1）变压器外形：如图 4-1-11 所示。

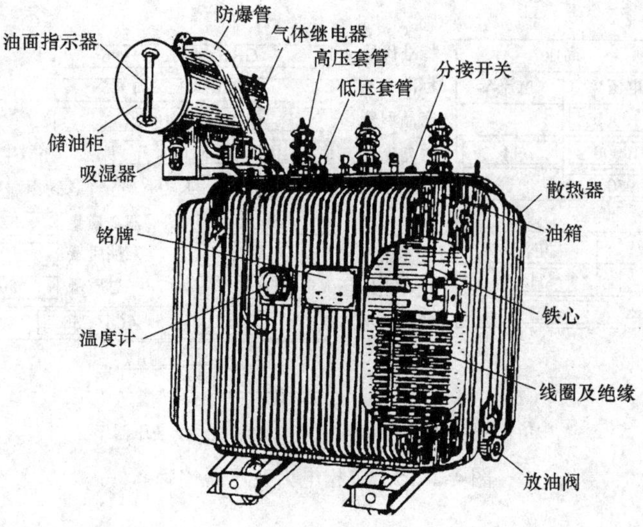

图 4-1-11　油浸式电力变压器外壳

2）储油罐柜：如图 4-1-12 所示。

3）绝缘套管：由外部的磁套与中心的导电杆组成，如图 4-1-13 所示。

4）分接开关：分为有载调压和无载调压两种，图 4-1-14 所示为绕组的分接开关。

知识链接 2　三相电力变压器的铭牌及磁路

1. 三相变压器的铭牌

每台变压器都有一块铭牌，上面记载变压器的型号与各种额定数值，只有理解铭牌上的各种数据的意义，才能真正使用变压器。图 4-1-15 所示为某三相电力变压器的铭牌。

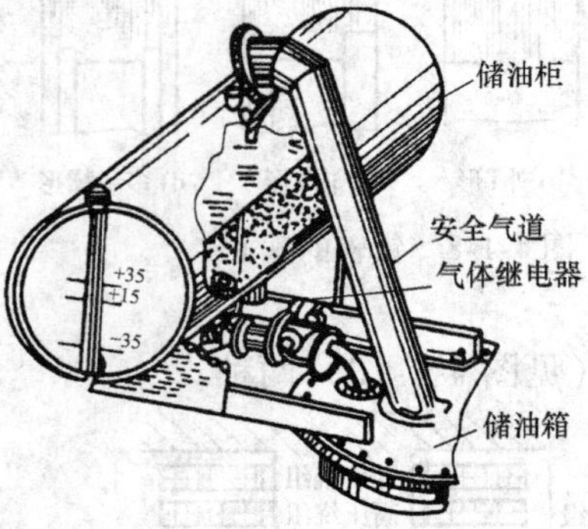

图 4-1-12　储油罐柜

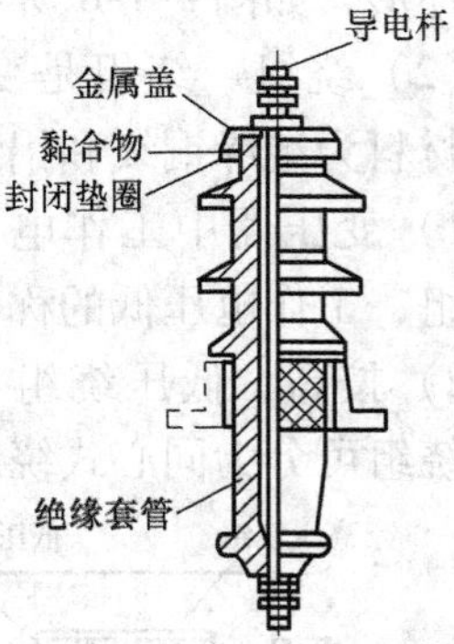

图 4-1-13　绝缘套管

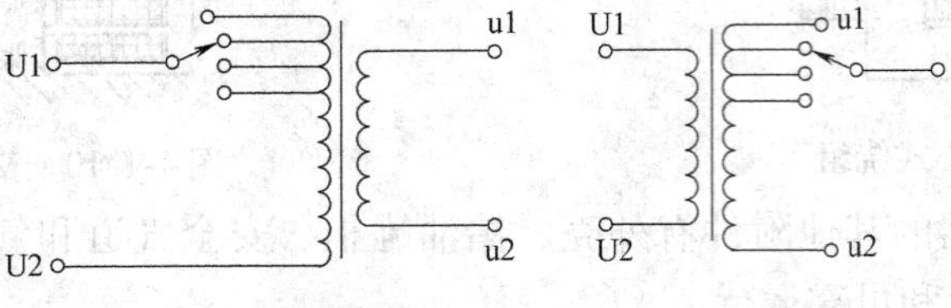

a) 一次绕组分接开关　　b) 二次绕组分接开关

图 4-1-14　绕组的分接开关

分接位置	高压 电压V	高压 电流A
I	10500	
II	10000	4.6
III	9500	

低压 电压 V	低压 电流A
400	115.5
阻抗电压	%

标准代号	GB1094.1,2—1996		
标准代号	GB1094.3,5—1985		
产品型号	S9-80/10		
产品代号	INB.710.5315.1	相数	3 相
额定容量	80 KV·A	额定频率	50 Hz
冷却方式	ONAN	器身质量	320 kg
使用条件	户外式	油质量	100 kg
连接组标号	Dyn11	总质量	500 kg
绝缘水平	L1 75　AC 35		
出厂序号			
制造年月	年　月		

中华人民共和国　　××变压器厂

图 4-1-15　三相电力变压器铭牌

（1）型号及系列

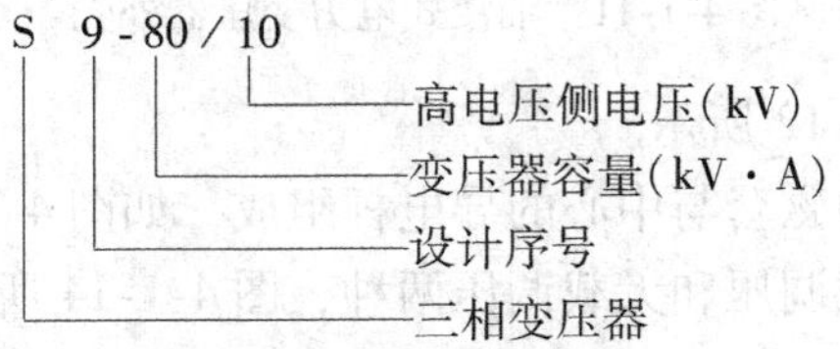

（2）额定电压 U_{1N}、U_{2N}　一次绕组的额定电压是指在绕组上正常工作的线电压 U_{1N}；二次绕组的额定电压是指变压器在空载运行时，一次绕组加上额定电压后二次绕组的线电压

值 U_{2N}。

（3）额定电流 I_{1N}、I_{2N}　额定电流是根据允许发热条件而规定的满载电流值。铭牌上所表示两个电流数值，是变压器一次绕组线电流的额定值 I_{1N}、二次绕组线电流的额定值 I_{2N}。

（4）额定容量 S_N　单相变压器：$S_N = U_{2N}I_{2N} = U_{1N}I_{1N}$

三相变压器：$S_N = \sqrt{3}U_{2N}I_{2N} = \sqrt{3}U_{1N}I_{1N}$

（5）额定频率　额定频率是变压器正常工作时，接入的电源频率。我国电力系统的标准频率为50Hz。

（6）阻抗电压　它标志在额定电流时变压器阻抗压降的大小，通常用它与额定电压 U_{1N} 的百分比来表示。

（7）温升　温升是变压器在额定运行状态时允许超过周围环境温度的值。

2. 三相变压器的磁路

（1）三相组式变压器的磁路　图4-1-16所示为三相组式变压器的磁路。

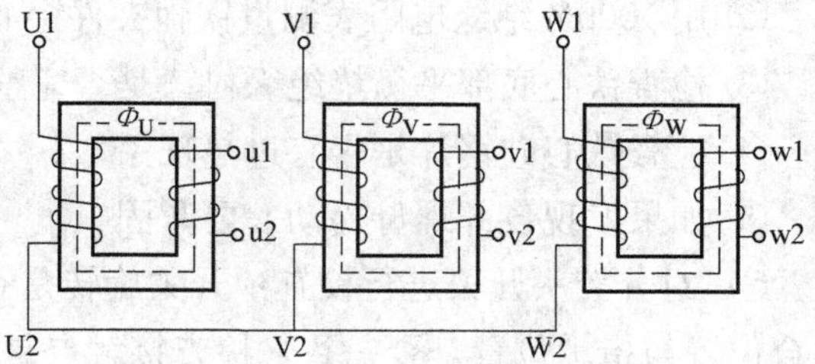

图4-1-16　三相组式变压器的磁路

（2）三相心式变压器的磁路　图4-1-17 所示为三相心式变压器的磁路。

知识链接3　三相电力变压器的运行维护

1. 变压器维护和检修的必要性

为了确保变压器可靠安全地运行，对运行中的变压器应定期进行维护及检修，以便及时发现和排除故障，避免故障扩大。

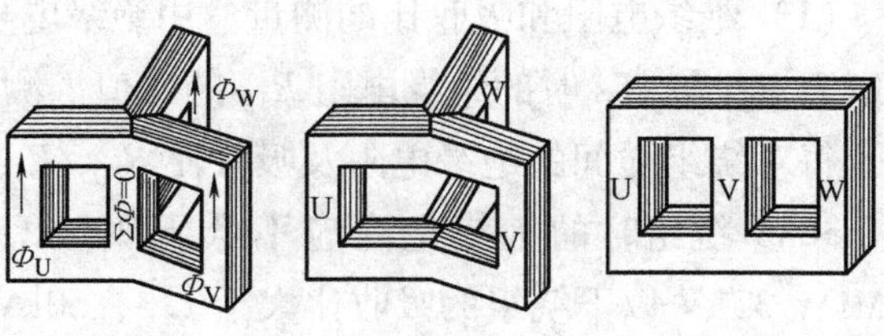

a) 有中间心柱　b) 无中间心柱　c) 常用型

图4-1-17　三相心式变压器的磁路

2. 变压器的日常维护

1）注意变压器运行时的声音是否正常。

2）检查储油柜的油位及油色是否正常，各密封处有无渗油、漏油现象，若有问题及时处理。

3）检查高低压套管是否清洁，有无裂纹、碰伤和放电痕迹。螺栓有无损坏，如有异常及时停电处理。

4）检查变压器运行温度是否超过规定值。

5）察看防爆管、吸湿器是否正常。

6）观察高低压套管引出排及电缆头接头处有无发热变色及异状，如有上述现象应停电修复。

7）检查变压器接地装置是否良好。

8）高压、低压电压及电流是否正常。

9）定期化验油样，观察硅胶是否吸潮变色，及时调换。

3. 变压器的拆装检修

1）首先注意检修时防止工具、螺钉、螺母等异物掉入变压器内，以免造成事故。

2）检修前应预先放掉一部分变压器油，盛油容器必须清洁干燥，盛满后要加盖防潮，油要进行化验。若油不够，必须补充同型号化验合格的新油。

3）吊铁心时应尽量把吊钩装的高些，使吊铁心的钢绳夹角不大于45°。

4）变压器所有紧固螺钉按顺序对称拧紧，并使之牢固，否则运行时将发出声响或噪声。

5）对铁心应进行检查

① 检查铁心到夹件的接地铜皮是否有效接地，如果没装设或已装设但损坏，在运行中会出现轻微的“啪啪”的放电声。

② 用1000V绝缘电阻表测量铁轭夹件穿心螺栓绝缘电阻，数值不小于2 MΩ为合格。

③ 检查铁心底部平衡垫绝缘衬垫是否完整、是否有松动。

④ 检查铁心硅钢片是否有过热现象。

⑤ 如果发现各部螺母松动，要紧固。

6）对分接头开关进行检查：开关旋转是否灵活，是否完整或松动，注意动、静触点的吻合位置与指示位置是否一致。检查接触点是否有灼伤或过热变色，检查引线和开关连接处的螺母是否有松动。

7）变压器被打开后，在相对湿度为75%以下的空气中滞留时间不宜超过24h。如在检修期间变压器身的温度高出3～5℃时，则器身在空气中的滞留时间可延长。

4. 变压器检修后的一般试验方法

（1）绝缘电阻和吸收比的测量　用绝缘电阻表测标准规定的吸收比，吸收比为60s时绝缘电阻$R_{60''}$与15s时的绝缘电阻$R_{15''}$的比值。测量时用2500V的绝缘电阻表，分别测绕组对地及每对绕组之间的绝缘电阻及吸收比$R_{60''}/R_{15''}$。测量过程中不测的部分要接地。

36kV绕组时的绝缘电阻应不低于200MΩ，0.4kV以下绕组时的绝缘电阻应不低于90MΩ，35kV以下绕组的吸收比大于1.3，60kV及以上绕组的吸收比大于1.5。

（2）测量变压器绕组的直流电阻　对于变压器的高压绕组应分别测量各分接位置的阻值，以发现接触不良的故障。对于1Ω以下的阻值用开尔文电桥，1Ω以上的阻值用惠斯顿电桥。

要求三相变压器各绕组的阻值偏差不超过平均值的2%，相电阻的平均值不应超过三相平均值的4%。

（3）测量各部分抽头的电压比　要求各相在相同抽头上所测的电压比进行比较，与铭牌值相比，其值相差不应超过1%。

（4）测定三相变压器的联结组别　如没改变联结方式可免去此项。

（5）测定额定电压下的空载电流　空载电流一般在额定电流的5%左右。

（6）进行耐压试验。

知识链接4　三相电力变压器的故障分析

1. 变压器常见的故障及排除方法

（1）过热现象　变压器的主要热源是绕组和铁心。油浸变压器线圈和铁心中损耗所产生的热量先使变压器油加热，再传到油箱壁及散热装置，然后散入大气。在稳定运行时，绕组、铁心和变压器油都有一定的温升数值。

在额定负载下运行的油浸变压器各部分的温升不应超过表4-1-1的限值。

表4-1-1　油浸变压器的温升限值

变压器部位		温升限值/K	测量方法
线圈	自然油循环	65	电阻法
	强迫油循环	65	电阻法
铁心表面		75	温度计法
结构件表面(非导电部分)		80	温度计法
油面		55	温度计法

一般情况下，电力变压器都经久带电，很少有机会对绕组进行温度测量，而变压器任何一处因故障而产生的热量，最终都反映到油的温升，因此从油温可以判断变压器的发热情况。由于变压器不是经常满载运行的，在欠载的情况下，也有发生故障的可能，所以不能只从温升限度来监视变压器的运行，还要知道它在不同负载情况下的正常温升数据，才能推测运行是否正常。大多数变压器的负载是有规律的，日负载呈周期变化，月负载也有周期性，因此温升也有周期变化的特点。如果变压器在欠载情况下，油温已达到满载的温度，虽然未达到最高允许温升，也认为变压器出现了过热现象，应找出其原因。

另外还应注意负载与温升的关系，在时间上有一滞后关系。负载变动后要经过相当的时间，油温的变动才会显示出来。在自然通风的变压器中最高温度与最高负载的时差约为8～10h。

变压器油温反常是一种现象。通风受阻、表面积灰、油路阻塞、输入电压、电流波形严重畸变、匝间短路及铁心片间绝缘损坏等原因都会引起油温增高。如果发现油温较平时相同负载和相同冷却条件下高出10℃时，应考虑变压器内部已发生了故障。

（2）绕组故障

1）匝间或层间短路：当绕组的导线绝缘或层间绝缘损坏时，少数线匝或层间一些线匝发生短路。被短路的线匝在交变磁通的感应下，产生短路电流，使油温上升，并使变压器油分解成气体，进入气体继电器。在故障规模还比较小时，气体继电器即可发出警报，或切断变压器的电源。

造成匝间或层间短路的原因可能有以下几方面。

① 匝间或层间绝缘的自然损坏或由于过载而散热不良，使绕组过热，造成绝缘老化，降低了导线的机械性能并导致破损。

② 变压器油中含有腐蚀性杂质或水分，腐蚀并损坏了导线的绝缘。

③ 由于工作不慎，在制造或维修时绕组内夹有铜线、铁片及焊锡等导电物体，或存在未发现的缺陷。

④ 由于外部短路使绕组受力发生机械变形，造成匝间或层间绝缘的损坏。

为了确定是否发生匝间或层间短路，可分别测量每相绕组的直流电阻，比较所测数据有无明显差别。然后吊出器身，在绕组上施加不超过15kV的电压做空载试验。如有匝间或层间短路缺陷，短路线匝会发热冒烟，损坏处会显著扩大。如无法用小修补的办法消除故障，则应更换绕组。

2）断线事故：在变压器内部发生断路时，其测量仪表指针摆动，断线处产生电弧，使变压器油分解，气体继电器内有灰黑色可燃气体，气体继电器动作，断开变压器两侧的开关使变压器停止运行。

断线事故的一般原因可能是由于导线接头焊接不良、绕组引出线连接不良、匝间或层间短路后把线匝烧断或短路应力使绕组断裂。

发生断线事故后，首先应检查各相绕组的直流电阻，进行数值比较，然后吊出器身找出断线进行消除。

3）主绝缘击穿：绕组的主绝缘是指低压绕组与铁柱之间的绝缘，高、低压绕组之间的绝缘，相邻两高压绕组之间的相间绝缘和绕组两端与铁轭之间的绝缘等。这些部位的绝缘被击穿后就相当于绕组接地或相间短路。一般主绝缘的击穿发生在靠近铁柱和铁轭的地方。主绝缘被击穿的主要原因有绝缘老化引起破裂或折断、变压器油受潮、油质变劣、绕组内落入异物、短路故障使绝缘受到机械损伤及各种过电压引起击穿等。

对于过电压击穿，当过电压消除后，新的油立即进入损坏的空间，又暂时隔绝了电流的通路，所以击穿后的绝缘并不一定会立即失去运行能力，但这里就形成了绝缘上的弱点。当再次出现过电压时，又在原处造成第二次击穿，造成绝缘性能的进一步劣化，直到最后发展成为短路故障，而使差动保护和过载继电器开始动作。其处理办法是先测量绝缘电阻，再吊出器身更换有关绝缘，将器身烘干，将变压器油进行处理，去除水分，过滤杂物。

当事故扩大到两相短路时，变压器发生较大声响；防爆管管口爆破、向外喷油，各种保护环节全部动作，变压器停止运行。这时通常需要更换绕组。

（3）铁心故障　变压器铁心叠片表面是经过绝缘处理的。对片间绝缘良好的变压器铁心，涡流被限制在每片的内部，其引起的损耗很小。如果片间绝缘损坏，涡流损耗便会增大，损坏处的温度就会上升。由于温度的升高，又造成周围绝缘的迅速老化，直到片间短路，故障范围又进一步扩大，严重时能把叠片熔化。熔化的铁液一部分渗入片间间隙，一部分流到油箱底部形成小钢珠。

铁心局部熔化的其他原因，包括铁心螺栓的绝缘损坏使叠片片间短路和铁心接地不正确引起环流和放电。

在铁心熔化时温度很高，高温的钢液与变压器油接触后分解为气体。产生一定量的气体以后，气体继电器便会动作。当故障发展到相当严重时，油的温度就会显著升高，甚至冒烟，过载继电器就会动作。铁心故障大多数发生在较大容量的变压器中，中小型变压器中较少发生。对烧熔不严重的铁心，可用风动砂轮将熔化处刮除，再涂上绝缘漆；对严重烧毁的铁心宜送厂修理。

铁心通过接地片接地，只能有一个接地点。如果铁心有两点接地，便可能产生环流而烧毁铁心。如果铁心接地片断裂，变压器内部便可能产生轻微的放电。这时应吊出器身，修好接地片。

夹件松动会产生不正常的噪声，应吊出器身检查，并将夹件夹紧。

2. 变压器的大修理

变压器的修理分为小修及大修两类。凡是不取出器身的修理叫做小修；必须取出器身进行修理的叫做大修。但在起重设备限制和变压器的结构允许的情况下，如能保证将绕组压紧和楔紧，也可以在只取下顶盖而不吊出器身的情况下进行大修。

变压器投入运行后每隔 5 ~ 10 年要大修一次。另外根据变压器的试验结果和运行状况也可安排计划外的大修。

（1）大修前应作好的准备工作

1）检查分析变压器的运行记录，估计故障原因、部位及严重程度，制定检修方案及措施计划。

2）进行油样试验，准备好油处理设备及足够的补充油。

3）准备各类材料及备品备件。

4）准备检修场地、起重设备、各类工具和测试仪表。

5）对严重故障需要彻底修理铁心、更换绕组的变压器，要根据修理能力决定是否送制造厂修理。

（2）变压器大修的工作项目

1）打开顶盖，取出器身。

2）检修器身（铁心、绕组、分接开关和引线）。

3）检修顶盖、储油柜、安全气道、散热管、油门和套管等。

4）检修冷却装置和滤油装置。

5）清扫外壳，必要时刷油漆。

6）检查控制测量仪表、信号和保护装置。

7）滤油或换油。

8）必要时进行绝缘干燥处理。

9）变压器装配。

10）进行规定的测量和试验。

【操作指导】

操作指导 变压器绕组直流电阻的测定

1. 目的要求

掌握变压器绕组直流电阻测定的操作方法。

2. 器材设施

变压器出厂说明书，试验变压器 1 台，数字万用表，惠斯顿电桥，开尔文电桥，温度计，其他材料等。

通常用电桥法进行直流电阻的测量，电桥法准确、灵敏，能直接读数。电阻值为 1Ω 以上时，用惠斯顿电桥；电阻值为 1Ω 以下时，用开尔文电桥。

3. 工作量

一台变压器绕组直流电阻的测定。

4. 实训前指导

1）认真阅读变压器的出厂说明书。

2）电桥与绕组的连接导线，截面积要足够，导线不宜过长，且连接要好。

3）测量时要注意环境温度。测量电阻时，要准确地记录当时的温度。当测量未浸油的半成品时，以当时的室温作为试品的温度。对已经浸油的产品，以油面温度作为被试绕组的温度。

5. 测量结果

测量出的电阻应换算到 75℃时工作状态的电阻。换算公式为

$$R_{75℃}=K_tR_t \tag{4-8}$$

式中 R_t——环境温度为 t 时的电阻值，单位为 Ω；

$R_{75℃}$——换算到 75℃时工作状态的电阻值，单位为 Ω。

温度换算系数 K_t 按下式计算

$$K_t=(k+75)/(k+t) \tag{4-9}$$

式中 k——系数，对于铜线，$k=235$；对于铝线，$k=225$；

t——环境温度，单位为℃。

6. 实训操作步骤

1）清理、准备。

2）组装接线，连接可靠。

由 1U1、1V1、1W1（2U1、2V1、2W1）端头所测的直流电阻为线间电阻。有中心点引出的绕组，还要测量相电阻。带有分接的绕组，应测全部线匝的电阻。

3）测量并记录。

4）数据整理换算：线间电阻测量后，均换算成相电阻，然后再换算到 75℃，作为技术数据。

线间电阻与相电阻的关系如下：

1）当丫联结时，如图 4-1-18a 所示。若三相电阻平衡，相电阻与线电阻的关系为

$$R_{相}=1.5R_{线} \tag{4-10}$$

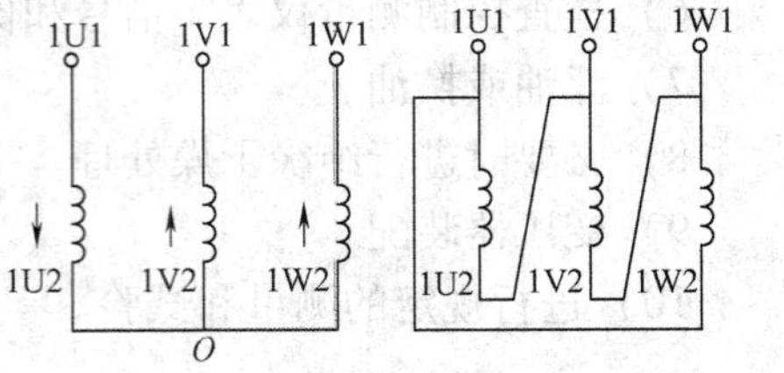

a) 丫联结　　b) △联结

图 4-1-18 用电桥法测量直流电阻

2）当△联结时，如图 4-1-18b 所示。若三相电阻非平衡，相电阻与线电阻的关系为

$$R_u=(R_{uv}+R_{uw}-R_{vw})/2=R_t-R_{vw}$$

$$R_v=(R_{uv}+R_{vw}-R_{uw})/2=R_t-R_{uw}$$

$$R_w=(R_{vw}+R_{uw}-R_{uv})/2=R_t-R_{uv}$$

式中 $R_t=(R_{uv}+R_{vw}+R_{wu})/2$

若三相电阻平衡，相电阻与线电阻的关系为

$$R_{相}=R_{线}/2 \tag{4-11}$$

三相电阻的不平衡率不应超过 2%，即（$R_{max}-R_{min}$）$/R_t \leqslant 2\%$。

【考核与评价】

表 4-1-2 三相电力变压器的维护考核

项目内容	配分	评 分 标 准		自评	互评	教师评
绕组直流电阻的测定	50	①准备 ②仪器组装接线 ③电阻的测量操作与记录	10 分 20 分 20 分			
数据整理换算	40	①数据整理换算 ②结果分析	20 分 20 分			
安全、文明操作①	10	违反一次	扣 5 分			
累计定额时间	4h	每超过 30min	扣 5 分			
开始时间		结束时间	总 评 分			

① 安全、文明操作的要求为：遵守纪律，团结协作，不损坏设备，遵守安全文明操作规程，不发生安全事故。

任务二　学习小型变压器的绕制

【相关知识准备】

变压器是利用电磁感应原理将一种电压、电流的交流电能转换成同频率的另一种电压、电流的交流电能的电器。容量在 1kV · A 以下的单相变压器称为小型变压器。它常用做电气设备控制用的电源变压器、电子设备的电源变压器和安全照明用的电源变压器。本章将介绍小型变压器的构造与分类及它的检测与维修技术，同时介绍它的绕组制作与铁心的装配工艺。

知识链接　小型单相变压器的结构与分类

1. 小型变压器的基本结构

变压器主要由铁心、绕组和附件等组成，如图 4-2-1 所示。

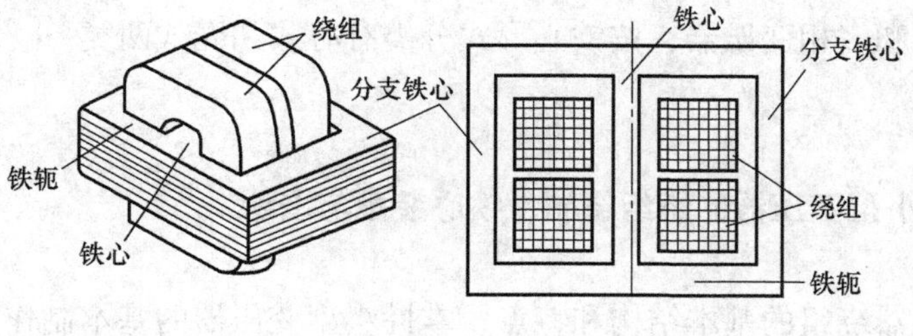

a) 外形图　b) 剖面图

图 4-2-1　单相壳式变压器的铁心和绕组

（1）铁心　铁心是变压器磁路的主体，同时又是套装绕组的骨架。铁心由铁心柱和铁轭两部分构成。套有绕组的部分是铁心柱，铁轭则将铁心柱连接起来，使之形成闭合磁路。为了提高铁心磁路的导磁性能并减小涡流损耗和磁滞损耗，铁心一般用高磁导率的磁性材料硅钢片叠成。硅钢片有热轧和冷轧两种，其厚度为 0.35 ~ 0.50mm，两面涂以厚 0.02 ~ 0.03mm 的漆膜，使片与片之间绝缘。

变压器常用的铁心形状有日字形、口字形、C 字形等多种，常用的小型变压器铁心叠片形状有 EI 形、双 F 形、CI 形和 C 形冲片，如图 4-2-2 所示。为提高导磁性能，装配时通常要求交替叠装，由于交叠式铁心使叠片接缝错开，减小了接缝处的气隙，从而减小了励磁电流。

a) EI形　b) 双F形　c) CI形　d) C形

图 4-2-2　小型变压器铁心的叠片形状

（2）绕组　绕组是变压器的电路部分，它由铜或铝绝缘导线绕制而成。绕组的作用是在通过交变电流时，产生交变磁通和感应电动势。通过电磁感应作用，一次绕组的电能就可传递到二次绕组，一次绕组和二次绕组具有不同的匝数，电压较高的称为高压绕组，电压较低的称为低压绕组。绕组在铁心上的常用绕法有两种形式。第一种为同心式，是将高、低压绕压端的绕组绕在外层。第二种为分段式，将变压器高、低压绕组各自分段绕在铁心上。由于同心式绕组结构简单，制造方便，所以，国产的变压器均采用这种结构，分段式主要用于特种变压器中。

绕组和铁心的结合方式有心式、壳式两种形式。心式结构的特点是铁心柱被绕组包围，壳式结构的特点是铁心包围绕组的顶面、底面和侧面，如图4-2-3所示。壳式结构的机械强度较好，但制造复杂，单相小型变压器除I I形和C形两种铁心用心式结构，其余铁心均采用壳式结构。

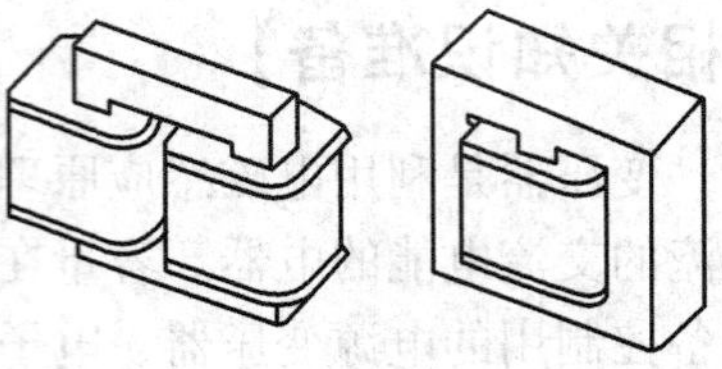

图4-2-3　心式铁心和壳式铁心

（3）附件　小型变压器的附件有绝缘材料、绕组骨架和屏蔽罩等。

2. 小型变压器的分类

在电子电器中，广泛使用小型变压器，小型变压器可按以下几个方面分类：按用途分为电源变压器、选频变压器、耦合变压器和隔离变压器；按绕组形式分为双绕组变压器和多绕组变压器；按工作频率分类有高频变压器、中频变压器和低频变压器；按相数分类有单相变压器、三相变压器和多相变压器；按铁心形式分类有心式和壳式两类。

【操作指导】

操作指导1　小型变压器的绕组绕制、铁心装配与浸漆

1. 目的要求

了解小型变压器绕组的基本结构和特点；掌握小型变压器的基本制作工艺和方法；了解制作小型变压器绕组的常用材料，能按工艺要求正确拆卸和装配铁心。

2. 器材设施

木块，铜漆包导线，铝箔，绝缘漆，厚绝缘纸板，绝缘套管，绝缘纸，层压板等，常用工具一套，橡皮锤，台虎钳，剪刀，万用表一块，绝缘电阻表一块，手动绕线机一台，电钻，电烤箱。

3. 实训操作步骤

（1）绕组绕制　许多电子电器都离不开小型变压器。作为电子电器的维修人员，必须懂得小型变压器的制作工艺。常用的小型变压器，主要由线包和铁心两部分组成。线包是变压器各绕组的漆包线绕在绕组骨架上面制成的。手工绕制变压器线包必须将绕组骨架套在木质芯子上，然后通过木质芯子固定到绕线机上进行绕线，待变压器线包绕制完毕，再从绕线机上连同木心一起取下线包，随后将木心从绕组骨架中取出，然后装配铁心，浸漆与烘烤。

1）制作木心与绕组骨架

① 制作木心：在绕制变压器绕组时，必须将漆包线绕在预先制成的绕组骨架上。但骨架本身不能直接套在绕线机轴上绕线，它需要一个塞在骨架内腔中的木质芯子，木心的作用是套在绕线机转轴上，用来支撑绕组骨架，以便于绕线。木心的材料通常采用干燥、坚实的木材。木心的外形如图4-2-4所示，主要技术要求如下：

木心中间的穿孔直径为10mm（绕线机转轴穿过该孔），孔应在端面对角线交点上，不能有偏心，否则会造成绕线不平稳而影响线包的质量。木心宽度要求比硅钢片舌略宽0.2mm。木心长度要求比硅钢片窗口高度约长2～3mm。木心高度要求比硅钢片叠厚略大一

点。木心的各边必须互相垂直，用细砂纸磨光表面并略微磨去边角的锐棱。

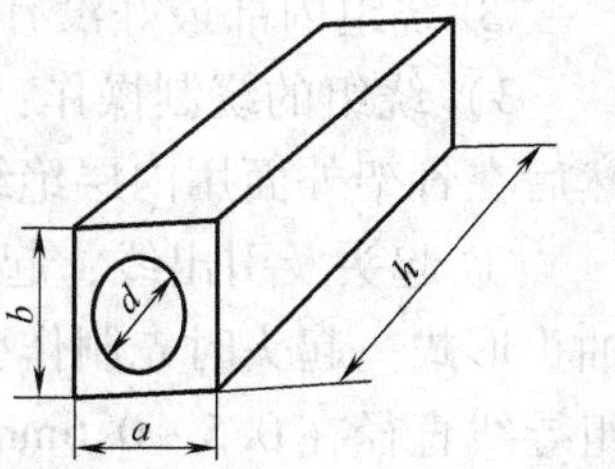

图 4-2-4　木心

② 制作绕组骨架：骨架是支持绕组的基础，也是绕组对地的绝缘体。因此要求骨架既具有一定的机械强度，还应具有一定的绝缘强度。小型变压器骨架的材料主要有绝缘纸板（弹性纸、钢板纸）及层压板等，绕组骨架常用的有两种形式，一种是普通简易骨架，另一种为积木式骨架。

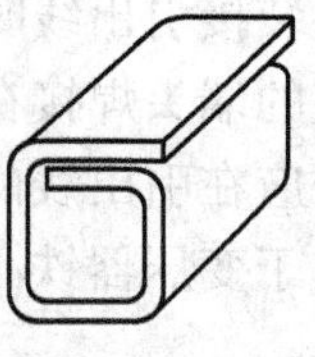

图 4-2-5　普通简易骨架

普通简易骨架如图 4-2-5 所示。这种简易骨架是用青壳纸在木心上绕两圈左右，然后用胶水粘牢，也可以用其他绝缘纸板粘合，但应注意粘接处应在木心宽度一边（即线包有引出线的一边，或这一边的对边），因为骨架在黏合处的厚度会增加，铁心是沿宽度一边平行插入线包的，这样就不会因黏合处厚度的增加而使线包在铁心窗口内的厚度增加，使得线包实际可绕层数减少。骨架的高度略小于铁心窗口高度。骨架干燥以后，木心在骨架中能插得进、抽得出。最后用硅钢片插入，以硅钢片刚好能插入为宜。

积木式骨架为了能方便地绕线和增强线包的对地绝缘性能，利用厚度为 0.5～1.5mm 厚的胶木板、环氧板、塑料板等，骨架的内腔与简易骨架尺寸相同，下料尺寸如图 4-2-6a～c 所示，可以制成如图 4-2-6d 所示的积木式骨架。材料下好，打光切口的毛刺后，在要粘合的边缘，特别是棒头上涂好黏合剂，进行组合，待黏合剂固化后，用硅钢片插入内腔中试验，如果尺寸合格，即可使用。

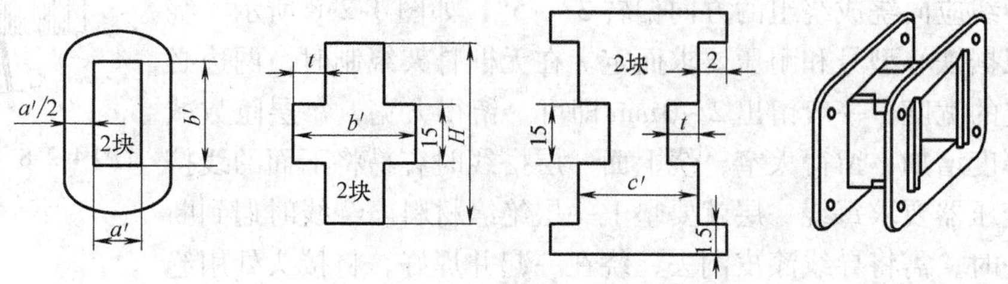

a) 上下框板　b) 夹板　c) 夹板　d) 框架

图 4-2-6　积木式骨架

积木式骨架与简易骨架比较有以下优点：提高了线包的机械强度，骨架两边多了两块挡板，线包绕好后不会从骨架两边塌线，也不会出现骨架两边的导线与铁心短路故障，增强了对地绝缘性能。但结构较复杂，成本也较高。

2）绕组绕制的一般要求：绕组绕制的好坏，是决定变压器质量的关键，对绕制绕组的要求有如下几点。

① 绕组要绕得紧，外一层要紧压在内一层上。绕好后线包一般呈方形。没有绕紧的，线包呈鸭蛋形，将造成铁心窗口容纳不下绕组。

② 绕线要平整、要密绕，一圈紧靠一圈，不可重叠，也不可稀密不均匀，相邻导线之间不应留有空隙，如果有空隙，将会造成后一层导线下陷，影响平整性，严重的会压破层间绝缘纸而造成短路。

③ 绕组内部最好没有接头。绕细线时，断线必须接头，但其接头数不应多于两个。

3）绕组的绕制操作：将木心连同绕组骨架一起装在绕线机的轴上，两端用螺母夹紧，然后在骨架外面用内层绝缘包覆绝缘层，同时进行黏结，即可进行绕线。

① 起头及引出线：起头前应根据对变压器的要求和铁心形式，统一考虑各绕组排列和抽头形式。起头时先制作引出线，绕组导线直径在 0.5 ~0.6mm 以下时，用外接引出线。绕组导线直径在 0.5 ~0.6mm 以上时，可以用绕组本身导线作为引出线。外接引出线，一般先用较粗的单股铜线或铜皮制成的焊片引出线软线、较粗的单股铜线或铜皮制成的焊片作引出线。装接引出线时，用绝缘材料包好引出线，将其一部分压在绕组线面，进行固定，然后将绕组的端头焊接在引出线上，并用绝缘材料覆盖，如图 4-2-7 所示，绕组导线与引出线的焊接处应在引出线的里端，不要焊接在引出端。需要注意，出线（包括中间抽头、结尾）必须处于变压器铁心柱的外表面，决不可设在铁心柱窗口部分。

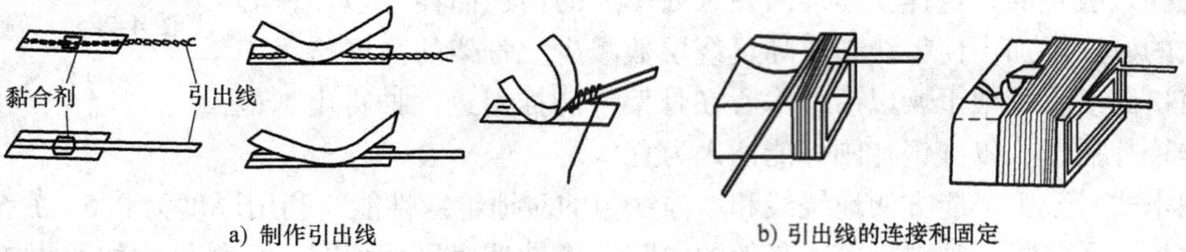

图 4-2-7　引出线作法

② 绕线与绕组中间抽头：绕线机牢固地固定在工作台上，绕线机转轴要平直，木心与轴同心以保证转轴旋转平稳，无晃动和颤抖。绕线时，导线应向绕成绕组的方向偏转 3° ~5°，如图 4-2-8 所示。绕线宽度应根据铁心型号和耐压要求而定。在无框骨架绕制时，两边必须留出一定的宽度，一般留出 2 ~3mm 即可。留得太宽，每层匝数减少，绕组厚度增加；留得太窄，绕上面一层搭线时容易将下面的线挤出。有的变压器要求每绕一层就要垫上一层绝缘材料。绕线时遇到断线或有接头时，需将导线漆皮刮去，绕在一起并焊好，将接头处用绝缘材料包好。

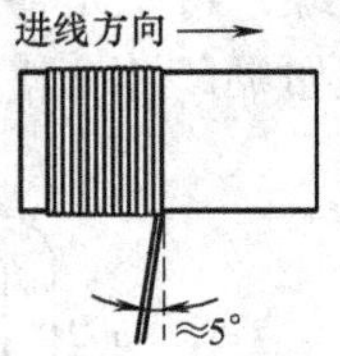

图 4-2-8　绕线过程的绕线方法

有些变压器有两个或两个以上的绕组，不需要分开绕线，只要在同一绕组中按需要抽出几个线头，以这些抽头来做二次绕组的引出线。这种做法称为中间抽头。如果只抽出一个引出线，而这个引出线正好又是在这组绕组绕到一半匝数时抽出，这个引出线就叫中心抽头。中间抽头或中心抽头的方法一般有两种：一种是在绕组抽头处刮掉一小段绝缘漆，然后焊上引出线作为抽头，再去掉绝缘漆的部分及焊接处包上绝缘层后再继续绕线。另一种抽头方法是，绕组抽头处不刮掉绝缘漆，只需将漆包线拖长，两股绞在一起作为引出线，如图 4-2-9 所示。

图 4-2-9　绕组中间抽头

③ 层级间绝缘及屏蔽：要求较高的变压器，每绕完一层导线，应安放一层绝缘材料，如绝缘纸、黄蜡绸等，称为层间绝缘。级间绝缘是指一组导线（绕组）与另一组导线（绕组）之间所垫的绝缘层。层间绝缘材料的选择，主要依据两点要求：一是满足层间绝缘要

求，和层与层绕组间的电压有关；二是与绕组导线的粗细（线径）有关。在安放层间或级间绝缘材料时注意，应按图4-2-10所示，必须从骨架所对应的铁心舌宽面开始安放。这是因为每垫入一层绝缘纸，这层绝缘纸的首尾部分是重叠的，重叠部分会增加线包厚度，线包层数越多，增加的厚度就越厚，从骨架所对应的铁心舌宽面开始安放绝缘纸，其所增加的厚度就不会落在铁心窗口面积内，即不会减少铁心窗口所能容纳的线包层数。另外要求绝缘纸必须放平整、放正位置和紧贴线包，两边与骨架端面对齐，层与层对齐。

绕制电源变压器时，需要在一、二次绕组间放置静电屏蔽，静电屏蔽层又称静电隔离层，可以消除变压器一、二次绕组间不利的电容耦合，减弱外来电磁场对电路的干扰。静电屏蔽层是安放在变压器一、二次绕组之间的一层金属材料，最好用铜箔。铜箔宽度应比线包宽度小2～3mm，长度为绕线包一周的长度再减去约8～10mm。安放静电屏蔽层时，先在铜箔的一端焊上引出线（变压器使用时接地用），然后从骨架所对应的铁心舌宽面开始安放到线包上。但应注意的是，安放上的铜箔不能让首尾相接，应有间隙，否则相当于绕组短路，使得变压器通电工作时线包产生高热而烧毁损坏，如图4-2-11所示。如果没有铜箔，业余维修与制作时，可用细漆包线密绕一层，将漆包线的一个端头开路放置，另一端头作为接地引出线。

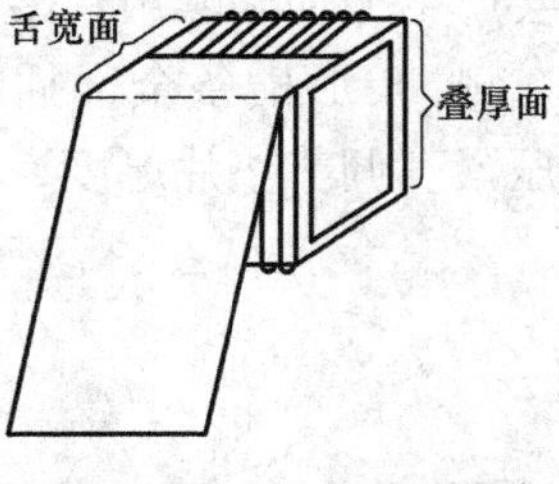

图4-2-10　安放层间绝缘

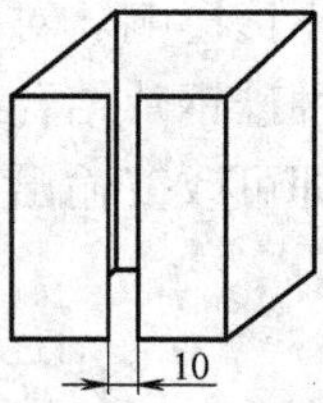

图4-2-11　静电屏蔽层

④ 绕线收尾与绕组表面绝缘：若使用软绝缘线做引出线，在每组绕组绕到最后20圈左右时，在绕绕组的前进方向应放一块对折的绝缘材料条，再继续绕下去，最后切断导线，将线头从绝缘材料的折缝中穿出，拉紧绝缘条。如使用焊片做引出线头，则需在每组绕组的最后一层预先把焊片放上，最后切断导线，将导线的尾端焊在焊片上，如图4-2-12所示。

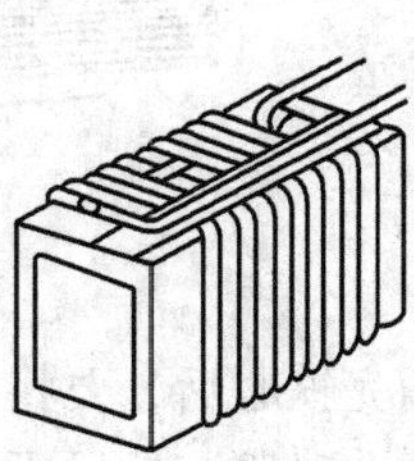
图4-2-12　绕组尾端的固定

变压器绕组绕制结束后，要对绕组表面做绝缘保护处理，用宽度与绕组高度相同的绝缘纸或黄蜡绸等绝缘材料，在绕组表面缠绕两周并粘结牢固。

⑤ 绕组的检查：绕制绕组以后，首先对变压器直流电阻、各绕组匝数以及绕组间的绝缘电阻进行测试检查。只有各项参数正常后，才能进行变压器组装。

a. 绕组的直流电阻检查通过直流电阻的阻值可以判断绕组匝数是否正确，绕组是否有短路或断路现象。测试时，用电桥（万用表的电阻档亦可）测出各绕组的直流电阻，然后加以判断。

b. 检查绕组匝数在有绕组匝数测量仪的条件下，可用它测量匝数。

c. 检查各绕组间的绝缘电阻。一般用500V或1000V绝缘电阻表进行测量。测量必须在各线圈之间进行。绝缘电阻值不应小于100MΩ（最好在500 MΩ左右），小于100 MΩ时，说明其内部受潮；小于10MΩ，可能有漏电；绝缘电阻近似为零时，可看做短路。

（2）铁心装配　变压器铁心装配的要求如下：

1）要装得紧，这样不仅可以防止铁心从骨架中脱出，还能保证它的有效截面积，又可以避免绕组通电后振动而产生杂音。

2）装配铁心时不得划破或胀破骨架。这样会切伤导线，造成断路或短路。

3）铁心磁路中不应有气隙，各片开口处要衔接紧密。

4）要注意装配平整、美观。

装配前应首先检查硅钢片的质量，硅钢片应平整、无毛刺；硅钢片表面绝缘层应完好，无锈蚀等不良现象；硅钢片的含硅量，一般要求为4%左右。含硅量过高，硅钢片容易碎裂，机械性能差。含硅量过低，会使铁心导磁性能不符合要求。

E形铁心的装法有交叉插法和对插法两种。交叉插法适用于无直流磁化的变压器，如电源变压器、收音机输出或输入变压器和输送变压器等。对插法适用于有直流磁化的变压器，如滤波轭流圈、单端输入或输出变压器等。对于交叉插片法，先在绕组骨架左侧插入E形硅钢片，根据情况可插两片。接着在骨架右侧也插入相应的片数，这样左右两侧交替对插，直到插满。最后将I形硅钢片（横条），按铁心剩余空隙厚度叠好插进去即可，如图4-2-13所示。注意一定要插满、插紧，如果没有插紧，变压器工作时会产生振动和噪声，给电路和设备带来不良影响。对于对插法，将E形硅钢片全部插在同一侧，I形横条全部插在另一侧，在两种硅钢片结合处形成气隙，气隙中垫入非磁性垫片并压紧。调节垫片厚度，改变气隙大小，即可改变输出电流，最后再固定牢靠。

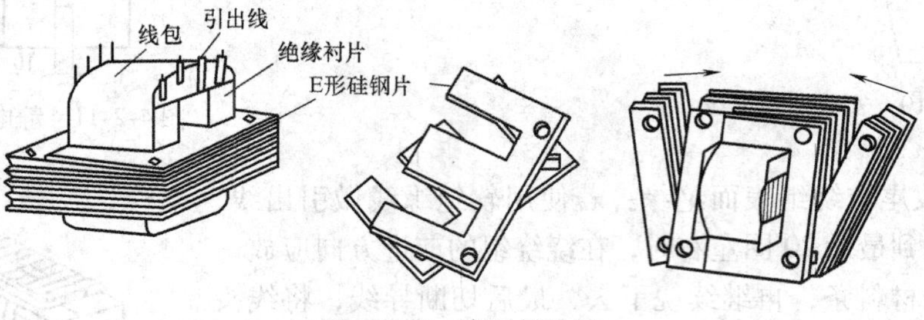

图4-2-13　交叉插片法

插完铁心后，要将变压器放在较平的工作台上，用方型木槌将铁心四面整平，使铁心各片上的孔对正，然后可将夹板上好，旋紧螺钉，这样对于用焊片做引出线的变压器，就算完成了整个组装过程。如果用软线做引出线，则有时还需要将引出线焊在接线板上。装完铁心后，再在铁心外面装上固定框架。框架的作用主要有两个：一是进一步将铁心固定紧；二是便于变压器安装到电路设备中进行固定。框架的形式多种多样，随设计而定。

（3）浸漆与烘烤　变压器装配完毕，经过初步检测后，便可进行浸漆与烘烤。

1）浸漆的主要作用

① 提高绝缘性能：变压器的层间绝缘和级间绝缘基本上使用纤维材料，其吸湿性大，受潮后绝缘性能变坏。变压器经过在绝缘漆中进行浸渍，可提高防潮和绝缘性能。

② 提高机械性能：变压器绕组是由漆包线一层一层重叠绕制而成，由于机械振动等因素的影响，容易造成绕组边沿导线塌线、引出线松动等不良现象。变压器浸渍绝缘漆后，经过烘烤，干涸后的绝缘漆有紧固绕组和引出线的作用，提高了机械性能。

③ 提高变压器所能承受的工作温度：变压器经浸渍后，绝缘漆填补了绕组中的空隙，改善了散热条件以及绕组中绝缘材料的耐热性能，使得变压器能在更高的温度下工作。

以上是变压器进行浸渍绝缘漆的主要作用，但变压器经浸漆后会使介质损耗增加。

2）浸漆与烘烤工艺

① 预烘烤与浸漆：浸漆前应对变压器进行预烘烤，预烘烤的作用主要有两个：一是排除变压器内部潮湿；二是经预烘烤后保留有一定温度又干燥的变压器进行浸渍时，绝缘漆容易渗透到变压器内部并为其吸收。变压器的预烘烤最好在烘箱中进行，也可在功率较大的白炽灯泡下进行，一般小型变压器先在60℃左右烘烤1～2h，然后将温度逐步升高到90～105℃，再烘烤2h左右完成预烘烤，最后将预烘烤后的变压器淹没在绝缘漆中浸漆1h左右。

② 滴漆：将浸完漆的变压器放在铁丝网上滴漆2～3h。

③ 烘烤：将滴漆后的变压器，先在通风良好的环境中放置4h以上晾干，然后按以下温度和时间，从低温到高温在烘箱中或功率较大的白炽灯泡下进行烘烤：40～60℃，2h；60～80℃，2h；105℃，8h。滴漆后的变压器开始烘烤的半小时内，温度只能控制在70℃左右，以防温度过高，绝缘漆黏度变小而流失。变压器是否已烘干的判别方法是测量绝缘电阻是否合格，若合格即可使用。变压器浸漆后如果没有烘干，而且又是电源变压器的话，通电时变压器就会立即冒烟而损坏。

（4）注意事项

1）绕组绕制时要仔细，避免损伤绝缘和导线。

2）绕组的绕制匝数要准确。

3）铁心装配要装紧。

操作指导2　变压器同极性端及其判别方法

1. 同极性端的概念及意义

当变压器只有一个一次绕组和一个二次绕组时，它的极性对于变压器的运行没有任何影响。但当变压器有两个或两个以上的一次绕组和几个二次绕组时，使用中就必须注意它们的正确连接，即根据绕组的极性正确连接线路，不然轻则不能正常使用，重则烧毁变压器或用电设备。

如图4-2-14所示，变压器一次侧有两个相同的绕组，两个绕组的额定电压都是110V。若把变压器接到交流电压为220V的电源上使用，很显然，必须把两绕组串联，串联的方法有两种。一种是将接线端2和3连起来，接线端1和4之间接220V交流电压，如图4-2-15所示，此时两绕组中的感应电动势方向相同，合成电动势增大，由于感应电动势与电源电压反相，绕组的电流很小，此种连接为正向串联，是正确的。另一种如图4-2-16所示，把接线端2和4连接在一起，接线端1和3之间接220V交流电压，此时两绕组中的感应电动势方向相反，相互抵消，铁心中无磁通产生，绕组中的合成感应电动势为零，220V电源电压全部加在只有很小直流电阻的一次绕组上，绕组中通过的电流很大，将会烧毁绕组，这种串联称为反向串联，是应该避免的。从上面的分析可以看出，判断绕组端头的电压极性，正确连接绕组是很重要的。为此，引入同极性端的概念：当电流分别流入两个绕组时，产生的磁通方向相同，或者说，当磁通发生变化时，两个绕组中产生的感应电动势方向相同，则把两绕组的流入电流端称为同极性端，或称为同名端，用符号“·”标出。习惯上，一个绕组只标对应的一端即可。

若电源电压为110V，两个一次绕组应并联，并联时只能将对应的同极性端连在一起，如图4-2-17所示，否则将会有烧毁绕组的危险。

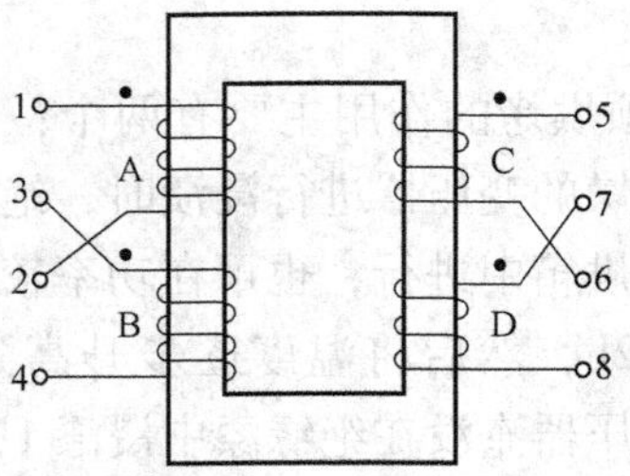

图4-2-14　多绕组变压器

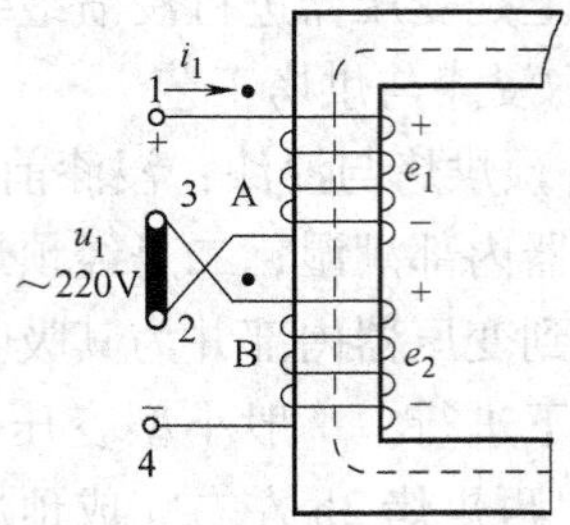

图4-2-15　正向串联

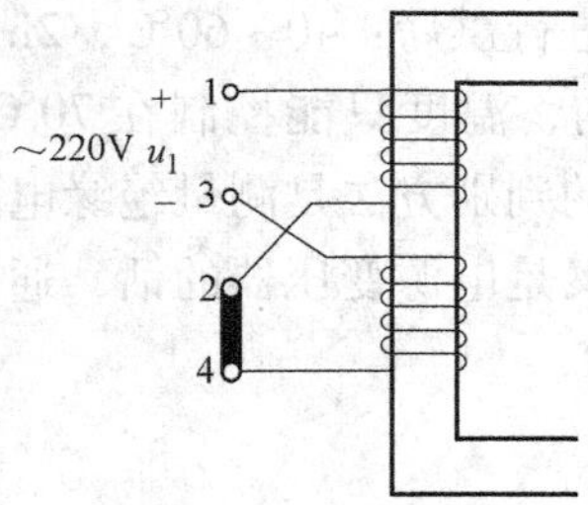

图4-2-16　反向串联

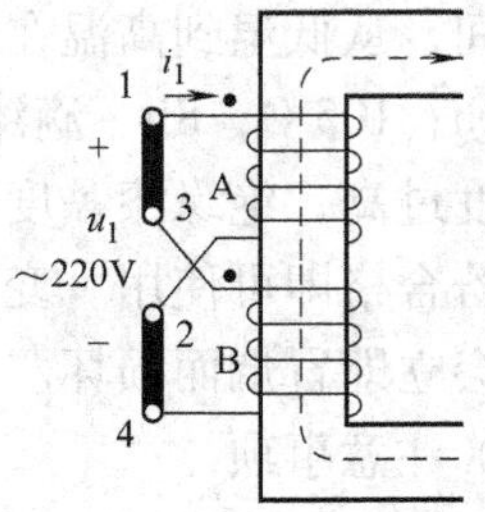

图4-2-17　绕组的并联

反过来，如需将两个绕组串联时，应把两绕组的异极性端连在一起，剩下的两个接线端接电源。同理，二次绕组进行串联或并联时，也必须根据同极性端进行正确连接。若串联时接错，输出电压为0；并联时接错，将导致绕组烧坏。

不管绕组的串联或并联，都必须分清绕组的同极性端。下面分析绕组同极性端的判断方法。

2. 绕组同极性端的判断方法

（1）目的要求　理解同极性端的意义，掌握绕组同极性端的判断方法。

（2）器材设施　多组绕组的变压器一只，低压可调交、直流电源一台，万用表一块，开关一个。

（3）实训操作步骤

1）观察法。当已知两绕组的绕向时，根据右手螺旋法则，可直接从绕组的绕向判断同极性端：绕组均取上端为首端，下端为末端，两绕组绕向相同时，两首端为同极性端（当然两末端也为同极性端），如图4-2-18a所示；两绕组绕向相反时，两首端为异极性端，即一绕组的首端与另一绕组的末端为同极性端，图4-2-18b所示。

2）实验法。当不知绕组的绕向时，可用直流法和交流法测定绕组的同极性端。

① 直流法：将变压器的两个绕组按图4-2-19所示连接，在开关S闭合瞬间，如电流表的指针正向偏转，则绕组A的1端和绕组B的3端为同极性端。这是因为当不断增大的电流刚流进绕组A的1端时，1端的感应电动势极性为“+”，而电流表正向偏转，说明绕组B的3端此时也为“+”，所以1、3端为同极性端。如电流表的指针反向偏转，则绕组A的1端和绕组B的4端为同极性端。

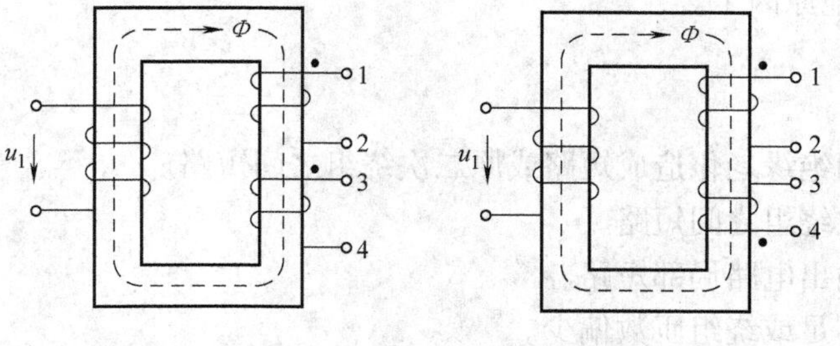

a) 两绕组绕向相同　　b) 两绕组绕向反

图 4-2-18　观察法

② 交流法：把变压器两绕组的任意两端连在一起（如 2 端和 4 端），在其中一个绕组（如 A 绕组）上接一个较低的交流电压，如图 4-2-20 所示。再用交流电压表分别测量 U_{12}、U_{13}、U_{34}，若 U_{13} 等于 U_{12} 与 U_{34} 之差，则 1 端和 3 端为同极性端；若 U_{13} 等于 U_{12} 与 U_{34} 之和，则 1 端和 3 端为异极性端（即 1 端和 4 端为同极性端）。

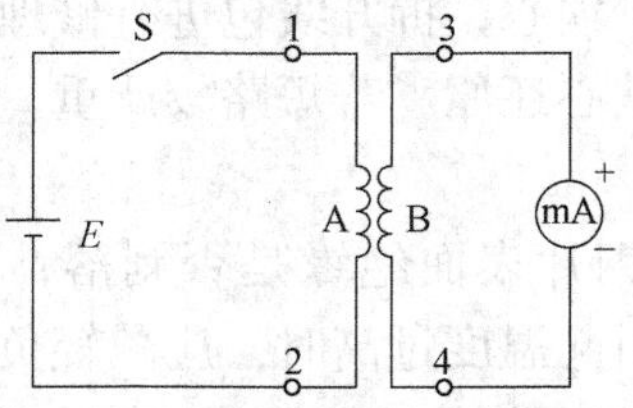

图 4-2-19　直流法

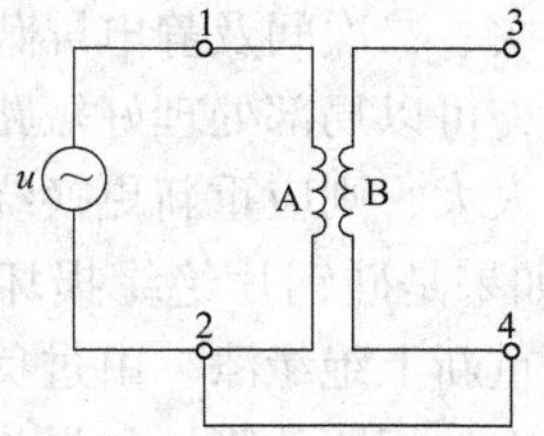

图 4-2-20　交流法

（4）注意事项　应用实验法时，直流电压应为 3V 以下。

操作指导 3　小型变压器常见故障的分析及处理

下面主要分析小型变压器中常见的故障现象、产生原因及检修方法。

1. 运行中有响声

（1）故障原因

1）铁心片松动。

2）电源电压过高。

3）负荷过重或外部短路故障引起振动。

（2）检修方法

1）若是铁心松动，将铁心轭部夹在台虎钳中，夹紧钳口，就能直接看出铁心的松紧程度。然后用同规格的硅钢片插入，直到完全插紧。重新接上电源，加上额定负载进行试验，直到响声消除为止。

2）电源电压过高会使铁心振动发出响声，用万用表交流电压档测量电源电压。使用单相调压器时，可用调压器将电源电压调节至 220V 接在变压器一次侧进行试验，如果响声消除，说明是电源电压过高；若响声仍在，则可能是其他原因造成的。

3）过负荷或外部短路故障引起振动，首先断开被怀疑的二次输出电路，再给变压器其他二次绕组加额定负载，如果响声消除，说明被断开的外电路存在故障，检修该电路；若响声依然存在，再换另一二次绕组检测。如果所有二次绕组故障的可能性都排除了，响声仍不消除，就可能是其他原因了。

2. 温度过高

（1）故障原因

1）层间、匝间绝缘老化造成短路或原二次绕组之间短路。

2）一次或二次绕组之间短路。

3）过负荷或输出电路局部短路。

4）铁心叠厚不足或绕组匝数偏少。

5）铁心片间的绝缘太差，产生较大涡流。

（2）检修方法

1）一、二次绕组短路，可用绝缘电阻表检测。将一支表笔接变压器一次绕组的一引出线端，另一支表笔接变压器二次绕组的任一引出线端。若测得的绝缘电阻远低于正常值甚至趋于零，说明一次、二次绕组之间短路。匝间短路和层间短路可以通过用万用表测各二次空载电压来判定。变压器一次侧接电源，若某二次绕组输出电压明显降低，说明该绕组有短路。若变压器发热但各绕组输出电压基本正常，可能是静电屏蔽层自身短路。无论是匝间，层间，一次、二次间及静电屏蔽层自身的短路，都应卸下铁心，拆开线包进行修理。如果短路不严重，可以局部处理好短路部位绝缘，再将线包与铁心还原。若短路较严重，漆包线的绝缘损伤太大，则应重新更换绕组。

2）如果是硅钢片绝缘损坏，应拆下铁心，检查硅钢片表面绝缘是否剥落，若剥落严重，则应重新上绝缘漆。由过负荷或外部电路局部短路引起温度过高时，应减轻负荷或排除外部电路上的短路故障。如果是由于铁心叠厚不足或绕组匝数偏少造成的温度过高，可适当增加硅钢片的数量，也可通过计算，适当增加一、二次绕组的匝数。如果都不行，只能增加铁叠片数量，并重新制作尺寸较大的骨架，绕新线包。

3. 变压器二次无电压输出

（1）故障原因

1）电源线开路或电源插头脱焊。

2）一次绕组开路或引线脱焊。

3）二次绕组开路或引线脱焊。

（2）检修方法

1）插上电源，用万用表交流档测一次绕组引线端之间的电压，若电压正常，说明插头与电源线均无开路故障。若没有电压，则用万用表电阻档检查电源插头是否脱焊。

2）如果电源插头和电源线均无问题，一次绕组是否开路可通过测试输出电压进行判断：如果二次侧有两个或两个以上的绕组，将一次侧接通电源，如果几个二次绕组均无电压输出，则是一次回路开路；若只有一个二次绕组无电压输出，而其他绕组输出电压正常，则一次回路完好，开路点在无电压输出的二次绕组中。一次绕组是否开路还可以用万用表相应的电阻档测一次绕组两引线间的直流电阻，来判断一次绕组或引出线是否开路。如果是一次绕组开路，必须将变压器拆开修理。

3）二次绕组是否开路，除通过测输出电压来判断外，也可直接用万用表或电桥测各二次侧的直流电阻。只要测到某个二次绕组电路不通，则该绕组必定开路。

如果开路点在线包最里层，必须拆除铁心，小心撬开靠近引线一面的骨架挡板，用针挑出线头，焊好引出线，用万用表检测无误后处理好绝缘，修补好骨架，再插入铁心。

4. 铁心和外壳带电

（1）故障原因

1）线包受潮使绕组局部绝缘电阻降低，漏电或长期使用绝缘材料老化。

2）引出线裸露部分碰触铁心或外壳。

3）对静电屏蔽短路或绕组对地短路。

（2）检修方法

1）首先检查引线裸露部分是否与铁心或外壳碰上，如果碰上了，用套管套上或用绝缘材料包好裸露部分。

2）如果引线完好，用绝缘电阻表测量出一次或二次绕组对地之间的绝缘电阻，若绝缘电阻明显降低，或趋于零，可对变压器进行烘烤。干燥后绝缘电阻恢复，说明外壳带电是绝缘受潮引起的，只要在预烘后重新浸漆烘干，即可修复。

3）如果干燥后，绝缘电阻没有明显提高，说明是一次或二次绕组碰触铁心或静电屏蔽层造成短路，这时应卸下铁心，拆除线包，找出故障点进行修理。若漆包线绝缘老化，必须重绕新线包。如果是层间绝缘老化，只需重绕，更换层间绝缘，不必换新的漆包线。

【考核与评价】

表 4-2-1　小型变压器绕制考核

项目内容	配分	评分标准		自评	互评	教师评
单相变压器的绕制	60	①绕组骨架制作 ②绕组绕制 ③浸漆与烘烤	20 分 20 分 20 分			
多绕组的同极性端的判断	30	①用观察法判断 ②用实验法判断	15 分 15 分			
安全、文明操作①	10	违反一次	扣 5 分			
累计定额时间	4h	每超过 30min	扣 5 分			
开始时间		结束时间		总评分		

① 要求与本项目任务一相同。

【知识拓展】

知识拓展　小型变压器的参数检测

新制作或修理后的小型变压器，在投入使用前，应该对其机械和电气性能进行测试。变压器的基本参数测试包括额定值、空载特性、负载特性和绝缘特性等方面的测试，额定值包括额定电压、额定电流、额定频率、额定容量和额定温升等。

1. 外观检查

主要检查绝缘材料是否老化、发脆、剥落，检查变压器铁心、绕组、绕组骨架、引出线及其套管、绝缘材料等有无机械损伤；绕组有无断线、脱焊、霉变或烧焦的痕迹等。

2. 空载特性测试

变压器的空载特性是指一次绕组加上额定电压，二次绕组不带负载时的特性。空载特性参数主要有空载电流和空载电压。通过测量空载电流可以发现变压器是否存在匝间短路和人为导致的缺陷；测量空载电压可实地验算电压调整率。小型变压器的空载测试电路如图4-2-21所示。

空载电流是指一次绕组加额定电压U_{1N}时通过一次绕组的电流I_{1N}，空载电压是指二次绕组的开路电压U_{2N}。在该电路中，调节调压器T_1使电压表V_1到220V，电流表A读数即为空载电流，一般变压器的空载电流应不大于额定电流的10%，若空载电流偏大，变压器损耗大，温升也将偏高。合上开关K，电压表V_2读数为该变压器空载输出电压U_{2N}，空载电压应为满负载时输出电压的105%～110%。

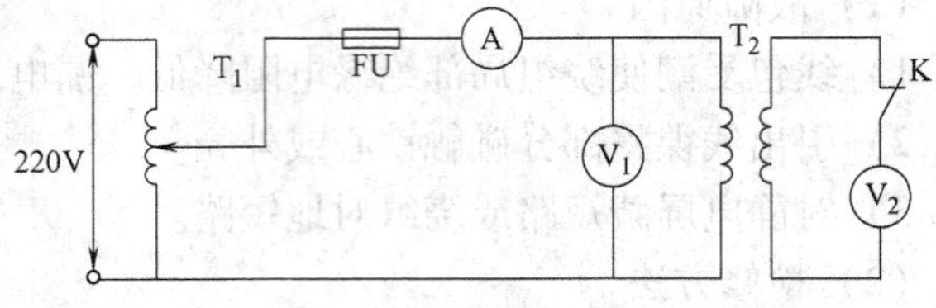

图4-2-21　小型变压器的空载测试电路

3. 负载特性测试

变压器的负载特性是指当一次绕组加上额定电压，二次绕组接上一定负载时，二次电压随负载电流的变化特性，又称电压调整率。小型电压器的负载测试电路如图4-2-22所示，调节R_L，使其等于额定负载，此时电压表V_2的读数就是额定输出电压U_2。电压调整率指变压器空载输出电压U_{2N}与额定输出电压U_2间差值的百分比。这个值越小，则变压器性能越好，带负载能力越强。电压调整率$\Delta U\%$计算公式为

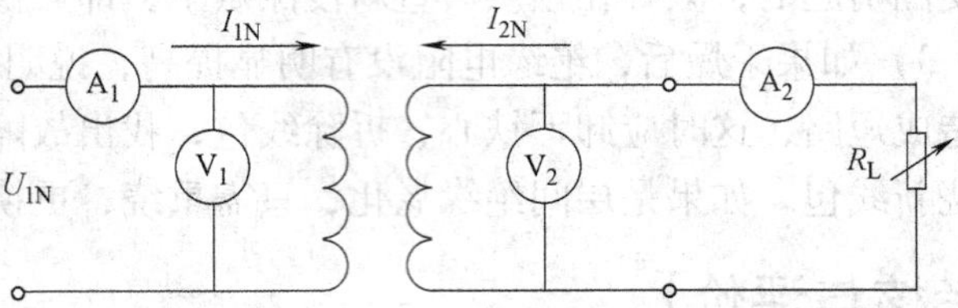

图4-2-22　小型变压器的负载测试电路

$$\Delta U\% = (U_{2N} - U_2)/U_{2N} \times 100\% \tag{4-12}$$

电压调整率的正常值在2%～10%之间。

4. 温升测试

温升测量方法有温度计法、热电耦法和电阻法等。通常，变压器温升可用电阻法测试，电阻法的基本原理是利用铜导线电阻与温度成正比关系这一特点，通过测量绕组的电阻算出绕组的温度。电阻法只测变压器温升最高的一个绕组的温升作为变压器的平均温升。

通电前先用万用表或电桥测出一次绕组的冷态直流电阻R_1（因多数电源变压器的一次绕组绕在变压器内层，不易散热，温度比较稳定，以它为测试对象比较准确），然后按图4-2-22接线，再加上额定负载，通电一至数小时后切断电源，再测量一次绕组的热态直流电阻R_2。这样连续测几次，在几次所测直流电阻近似相等时，可认为所测电阻为稳定时的终端电阻，用下述经验公式即可求出变压器的温升，变压器在额定工作状态下工作一至数小时，温升不能超过40～50℃。

$$\Delta T = (R_2 - R_1)/(R_1 \times 0.0039) \tag{4-13}$$

5. 变压器的短路电压测试

短路电压是指变压器二次绕组短路，一次和二次均流过额定电流时，施加在一次绕组上的电压值U_k，它是反映变压器内部阻抗大小的一个量。测试电路如

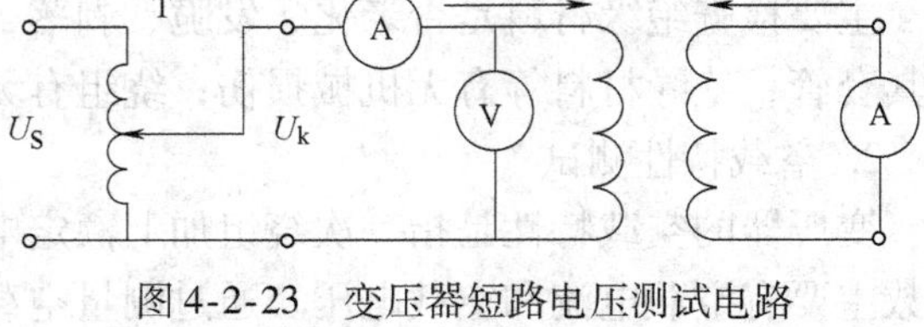

图4-2-23　变压器短路电压测试电路

图 4-2-23 所示。

6. 绕组直流电阻的检测

变压器绕组是由漆包铜导线绕制而成，具有一定的直流电阻，绕组直流电阻可用万用表电阻档或惠斯顿电桥或双臂电桥进行测量。

7. 绕组绝缘电阻的检测

变压器各绕组之间以及各绕组与铁心之间都有一定的绝缘性能要求，用绝缘电阻表检测各个绕组之间，各绕组与铁心、与金属底板、屏蔽层之间的绝缘电阻，一般变压器冷态时的绝缘电阻值应不低于 50MΩ。

8. 耐压试验

变压器使用前应进行如下耐压试验：即每个绕组对其他绕组、对铁心或屏蔽层之间，加以 3000V，50Hz 工频电压，持续不超过 1min，不发生击穿、打火等现象即为耐压试验合格。如图 4-2-24 所示的耐压试验电路，TU 为升压变压器，且输出电压可达 3000V，FU_2 为高压试验短路保护熔断器。

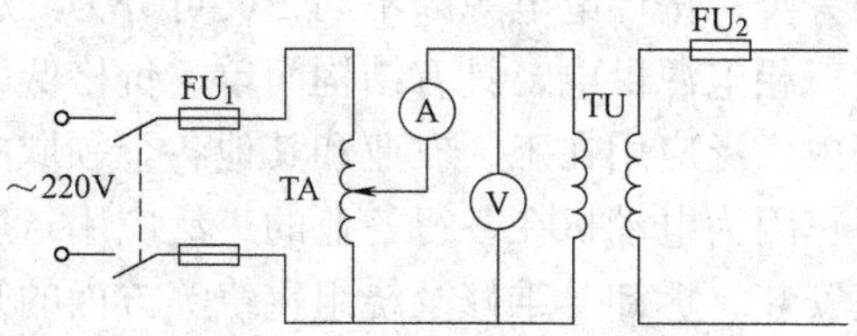

图 4-2-24　耐压试验电路

思考与练习

1. 电力变压器的日常维护工作有哪些？
2. 电力变压器检修后要进行哪些试验检测项目？
3. 电力变压器的绕组故障有哪些？
4. 简述小型变压器绕组的绕制过程。
5. 小型变压器制作完毕后，要进行浸漆与烘烤，那么浸漆与烘烤的作用和操作工艺有哪些？
6. 用直流电流实验法，如何确定变压器的同极性端？
7. 试确定如图 4-2-25 所示变压器的一次绕组 1、2 和二次绕组 3、4 及 5、6 的同极性端。若每个二次绕组的匝数为一次绕组匝数的一半，当 $U_1 = 220V$ 时。问：

(1) 变压器的二次绕组能输出几种电压值？各如何接线？

(2) 设每个二次绕组的额定电流为 1A。今有一负载，额定电压为 110V，额定电流为 1.5A，能否接在该变压器的二次绕组上正常工作？若能，应如何接线？

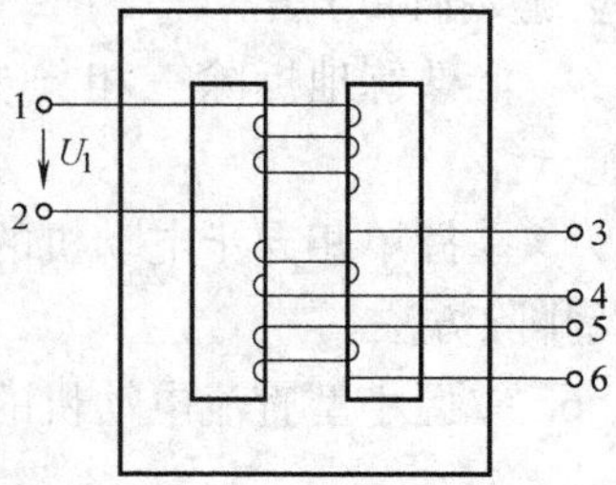

图 4-2-25　习题 7 图

项目五　电动机的维护与检修

电机是实现能量转换的电磁装置。电机又可分为电动机和发电机，将机械能转换为电能的是发电机，而将电能转换为机械能的是电动机。电机是利用电磁感应原理和电磁定律进行工作的。本项目主要介绍电动机。按电源种类的不同，电动机可分为直流电动机和交流电动机两大类；按供电电源的不同，又可分为三相异步电动机和单相异步电动机。三相异步电动机由三相电源供电，具有结构简单、价格低廉、坚固耐用、使用维护方便等优点，故在世界范围内广泛应用在工、农业和其他各个领域中。

正因为电动机在各行各业的广泛应用，所以本项目以三相异步电动机为主要对象，介绍了其安装、拆卸、维修及绕组重绕等方面的知识。同时简单介绍了单相异步电动机和直流电动机的维修。在学习完该项目后，应该达到可以清楚三相异步电动机的特点及应用范围，快速地判断出电动机的故障，常见的故障可迅速排除，复杂的故障能够分析。此外对实际操作能力也有要求，力求让理论和实践能力紧密结合。

知识目标

1. 了解三相异步电动机的工作原理和结构。
2. 了解单相异步电动机的工作原理和结构。

技能目标

1. 掌握三相异步电动机的安装技能和安装后的调试技能。
2. 掌握三相异步电动机的拆卸、接线和调试技能。
3. 掌握中小型三相异步电动机的维护方法，掌握排除中小型三相异步电动机常见故障的检测及排除方法。
4. 能熟练地拆除三相异步电动机的定子绕组，掌握三相异步电动机定子绕组的重绕技能。
5. 掌握单相异步电动机的拆卸、接线和调试技能，掌握单相异步电动机常见故障的检测及排除方法。
6. 掌握小型直流电动机的拆卸技能，掌握直流电动机常见故障的检测及排除方法。

任务一　学习三相异步电动机的安装

【相关知识准备】

知识链接 1　三相异步电动机的原理

1. 电机的基本知识

电动机是指将电能转换成机械能输出的设备。交、直流电动机的区别在于供电电源的不同。异步电机是指在运行过程中转子的转速 n 和旋转磁场转速 n_1 不相等。若 $n=n_1$，则转子导体和旋转磁场没有相对运动，不会产生切割磁力线的动作，也就不会产生感应电动势、电流和电磁转矩，转子就不可能旋转。要想使转子旋转，就要保证转子转速要小于旋转磁场的转速，即 $n<n_1$，只有这样才会产生电磁转矩，转子才可旋转。而同步电机恰恰相反，它要求转子的转速 n 和旋转磁场转速 n_1 相等，即两者同步旋转。

同步电机通常用做发电机，而异步电机常用做电动机。目前我国生产的异步电动机按尺寸可分为大型、中型、小型及微型；按外壳的防护形式可分为开启式、防护式和封闭式；按转子的绕组类型可分为笼型和绕线型；按安装结构形式可分为卧式和立式。此外，还可分为有换向器式和无换向器式。

2. 三相异步电动机的结构

三相异步电动机主要由定子和转子两大部分组成，在定子和转子之间留有很小的空气隙。此外还有端盖、轴承、风扇等部件。绕线式三相异步电动机结构如图 5-1-1 所示。

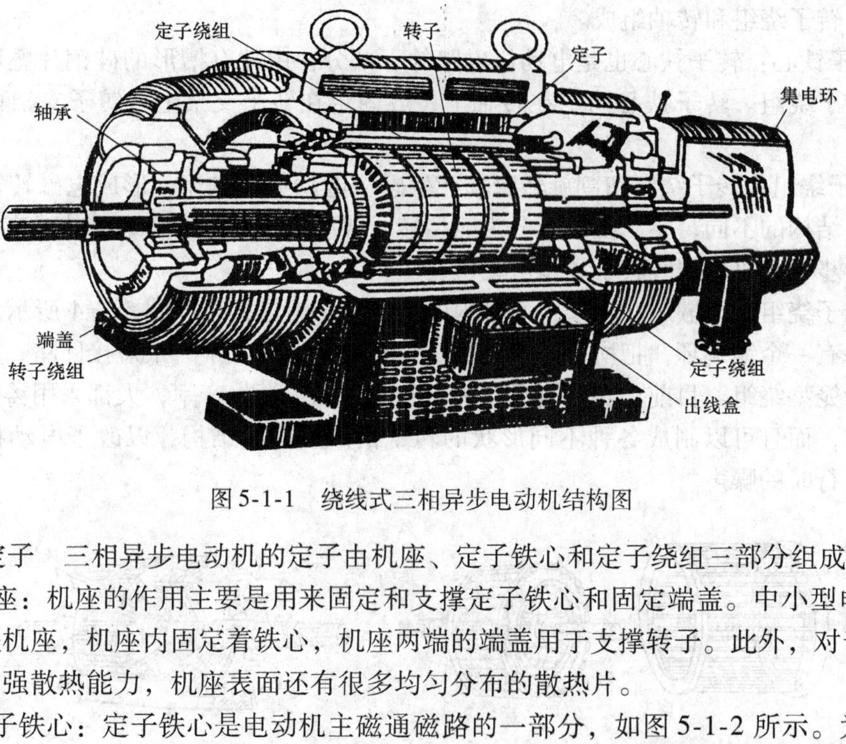

图 5-1-1　绕线式三相异步电动机结构图

（1）定子　三相异步电动机的定子由机座、定子铁心和定子绕组三部分组成。

1）机座：机座的作用主要是用来固定和支撑定子铁心和固定端盖。中小型电动机一般都采用铸铁机座，机座内固定着铁心，机座两端的端盖用于支撑转子。此外，对于封闭式电动机，为加强散热能力，机座表面还有很多均匀分布的散热片。

2）定子铁心：定子铁心是电动机主磁通磁路的一部分，如图 5-1-2 所示。为减少铁心损耗，定子铁心通常由导磁性能好，厚度为 0.35 ~0.50mm 的硅钢片叠压而成，硅钢片上冲有槽形，称为冲片。若电动机功率较小，则利用硅钢片本身的氧化层电阻即可减少涡流损耗；若电动机功率较大，则需在硅钢片表面涂上绝缘漆，用以减少涡流损耗。根据冲片形状的不同，槽形通常可分为三种：开口槽、半开口槽和半闭口槽，如图 5-1-3 所示。开口槽的槽口等于槽宽，适用于高压异步电动机；半开口槽的槽口等于或略大于槽宽的一半，适用于大型低压异步电动机；半闭口槽的槽口较小，齿部对主磁通的磁阻小，可减小励磁电流。从提高电动机的效率和功率方面考虑，半闭口槽最好，但因绝缘和嵌线工艺较复杂，故此槽型只适用于小功率和中型低压异步电动机。

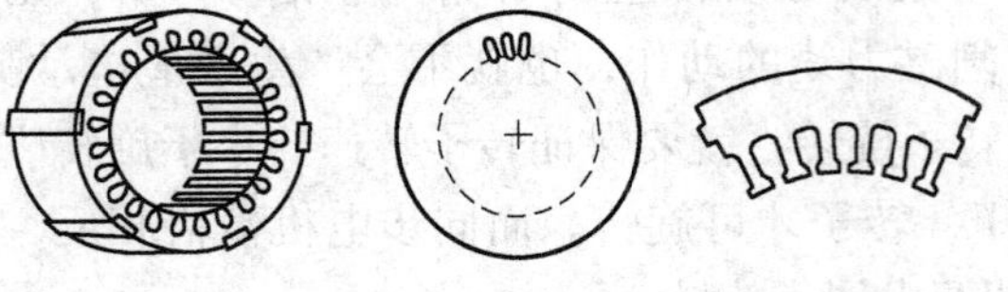

a) 定子铁心　b) 圆形冲片　c) 伞形冲片

图 5-1-2　定子铁心冲片

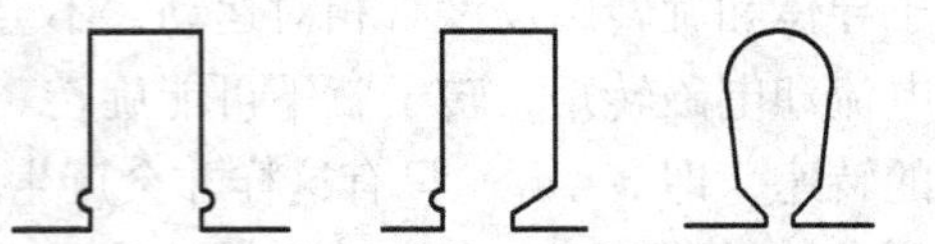

a) 开口槽　b) 半开口槽　c) 半闭口槽

图 5-1-3　定子铁心槽形

3）定子绕组：定子绕组是异步电动机定子部分的电路，它由绕组按一定规律连接而成。三相异步电动机有三个独立的绕组，每个绕组包含若干绕组，每个绕组又若干匝数构成。通常绕组的导线一般采用高强度脂漆包圆铜线绕成，这种绕组称为散嵌绕组，在槽内绕组和铁心间垫有聚酯薄膜作为槽绝缘，此绕组多用于中小型电动机。而大型电动机多采用扁线绕制的成型绕组。

（2）转子　转子是电动机的旋转部分，作用就是带动其他的机械旋转运行。它主要由转子铁心、转子绕组和转轴组成。

1）转子铁心：转子铁心也是电动机磁路的一部分，由冲有槽形的硅钢片叠压而成，以利于嵌放转子绕组。转子铁心固定在转轴上，或固定在转子支架上，转子支架再固定在转轴上。

2）转子绕组：转子绕组切割旋转磁场产生感应电动势及电流，形成电磁转矩使转子旋转。按绕组结构的不同，转子绕组可分为笼型转子绕组和绕线转子绕组，其对应的电动机被称为笼型异步电动机和绕线转子异步电动机。

笼型转子绕组是由嵌放在转子铁心槽内的铜导电条组成的，如图 5-1-4 所示。因转子铁心的两端各有一个铜端环，把所有铜导电条都焊接起来，形成了一个短接回路，很像一个笼子，故称为笼型绕组。目前小功率电动机为节省铜料和提高生产率，大都采用铸铝工艺，不仅节省了铜，而且可以制成各种不同形状的转子槽形和斜槽结构，以改善电动机的起动性能，减少运行时的噪声。

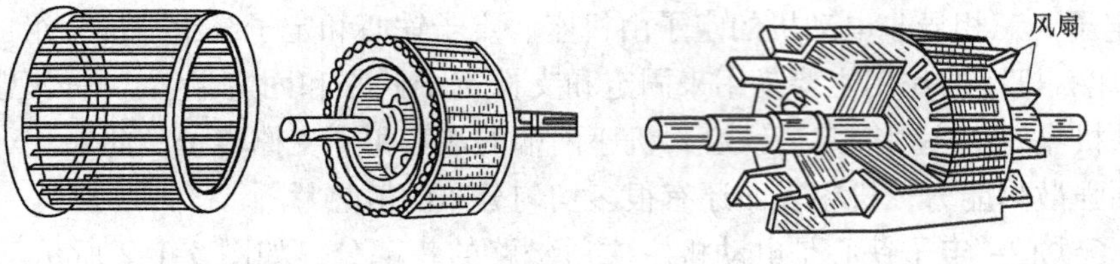

a) 铜的笼型转子　b) 铸铝的笼型转子

图 5-1-4　笼型转子

绕线绕组和定子绕组一样，也是一个用绝缘导线绕成的三相对称绕组，其极数应与电动机的定子绕组的极数相同，三相绕组通常接成星形，它的 3 条引出线分别接在 3 个集电环上。这三个集电环固定在转轴上且彼此绝缘，集电环与安装在端盖上的电刷滑动接触，从而使绕组与外电路相通，如 5-1-5a 所示。绕线转子绕组一般是被短接的，它可以是在电刷引出线端被短接，也可以用转轴上的短路装置和装在端盖上的提刷装置，把 3 个集电环直接短接，与此同时，电刷的提起会与集电环脱开，如图 5-1-5b 所示。这样减小了电刷的磨损及其摩擦损耗，提高运行可靠性。

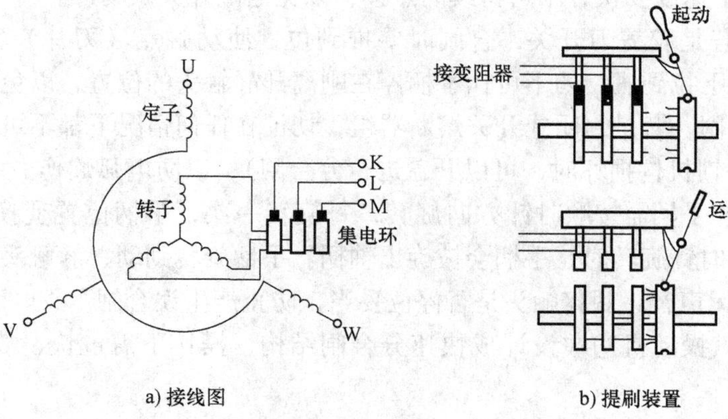

图 5-1-5　绕线转子异步电动机示意图

3）转轴：转轴是支撑转子铁心和输出转矩的零件，它必须要有足够的刚度和强度，以保证负载时气隙均匀且转轴本身不致断裂，它通常由中碳钢制成。转轴的两端由轴承支撑，在后端盖外面的轴上装着风扇，供轴向通风使用。

（3）气隙　气隙是指定子与转子之间的空隙，它的大小对电动机的影响很大，因从磁路考虑，气隙越大则磁阻越大，励磁电流越大，电动机的功率因数就会越低。故气隙不能过大，否则会造成电动机的空载电流过大从而使电动机输出功率下降。但气隙也不能太小，否则定、转子间容易相互摩擦而使转动不灵活。

3. 三相异步电动机的工作原理

三相异步电动机是基于定子旋转磁场和转子电流的相互作用工作的。

假设当定子绕组通过三相交流电后产生一个沿顺时针旋转的磁场，如图 5-1-6 所示。开始时转子不动，故旋转磁场和转子形成了相对运动，转子的上半部分导体相当于向左运动切割磁力线，根据右手定则可判断产生的感应电动势向外，下半部分导体相当于向右运动切割磁力线，根据右手定则可判断产生的感应电动势向内。因转子导体两端由端环短接形成闭合回路，故在转子绕组中产生了电流。再根据左手定则，可判断出上半部分导体将会受到向右的力，下半部分导体将会受到向左的力，这两个力将会产生一个转动力矩，该转矩方向与旋转磁场方向相同，故转子顺着旋转磁场转动的方向转动。

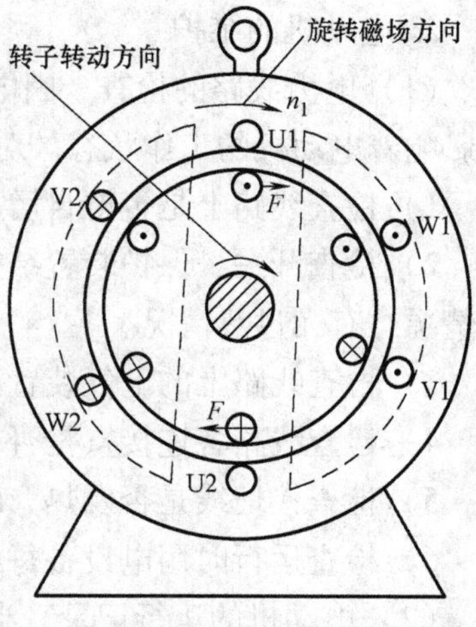

图 5-1-6　异步电动机的工作原理

知识链接 2　三相异步电动机的运行与维护

1. 电动机的操作及运行规程

（1）起动设备的操作姿势　当需要起动设备时，操作人员应站在开关手柄的右侧，面对电动机和拖动设备，注视合闸后电动机的起动、传动装置的传动和被拖动设备的运行情况，如有异常，应马上拉闸停车。切忌合闸后马上离开操作岗位。

（2）几种常见操作设备的使用注意事项

1）按钮：按下速度要快，不可持续的点按，以免电磁开关误动作。

2）刀开关：若是胶盖刀开关，合闸时要推到位，使动触点（刀片）完全插入静触头中；拉闸时，要向下拉到底，切不可让手柄停在刚离开静触头的位置，以免动、静触头过近而发生跳弧或误合闸。若是封闭式开关熔断器组，切记在任何情况下都不可开盖进行分、合闸操作（当机械联锁机构损坏时，可以开盖进行分合闸），以防电弧灼伤。

3）转换开关：手柄需按顺时针方向旋转，每旋转一次，手柄位置变换90°，360°内变换两次。手柄按逆时针旋转时，手柄会被旋出轴柄。手柄旋转到动、静触头接触时，会发出“啪”的声音，若无声音，观察触头是否停位妥当，防止产生误合闸。

4）断路器：其操动机构被设计成快速分合闸结构，操作不需过快，故用力不需过大，防止折断操作手柄。

（3）三相异步电动机的运行规程

1）起动前应先检查电动机的传动装置和拖动设备，周围有无影响电动机及拖动设备正常工作的物体，电动机上有无异物，有无人员处在危险位置，保障运行的相关设备、装置有无异常，确认一切正常后，方可合闸开机。起动时，先闭合控制开关，再闭合操作开关。

2）电动机运行期间，所有人员不可直接用手碰触电动机或对电动机进行其他不当操作，如清除表面油污、用水或油进行冷却等。此外，若发现电动机运行时出现以下情况时，需马上拉闸停机检查，例如出现异常响声或异味、过热、颤动、熔体经常熔断、导线连接处有火花等。

3）停机时，应先分断操作开关，再分断控制开关，不能反向操作，更不允许只分断控制开关不分断操作开关，以免再次起动后造成严重的安全事故。

2. 电动机的维护

（1）电力线路的检查　因电动机是直接接于电力线路上，所以电力线路的正常与否直接影响着电动机的工作状态。对电力线路的检查，是保证电动机正常工作的条件之一。

1）检查线路上是否擅自增加了用电设备。

2）检查开关、保护装置结构是否完整，是否按要求连接，运行是否正常，有无擅自拆换情况，有无过热情况。

3）检查线路上的电气装置和设备有无受潮现象。

4）检查线路各连接点是否松动、脱落，导线绝缘层是否完好。

5）检查接地线是否发热、断裂、脱落，接地点是否松动。

6）检查运行时用电设备每相的耗电是否正常。

（2）电动机的运行记录　当一台电动机投入运行时，从运行初期就应当不间断做好电动机的运行记录工作，如记录清楚时间，电动机名称，运行时的电流、电压，运行时电动机的温度和室温、运行情况、维修情况等。

（3）电动机的运行监视　在电动机运行时进行监视，可以及时发现异常情况，采取必要措施，防止出现更为严重的后果。

1）监视电动机的旋转方向是否正确。

2）监视轴承有无不正常声音和发热，轴承中有无润滑油。

3）监视传动机械是否正常运行，传动带、传动齿轮和联轴器是否跳动。

4）监视电动机是否清洁，是否有油污、粉尘进入电动机。

5）电动机外壳接地或接零是否可靠。

6）监视电压，电压变化不应过大，三相电压不平衡也不宜过大，否则电动机会急剧发热。

7）监视运行电流，正常运行时的电流不应超过铭牌上的额定电流，检查有无缺相运行，任意两相间的电流差不应超过额定电流的10%。

8）监视温度，电动机的温升不应超过铭牌上的额定温升。

9）监视其他现象，如气味、振动、声音出现异常时，都说明电动机存在问题或故障。

知识链接3　三相异步电动机的选择

1. 三相异步电动机的铭牌

每一台电动机外壳上都带有铭牌，上面标有该电动机的详细信息，为用户选择和使用电动机提供依据。故有必要了解铭牌上所标数据的意义，下面以某电机厂生产的电动机为例进行说明。

三相异步电动机		
型号:Y132M-4	额定功率:7.5kW	额定频率:50Hz
额定电压:380V	额定电流:15.4A	接法:△
额定转速:1440r/min	绝缘等级:B级	工作方式:连续工作
温升:90℃	功率因数:0.85	质量:63kg
出厂时间:××年××月××日		
××××电动机厂		

（1）型号　即产品代号，是由异步电动机类型代号，电动机特点代号（用字母表示）和设计序号（用数字表示）等组成。异步电动机的产品名称代号及汉字意义见表5-1-1。

表5-1-1　异步电动机的产品名称代号及汉字意义

产品名称	新代号	老代号	汉字意义
异步电动机	Y	J、JO	异
绕线式异步电动机	YR	JR、JRO	异绕
防爆式异步电动机	YB	JB、JBS	异爆
高启动转矩异步电动机	YQ	JQ、JQO	异起

规格代号由中心高、铁心外径、铁心长度、机座号、机座长度、功率、转速和极数等表示。如中小型电动机机座长度可用S（短机座）、M（中机座）、L（长机座）表示。

特殊环境代号是指在特殊环境下使用的代号，如G（高原使用）、W（户外使用）、F（化工防腐使用）等。

举例说明如下：

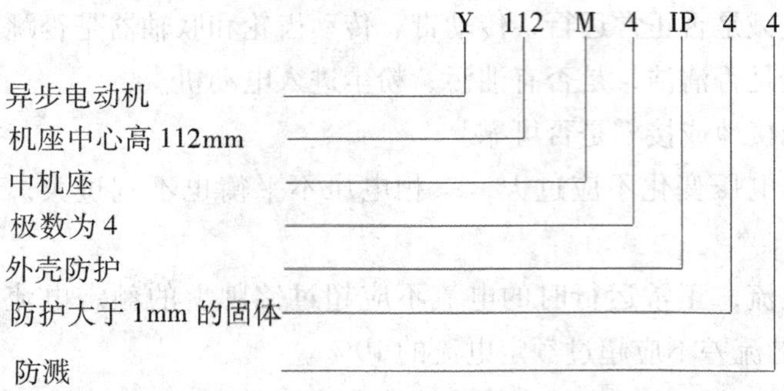

在型号中，IP44是指电动机的外壳防护等级，"IP"是国际防护（International Protect）的缩写，第一个数字"4"表示防固体异物的等级，第二个数字"4"表示防水等级。具体等级意义见表5-1-2、表5-1-3。

表5-1-2　外壳防固体进入内部防护等级

防护级别	防 护 标 准	防护级别	防 护 标 准
0	无防护	4	防护大于1mm的固体
1	防护大于50mm的固体（或人手无意识触及）	5	防尘（进入的灰尘不影响正常运行）
2	防护大于50mm的固体（或人的手指）	6	尘密（完全防止灰尘进入）
3	防护大于2.5mm的固体		

表5-1-3　外壳防水防护等级

防护等级	防 护 标 准	防护等级	防 护 标 准
0	无防护	5	防喷水（任何方向）
1	防滴（垂直方向）	6	防海浪或强力喷水
2	15°防滴（与铅垂线呈15°范围内）	7	浸水（在规定的压力和时间下）
3	防淋水（与铅垂线呈60°范围内）	8	潜水（在规定的压力）
4	防溅（任何方向）		

（2）功率、效率和功率因数　铭牌上所标示的功率是指电动机在额定运行时轴上输出的机械功率。输入功率是指电源输入到定子电路的电功率。输出功率与输入功率不相等，其差值等于电动机本身的损耗功率（铜损、铁损和机械损耗），输出功率与输入功率的比值即为电动机的效率。笼型电动机正常运行时的效率约为72%～93%。功率因数是指电动机满载时从电网吸收的有功功率与视在功率的比值。异步电动机的功率因数较低，满载时约为0.7～0.9，轻载或空载时更低。要正确估测电动机的功率，以力求缩短空载时间。

（3）频率、电压、电流　铭牌上所标示的频率是指电动机所采用的电源频率，我国电源频率为50Hz。电压是指电动机在额定运行时，定子绕组上应加的线电压值。电流是指电动机在额定电压下，转轴上输出额定功率时定子的线电流值。

（4）接法　铭牌上所标示的"接法"是指电动机定子绕组的联结方式，可分为Y联结和△联结两种。如铭牌上电压为"380V"，"接法"标明为"△"时，是指定子绕组应△联结。若电压为"380V/220V"，"接法"标明为"Y/△"时，是指当电源线电压为380V时，定子绕组应Y联结；电源线电压为220V时，定子绕组应△联结。

（5）转速　铭牌上所标示的转速是指电动机在额定频率、电压作用下输出额定功率时电动机的转动速度。

（6）绝缘等级　铭牌上所标示的绝缘等级是指电动机绕组所采用的绝缘材料能够耐受的极限温度等级。国家标准规定在环境温度不超过40℃时，Y级极限温度为90℃，A级极限温度为105℃，E级极限温度为120℃，B级极限温度为130℃，F级极限温度为155℃，H级极限温度为180℃，C级极限温度大于180℃。

（7）工作方式　铭牌上所标示的工作方式是电动机在额定运行下的运转状态，通常分为连续、短时和断续三种。连续是指在额定范围内可长时间使用，短时是指在规定的负载持续时间（有10min、30min、60min和90min）内短时运行，断续是指工作周期不大于10min的断续工作。

（8）温升　铭牌上所标示的温升是电动机在额定运行下电动机温度与环境温度之差，国家标准规定环境温度为40℃。

2. 三相异步电动机的选择

合理选择电动机是正确使用电动机的前提条件。选择的合理与否直接关系到电动机运行的经济性和工作的可靠性。

（1）电动机功率的选择　电动机功率的选择是选择电动机选择最重要的标准之一，功率既不能过大也不能过小。选择的电动机功率过大，会导致设备费用的增加，特别当电动机在轻载运行时，效率得不到充分发挥，形成浪费；选择的电动机功率过小，又会使电动机经常处于强行超载运行，温度急剧上升，缩短电动机的使用寿命。此外，根据电动机的运行情况不同，可选择略大于计算功率数值的电动机。

（2）电动机种类的选择　电动机的种类很多，选择时应综合考虑技术和经济两个方面，此外，生产机械特性、安装位置、工作环境及运行方式也是需要考虑的因素。一般对于无特殊变速要求的机械设备，可选用机械特性较硬的笼型异步电动机。如果要求起动特性好，就需选用绕线转子异步电动机。而对于小型卷扬机、升降设备等有特殊要求的设备，就需要选用有特殊结构的电动机，如锥形转子制动电动机。

（3）电动机容量的选择　电动机的容量应根据发热情况来选择。电动机的发热情况又与所带负载及运行时间长短有关。

1）长时间运行的电动机功率选择：若电动机所带负载为恒定负载，电动机功率应等于生产机械所需的功率；若电动机所带负载为变动负载，则需采用等效恒定负载法去选择功率。所谓等效恒定负载法是指，选择一个发热量与实际变动负载的发热量相同的恒定负载来取代实际的变动负载，并以该恒定负载下运行的电动机来选择电动机功率，所选功率一般应等于或大于等效恒定负载所需的功率。

2）短时间运行的电动机功率选择：短时间运行的电动机，在运行时，温升还未达到温度值时就停止运行，加之停机时间长，电动机温度可以降到环境温度。电动机在短时间运行时，在不超过允许温升的情况下，可以过载。工作时间越短，允许过载量越大但不可超过最大转矩。

（4）电动机转速的选择　电动机的转速通常取决于生产机械。当功率一定时，电动机的转速越低则电动机尺寸越大，价格越高，效率也低。故如无特殊要求，应尽可能选用配有调速器的高速电动机。

（5）电动机防护形式的选择　电动机的防护形式有开启式、防护式、封闭式和防爆式等。

1）开启式电动机：内部的空气与外界畅通，散热条件好，但是它的带电部分和转动部分设有专门的保护，只有在干燥和清洁的工作环境下使用。

2）防护式电动机：有防滴式、防溅式和网罩式等种类，可以防止一定方向的水滴、水浆等落入电动机内部，虽然它的散热条件比开启式差，但应用也比较广泛。

3）封闭式电动机：它的外壳是完全封闭的，它被广泛应用于灰尘多和湿气较大的场合。

4）防爆式电动机：它的外壳具有严密的密封结构和较高的机械强度，所以，它的体积和重量都较大，价格也较贵，因此，它只在空气中含有易燃的爆炸性气体的特殊场合下才被采用。

总之，电动机的选择要考虑各方面的因素，表5-1-4列出了异步电动机的型号、结构特点和用途，可供选择时参考。

表5-1-4　异步电动机的型号、结构特点和用途

型号	旧型号	名　称	意义	结构特点	用　途
Y	JQ、J2、JK、JS	笼型异步电动机	异	铸铁外壳，外壳上有散热片，铸铝笼型转子，定子绕组为铜线，有防护式和封闭式之分	用于一般拖动，适用于灰尘多的场所，如碾米机、鼓风机
YR	JR、JRO、YR	绕线转子异步电动机	异绕	防护式，铸铁外壳，绕线转子型	用于电源容量不能满足笼型电动机起动的场合
YZ	JZ	起重冶金用异步电动机	异重	封闭式，铸铁外壳上有散热片，笼型铜条转子	用于起重机械及冶金辅助机械
YZR	JZR	起重冶金用绕线转子异步电动机	异重绕	同YZ型，转子为绕线转子	用于起重机械及冶金辅助机械
YQ	JQ、JQO	高起动转矩异步电动机	异起	同Y型	用于起动静止负载或惯性较大负载
YH	JH、JHO	高转差率异步电动机	异滑	同Y型，转子一般采用合金铝浇铸	用于传动较大的转动惯量和不均匀冲击负载的金属加工机械，剪切机、冲压机
YLJ	JLJ、JN	力矩异步电动机	异力减	强迫通风式，铸铁外壳，笼型转子，导条为高电阻材料	用于纺织、印刷、造纸、电缆、橡胶、冶金等具有软特性及恒转矩的机械上
YDF		电动阀门用异步电动机	异电阀	同Y型	用于起动转矩与最大转矩高的转合，如电动阀门
YB	JB、JBS	防爆型异步电动机	异爆	防爆式，钢板外壳，铸铝转子，机座上有散热筋	用于有爆炸性气体的场合
YF	JO-F、JO2-F	化工防腐用异步电动机	异腐	结构同Y型，采取密封机防腐措施	用于化肥、氯碱系统等化工厂的腐蚀环境中
YQB	JQB	潜水灌溉异步电动机	异潜泵	由水泵、电动机及整体密封盒等三大部分组成	用于农业排灌及消防等场合

注：凡有新系列产品的电动机均尽量选用新系列产品。

【操作指导】

操作指导　三相异步电动机的安装与调试

1. 目的要求

掌握三相异步电动机的安装与调试。

2. 器材设施

电动机一台，其他工具若干。

3. 实训前指导

1）对电动机控制保护装置的选择，要求使用的开关设备要有可靠的接通和切断电动机工作电流及故障电流的能力。开关和保护装置上应标明电压电流的额定值，能明显反映电路“通”“断”的标志。

2）功率在3kW以下的电动机，可以采用胶盖刀开关，允许通过的电流必须是电动机额定电流的2.5倍。功率较大的电动机，起动电流较大，必须加装起动设备，减小起动电流。

3）熔断器的规格应为电动机额定电流的3倍，并合理选择熔丝。当熔丝经常熔断时，不简单地加粗熔丝，应检查熔断原因。

4. 实训操作步骤

（1）电动机机座的安装　为使电动机平稳运行，电动机需平正而牢固地安装在底座上。一般中小型电动机大都安装在机械设备的固定底座上，无固定底座的，一定要安装在混凝土座墩上。

1）电动机坐墩的建造。电动机坐墩形式如图5-1-7所示。图5-1-7a所示为直接安装墩，坐墩高出地面一般不应低于150mm，具体高度要根据电动机规格、传动方式和安装条件等决定。*B*和*L*应按电动机的底座尺寸决定，但要在四周留出150mm左右的距离，以保证埋设的地角螺栓有足够的强度。

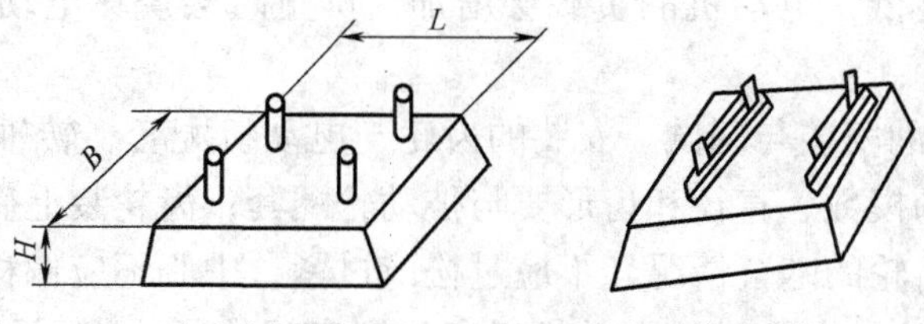

a) 直接安装墩　b) 间接安装墩

图5-1-7　电动机安装墩

图5-1-7b所示的槽轨安装墩是在直接安装墩的地脚螺栓上安装槽轨，然后再把电动机安装在槽轨上。

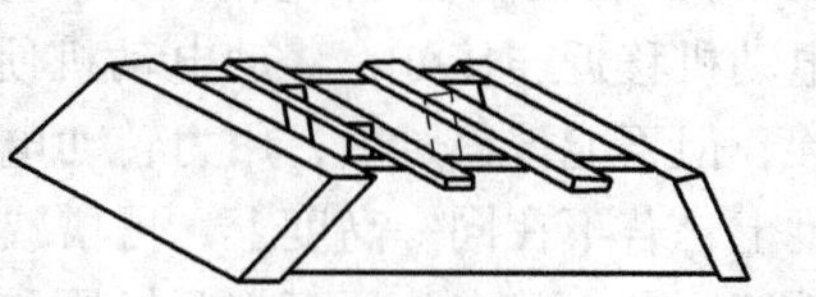

图5-1-8　座墩浇注模板

浇注混凝土座墩前，先挖好基坑，并夯实坑基，防止基础下沉；然后用石块铺平，用水淋透，再将图5-1-8所示的座墩模板放在上面，并埋进地脚螺栓。在浇注混凝土时，要保持地脚螺栓的尺寸位置不变和上下垂直，以保持与电动机底座螺孔的尺寸一致。混凝土浇好，养护5~7天后，可拆除模板，再养护15天后，才能安装电动机。

2）地脚螺栓的制作。为保证地脚螺栓埋设牢固，用来做地脚螺栓的六角头一端要做成人字形开口。埋入长度一般是螺栓直径的30倍左右，人字形开口长度约是埋入长度的一半左右。

3）电动机与座墩的安装方法。小型电动机可用人力抬到座墩上，较大的电动机用起重设备或滑轮来安装。为防止振动，安装时需在电动机与座墩间衬垫一层质地坚韧的木板或硬橡皮等防振物；4个紧固螺栓上均要套弹簧垫圈；拧紧螺钉时要按对角线交错依次逐步拧紧，每个螺钉要拧得同样紧。

4）导线的敷设。操作开关到电动机之间的连接导线要穿管加以保护。这段导线一般分成两段，一段从控制箱到操作开关，另一段从控制箱到电动机，通常在控制箱内设有接线桩，供导线连接用。

若控制设备和电动机不是配套产品，这段导线的走线形式有两种，一是从地下埋管（厚壁管）通过；另一种是有明管线路，沿建筑面敷到电动机。前一种应用比较多，其线管的埋设形式如图5-1-9所示，穿导线的钢管应在浇混凝土前埋好，连接电动机一端的管口离地不得低于100mm，并应使它尽量接近电动机的接线盒，最好用软管伸入接盒。

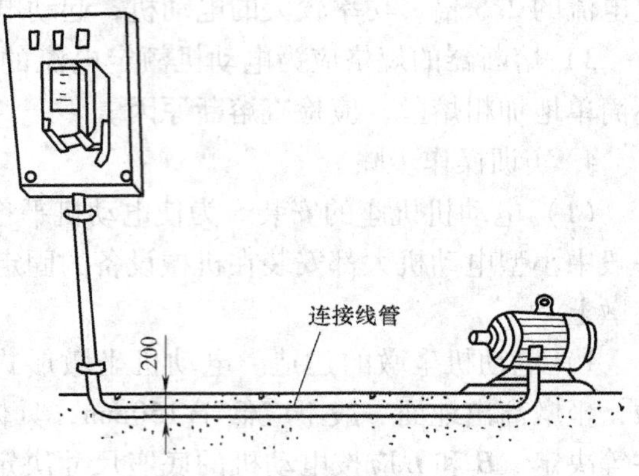

图5-1-9　连接线管和埋设

（2）电动机的校正调试　电动机的水平校正，一般用水平仪放在转轴上进行，并用0.5~5mm厚的钢片垫在机座下面来调整电动机的水平。

（3）电动机传动装置的安装与调试　传动装置安装的好坏，将直接影响着电动机负载的大小，如果安装精度低，电动机的负载会增加，严重时会烧坏电动机绕组或损坏电动机轴承。

1）齿轮传动装置的安装与调试。安装的齿轮与电动机配套，转轴的直径要配合安装齿轮的尺寸；所装齿轮的模数、直径和齿形要与被动轮配套；齿轮装上后，电动机的轴应与被动轮的轴平行，检查齿轮的啮合情况，不应过松或过紧，中心不应偏移。

2）带传动装置的安装与调试。电动机机座与底座间的防振物不可太厚，否则会影响两个带轮的间距，尤其V带更是如此；两个带轮的直径大小必须配套；两个带轮要装在一个平面上，两轴间要平行；塔形V带轮必须装成一正一反，否则不能进行调整；平带的接头必须正确，带扣的正反面不应搞错。

3）联轴器装置的安装和调试。先把两半片联轴器分别装在两个电动机的轴上，然后把电动机移近连接处；移动电动机使两轴相对处于一条直线上，初步拧紧电动机座的地脚螺栓，但不能拧得过紧；用力转动电动机和转轴，旋转180°，看两半片联轴节是否在同一高度上，若不在同一高度上，可增减电动机座下面防振物的厚薄，直至高低一致，这时两机已处于同轴心状态，便可将联轴器和电动机分别固定后，拧紧安装螺栓。

（4）电动机操作开关的安装　电动机的操作开关必须安装在操作者能监视到电动机起

动和被拖动机械工作的地方，各种机床的操作开关必须安装在最便于操作，又不易被人体或工件触碰产生误动作的位置上。开关装在墙上时，宜装在电动机的右侧。如果开关需要装在远离电动机的地方，则必须在电动机附近加装急停开关，以应对紧急情况的发生，并且加装合闸前的预示警告装置，以便使处在电动机与被拖动机械周围的人得到警告。操作开关的安装位置，还应保证操作者操作时的安全。

（5）控制开关的安装　若是小型电动机不需要频繁操作的，或不需要换向和变速操作的，一般只需要一个开关。若需要频繁操作的，或需要进行换向和变速操作的才装两个开关，前一个开关用来控制电源，叫做控制开关，常采用封闭式开关熔断器组、断路器或转换开关；后一个开关用来直接操作电动机，叫做操作开关。

（6）熔断器的安装　熔断器必须与开关安装在同一块木台上或同一个控制箱内，凡作为保护用的熔断器，必须装在控制开关的后级和操作开关的前级。用断路器作控制开关时，而所采用的操作开关又无保护装置，就应在断路器的前一级装一道熔断器做双重保护，以便热脱扣器或电磁脱扣器失灵时，熔断器能起到保护作用，同时可兼做隔离开关，以便维修时切断电源。在三相回路中的熔断器应安装 3 根型号、规格相同的熔丝，分别串接在 3 根相线上。

（7）电压表和电流表的安装　一些电动机要求对电源电压和额定电流进行监视，常在控制板上装上电压表和电流表。电压通过换相开关进行换相测量，电压表的量程为 450V 或 500V。电流表的规格必须使得电动机起动电流通过，宜选用其量程大于额定电流的 2 ~ 3 倍。若电动机的额定电流大于 50A，电流的测量应通过互感器进行交流测量，电流互感器的规格同样要大于电动机额定电流的 2 ~ 3 倍，配用电流互感器的电流表规格可选用 5A。

（8）电动机接线盒的接线　电动机接线盒（见图 5-1-10a）中都有一块接线板，三相绕组的 6 个接线柱分为上下两排，并规定上排 3 个接线柱从左至右编号为 1（U1）、2（V1）、3（W1），下排从左至右编号为 6（W2）、4（U2）、5（V2），如图 5-1-10b 所示。制造和维修时均应按这个编号排列。在电网电压已定的条件下，根据电动机铭牌标明的额定电压与“接法”，决定电动机的联结方式。如铭牌上“接法”为“Y”时，应按图 5-1-10c 所示进行接线，把来自操作开关的 3 根相线分别与 6、4、5 连接；如铭牌上“接法”为“△”时，就按图 5-1-10d 所示进行接线，把来自操作开关的 3 根相线分别与 6、4、5 连接。

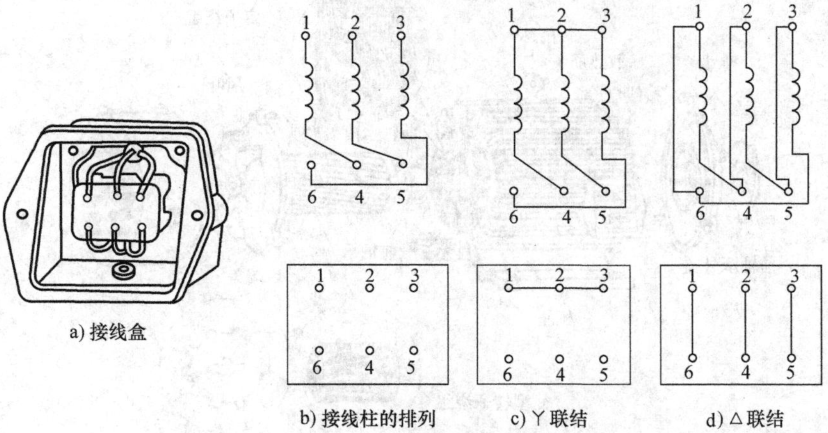

图 5-1-10　电动机的接线板

【考核与评价】

表 5-1-5　电动机维护与检修考核

项目内容	配分	评分标准		自评	互评	教师评
元件选配	30	①开关规格选配 ②熔断器规格选配 ③连接导线线径选配	10 分 10 分 10 分			
电动机安装	30	①地脚螺栓松紧度不一致 ②不缺少弹簧垫圈 ③垫上防振物	10 分 10 分 10 分			
电动机接线	30	①控制开关进出线端接错 ②接线正确 ③接线柱上的螺钉拧紧 ④接地线没有漏接	10 分 10 分 5 分 5 分			
安全、文明操作①	10	违反一次	扣 5 分			
累计定额时间	8h	每超过 30min	扣 5 分			
开始时间		结束时间		总评分		

① 安全、文明操作的要求为：遵守实训纪律，团结协作，不损坏设备，遵守安全文明操作规程，不发生安全事故
注：单项扣分不超过该项配分。

任务二　学习三相异步电动机的拆卸

【相关知识准备】

知识链接　三相异步电动机的基本结构

电动机的故障最常出现在电器方面，但机械方面的故障也比较多见，甚至有许多电气故障就是由机械故障引发的，故拆卸电动机进行维修和保养，是必不可少的。在拆卸电动机前，首先了解一下电动机的结构。图 5-2-1 所示是三相笼型异步电动机的结构图，它标明了电动机几大重要的部位。

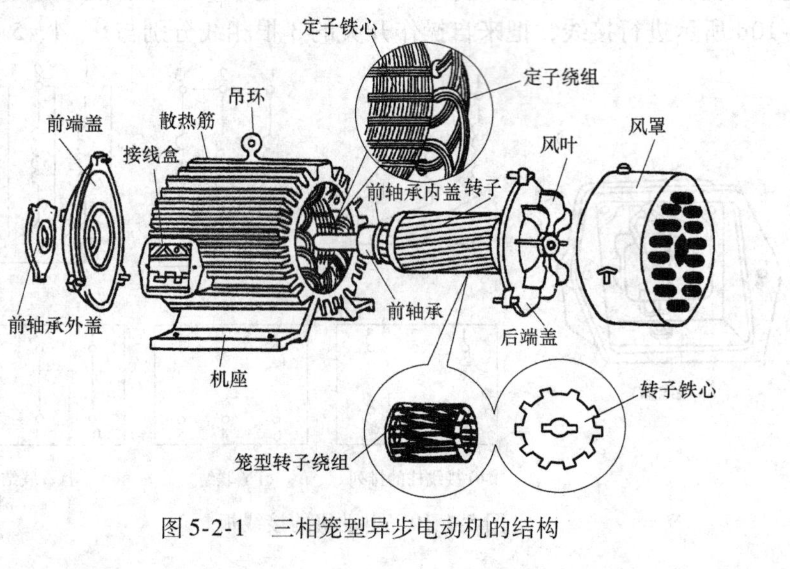

图 5-2-1　三相笼型异步电动机的结构

【操作指导】

操作指导　三相异步电动机的拆装

1. 目的要求

掌握三相异步电动机的拆卸和装配。

2. 器材设施

电动机一台、拉具一套、其他如扳手等常用工具若干，待维修三相异步电动机一台。

3. 实训前指导

1）在拆卸端盖前要在端盖与机座的接缝处做好标记。

2）在拆卸和装配时要防止损坏零部件，不能用手锤直接敲击零部件，必须用铜棒或木棒。

3）在抽出转子和安装转子时，动作要轻稳，防止碰坏定子绕组。

4. 实训操作步骤

（1）电动机的拆卸

1）拆卸前的准备工作。拆卸前要做好准备工作，准备好各种工具；切断电源，拆下电动机与电源的连接线，并对电源线头做好绝缘处理；拆下传动带和地脚螺栓，将螺钉、垫片装在一小盒里避免丢失；在线头、端盖、刷握处做好标记；记录好联轴器与端盖间的距离及电刷装置把手的行程。

2）拆卸步骤

① 拆卸带轮或联轴器：先把带轮的正反面做标记，以免安装时出错，再在带轮或联轴器的轴伸端做好标记，拆下带轮或联轴器上的螺钉，并在螺钉孔里注入煤油。然后装好专用工具——拉具将带轮或联轴器慢慢拉出（拉具的螺杆中心线要对准电动机转轴的中心线），切勿硬拉。用注入煤油的方法不奏效，可使用喷灯等急火工具在带轮外侧轴套四周加热，乘其受热膨胀迅速拉出。但要注意加热温度，以防变形。此外，拆卸过程一定要轻敲轻拉，严禁用手锤直接敲出带轮，以免使带轮或联轴器碎裂。拆卸过程如图 5-2-2 所示。

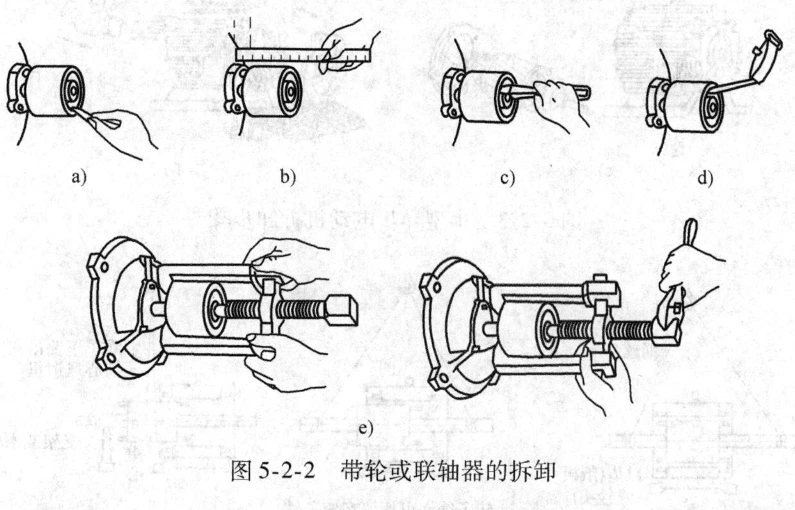

图 5-2-2　带轮或联轴器的拆卸

② 拆卸刷架、风罩和风扇叶：若是封闭式电动机，在拆卸完带轮或联轴器后，可以把外风罩的螺栓松脱，取下风罩，再取下转子轴尾端风扇上的定位螺钉，先用手锤均匀敲击风扇四周，风扇就可卸下。若风扇是塑料制成的，可用热水浸泡膨胀后取下。小型电动机的风

扇可随转子一起抽出，不用卸下，但如果轴承需要加油或更换，就要拆卸下风扇。

③ 拆卸轴承盖和端盖：先在端盖与机座接缝处做好标记（便于安装时复位），然后松开端盖的紧固螺栓，用手锤轻敲端盖四周，把端盖取下。如果是小型电动机，可把轴伸端的轴承外盖卸下，松开坚固螺栓后，直接将转子、端盖、轴承盖与风扇一起抽出。对于大型电动机，因端盖较重，要先用起重设备吊住端盖再进行拆卸，以免出现端盖跌落破碎或损伤绕组。

④ 抽出转子：小型电动机的转子可用手轻轻抽出，抽出过程要平稳缓慢，不要碰伤定子绕组，若是绕线式转子，还要防止损伤集电环和刷架。小型异步电动机的拆卸步骤如图 5-2-3 所示。如果是大型电动机，其转子较重需要用起重设备吊住抽出。在起吊前，用棉纱或钢管保护好两端轴颈，起吊过程中当转子重心移出定子时，可用支架支住，然后再吊住转子慢慢抽出（在定子与转子之间需垫纸板）。其过程如图 5-2-4 所示。

⑤ 拆卸轴承：轴承一般不允许随意拆卸，除非轴承出现严重的问题，影响到电动机的

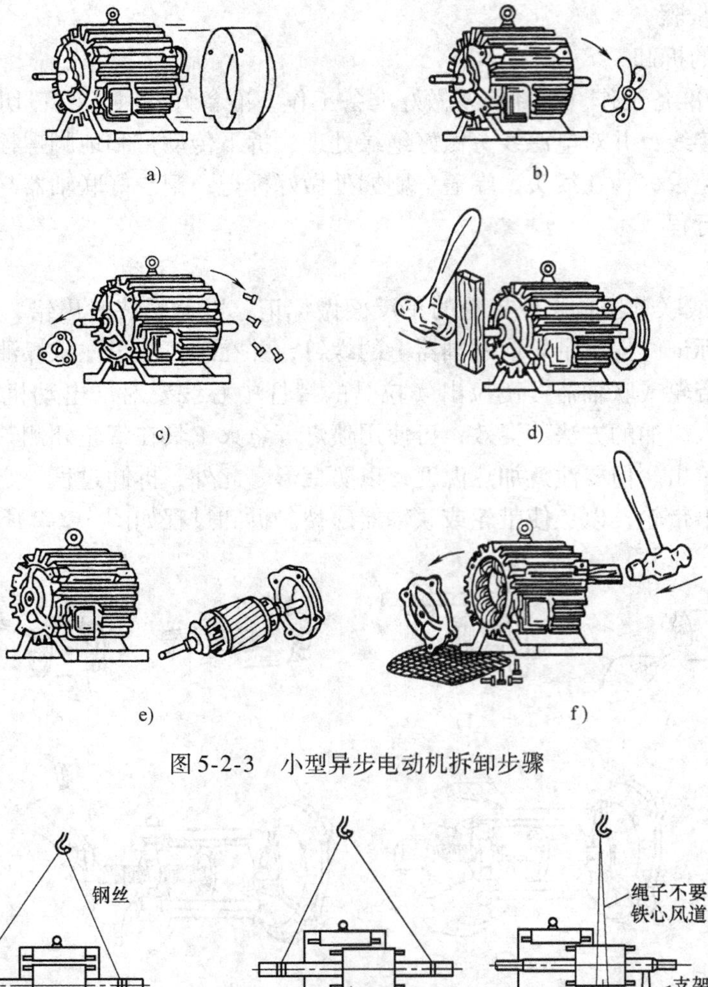

图 5-2-3　小型异步电动机拆卸步骤

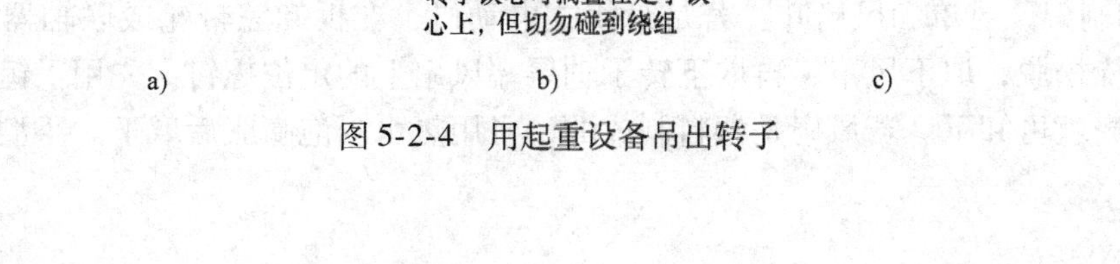

图 5-2-4　用起重设备吊出转子

安全运行，如轴承磨损超过极限、轴承配件有变形等。因轴承在拆卸后其轴劲、轴承内环的配合度会受到不同程度的削弱，故如非需要，不要拆卸轴承。

拆卸轴承可采用以下三种方法：

a. 用拉具拆卸：根据轴承型号，选择合适的拉具，夹住轴承，拉具的脚爪应紧扣在轴承的内圈上，拉具的丝杆顶点要对准转子轴的中心，平稳板动丝杆，如图 5-2-5 所示。

b. 用圆筒架住拆卸：在轴承的内圆下面用铁板夹住，架在一个内径略大于转子外径的圆筒上（筒内要放些棉纱，防止轴承落下时转子或转轴摔坏），再在轴端上垫上铜块，用锤子敲打，如图 5-2-6 所示。

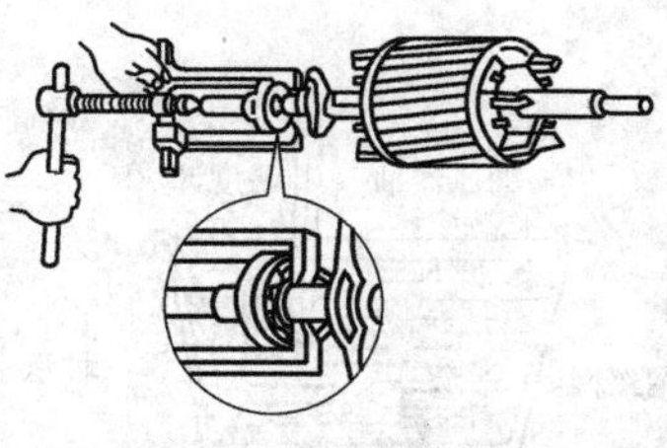

图 5-2-5　用拉具拆卸轴承

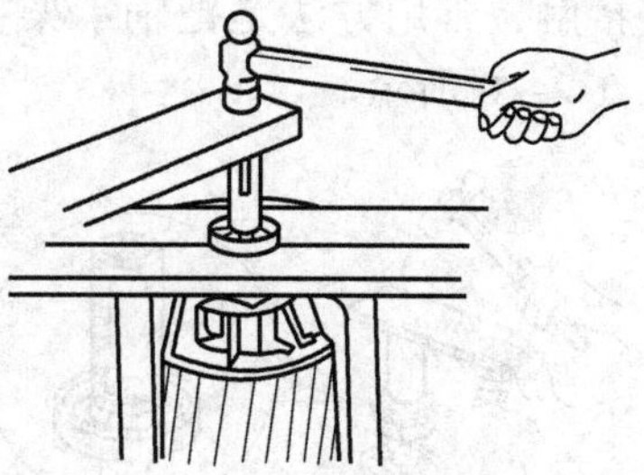

图 5-2-6　用圆筒架住拆卸轴承

c. 用铜棒拆卸法：用铜棒对准轴承内圆，再用锤子敲打铜棒，把轴承敲出。敲击时要在轴承内圆四周相对两侧轮流均匀敲击，不可只敲某一边，用力也不可过猛，也不可用锤子直接敲打轴承，如图 5-2-7 所示。

d. 轴承在端盖内拆卸：在拆卸电动机时，会遇到轴承留在端盖的轴承孔内的情况，这时可把端盖孔口面朝上，平稳地放在两块铁板上，垫一段直径小于轴承外径的金属棒，用手锤沿轴承外圈敲打金属棒，将轴承敲出，如图 5-2-8 所示。

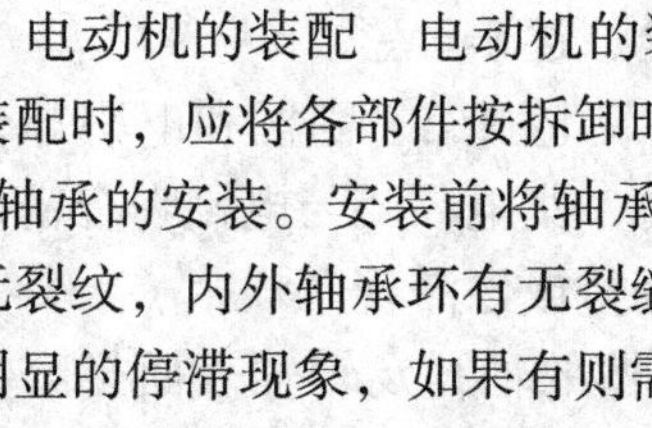

图 5-2-7　敲打拆卸轴承

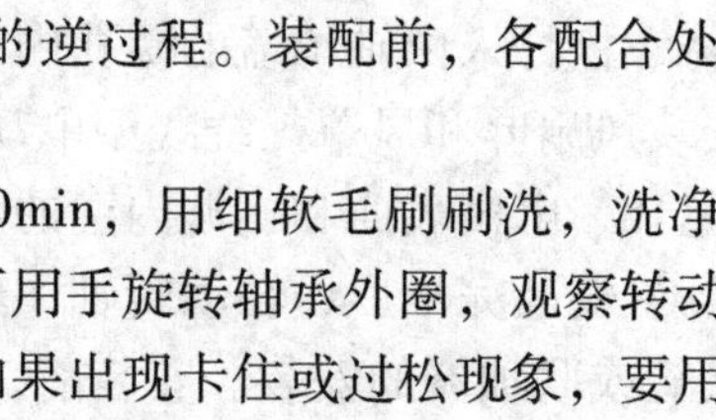

图 5-2-8　轴承在端盖内的拆卸

（2）电动机的装配　电动机的装配工序是拆卸的逆过程。装配前，各配合处要先清理除锈。装配时，应将各部件按拆卸时所做标记复位。

1）轴承的安装。安装前将轴承放入煤油浸泡 10min，用细软毛刷刷洗，洗净后，检查轴承有无裂纹，内外轴承环有无裂缝等。小型轴承可用手旋转轴承外圈，观察转动过程有无振动和明显的停滞现象，如果有则需要更换轴承。如果出现卡住或过松现象，要用塞尺检查轴承的磨损情况，如超过表 5-2-1 的许可值时，就需要更换轴承了。

表 5-2-1　滚动轴承磨损的许可值　（单位：mm）

轴承内径	最大磨损值	轴承内径	最大磨损值
20 ~ 30	0.10	85 ~ 120	0.30
35 ~ 50	0.10	130 ~ 150	0.36
55 ~ 80	0.25		

如需更换新轴承，应把轴承放在70～80℃的变压器油中加热5min左右，待全部防锈油融掉后，再用汽油洗净、擦干待装。如不需更换轴承，可直接将轴承用汽油洗净擦干待装。

轴承装套到轴颈上有冷套和热套两种方法。

① 冷套法：在轴颈好抹一层薄薄的机油，套上轴承，用一段内径略大于轴颈直径、外径略大于轴承内圈外径的铁管的一端套在轴承的内圈上，另一端用手锤敲打，将轴承敲进去，如图5-2-9所示。

② 热套法：将轴承放在变压器油中加热30～40min，油温需保持在100℃左右，加热要均匀，温度不可过高，时间也不宜过长，才免轴承退火。此外，轴承加热时不能与加热器皿的底或壁接触，常用方法是把轴承架在网架上。加热完毕后，趁热迅速将轴承一直推到轴颈，如图5-2-10所示。

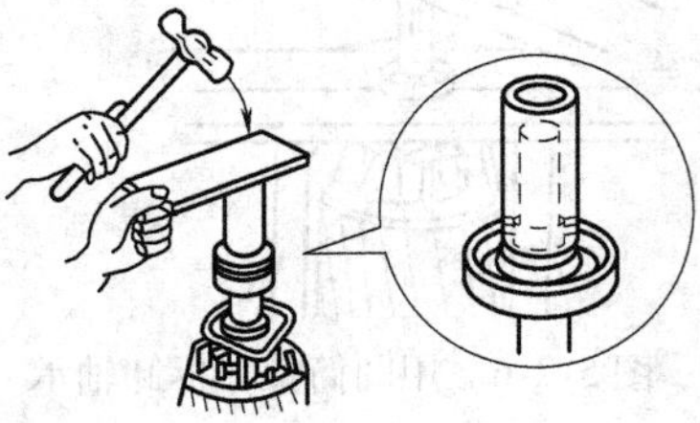

图5-2-9 轴承的装配敲打法

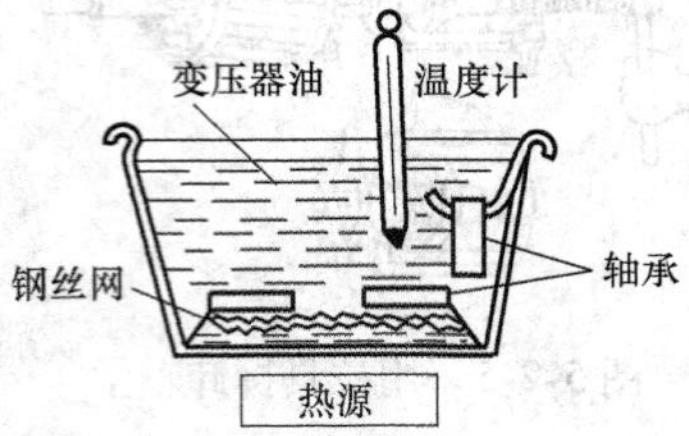

图5-2-10 加热轴承

③ 装润滑脂，轴承内外圈里和轴承盖里装的润滑脂应该洁净，塞装要均匀，不宜完全装满。一般二极电动机装满轴承1/3～1/2的空腔容积，四极和四极以上的电动机装满轴承2/3的空腔容积。轴承内外盖的润滑脂一般为盖容积的1/3～1/2。

2）后端盖的安装。将轴前端朝下垂直放置，在其端面上垫上木板，将后端盖套在后轴承上，用木锤敲打，把后端盖敲进去后装轴承外盖，紧固内外轴承盖的螺栓要逐步拧紧。

3）转子的安装。安装转子时，要将转子对准定子孔中心，小心往里送，后端盖要对准机座的标记，拧上后端盖螺栓，但不要拧紧。

4）前端盖的安装。将前端盖对准机座的标记，拧紧前端盖螺栓前，要用木锤在前端盖圆周均匀敲打，不可单边用力，按对角线方式分别拧住前端盖螺栓，不要拧紧。否则可能造成耳攀断裂或转子同心度不良。再装前轴承外端盖，先在外轴承盖孔内插入一根螺栓，一手顶住螺栓，另一手缓慢转动转轴，轴承内盖也随之转动，当手感觉到轴承内外盖螺孔对齐时，就可将螺栓拧入内轴承盖的螺孔内，再装另两个螺栓，逐步拧紧。

5）安装风扇叶和风罩。绕线型电动机要按所作标记装上刷架、刷握和电刷等，安装前要做好集电环、电刷表面和刷握内壁的清洁工作。安装时，集电环要与电刷吻合密切，弹簧压力要均匀。安装完毕后，转动转轴，转子应灵活，无偏重或停滞现象。

6）带轮或联轴器的安装。安装前，先将带轮或联轴器的轴孔及转轴表面打磨光滑，再对准键槽把带轮或联轴器套在转轴上，将木板垫在键的一端，轻轻敲打，使键慢慢进入槽内。安装大型电动机的带轮或联轴器时，可用固定物顶住电动机在非负荷端和千斤顶底部，再用千斤顶将带轮顶入。

（3）装配后的检验

1）检查所有固定螺栓是否拧紧，转子是否转动灵活。绕线转子的刷握架位置是否正确，电刷与集电环的接触是否良好，电刷在刷握内有无卡住，弹簧压力是否均匀等。

2）测定绝缘电阻值，用绝缘电阻表测量电动机定子绕组的相与相之间，各相对地之间的绝缘电阻。绕线转子电动机还应测量转子绕组间和绕组对地的绝缘电阻。

3）根据电动机铭牌和电源电压正确接线，并在电动机外壳装上接地线，再用钳形电流表测量三相电流是否平衡。

4）用转速表测转速。

5）让电动机空载一段时间后，检查是否过热，轴承温度是否过高，有无振动和异音等。

【考核与评价】

表 5-2-2　三相异步电动机拆卸考核

项目内容	配分	评分标准	自评	互评	教师评
电动机拆卸	40	①拆卸步骤方法 15 分 ②没有碰伤定子绕组 15 分 ③没有损坏零件 5 分 ④装配标记清楚 5 分			
电动机装配	50	①装配步骤方法 10 分 ②没有损伤定子绕组或零部件 15 分 ③轴承清洗干净 5 分 ④坚固螺栓拧紧 5 分 ⑤装配后转动灵活 15 分			
安全、文明操作①	10	违反一次 扣 5 分			
累计定额时间	12h	每超过 30min 扣 5 分			
开始时间		结束时间		总 评 分	

① 要求与本项目任务一相同。

任务三　学习三相异步电动机的维修

【相关知识准备】

知识链接 1　三相异步电动机的保养

一台三相异步电动机在正常的工作情况下，可以运行 2 万小时以上，但如果日常维护保养不当，会产生各种故障，缩短电动机的使用寿命。加强电动机的维护和保养可以减少电动机出故障的可能性，延长电动机的使用寿命，降低维修成本，保证生产效率。

1）在三相异步电动机作用过程中要保持清洁；在电动机运转时，应定时记录相关仪表数据及电动机运停时间；记录电动机及相关拖动设备在运行中的异常情况；记录所有检查及故障处理情况。以上项目做到每日进行。

2）在每月月底或月初时，检查接地可靠情况；检查电动机各部位的螺栓和螺钉是否坚固；测量电动机运行的转速和振动情况；检查该月工作日志的交接情况，对已检修的部分和故障处理结果复查。

3）每半年检查轴承是否润滑，油脂是否硬化、变质；缺少润滑油脂时要及时补充，最好半年更换一次润滑油脂；检查通风和冷却情况，用压缩空气和刷子清除通风道内的积尘；检查传动装置是否有损坏、磨损变形，安装是否牢固，如有及时更换。

4）每一年拆卸电动机一次，对电动机绕组、通风道、接线板进行检查，用刷子或压缩空气清除通风道和绕组接线板上的污垢，用丙酮或汽油清除绕组表面的油污；检查轴承润滑情况，更换新的润滑脂；测量绝缘电阻，若电阻过低，应进行加热干燥处理，使绝缘电阻阻值大于1MΩ；检查绕组是否损伤和异常，对损伤绝缘要修补，或加涂绝缘漆；测量定子气隙，并进行调整；检查转子铁心是否松动、笼条是否异常，要紧固铁心；检查安装完后进行运转测试，并记录重装调整后的各项内容。

5）除坚持以上定期的检查和保养外，在电动机的日常运行中，监视工作也是必不可少的，是维护电动机正常运行的方法之一。

知识链接2　三相异步电动机的故障分析与检查

（1）三相异步电动机的常见故障现象及原因

1）电动机不能起动。产生这种现象的原因有：

① 未接通电源或起动设备有故障。

② 断相运行，电源有一相或两相断路。

③ 电动机负载过大或拖动设备有卡阻。

④ 电动机轴承磨损、定转子摩擦，或定子在机座内松动。

⑤ 定子绕组断路或连接有误。

⑥ 重修后装配过紧。

2）电动机起动困难，转速较低。产生这一现象的原因有：

① 电动机联结方式有误（Y和△互相接错）。

② 笼型转子端环、笼条断裂或脱焊。

③ 定子绕组局部短路或断路。

④ 电刷规格不对，集电环表面粗糙不平或有油垢。

3）电动机运行时过热、冒烟。产生这一现象的原因有：

① 三相电压相差过大，以致电流增大。

② 电动机过载。

③ 电源或定子绕组一相断路，造成电动机断相运行；定子绕组局部短路、相间短路、绕组通地。

④ 轴承配合严重缺油或油脂过多，油脂中有杂质。

⑤ 电动机起动过于频繁。

4）电动机运行时有异声。产生这一现象的原因有：

① 缺相运行。

② 电源电压波动或三相电压不平衡。

③ 重绕三相绕组匝数不相等。

④ 定子和转子气隙不均匀，有摩擦。

⑤ 电动机内冷却风道阻塞。

5）电动机运行时有振动。产生这一现象的原因有：

① 转子动平衡不良。

② 端盖安装配合不好。

③ 转轴变形弯曲。

④ 铁心变形、松动。

⑤ 电动机机座安装不坚固。

⑥ 定子绕组有轻微短路、断路或接地故障。

6）电动机外壳带电。产生这一现象的原因有：

① 接地线未接好。

② 引出线接线端挨碰盒盖。

③ 绕组受潮、绝缘严重老化。

（2）三相异步电动机的故障分析　在以上电动机的常见故障中，定子绕组的烧坏是最为常见的一种。电动机的过载、绕组的短路、接地或单相运行都会产生该故障。

1）电动机过载

① 因电动机过载使定子绕组全部烧坏的故障特征是绕组呈现焦黑色，造成过载的原因有：选用电动机不当，实际负载工作条件与所选电动机的类型和功率不配，造成起动时间过长，使电动机过载，绕组烧坏。

② 负载机械使用不当：负载对象的使用方式不当，也会增加电动机的负载。此外，负载工作的环境温度过高，通风条件过差，也会使电动机过载而使烧坏绕组。

③ 电源电压过低：电动机若在远低于额定电压的场合下带负载运行，电动机绕组内的工作电流增加，导致绕组温升过高而烧坏。

④ 电动机出线端接法错误：当需要380V的丫联结，而错接为△联结时，电动机空载电流超过额定电流很多，使绕组烧坏。当要求380V的△联结，而错接成丫联结时，每相绕组只受到220V的欠电压，使电动机的输出功率大大降低，当满载时，输入电流就会超过每相允许值，导致绕组发热烧坏。

⑤ 机械性故障：电动机的轴承严重损坏，定子、转子相摩擦“扫膛”或负载机械“卡死”等机械性故障都会使绕组烧坏。

⑥ 电动机质量因素：因电动机制造、维修等质量原因而造成的电动机过载，使绕组烧坏。

2）绕组短路

① 定子绕组匝间短路烧坏的现象为：绕组的端部有几匝或一极相组烧焦，而其他绕组稍有变色。造成绕组匝间短路的原因一般都是绕线和嵌线的工艺质量问题。如绕线、嵌线时操作者将电磁线绝缘破损，也可能是绕组之间的连线在焊接后绝缘套管没有套好，绕组端部被碰伤绝缘管等。由于小功率三相异步电动机选用的电磁线线径较细，绕组端部的机械强度低，检修时稍不小心就会损伤绝缘层而发生匝间短路。处理线圈短路的方法，可采用局部更换故障的一圈或一组绕组。如果局部换线太过困难，就要采用全部换绕新圈的办法。

② 定子绕组相间短路烧坏的现象为：在短路处发生熔断（即导线多根烧断）并有熔化的铜屑痕迹，其他绕组或另一端无烧焦现象。绕组端部的相间绝缘薄膜或双层绝缘没有垫好，在电动机温升过高或受潮的情况下，就会发生绝缘击穿，形成相间短路。级相组间绕组的联线套管没有套好也会造成联线间短路。

3）绕组接地。电动机因接地故障烧坏的现象是槽口或槽底有明显的烧伤痕迹。造成的原因有多种，如定子铁心同心度不好而发生的“扫膛”摩擦，定子铁心因摩擦发热烧焦槽绝缘，导致绕组绝缘损坏而接地；嵌线质量差，在铁心槽口绕组的直线部分与端部转角处有挤压，槽绝缘破坏，部分槽口绝缘没有封好，槽楔与导线直接接触或槽楔受潮后绝缘下降等原因造成接地；电动机处于长期高温下运行，槽绝缘被烤焦、老化发脆，或者严重受潮，都会击穿槽绝缘发生绕组接地；没有安装避雷器的工厂或农村，若电动机接地未妥善连接，在雷雨天气发生雷击时，电动机有可能发生击穿事故。

4）单相运转。电动机绕组因单相运行而烧坏的特征是，电动机绕组端部的1/3或2/3的极相绕组烧黑或变为深棕色，而剩下的一相或两相绕组不变色或稍带焦色。供电线路或电动机有连接故障；接触器一对触头损坏；熔丝的连接处有浮接或隐伤，使一相熔丝处于要断未断状态；电动机接线板端子松脱或未焊牢，电动机起动时电流大，接触不良处接触电阻大，长期氧化造成一相或两相断路，这些现象都会造成电动机单相运转。

（3）三相异步电动机的检查

1）电动机的外部检查

① 机械性检查：机座、端盖有无裂纹，转轴有无裂痕或弯曲变形；转轴转动是否灵活，有无异常声响；风道是否被堵塞，风扇、散热片等是否完好；检查绝缘是否完好，接线是否符合铭牌规定，绕组的首末端是否正确；检测绝缘电阻和直流电阻，检测绝缘是否损坏，绕组中是否断路、短路及通地现象。

② 电气性检查：在机械性检查没有发现问题后，对三相异步电动机进行通电试验。用三相调压变压器先通以30%的额定电压，再逐渐上升至额定电压。若发现声音有异常、有异味或不转动，应立即断开电源进行检查，以免故障进一步扩大。当起动没发现问题时，要测量三相电流是否平衡，电流大的一相可能是绕组短路；电流小的一相，可能是多路并联的绕组中有支路断路。若三相电流基本平衡，可使电动机连续运行1～2h，随时用手检查铁心部位及轴承端盖，若发现有烫手现象，立即停机并拆开电动机，用手触摸绕组端部及铁心部分，如绕组过热，则是绕组短路；如铁心过热，则说明绕组匝数不足，或铁心硅钢片间的绝缘损坏。

2）电动机内外部检查

① 检查绕组部分：查看绕组端部有无积尘和油垢，线有无损伤，接线及引出线有无损伤。检查绕组有无烧伤，若有烧伤，烧伤处颜色会变成暗黑，且有焦臭味。若烧坏一个绕组中的几匝，说明是匝间短路造成的；若烧坏几个绕组，多半是相间或连接线的绝缘损伤引起的。烧坏一相的多为△联结，是有一相电源断电引起的。若烧坏两相，是有一相绕组断路产生的。若三相全部烧坏，大都是由于长期过载，或起动时卡住引起的，也可能是绕组接线错误引起的。查看导线是否烧断和绕组的焊接处有无脱焊、假焊。

② 检查铁心部分：查看转子、定子铁心表面有无擦伤痕迹。如转子表面只有一处擦伤，而定子表面全部擦伤，这大多是轴弯曲或转子不平衡造成的；若转子表面一周全是擦伤痕迹，定子表面只有一处伤痕，这是定子、转子不同心造成的，如机座和端盖止口变形或轴承严重磨损转子下落；若定子、转子表面均有局部擦伤痕迹，是由于上述两种原因所共同引起的。

③ 检查风扇叶：是否损坏或变形，转子端环有无裂纹或断裂；然后再用短路测试器检

验导条有无断裂。

④ 检查轴承部分：查看轴承的内外套与轴劲和轴承室配合是否合适，同时也要检查轴承的磨损情况。

【操作指导】

操作指导1　定子绕组的故障排除

1. 目的要求

掌握排除定子绕组的故障。

2. 器材设施

万用表、绝缘电阻表各一块，白炽灯若干只，其他工具若干，待维修三相异步电动机一台。

3. 实训前指导

绕组是电动机的核心部件，也是特别容易损坏而发生故障的部件，因此，对绕组故障的检修特别重要。绕组的检修可分局部检查和绕组拆换两大类。定子绕组的常见故障有：绕组断路、绕组短路、绕组接地和绕组接错等。它们会造成电动机不能正常或完全不能运行，甚至烧毁。

4. 实训操作步骤

(1) 绕组断路　绕组断路是指引出线、导线或连接线断开或接线头脱落。电动机绕组断路后将无法起动，若在运行中突然断路，电动机虽然可继续运行，但机身会发生振动，声音异常，转矩下降、转速下降，时间稍长会烧坏好的绕组。此种故障多发生在电动机的绕组端部，各绕组元件的接线头或电动机引出线端处附近。主要是绕组受外力碰撞、接线头焊接不紧松脱、绕组短路或电流过大烧断造成的。

1) 排查方法。检查断路时，若电动机的绕组是由单根导线绕制且没有支路并联的，可用万用表法或白炽灯法，Y联结如图5-3-1a、b所示，△联结如图5-3-1c、d所示。一些电动机的绕组是由多根导线并绕或多条支路并联形成的，若绕组出现断路故障时，就要用电流法或电阻法来检测了。

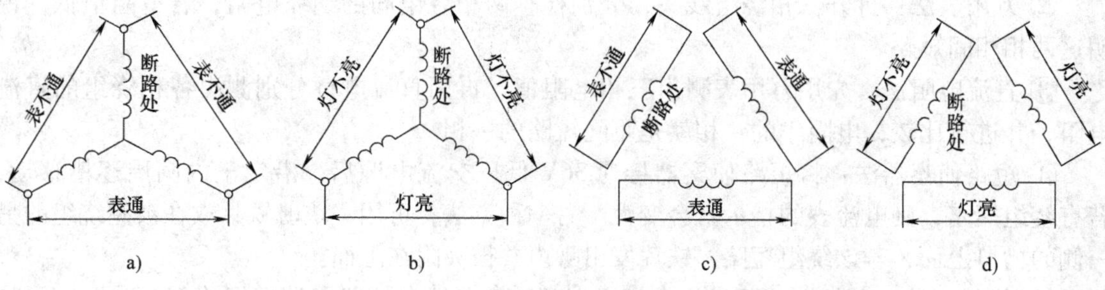

图5-3-1　绕组断路检查法

① 电流法：若电动机绕组是Y联结，如图5-3-2a所示，使其空载运行，用钳形表分别测出三相空载电流，若三相电流不平衡，又无短路现象，电流较小的一相就是存在部分断路的一相。若为△联结，如图5-3-2b所示，先把三角形的接头拆开一个，通入低电压电源后，用电流表逐相测量每相绕组的电流，电流小的一相即为断路的一相。

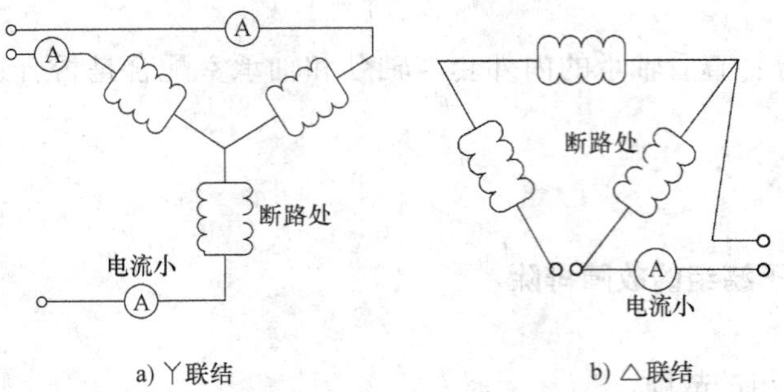

图 5-3-2　用电流法检测绕组断路

② 电阻法：不论是Y联结还是△联结，用电桥测量三相绕组的直流电阻，哪相电阻值大，哪一相就出现了断路。

2）维修方法。绕组断路处在端部时，将断开的导线连贯焊牢并包好绝缘；若是引出线断开，更换引出线；断路处在槽内，若是个别槽内的绕组，可采用穿绕修补法更换个别绕组，但若断路严重时，就必须更换绕组了。

绕组穿绕修补的方法是：把绕组加热待外部绝缘软化后，取出断路绕组的槽楔，将该绕组两端剪断，把导线全部抽出，换上新的槽绝缘，用和拆卸下的绕组同样规格的导线，在槽内来回穿绕达到原来的匝数为止。

（2）绕组短路　绕组短路是指因绕组绝缘损坏使线匝直接相通，而形成的一个低阻抗环路。造成该故障的主要原因有：电动机长期过载运行，绝缘老化变脆脱落；绕组受潮严重，造成电流电压击穿绝缘；受外力碰撞形成的机械性损伤等。一台电动机中若有少数的几匝短路时，电动机还能起动、运转，但起动力矩会降低；若多数短路时，就会烧坏电动机。常见的短路故障有绕组匝间短路、极相组间短路和相间短路。

1）排查方法

① 直接检查法：拆开电动机端盖，如发现某部分绕组的绝缘颜色比较深甚至呈焦黑色，还伴有焦糊味，那这部分绕组可能短路。如果此特征不明显，可以让电动机空载运行20min，拆下端盖后，用手碰触绕组端部检查，短路部分的温度会比其他部分高。

② 万用表法：拆开三相绕组线头，分别检查两相绕组间的绝缘电阻，若电阻值低，说明这两相相间短路。

③ 直流电阻法：先用万用表测出三相电阻值，再用直流电桥分别测出各相绕组的直流电阻，并进行比较，电阻小的一相就是匝间短路的一相。

④ 短路侦察器法：将短路侦察器接通36V低压交流电源后，沿定子内圆周逐槽移动，若有绕组短路，则电流表的指示就会变大。另一种方法，可用一块薄铁片放在被测绕组的另一侧的槽口上面，若该绕组短路，铁片发出噪声并被吸附在上面。

2）维修方法。若短路故障发生在绕组端部时，可以在短路点处把短路部分分开，再垫上绝缘；若短路处在槽内，可将绕组加热软化后，翻出受损绕组，换上新的槽绝缘，将导线损坏部位用绝缘带包好，嵌入槽内再进行绝缘处理；若个别绕组短路，可用前面介绍的穿绕修补法调换个别绕组，如果短路严重，就必须拆下重绕。

（3）绕组接地　绕组接地是指绕组与机壳直接接通，也称碰壳。绕组接地后，电流增大会使绕组发热烧坏绝缘，严重时造成相间短路。造成这种故障的原因有：电动机长期过载或定转子铁心摩擦，产生高热使绝缘老化；绕组受潮、或日晒雨淋，使绝缘性能变差；重绕时定子绕组受损，使导线与铁心碰触；引出线绝缘损坏或绕组端部过长和机壳相碰等。

1）排查方法

① 绝缘电阻表法：将绝缘电阻表接在电动机外壳与绕组组成的电路中，观察表的读数，若读数是 0，说明绕组接地；如读数在 0 ~ 0.5MΩ 之间，说明绕组受潮；若读数大于 0.5MΩ，说明电动机绝缘尚好。

② 白炽灯法：把绕组线头拆开，将白炽灯接入电路中，如图 5-3-3 所示，逐项检查绕组是否接地，若绕组绝缘良好，则白炽灯不亮；如果白炽灯亮，说明电动机绕组接地。测得某一相接地后，拆开电动机，把接地相绕组的连接线拆开，再逐一进行测定哪一相绕组通地。

2）维修方法

① 新嵌线的电动机，其接地处往往发生在槽口处，可在接地处的导线和铁心间插入绝缘材料，涂上绝缘漆。

② 若受潮不是特别严重，可将电动机两端盖拆下，放在烘箱内烘焙，直到绝缘值达到要求为止；若受潮特别严重，绝缘因老化而脱落且接地处较多时，或接地处在槽内时，一般要更换绕组。

图 5-3-3　用白炽灯法检查定子接地

③ 若绕组接地是铁心槽内硅钢片划破造成的，可将硅钢片敲下，再将绝缘损坏处重新涂上绝缘漆。

（4）绕组接错　绕组接错会造成电动机不运转，或者运转后转速低，电动机过热、振动、发出噪声、三相电流严重不平衡。绕组接错的类型主要有：Y联结与△联结接错、极相组之间接反或同一极相组中一只或几只绕组嵌反或首尾接错。

1）排查方法

① 指南针法：拆开电动机，取出转子后，把一相绕组接在 3 ~ 6V 的直流电源上，将指南针在定子内作圆周移动，若该相内绕组接线正确，则指南针顺次经过每一极相组时，就会南北交替变化；若指南针经过相邻极组时，指南针的指向不变，说明该极相组接错，有一相接反了；若在某一极相组位置指向南北交替变化时，说明该极相组内绕组接反或嵌反。依照此法，分别测试另外两相绕组。

② 万用表法：将万用表选择在 10V 交流档位置，将电动机的三相绕组中的任意串联，再用手均匀的转动转子，若万表指针摆动，说明绕组不是首端与首端、尾端与尾端相连，可将任一相两端线头对调，直至指针不动或微动，说明绕组的首端与首端、尾端与尾端连接在一起了。

③ 白炽灯法：将任意两相绕组串联，如图 5-3-4 所示，若白炽灯发亮，说明这两相绕组是其中一相的首端与另一相的尾端相连了，将其中一相的首尾端对调再试，判断出前两相的首尾端，再和第三相串联，用同样的方法判断出第三相的首尾端。

2）维修方法　确定了三相绕组的首尾端后，将三相绕组的首端和尾端分别引入接线盒中，把三相绕组首端按 U1、V1、W1 确定相序，相应三相绕组尾端为 U2、V2、W2，再将 U1、V1、W1 和 U2、V2、W2 分别接在接线板相应的接线柱上。

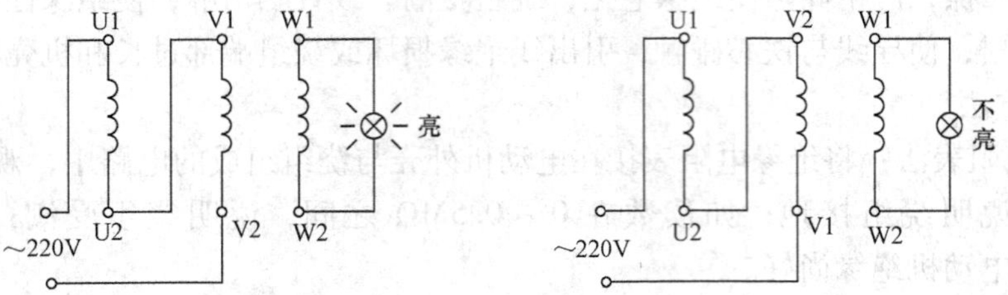

图 5-3-4　用白炽灯法判断绕组的首尾端

操作指导 2　转子绕组的故障排除

1. 目的要求

掌握排除转子绕组的故障。

2. 器材设施

短路测试器、铁粉，其他工具若干，待维修三相异步电动机一台。

3. 实训操作步骤

（1）笼型电动机转子故障的排除　笼型电动机最常见的故障是断条，断条后，电动机仍能空载，但加负载后，转速会降低，甚至无法起动。产生这种故障的原因是：电动机频繁起动、正反转，导致转子导条开裂；铸铝转子因所用材料或工艺不良造成内部缩扎、砂眼等，使用久了，导条易在这些缺陷处开裂；因端环焊接不牢松脱造成的断条。

1）排查方法

① 直接观察法：当断条现象很明显时，将电动机转子抽出后，在端环和条的交接处，会有热变色现象，说明该处是断条处。

② 导条通电法：在转子两端端环上加上 3V 的交流电，在转子表面撒上铁粉，如果某一部位不吸铁粉，说明此处就是断条处。

③ 短路侦察器法：将短路侦察器和电流表串在一起放在铁心槽口处，沿着转子圆周逐槽移动，若电流表读数明显变小，说明该处有导条断裂。

④ 更换法：找一台同型号规格的电动机转子换上，若电动机的带负载能力、转速等都正常，说明换下的转子有断条故障。

2）维修方法

① 若为铸铝转子有断条，可将转子槽内的铝熔化后重新铸铝或换成铜条。溶铝前，先去除两端端环，用夹具将铁心夹紧。把转子放在 10% 的工业烧碱中，加热直到铝全部溶化为止。取出转子用清洗干净，就可以重新铸铝或改装铜条了。

② 若断裂处在端环或槽外，可在清理断裂处后，直接用气焊焊平即可。

③ 若断裂处在槽内，数量不多时，可在断条两端的端环开一缺口，将断条敲掉，换上新铜条，铜条两端要伸出端环外约 20mm，把伸出端环的铜条敲弯紧贴在短路环上，用气焊焊牢，再将缺口焊补上，用车床车平即可。如果断裂的导条很多时，就需要更换全部铜条。

（2）绕线式转子故障排除

1）排查方法。绕线式转子的结构、嵌绕等都与定子绕组相同，所以故障排查方法与定子绕组相同。

2）维修方法。其维修方法也与定子绕组相同。只是转子绕组在修理或全部更换后，为避免电动机在旋转时将转子绕组甩出槽外，应将绕组端部绑扎结实。绑扎前，在绑扎处包上2～3层纱带，再卷上云母等绝缘物质。为使绑扎更紧，在圆周每隔一段距离垫上一块铜片，当该段钢丝绑扎好后，直接将铜片两头弯在钢丝上焊牢。钢丝的首尾端也放在铜片位置，以便卡紧焊牢。

操作指导3　三相异步电动机修理后的试验

1. 目的要求

检查电动机的维修质量，掌握相关测试方法。

2. 器材设施

绝缘电阻表、万用表、温度计，其他工具若干，已维修三相异步电动机一台。

3. 实训前指导

为确保电动机的维修质量，使电动机达到相应的技术标准，必须对电动机进行修理后检验。三相异步电动机修理后实验主要有测定绝缘电阻、测定直流电阻、耐压实验、空载实验和温升超速实验。对于要求更加严格的电动机，如处于工作环境恶劣的电动机还需要做匝间绝缘实验和短路实验。在实验前，应先对电动机的外观进行检查，接线是否正确，出线标记是否正确，前后端盖、螺栓是否拧紧，转子是否灵活，转轴的轴向窜动和径向摇摆是否符合规定等。

4. 实训操作步骤

（1）测定绝缘电阻　测量交流电动机的绝缘电阻时，若各相绕组和首末端都引出了机壳外，应断开各相间的连接线，分别测量每相绕组对机壳的绝缘电阻，然后测量各相间的绝缘电阻，即相间电阻。若绕组只有首端或末端引出机壳处，只能测量绕组对机壳的绝缘电阻。对于绕线转子电动机的绝缘测量，各绕组对机壳的绝缘电阻要逐个测量。

通常测量电动机绝缘电阻是“冷态”，即电动机不工作时的电阻。因电动机运行时绕组会发热造成电动机各部分电阻变化，绝缘电阻也会随着温度的升高而减小。测量时，将绝缘电阻表接地的一端与电动机机壳相接，另一端依次与所测绕组相接，以120rad/min的转速均匀转动绝缘电阻表摇柄，等指针稳定后读取数值，即为绕组对地的绝缘电阻值。绕组间的绝缘电阻，是用绕组的6个引出线接头来测量的。测量时可将表的两个接头，轮流接到各相邻两绕组的引出线接头上，逐次测量各相间的绝缘电阻值。

对于额定电压在500V以下的电动机一般用500V绝缘电阻表测量；额定电压在500～3000V的电动机，可用1000V绝缘电阻表测量；额定电压在3000V以上的电动机，可用2500V绝缘电阻表测量。

（2）测定直流电阻　电动机绕组冷态直流电阻，按电动机功率可分为高电阻和低电阻，电阻在10Ω以上的为高电阻，电阻在10Ω以下的为低电阻。高电阻可用万用表测量，也可通上直流电后，测出电流和电压后，用欧姆定律计算出电阻值。测低电阻时必须用精度高的电桥。

（3）耐压试验　绕组相与相、相与机壳之间都有绝缘材料，要求它们能承受一定电压而不被击穿。为保证操作人员和电动机的安全，要对电动机进行耐压试验。实验方法为通以50Hz的交流电，通电时电动机应处于静止状态，电压加在绕组与机壳之间。施加的电压应不超过电动机正常运行的额定电压，或实验电压全值的30%。其后稳步增加到电压最大值，电源电压上升到试验电压的一半后，应慢慢升至最大值，升压时间不得少于10s，以免冲击电压操作电动机。在最大值下持续1min后，要慢慢降至试验电压的一半以下，再切断电源。

（4）空载试验　空载试验是为了测定电动机空载电流和空载损耗。在空载试验时应注意电动机的运行是否良好，有无异常声音，并检查铁心和轴承的温升是否正常。空载电流可用钳形电流表来测量，对于额定功率小于1kW的电动机，因为空载电流很小，可将电动机引出线在钳形电流表的钳口上绕几圈，以增加耦合系数。钳形电流表的读数除以所绕的圈数就是电动机的空载电流。对于大功率电动机，测量时要慢慢升高电源电压，以免起动电流过大而损伤仪表。测试出的数值可与表5-3-1中的值进行对照来判断空载电流值是否符合要求。

表5-3-1　电动机空载电流占额定电流的百分比　（%）

功率 / 极数	0.125kW	0.5kW	2kW	10kW	50kW	100kW
2	70~95	45~70	40~45	30~45	23~35	18~30
4	80~96	65~85	45~60	35~55	25~40	20~30
6	85~98	70~90	50~65	35~65	30~45	22~33
8	90~98	75~90	50~70	37~70	35~50	25~35

（5）温升超速试验

1）温升试验。电动机的温升是指电动机在额定运行情况下，各部分温度达到稳定时，电动机的温度高于环境温度。电动机工作时，若绝缘材料达到规定的温度极限。此时的电动机负载的能量为最大负载，也即额定负载。如果电动机温度超过了规定值，即使不会立即烧坏电动机，电动机的寿命也会因绝缘老化而缩短。此时，电动机的负载功率必须降低，以便使负载电流及电动机温度下降。故修理后的电动机，额定输出的功率是否符合要求，负载有多大，应由温升试验决定。

进行温升试验时，电动机需带额定负载运行，从开始运行到电动机的温度稳定需要数小时。使用酒精温度计（水银温度计中的水银会因电动机中的交变磁场而产生涡流发热，影响测量的准确性）直接测量电动机温升，可将温度计紧贴于被测量的部位（一般主要测量铁心和绕组温度），温度计的玻璃球可用锡箔、棉絮包住。电动机运行过程中温度不断上升，运行数小时后温度稳定在某一值不再上升，这个温度与环境温度之差就是电动机的温升。封闭式电动机，不可能用温度计直接贴在绕组上测量，可将温度计用锡箔包住玻璃球，塞在吊环孔中测量，四周用棉絮包住。

2）超速试验。电动机修理后，要考验转子各部分承受在离心力作用的机械强度和轴承在超速运转时的机械强度。试验时，将电源电压的频率提高，使电动机转速达到额定转速的120%进行测试。

（6）匝间绝缘　匝间绝缘试验是检查绕组绕匝之间的绝缘性能。试验电压为电动机额定电压的130%，持续空载运行1min，无异常即为合格。

（7）短路试验　做短路试验时，先将电动机转子堵转，再用三相绕组加交流电压，并使电压从零逐步升高至定子绕组的电流达到额定值，这时在定子绕组上的电压称为阻抗电压。一般0.6~1.0kW的阻抗电压为90V，1.0~7.5kW的阻抗电压为75~85V，7.5~13kW的阻抗电压为75V。但额定功率大于13kW的电动机不能这种方法试验。

【考核与评价】

表 5-3-2　三相异步电动机维修考核

项目内容	配分	评分标准		自评	互评	教师评
绕组断路故障排除	25	①使用白炽灯法、电流法、电阻法进行检测 ②修理方法	15 分 10 分			
绕组短路故障排除	20	①使用直接法、直流电阻法进行检测 ②修理方法	10 分 10 分			
绕组接地故障排除	20	①使用白炽灯法、绝缘电阻表法进行检测 ②修理方法	10 分 10 分			
绕组接错故障排除	25	①使用指南针法、白炽灯法、万用表法进行检测 ②修理方法	15 分 10 分			
安全、文明操作①	10	违反一次	扣 10 分			
定额时间	8h	超过 0.5h	扣 5 分			
开始时间		结束时间	总评分			

① 要求与本项目任务一相同。

任务四　学习三相异步电动机定子绕组的重绕

【相关知识准备】

知识链接 1　记录原始数据、填写电动机修理单

当电动机绕组损坏严重，无法局部修复时，就需要把整个旧的绕组拆掉，重新嵌入新的绕组。在进行重绕之前，最好先查明损坏的原因，避免重绕后再次烧坏。此外在拆卸前要记录好有关电动机的原始数据，否则，会给重绕造成困难。电动机的原始数据包括铭牌数据、铁心数据和绕组数据等。

（1）铭牌数据　铭牌数据提供了电动机功率、额定电压、额定电流和额定转速等基本数据，以及电动机的型号、联结方式和绝缘等级等内容。

（2）铁心数据和绕组数据　铁心数据和绕组数据包括以下内容：定子铁心内、外径，定子铁心长度，定子铁心槽数，定子铁心磁轭厚度和齿宽等，转子铁心的外径，转子铁心的槽数等。

（3）绕组尺寸　在绕组拆下前，应先记录下绕组端部伸出铁心的长度，拆下绕组后，根据绕组的形式，测量、记录绕组各部分尺寸；最后，还应称出拆下绕组的全部质量，以备重绕时参考。

具体记录内容可参照表 5-4-1，其内容可根据需要进行增减。其中，除试验数据是在重绕后通过试验填写外，其他部分最好在拆卸前填写完毕。

表 5-4-1 电动机绕组记录卡

铭牌数据	型号________ 额定功率______ 额定电流______ 额定电压______ 接法______ 频率______ 转速______ 功率因数______ 绝缘等级______ 定额______ 温升______
铁心数据	定子外径______ 定子内径______ 定子有效长度______ 转子外径______ 空气隙______ 定转子槽数______ 定子轭高______
定子绕组	导线规格______ 每槽导线数______ 绕组匝数______ 并绕根数______ 并联支路数______ 每极每相槽数______
转子绕组	导线规格______ 每槽导线数______ 绕组匝数______ 并绕根数______ 并联支路数______ 每极每相槽数______ 齿距______
试验数据	空载:平均电流______ 输入功率______ 负载:平均电流______ 输入功率______ 定子每相电阻______ 转子每相电阻______ 负载时温升:定子绕组______ 转子绕组______ 室温______
绝缘材料	槽绝缘______ 绕组绝缘______ 外覆绝缘______
槽形和绕组尺寸	
故障原因及改进措施	
维修人______	日期______

知识链接 2 定子、转子绕组的有关概念

绕组是三相异步电动机的主要组成部分，是产生旋转磁场、实现能量转换的关键部件，也是最易损坏的部件。绕组分为定子绕组和转子绕组。

1. 定子绕组

定子绕组是由绕组按一定规律连接而成的。三相异步电动机是由三个独立绕组组成的，每个绕组又包含若干绕组，每个绕组又由若干匝数构成。各相绕组的尺寸、匝数及形状都应相同，在空间分布上应相差 120°电角度。而且要求绕组的绝缘性能和机械强度可靠，制造工艺简单，用铜量少，散热条件好，检修方便。定子绕组常用到的基本术语如下：

（1）绕组　绕组或绕组元件也称绕组，它是构成绕组的基本元件。绕组是由绝缘导线按一定形状和规律连接形成的，可以有一匝或多匝。绕组多用菱形表示，如图 5-4-1 所示。绕组中嵌入铁心槽内的直线部分是电磁能量转化的部分，称为有效边，伸出槽外部分只起连接作用，称为端部，从端部引出的两条引线，一条称为首端，一条称为尾端（末端）。在不影响电动机正常工作的前提下，应尽量缩短绕组的端部，以节省导线，减小损耗。

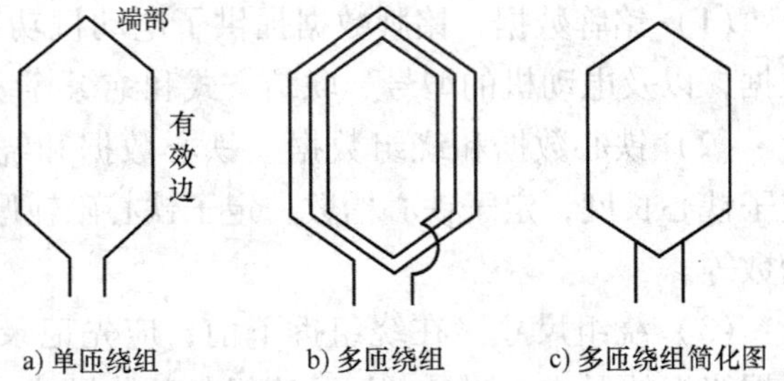

图 5-4-1　绕组示意图

（2）槽数和磁极数　槽数即为铁心上线槽的总数，用 Z 表示。若电动机定子铁心上有

24 个线槽，则 $Z=24$。

磁极数是指每相绕组通电后产生的磁极数，电动机的磁极数总是成对出现，故磁极数用 $2p$ 来表示，p 表示磁极对数，如一台 4 极电动机，则 $p=2$。电动机的铭牌上一般标明有磁极数。

（3）每极每相槽数　每相绕组在每个磁极下所占的槽数即为每极每相槽数，用 q 来表示。具体可由式（5-1）进行计算：

$$q=\frac{Z}{2pm}=\frac{\tau}{m} \tag{5-1}$$

式中　m——相数；

τ——极距。

【例 5-1】　一台定子槽数为 24 槽的 4 极三相异步电动机的每极每相槽数为多少？

解：

$$q=\frac{24}{4\times 3}=2$$

（4）极距和节距　两个相邻磁极轴线线之间的距离，称为极距，用 τ 表示。极距的大小可用铁心上的线槽数 Z 来或定子铁心内径 D_i 表示。

$$\tau=\frac{Z}{2p}=\frac{\pi D_i}{2p} \tag{5-2}$$

【例 5-2】　以例 5-1 中的电动机为例，计算其极距。

解：

$$\tau=\frac{24}{4}=6$$

一个绕组两条有效边之间相隔的槽数称为齿距或跨距，用 y 来表示。为获得较好的电气性能，齿距 y 应尽量接近极距 τ。当 $y=\tau$ 时，绕组称为整距绕组；当 $y<\tau$ 时，绕组称为短距绕组；当 $y>\tau$ 时，绕组称为长距绕组。实际生产中从节约用铜量的角度考虑，常采用整距绕组或短距绕组，极少采用长距绕组。

（5）机械角度和电角度　电动机在几何上分成 360°，这个角度称为机械角度。从电磁学的观点来看，若磁场在空间按正弦波分布，导体经过一对磁极 N、S 时，所产生的感应电动势的变化也为一个周期，即电动势的相位也变化了 360°，这种交变电动势或电流在交变过程中所经历的角度就称为电角度。一对磁极的电角度为 360°，对于两对磁极的电动机，导体每旋转一周要经过两对磁极，对应的电角度应为 $2\times 360°=720°$，即有 p 对磁极在电动机，其电角度为

$$\text{电角度}=p\times\text{机械角度} \tag{5-3}$$

（6）相带　每个极距内属于同相的槽所占有的区域，称为相带。如三相异步电动机的每个磁级下可按相数分为三个相带，一个磁极对应的电角度是 180°，则每个相带占有的电角度就为 60°，称为 60°相带。

（7）槽距角　相邻两槽间对的圆心电角度称为槽距角，用 α 表示，它反应了相邻两槽导体电动势在时间上的相位差，计算公式如下

$$\alpha=\frac{360°\times p}{Z} \tag{5-4}$$

（8）极相组　将一个磁极下属于同一相的绕组按一定方式串联成的绕组组称为极相组。

2. 转子绕组

转子绕组分为笼型绕组和绕线转子绕组两种，在本项目任务一的知识链接1中已详细介绍，这里不再赘述。

知识链接3　定子绕组的展开图和接线图

绕组的连接规律一般用绕组展开图表示，可以设想把定子沿轴向切开并拉平，略去定子铁心部分，把槽中的绕组用一根单线表示，绘出的绕组平面原理图就是绕组展开图。

异步电动机的定子绕组的种类很多，有单层绕组和双层绕组等。

1. 单层绕组

单层绕组嵌入定子铁心槽内后，每槽只有一个绕组的有效边，不需要加层间绝缘，故铁心槽内的空间利用率比较高，适用于铁心直径比较小的电动机。常用的单层绕组的形式有单层链式、单层交叉式和单层同心式三种。

（1）单层链式绕组　单层链式绕组是由相同齿距绕组组成的，它构成绕组的绕组一环套一环，形如长链，故有此名。

现以一台4极，定子铁心有24槽，齿距为5（即1~6槽）的三相电动机为例，说明其排列和连线方式。

1）相关计算

$$\tau=\frac{Z}{2p}=\frac{24}{4}=6$$

$$q=\frac{\tau}{m}=\frac{6}{3}=2$$

$$\alpha=\frac{360°\times p}{Z}=\frac{360°\times 2}{24}=30°$$

因磁极有4极，故按S、N、S、N交替排列。根据计算可知，每个磁极有6个槽，每个相带占2槽，故每个磁极下有3个相带，一对磁极下有6个相带。若第1、2槽被视为U1相的相带，由槽距角可知，该相带所占的空间电角度为$q\alpha=2\times30°=60°$，按三相对称分布的原则，V1相应滞后U1相120°（120°/30°=4），即第5、6槽为V1相带，依此类推，第9、10槽为W1相带。再由绕组齿距为5（即1~6槽）可知，第7、8槽也属于U相，但因其处于S级下，故为U2相带，同理可知，V2相带为第11、12槽，W2相带为第15、16槽，各相带所占槽号见表5-4-2。

表5-4-2　各相带槽号对照

相带 / 槽号 / 极对数	U1	W2	V1	U2	W1	V2
第一对磁极	1、2	3、4	5、6	7、8	9、10	11、12
第二对磁极	13、14	15、16	17、18	19、20	21、22	23、24

2）连接绕组。在各相槽号排列好后，可将相邻磁极下绕组边中的电流方向相反的原则标出电流方向，如图5-4-2a所示。参照表5-4-2可知，U相绕组中包含第1、2、7、8、13、14、19、20这8个槽中的绕组边。连接的方式将第2槽与第7槽连接，第7槽与第13槽连接，第14槽与第19槽连接，第20槽与第1槽连接，再将这4个绕组组联成绕组，U相连

接完毕，如图5-4-2b所示。第二种方法改变了端结部分的绕向，从而使绕组的跨距缩短，节省了材料，故生产中多采用这种方法。

按照上面介绍的方法，还可以连接V相和W相，如图5-4-2c所示。

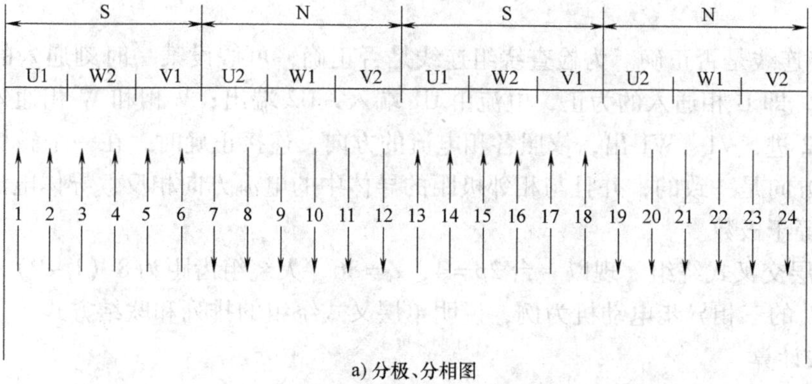

a) 分极、分相图

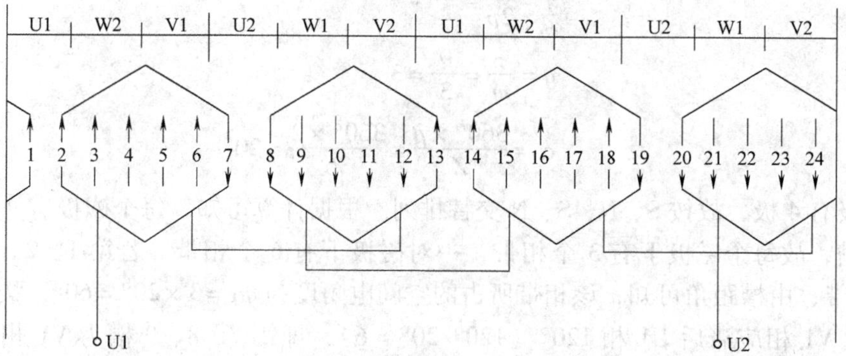

b) U相绕组

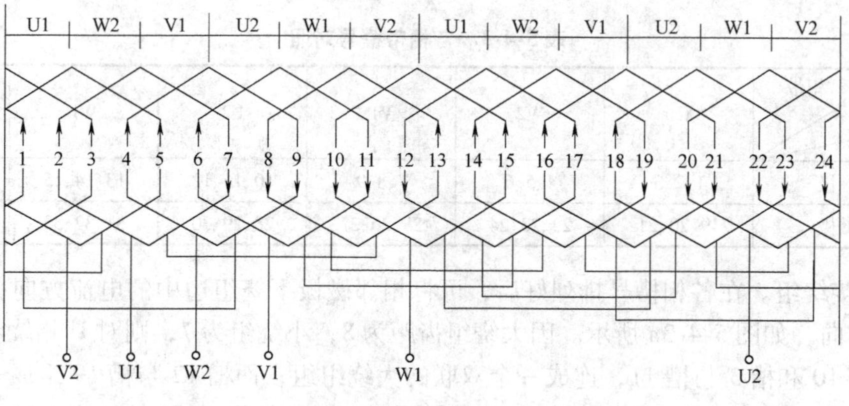

c) 三相绕组

图5-4-2　24槽4极单层链式绕组展开图

3）各相引出线及连线。以U相为例，它一共有4个绕组，每个绕组各有一个头和尾，为形成4个磁极，需使第一、三绕组形成N极，第二、四绕组形成S极，则4个绕组的连接顺序如下，若将U相电源的引出线定在U1的首端第2槽，则尾部第7槽应与下一绕组的尾部第13槽相连，头部第8槽与第3个绕组的头部第14槽相连，尾部第19槽与第4个绕组的尾部第1槽相连，头部第20槽即为U相的末端U2，这种连接方法采用的是“尾联尾，头联头，尾联尾”方式。根据各相绕组电源引出线彼此相隔120°电角度可知，V相首端V1应在第6槽，末端V2应在第24槽，W相首端W1应在第10槽，末端W2在第4槽，如图5-4-2c所示。

4）检查连线是否正确。为检查绕组连线是否正确，可假设某一时刻通入的对称电压为“一正二负”，即U相通入的为正，电流由U1端入，U2端出；V相和W相通入的为负，电流由V2、W2进，V1、W1出，依照各相电流的方向，连接正确时，在一个磁极范围内的导体中的电流方向是一致的，并且与相邻极距的导体中的电流方向相反，导体电流方向的交替变换次数应等于极数。

（2）单层交叉式绕组　现以一台 $2p=4$，$Z=36$，大绕组齿距为8（1～9），小绕组齿距为7（1～8）的三相异步电动机为例，说明单层叉式绕组的排列和联结方式。

1）相关计算

$$\tau=\frac{Z}{2p}=\frac{36}{4}=9$$

$$q=\frac{\tau}{m}=\frac{9}{3}=3$$

$$\alpha=\frac{360°\times p}{Z}=\frac{360°\times 2}{36}=20°$$

因磁极有4极，故按S、N、S、N交替排列。根据计算可知，每个磁极有9个槽，每个相带占3槽，故每个磁极下有3个相带，一对磁极下有6个相带。若第1、2、3槽被视为U1相的相带，由槽距角可知，该相带所占的空间电角度为 $q\alpha=3\times20°=60°$，按三相对称分布的原则，V1相应滞后U1相120°（120°/20°=6），即第7、8、9槽为V1相带，依此类推，各相带所占槽号见表5-4-3。

表5-4-3　各相带槽号对照

相带 / 槽号 / 极对数	U1	W2	V1	U2	W1	V2
第一对磁极	1、2、3	4、5、6	7、8、9	10、11、12	13、14、15	16、17、18
第二对磁极	19、20、21	22、23、24	25、26、27	28、29、30	31、32、33	34、35、36

2）连接绕组。在各相槽号排列好后，可将相邻磁极下绕组边中的电流方向相反的原则标出电流方向，如图5-4-3a所示。因大绕组齿距为8，小绕组为7，则对U相绕组来说，可将槽2与槽10和槽3与槽11，连成一个双联的大绕组组；而槽12与槽19组成一个小绕组组。再将槽20与槽28和槽21与槽29组成一另一个大绕组组；槽30与槽1组成一个另一个小绕组组，如图5-4-3a所示。同理可推算出V相的4个绕组为：8-16和9-17、18-25、26-34和27-35、36-7。W相的4个绕组为：14-22和15-23、24-31、32-4和33-5、6-13，如图5-4-3b所示。

3）各相引出线及连线。以U相为例，它一共有4个绕组，每个绕组各有一个头和尾。为形成4个磁极，需使第一、三绕组形成N极，第二、四绕组形成S极，则4个绕组的连接

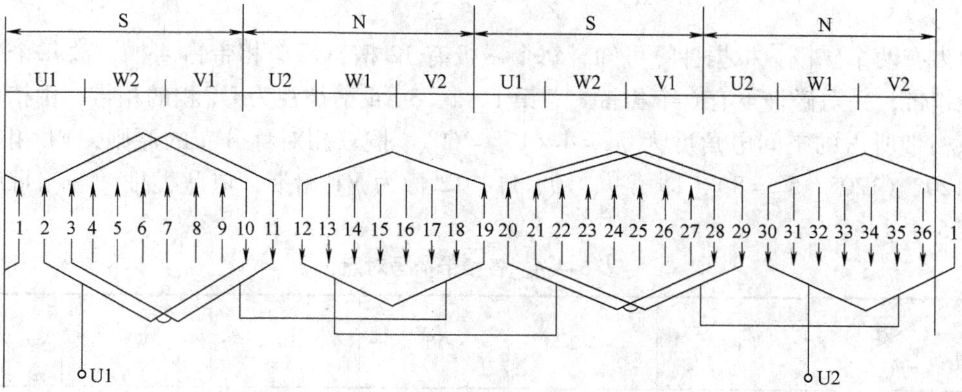

a) U相绕组

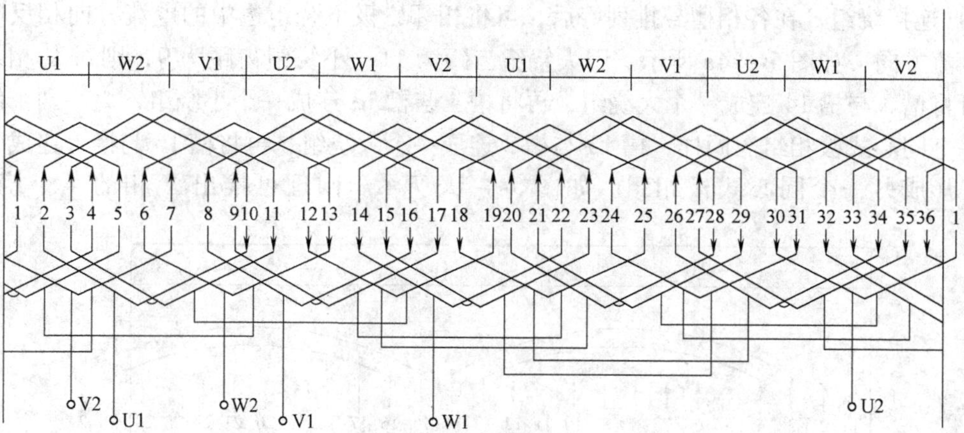

b) 三相绕组

图 5-4-3　三相 36 槽 4 极单层交叉式绕组展示图

顺序如下，若将 U 相电源的引出线定在 U1 的首端第 2 槽，则尾部第 11 槽应与下一绕组的尾部第 19 槽相连，头部第 12 槽与第 3 个绕组的头部第 20 槽相连，尾部第 29 槽与第 4 个绕组的尾部第 1 槽相连，头部第 30 槽即为 U 相的末端 U2，这种连接方法采用的是“尾联尾，头联头，尾联尾”方式。根据各相绕组电源引出线彼此相隔 120°电角度可知，V 相首端 V1 应在第 8 槽，末端 V2 应在第 36 槽，W 相首端 W1 应在第 14 槽，末端 W2 在第 6 槽如图 5-4-3b所示。

4）检查连线是否正确。检查方法与单层链式的情况相同。

（3）单层同心式绕组　现以一台 $2p=2$，$Z=24$，大绕组齿距为 11（1 ~ 12），小绕组齿距为 9（2 ~ 11）的三相异步电动机为例，说明单层同心式绕组的排列和联结方式。

1）相关计算

$$\tau=\frac{Z}{2p}=\frac{24}{2}=12$$

$$q=\frac{\tau}{m}=\frac{12}{3}=4$$

$$\alpha = \frac{360^\circ \times p}{Z} = \frac{360^\circ \times 1}{24} = 15^\circ$$

因为有两个磁极，根据计算可知，每个磁极有12槽，每个相带占4槽，故每个磁极下有3个相带，一对磁极下有6个相带。若第1、2、3、4槽被视为U1相的相带，由槽距角可知，该相带所占的空间电角度为$q\alpha = 4 \times 15^\circ = 60^\circ$，按三相对称分布的原则，V1相应滞后U1相120°（120°/15° = 8），即第9、10、11、12槽为V1相带，依此类推，各相带所占槽号见表5-4-4。

表5-4-4　各相带槽号对照

相带 槽号	U1	W2	V1	U2	W1	V2
磁极	1、2、3、4	5、6、7、8	9、10、11、12	13、14、15、16	17、18、19、20	21、22、23、24

2）连接绕组。在各相槽号排列好后，可将相邻磁极下绕组边中的电流方向相反的原则标出电流方向，如图5-4-4a所示。因大绕组齿距为11，小绕组齿距为9，则对U相绕组来说，可将槽3与槽14连成一个大绕组，再将槽4与槽13连成一个小绕组，大小两个绕组套形成一个同心式极相组。同样，槽15与槽2连成一个大绕组，再将槽16与槽1连成一个小绕组，形成另一个同心式极相组。如图5-4-4a所示。同理可推出V相的4个绕组为：

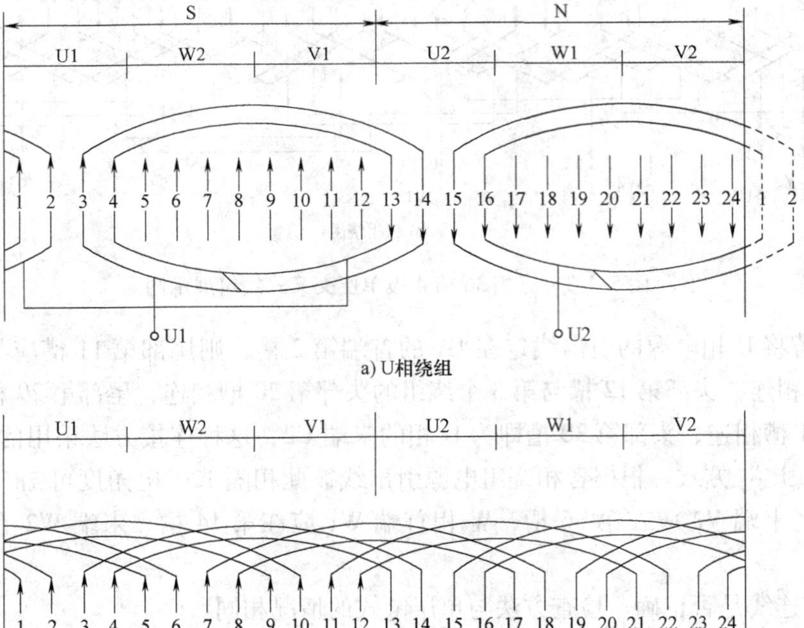

a) U相绕组

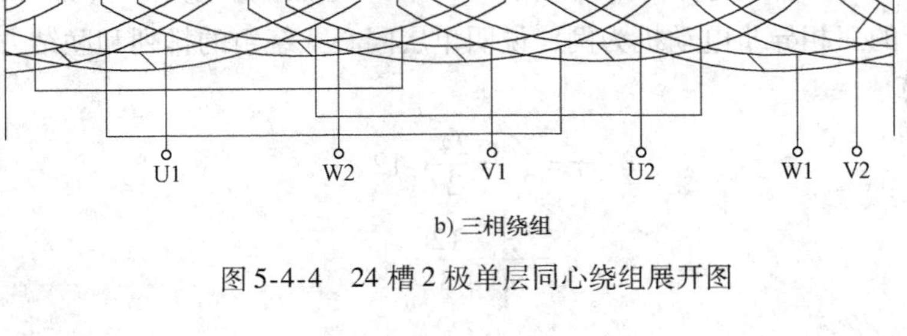

b) 三相绕组

图5-4-4　24槽2极单层同心绕组展开图

11-22、12-21、23-10、24-9；W 相的 4 个绕组为：19-6、20-5、7-18、8-17，如图 5-4-4b 所示。

3）各相引出线及连线。以 U 相为例，它一共有 4 个绕组，若将 U 相电源的引出线定在 U1 的首端第 3 槽，则尾部第 14 槽应与下一绕组的头部第 4 槽相连，尾部第 13 槽与第 3 个绕组的尾部第 2 槽相连，头部第 15 槽与第 4 个绕组的尾部第 1 槽相连，头部第 16 槽即为 U 相的末端 U2，根据各相绕组电源引出线彼此相隔 120°电角度可知，V 相首端 V1 应在第 11 槽，末端 V2 应在第 24 槽，W 相首端 W1 应在第 19 槽，末端 W2 在第 8 槽如图 5-4-4b 所示。

4）检查连线是否正确。检查方法与单层链式的情况相同。

2. 双层绕组

单层绕组的铁心槽内空间利用率虽然比较高，但磁通势波形不如双层绕组，故在功率较大的电动机或要求磁通势波形更接近于正弦波的电动机都采用双层绕组。双层绕组是指铁心槽内有上层和下层，每个绕组的一个有效边放在某一槽的上层，另一个有效边放在另一槽的下层，上下层之间用绝缘材料绝缘，其绕组数等于槽数，齿距可以根据需要选择。

现以一台 $2p=4$，$Z=36$，绕组齿距为 7（1～8）的三相异步电动机为例，说明双层叠绕组的排列和联结方式。

1）相关计算

$$\tau=\frac{Z}{2p}=\frac{36}{4}=9$$

$$q=\frac{\tau}{m}=\frac{9}{3}=3$$

$$\alpha=\frac{360°\times p}{Z}=\frac{360°\times 2}{36}=20°$$

因为有 4 个磁极，根据计算可知，每个磁极有 9 个槽，每个相带占 3 槽，故每个磁极下有 3 个相带，一对磁极下有 6 个相带。若第 1、2、3 槽被视为 U1 相的相带，由槽距角可知，该相带所占的空间电角度为 $q\alpha=3\times 20°=60°$，按三相对称分布的原则，V1 相应滞后 U1 相 120°（120°/20°=6），即第 7、8、9 槽为 V1 相带，依此类推，各相带所占槽号见表 5-4-5。

表 5-4-5　各相带槽号对照

相带 / 槽号 / 极对数	U1	W2	V1	U2	W1	V2
第一对磁极	1、2、3	4、5、6	7、8、9	10、11、12	13、14、15	16、17、18
第二对磁极	19、20、21	22、23、24	25、26、27	28、29、30	31、32、33	34、35、36

2）连接绕组。在各相槽号排列好后，可将相邻磁极下绕组边中的电流方向相反的原则标出电流方向，如图 5-4-5a 所示。图中实线表示上层边，虚线表示下层边，每个绕组都由一根实线和一根虚线组成，各绕组的编号都用其上层边所在的槽号表示。因绕组齿距为 7，则对 U 相绕组来说，可将槽 1 的上层边与槽 8 的下层边连成绕组 1，再将槽 2 的上层边与槽 9 的下层边连成绕组 2，依此类推，共得出 U 相的 12 个绕组（1 上-8 下、2 上-9 下、3 上-

10 下，10 上-17 下、11 上-18 下、12 上-19 下、19 上-26 下、20 上-27 下、21 上-28 下、28 上-35 下、29 上-36 下、30 上-1 下）。V 相、W 相可同理推出。

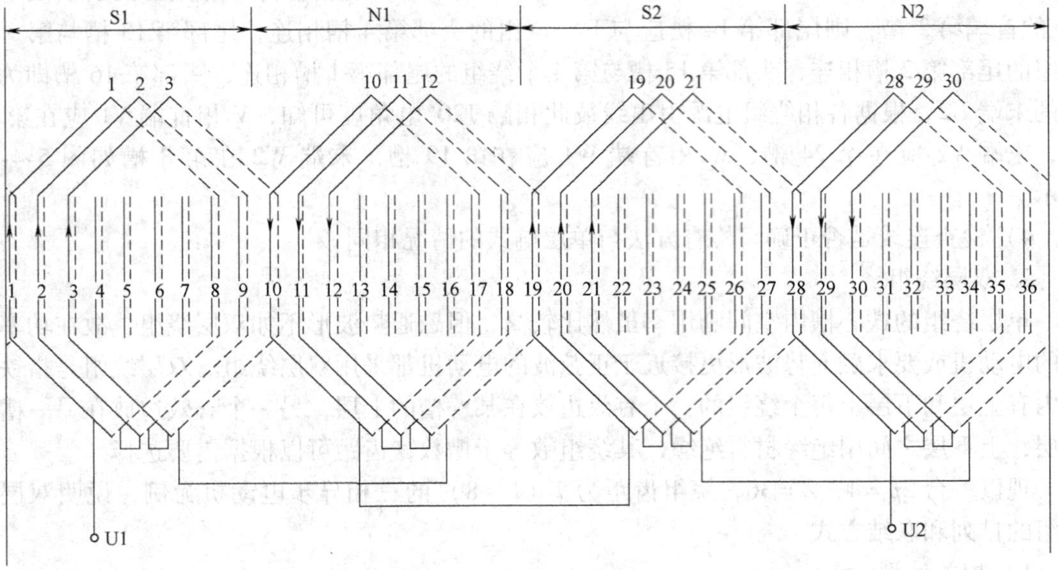

a) U相绕组

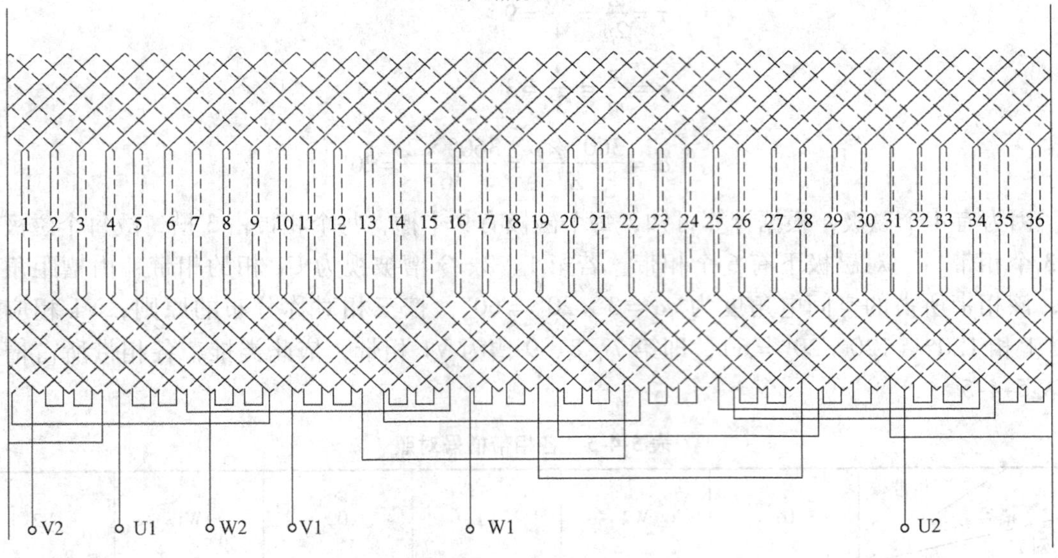

b) 三相绕组

图 5-4-5　三相双层叠绕组展开图

3）各相引出线及齿线。以 U 相为例，若将 U 相电源的引出线定在 U1 的首端第 1 槽，则各绕组的串联顺序为：绕组 1 与绕组 2 相连，再和绕组 3 连、再连绕组 12、绕组 11、绕组 10、绕组 19、绕组 20、绕组 21、绕组 30、绕组 29、绕组 28，槽 28 即为 U2；根据各相绕组电源引出线彼此相隔 120°电角度可知，V 相首端 V1 应在第 7 槽，末端 V2 应在第 34 槽，W 相首端 W1 应在第 13 槽，末端 W2 在第 4 槽，如图 5-4-5b 所示。

【操作指导】

操作指导　三相异步电动机定子绕组的重绕

1. 目的要求

掌握三相异步电动机定子绕组的重绕维修工艺和操作方法。

2. 器材设施

漆包线、手钳、千分尺、压线板等嵌线工具、绝缘纸、绝缘电阻表、其他工具若干，待修理小型三相异步电动机一台。

3. 实训前指导

为确保定子绕组重绕的质量，在重绕前一定要填写电动机绕组记录卡，可参考表5-4-1。绕组拆除和重绕的整个流程可分为拆除待修电动机定子绕组、清槽、绝缘材料的裁剪与制作、绕组的绕制、嵌线、测试、浸漆与烘干和试验等步骤。

4. 实训操作步骤

（1）拆除待修电动机定子绕组　在电动机的生产和维修过程中，绕组经过浸漆烘干后，已经成为一个质地坚硬的整体，拆除比较困难。对旧绕组常用的方法有冷拆法、热拆法和溶液溶解法。冷拆法和溶液溶解法拆线较为困难，但它们对铁心的电磁性能没有影响；热拆法拆线比较容易，但它会破坏铁心的绝缘，影响电磁性能。具体选择哪种拆线方法，应根据实际情况而定。但不论用哪一种方法进行拆除，都要留下一个完整的绕组，作为新绕组的参照范本。

1）冷拆法。冷拆法在日常维修中使用最多。拆卸时先用錾子錾切有接线一端的绕组。錾切时注意錾子的角度不能放置得过陡，以防损坏定子铁心；也不能放置过平，使錾切的线端不平整，影响后面的冲线。对于錾切不平整的地方，要加以清理。清理完后，可以进行冲线，冲线可根据线槽的形状选择冲子，圆形线槽选择圆形冲子，矩形线槽选择矩形冲子。选择好后，将冲子对准錾切面，再用锤子敲击，敲击力量不易过大、过猛，以免损坏槽口或使铁心翘起。此外，冲线时，不要急于一次性拆卸某槽的绕组，应依次循环逐步冲出绕组。

2）热拆法。热拆法又分为电流加热法和热烘法两种。

① 电流加热法：将绕组端部的连接线拆掉后，在一个极相组内通入单相低压大电流（可同变压器作为电源）进行加热。当绝缘软化、绕组开始冒烟后，切断电源，打出槽楔，快速成拆除绕组。但如果绕组中有断路或短路绕组，不适合应用该法。

② 热烘法：用电烘箱或喷灯等对定子加热，待绝缘软化后，趁热拆除绕组。但加热过程中要特别注意防止烧坏铁心，否则铁心的绝缘被破坏后，电磁性能会下降。

3）溶液溶解法。该方法仅适用于1kW以下的小型电动机的定子绕组。通常把定子绕组浸入9%的氢氧化钠溶液中，浸泡2~3h后槽楔和绝缘物被腐蚀掉后取出，再用清水冲洗干净。这种方法不适用铝壳电动机。若拆卸绝缘漆还未老化的0.5kW以下的电动机时，还可采用丙酮25%、酒精20%、苯55%配成的混合溶液浸泡，待绝缘软化后拆除旧绕组。若是3kW以下的电动机，也可用丙酮50%、甲苯45%、石蜡5%的混合溶液。但由于苯是一种挥发性的有毒气体，所以使用此方法时一定要注意防火、通风和人身安全。

（2）清槽　绕组拆除完后，应对定子槽进行清理。拆卸完的线槽内有一些残留物，需要对它们进行清理，如果不清理，会给嵌线带来麻烦，并会影响电动机的绝缘性能。常用的清理工具是钢齿刷，根据定子槽的大小选择合适的钢齿刷，将钢齿刷插入定子槽内上下刷动，依次将定子槽内的残留物、绝缘物、碎铜线和漆锈斑等清理干净。此外，清理时还要注意检查铁心硅钢片是否受损，若有缺口、凸片、弯片等情况，要予以修整。

（3）绝缘材料的裁剪与制作　电动机的绝缘材料应由电动机的工作温度来决定，最常用到的是绝缘纸和绝缘套管。

绝缘纸应该保持清洁、干燥和平整，尽量不要随意折叠。在裁剪绝缘纸时，应根据铁心长度来进行裁剪。一般情况下，绝缘纸的长度比铁心长出约 20～30mm，宽度约为铁心槽高度的 3～4 倍。对于双层绕组在裁剪黄蜡布、玻璃丝漆布时，应与经纬成 45°角裁剪，这样不易在槽口处撕裂。在上下层之间要垫一层层间绝缘，层间绝缘的长度要比铁心长 20～30mm，宽度要比槽宽 5mm 左右。绕组端部相与相之间也要垫一层相间绝缘，以防止发生相间击穿。

槽楔是用来压住槽内导线的，防止绝缘和导线松动，槽楔一般用竹子、玻璃层布板作为材料，横截面成梯形，形状大小与槽口内侧要吻合，长度一般比槽绝缘纸短 20mm，厚度为 3mm 左右，底面要削薄且成斜口状，以利于插入线槽，以免损坏槽绝缘。

（4）绕组的绕制

1）导线的准备。在绕制绕组之前要先准备好漆包线，其标准来源于拆卸下的旧绕组。将旧绕组上剪下一段未损伤的铜线，用火烤后，将外面的绝缘皮除掉拉直，用千分尺测量，再选择与旧绕组上铜线线径相同或稍大些的漆包线。若选择不到与原线径一致的漆包线时，可以用两根较细的导线替代原来的导线，但两者的截面积应该相等。但在实际应用过程中，两者不可能绝对相等，为保证电动机性能不发生明显变化，可使两根细线的总面积较原导线截面积略大，并且所选的两根细导线应该线径相同，不要一根过粗，一根过细，以免因导线电阻不对称造成电流密度不平衡，引起绕组过热。

2）绕线模的制作。定子绕组是在绕线模上绕制的，绕组若绕得过小，不好嵌线，也不便于端部整形；绕组绕得过大，浪费材料，增加成本，且端部太长顶住外壳端盖，影响绝缘。因此绕线模的尺寸直接影响着绕组质量的好坏。制作绕线模时可以查阅相关资料，参照数据制作即可，也可以以拆下来的旧绕组为标准来制作。此外还可以采用下面的方法来计算。

① 菱形模的计算：菱形模如图 5-4-6 所示。

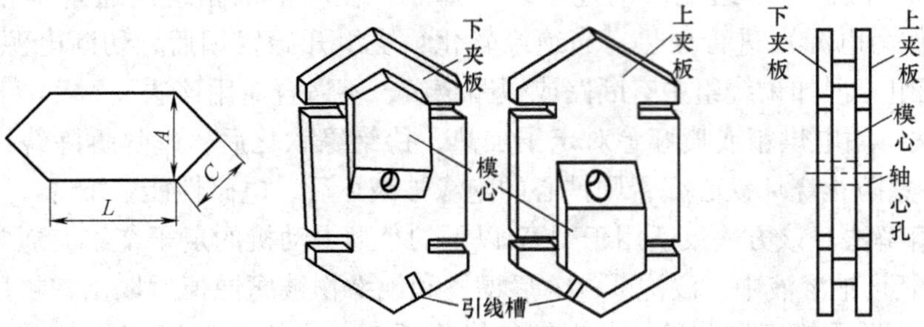

图 5-4-6　菱形模

槽宽
$$A=\frac{\pi D_i y}{Z} \tag{5-5}$$

式中　D_i——定子铁心内径，单位为 mm；

y——绕组齿距；

Z——定子槽数。

模直线长度
$$L = h + 2a \tag{5-6}$$
式中 h——铁心长度，单位为 mm；

a——绕组直线部分伸出铁心的单边长度，单位为 mm。对于中心高在 132 ~ 250mm 的电动机，a 可以取 10 ~ 15mm；对于中心高在 132mm 以下的电动机，a 可取15 ~ 20mm。

模斜边长
$$C = \frac{A}{t} \tag{5-7}$$
式中 t——经验系数。对于 2 极电动机，t 可取 1.49；对于 4 极电动机，t 可取 1.53；对于 6 极或 8 极电动机，t 可取 1.58。

② 腰圆形模的计算：腰圆形模如图 5-4-7 所示。

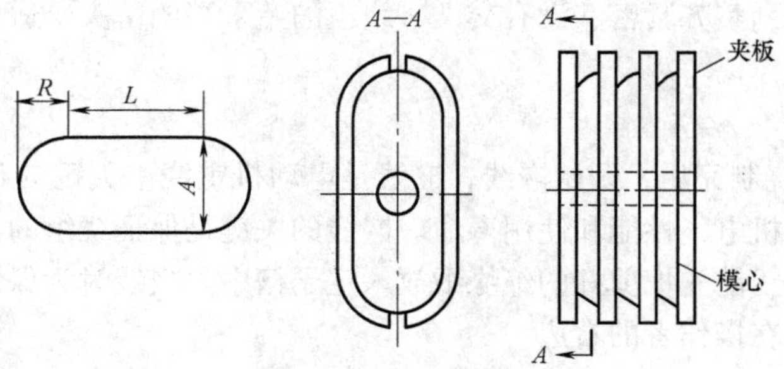

图 5-4-7 腰圆形模

槽宽
$$A = \frac{\pi D_i y}{Z} \tag{5-8}$$
模直线长度
$$L = h + 2a \tag{5-9}$$
圆弧半径
$$R = \frac{A}{t} \tag{5-10}$$
式中 t——经验系数。对于同心式绕组，t 可取 2.0；对于交叉式绕组，t 可取 1.8；对于链式绕组，t 可取 1.6。

③ 绕线模的制作：当通过计算确定了绕线模的尺寸后，就可以制作绕线模了。先根据模心的尺寸将木板加工成绕线模。用一根铜线绕模心做成一匝绕组，按规定齿距放入定子槽中，看是否合适，若尺寸不合适，还要继续对模心进行改正，直到符合要求为止。在模心制作完成后，接着制作夹板，夹板的形状与模心相同，只是每边比模心要长（一般比绕组厚度多出 5 ~ 10mm）。然后一层模心一层夹板间隔地组合起来，最外层是夹板。为使绕成的绕组容易取下来，在绕线模的轴心处斜锯开，半块固定在上夹板，半块固定在下夹板，如图 5-4-8 所示。在粘合模心与夹板时，要注意接缝紧密，不留空隙，否则在绕线时，易造成导线嵌入结合处的缝隙中。

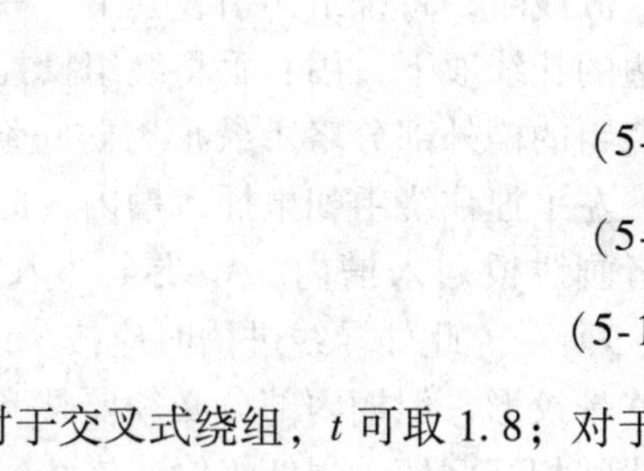

图 5-4-8 线模结构

④ 绕组的绕制：绕组的线径、匝数确定及绕线模制作好后，就可以绕制绕组了。若使用的是单根导线，则线径一般不超过 1.68mm，因为导线太粗，其硬度太大不利于下线，并且槽内的空间利用率也不大。当电动机的额定电流较大时，一般采用几根较细的导线并绕，但并绕的路数不应太多，否则，可能会

造成匝间短路。

绕制过程中，要注意匝数是否符合要求。如遇到导线需要接头时，要注意接头的位置，只能是处于端部，套上绝缘管，接好焊牢。多根并绕的导线接头位置应该相互错开一定距离。绕制中，应尽可能用绕线模将一个极相绕组的绕组连续绕完，以减少绕组之间的接头和接线错误。但若在绕制过程中出现不慎断线，应立即停绕，记录下圈数并进行焊接，焊接的部位必须在端部的斜边上，不能在其有效边上。焊接时，先用酒精灯烧去表皮漆蜡，用小刀轻轻刮掉炭灰，把两线头拧在一起，涂上焊锡膏，焊上焊锡。焊牢后在焊头处衬一块黄蜡布，转动绕线模一周，再掀起黄蜡布盖住接头，让第二圈漆包线压住黄蜡布，继续绕制未绕完的绕组；也可采用在接线头之前套上一段绝缘管，待线头焊接好后直接用绝缘管套住接头。

绕组绕制完成，退出绕线模后，应将绕制好的绕组扎好，以备使用。绕制合格的绕组应该做到匝数正确、排列整齐紧密、没有交叉，绕组的始末端的留头要适当，一般以绕组周长的1/3即可。

（5）嵌线

1）嵌线。绕组绕制完后，开始嵌线，嵌线是电动机重绕中关键的步骤之一，嵌线的质量，直接影响着电动机电气性能和使用寿命。嵌线的关键是保证绕组的位置和次序正确，以及良好的绝缘性。嵌线前先把剪好的绝缘纸放入定子槽中。嵌线时为保证标准统一，常把机座有出线匝的一侧放在操作者的右边。

嵌线时，将绕组的引线套上一只套管，折一下（防止漆包线头弹回伤人）。然后将绕组一边的扎线取下，用右手将绕组捻捏成薄片状，再用左手捏住绕组的一端向相反方向扭转，使绕组的槽外部分略带绞形，防止绕组松散。将捏成薄片的绕组放入定子槽口的绝缘纸中间，左手捏住绕组朝里插入槽内，此时大部分的导线都被拉入槽内，剩余的小部分可用手指或者画线板划入槽内。导线全部入槽后用压线板来回按压导线，使槽内导线平整，如图5-4-9所示。此外导线进槽时应按绕组的绕制顺序，不能相互交叉错乱，绕组两端槽外部分虽略带绞形，但槽内部分必须要整齐平行，否则不仅影响导线的全部嵌入，而且还可能造成导线间相互摩擦，损坏绝缘。嵌线时还要注意槽内绝缘是否偏移到一侧，防止露出铁心与导线碰触，造成通地故障。

嵌完线后，用剪刀将高出槽口的绝缘纸沿槽口剪平，注意不要剪断导线，再用压线板将绝缘纸推倒在槽口压平。用准备好的槽楔从槽的一端插进槽里，压住导线和绝缘纸。用同样的方法再将绕组下到另一槽中。嵌完所有绕组后，对绕线端部进行整理，检查绕组外形、端部排列及相间绝缘。然后将两侧端部排列整齐，向外敲打成喇叭口状，其直径大小要合适，既要保证通风良好，又不能使端部离机壳太近。

2）接线。接线前先弄清楚并联支路数、接法及进出线方向，确定进出线位置，整理好绕组接头，留足所需的引线长度，将多余部分剪去，用刮漆刀刮去线头上的绝缘漆，并将套管套在引线上。然后按绕组的连接方法进行线头连接。

若线头仅是绞合而不是焊接，在长期高温下接触而易氧化，使接触电阻变大。电流通过时产生高温，加速该处氧化，使接触电阻更大，这样恶性循环，最终会烧坏接头。因此，导线的接头必须进行焊接，才能保证电动机不会因绕组接头损坏而影响工作。常用的焊接方式是锡焊，如果漆包线比较粗，可采用氧焊的方法，它可以不用刮漆包线上的绝缘皮，但要注意控制火力，防止烧坏绕组。焊接好后，等焊点冷却后，用套管把焊点套上。将所有的连线

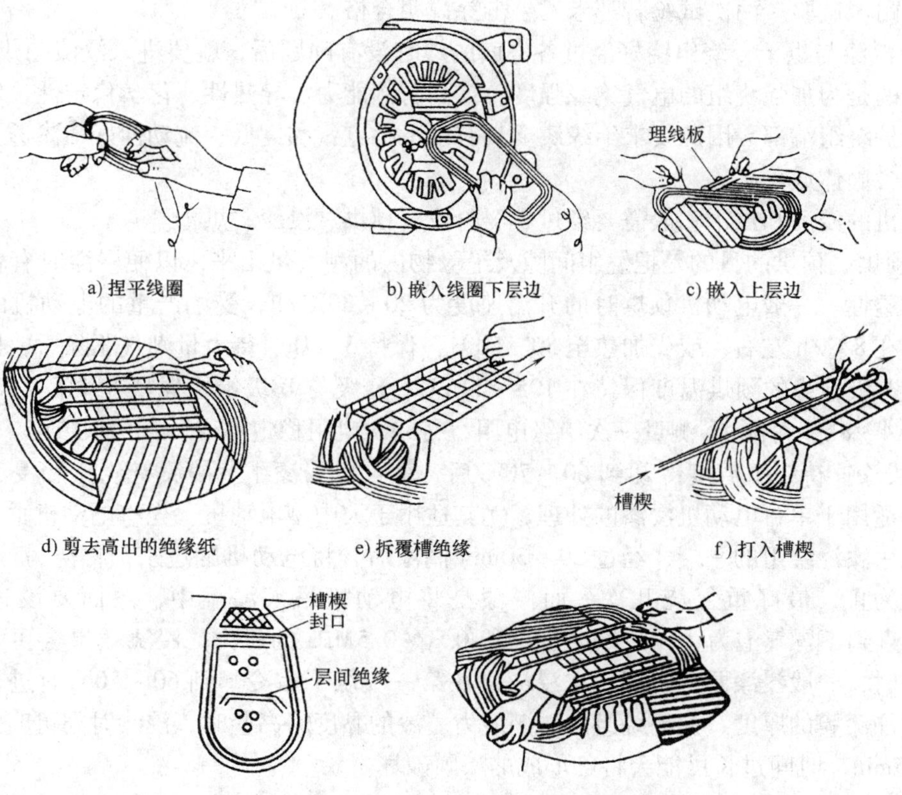

a) 捏平线圈　b) 嵌入线圈下层边　c) 嵌入上层边
d) 剪去高出的绝缘纸　e) 拆覆槽绝缘　f) 打入槽楔
g) 层间绝缘位置　h) 压下线圈两端

图5-4-9　嵌线方法

焊好后，从电动机的出线孔将三相绕组的三个头和三个尾引出。

（6）测试　绕组全部连接完毕后，要对其进行相应测试，以检查是否有接错或嵌反，直流电阻、绝缘电阻是否达标等。

当检查绕组有无错接或嵌反时，可用指南针法，也在三相绕组内通入60～100V的三相交流电，在定子铁心的内圆上放一个小钢珠，钢珠沿着内圆旋转，说明绕组没有接错或嵌反，若钢珠被吸住不动，则表明绕组可能接错、嵌反、短路或断路。

若绕组没有接错或嵌反，就可以用电桥测定直流电阻了。正常情况下，三相绕组的直流电阻应该相同，但因绕线时拉力差异、焊接接头接触电阻的差异，可以允许直流电阻的不平衡度不大于±4%。而绝缘电阻可以使用绝缘电阻表测量，将绝缘电阻表的一个接线夹接在电动机的外壳上，另一端接在绕组的引出线上，用手摇动绝缘电阻表，转速要均匀稳定，待表针稳定后读数。正常情况下，每个绕组对地电阻都应该在5MΩ以上，如果阻值偏小，说明绕组绝缘不良，应进行检修。如果没问题，可将绝缘电阻表的两个接线夹接在每相绕组的两个接头，摇动绝缘电阻表，测量绕组的相间绝缘程度。重绕之后的电动机还应进行绕组对机壳及绕组之间的绝缘强度试验，必须经过1min的耐压试验而不发生击穿。对于额定电压不大于380V的电动机，试验所通电压最大值为：功率不小于1kW的，电压为1760V；功率小于1kW的，电压为1260V。耐压实验的方法是，先将1、2、3三相绕组中的1、2相绕组接相线，3相绕组和机壳相地，进行一次耐压试验；再将1、3相接相线，2相和机壳接地再进行一次耐压试验。两次试验若都未发生击穿说明合格。

（7）浸漆与烘干　绕组绕好经过各方面的检查没有问题后，就要进入浸漆与烘干阶段。浸漆的目的是为加强绕组的电气绝缘强度，提高防潮能力、导热性、化学稳定性，增强机械强度和保护绕组端部。因此要求绝缘漆要具有以下特点：黏度低、流动性好、渗透力强、吸潮性小和含固体成分高等。

电动机的浸漆和烘干一般需要经过 3 个阶段：预烘、浸漆、烘干。

1）预烘。预烘的目的是把绕组间隙及绝缘物内的潮气烘出来，以便浸漆时有较好的流动性和渗透性。一般电动机预烘时的升温速度为 20～30℃/h，受潮严重的电动机的温升速度应控制在 8℃/h 左右，或先加热至 50～60℃，保持 3～4h，待大量潮气驱除后，再正常加温烘干。A 级绝缘的预烘温度保持在 105～115℃，E 级与 B 级绝缘保持在 115～125℃，时间一般为 4～8h。每隔 1h 测量一次绝缘电阻，待绝缘电阻稳定不变后，预烘结束。

2）浸漆。待绕组温度冷却到 60～70℃后，就可以浸漆了。浸漆有浇漆和浸漆两种方式。浇漆适用于单台电动机浸漆的处理，尤其适用于大中型电动机。先将电动机垂直放在滴漆盘上，用漆浇绕组的一端，经过 20～30min 滴漆后，将电动机翻过来，再浇另一端绕组，直到浇透为止，最好重复浇几次。而浸漆是将电动机吊入漆罐中，漆面要没过电动机 200mm，直到不冒气泡为止，浸漆时要能给 0.3～0.5MPa 的压力，浸漆效果会更好。采用有溶剂漆时，一般浸漆两次，第二次浸漆是在第一次烘干后冷却到 60～70℃时进行，它的目的是增加漆膜的厚度，提高绕组的防潮能力。漆的黏度略高些时，浸漆时间可略短些，只要 10～15min，时间过长可能会将已形成的漆膜破坏。

3）烘干。烘干的目的是将漆中的溶剂和水分挥发掉，使绕组表面形成坚固的漆膜。烘干一般分为两个阶段，第一阶段是低温阶段，温度控制在 60～70℃约 2～4h，这样溶剂挥发得较慢，避免表面结成漆膜影响内部气体排出；第二阶段是高温阶段，A 级绝缘保持在 115～125℃，E 级和 B 级绝缘保持在 125～135℃，时间一般为 6～8h。待绝缘电阻稳定在 3MΩ 以上，每一次烘干结束。第二次烘干要待第二次浸滴漆结束，A 级绝缘保持在 115～125℃，E 级和 B 级绝缘保持在 125～135℃，时间一般为 10h 以上。待绝缘电阻稳定不变后，烘干结束。

常用的烘干方法有白炽灯烘干法、烘房烘干法、电流烘干法和电炉烘干法。

① 白炽灯烘干法：此方法设备简单，耗电少，适用于小型电动机，如图 5-4-10a 所示。将电动机定子放置在两个红外线白炽灯之间，白炽灯功率可按 5kW/m^3 左右考虑。烘干过程中要定期测量绕组的对地绝缘电阻，符合要求后，可停止烘干。此外烘干过程中温度不可过高，白炽灯也不宜离绕组过近，以免烤焦绕组。

② 烘房烘干法：烘房通常由耐火砖砌成，有内外两层，中间填有隔热材料，如图 5-4-10b所示。在墙的四周放上电阻丝作为发热器，发热器外面用铁皮罩住。通电过程中要监测烘房温度，不能超过允许值。

③ 电流烘干法：将定子绕组接在低压电源上，依靠绕组自身的发热进行干燥。烘干过程中，要监测绕组温度，若温度过高则暂时停止通电，以调节温度。

④ 电炉烘干法：将电动机平放，在距离电动机绕组两端 40～50mm 的地方各放置一只电炉，用电炉的热辐射进行干燥，但在干燥过程中要注意防火。改变电动机与电炉的距离或改变电炉的功率都可以改变温度。

（8）试验　为保证重绕的质量，需要进行以下几种试验。

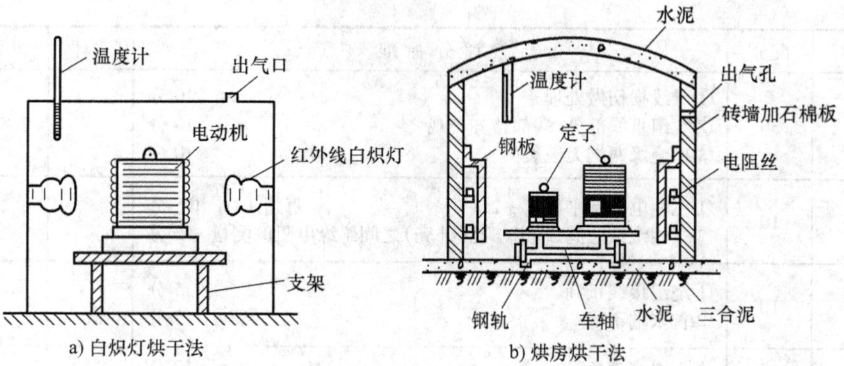

a) 白炽灯烘干法　　b) 烘房烘干法

图 5-4-10　烘干方法

1）绝缘试验

① 绝缘电阻的测定：绝缘电阻的测量方法在前面已经介绍，这里不再赘述。绝缘电阻的阻值不得小于 0.5MΩ。

② 绝缘耐压试验：电压加在绕组与机壳之间，按前面所介绍的耐压试验方法，以 75% 标准的试验电压再做一次。而匝间绝缘耐压试验则是通过 1.3 倍额定电压的三相交流电源，持续转 1min，以不击穿为合格。

2）空载试验。空载试验的目的是测定电动机的空载电流和空载损耗功率。当三相电源电压对称且等于电动机额定电压时，电动机任一相空载电流与三相电流平均值的偏差均不得大于 10%，若超过 10%，应查明原因。若空载电流过高，说明定子与转子间气隙超出允许值，或定子绕组匝数太少；若空载电流过低，说明定子绕组匝数过多，或△联结误接成Y联结。空载时，电动机不输出机械功率，试验时的输入功率就是电动机的空载损耗功率。

3）短路试验。短路试验的目的是测定阻抗电压和负载损耗。试验时，要把电动机的轴卡住，不让转子转动，逐渐升高电压，使定子电流达到额定值，此时的电压即为阻抗电压。短路试验时，电动机不转，不输出机械功率，摩擦损耗为零，所以试验时的输入功率可视为消耗在定子和转子上的铜损耗。

4）绕线式转子开路电压的测定。测定的目的是判断转子绕组的匝数是否与修理前相同，并检查转子绕组有无匝间短路和连接错误。试验时，使转子静止不动，使转子绕组开路，起动电阻断开，在定子绕组中加额定电压，测量转子绕组接线桩头间的电压。三相开路电压中，任一相与在相平均值之差，应不大于 2%。三相平均开路电压与铭牌值的差应在 ±3% 以内。

5）温升试验。电动机的温升试验应在电动机满载时，温度达到稳定的情况下测定。用温度计测得的温度是电动机表面的温度，它比绕组内部温度最高点大约低 10℃。因此应把测得的温度加 10℃，再减去环境温度，就是电动机的温升。

【考核与评价】

表 5-4-6　三相异步电动机定子绕组重绕考核

项目内容	配分	评分标准	自评	互评	教师评
绕组的重绕和嵌线工艺	30	①绕组的拆除与清槽　10 分 ②绕组的绕制与槽绝缘　10 分 ③绕组的嵌线与浸漆烘烤　10 分			

（续）

项目内容	配分	评分标准	自评	互评	教师评
外观质量	30	①导线损伤做处理 10分 ②绕组直线部分、端部整齐美观 10分 ③槽绝缘两端无破裂 10分			
直流电阻和绝缘电阻的测量	10	①三相电阻不平衡度 ±2% 每超 ±1% 扣5分 ②三相绕组之间、绕组与地（外壳）之间绝缘电阻的测量 5分			
接线	10	①绕组接线正确 5分 ②首末端正确 5分			
耐压试验	10	发生击穿现象 10分			
安全、文明操作①	10	违反一次 扣5分			
累计定额时间	16h	每超过30min 扣5分			
开始时间		结束时间		总评分	

① 要求与本项目任务一相同。

任务五　学习单相异步电动机的维修

【相关知识准备】

知识链接1　单相异步电动机的原理与结构

在单相交流电源下工作的电动机称为单相电动机。利用单相交流电源供电的单相电动机称为单相异步电动机。因为它可以直接接在220V的交流电源上，所以广泛地应用于工农业、医疗和家用电器方面，常见如风扇、洗衣机和冰箱等家用电器都使用的是单向异步电动机。

1. 单相异步电动机的工作原理

当单相异步电动机的主绕组通入单相交流电后，也会产生磁场，如图5-5-1所示。从图中可以看到，不论电流如何变化，定子绕组的磁力线总在一竖直位置上，只是磁通密度的大小和方向在像正弦交流电那样随时间按正弦规律变化，这种磁场称为脉动磁场。由于磁场只是脉动而不旋转，所以单相异步电动机的转子如果原本静止不动的话，因转子导体和磁场之间是没有相对运动的，也就没感应电动势和电流的产生，就不会产生使转子旋转的电磁力，

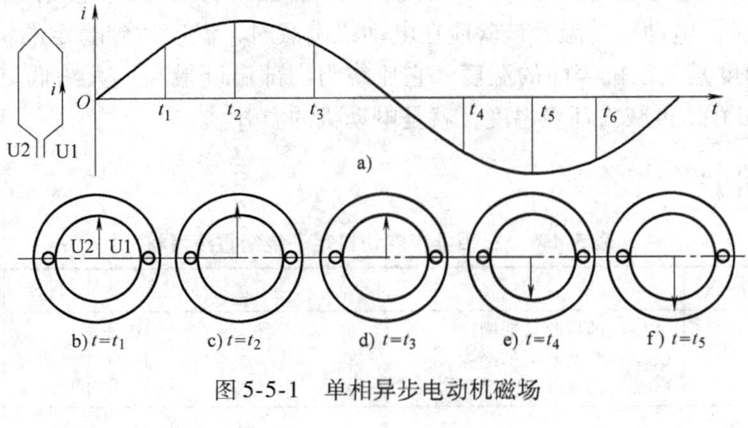

图5-5-1　单相异步电动机磁场

即单相异步电动机没有起动转矩，不能自行起动。

为了使单相异步电动机能够自行起动，除了在定子铁心槽内嵌放主绕组之外，还应再嵌入一个辅助绕组，并使辅助绕组与主绕组在定子中有90°的空间角度差，而主、辅绕组接在同一单相电源上，这种电动机称为分相式电动机，它可以分为电阻起动式和电容起动式。

（1）电阻起动式　电阻起动式电动机如图5-5-2所示，U绕组为主绕组接在220V的电源上，Z绕组为辅助绕组，通过电阻R接在220V电源上。U、Z绕组呈电感性，电阻与电感串联，它们的电流相位不同。两条电路接在同一电源上时，两绕组中电流有相位差，使电动机转起来。图中，S是离心开关，当转子的转速达到或接近额定转速时，S打开，电阻R和辅助绕组脱离电源。

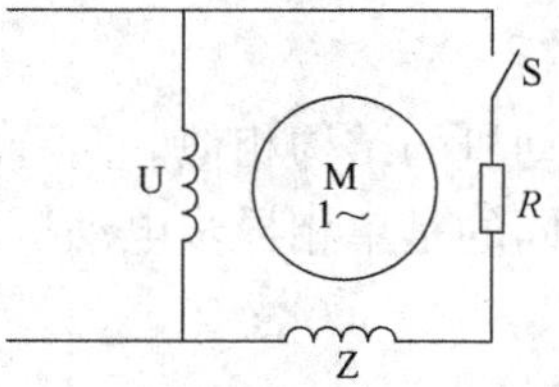

图5-5-2　电阻起动式电动机

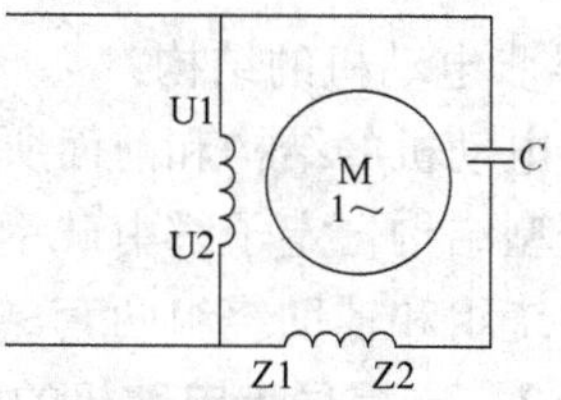

图5-5-3　电容运行式电动机

（2）电容起动式　电容式又分为电容运行式、电容起动式、电容起动运行式。

1）电容运行式。电容运行式电动机如图5-5-3所示，它在辅助绕组电路中串入电容C，其电流相位和主绕组电路中的电流相位不同，而产生相位差，从而使电动机转动。

2）电容起动式。电容起动式电动机如图5-5-4所示，电动机在起动时，电容C和辅助绕组Z通过离心开关S投入运行，当速度接近或达到额定转速时，离心开关S打开，电容C和辅助绕组Z脱离电源，电动机便稳定运行。

3）电容起动运行式。电容起动运行式电动机如图5-5-5所示，在起动时容量较大的电容C_2通过离心开关S参与运行，起动结束后离心开关断开，电容C_2脱离电源，而容量较小的电容C_1和辅助绕组仍参与正常运行。这种电动机可以改善起动性能。

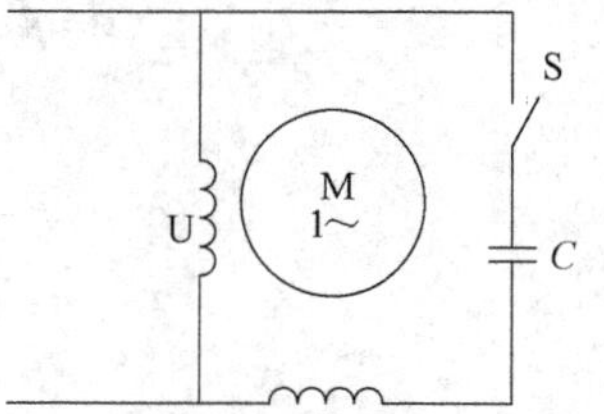

图5-5-4　电容起动式电动机

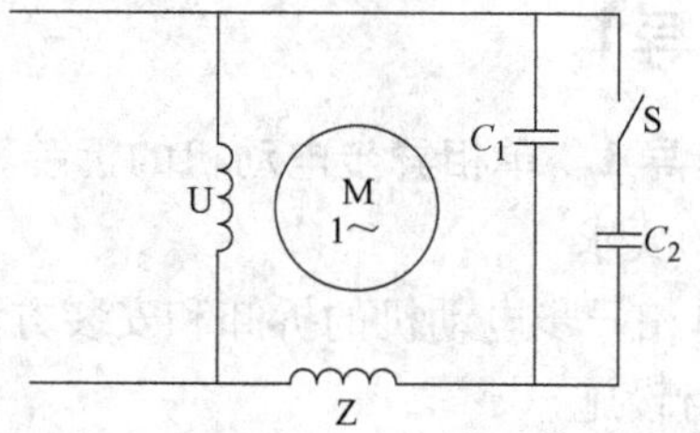

图5-5-5　电容起动运行式电动机

（3）罩极式电动机　除了上面介绍的分相式电动机外，还有一种结构最简单的单相异步电动机——单相罩极式电动机，如图5-5-6所示。它的定子采用凸极式，也是由硅钢片叠成。在定子磁极的极靴表面1/4~1/3处开一个小槽，并且短路环把这部分磁极罩起来，故称罩极式电动机。罩极电动机的转子仍做成笼型。当绕组中通入单相交流电后，产生的脉动的磁通将被短路环分为两部分Φ_A和Φ_B，穿过被短路环罩住部分的磁通Φ_B因短路环感应电流的作用，将会滞后于Φ_A达到最大值，这样的合成磁场将会使转子转动。转动方向是由未罩短路环部分转向罩有短路环部分。

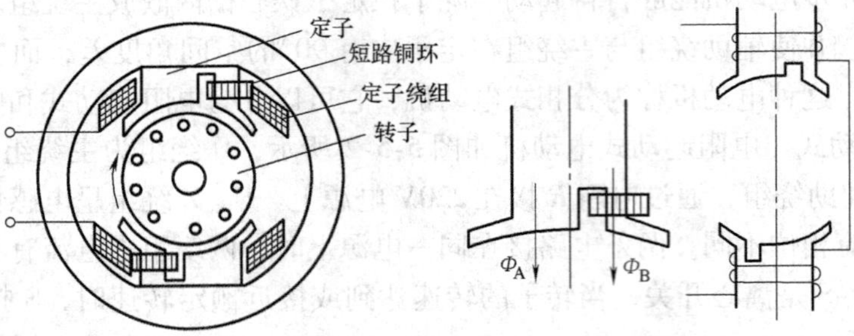

图 5-5-6 二极罩极电动机的结构示意图

2. 单相异步电动机的结构

单相异步电动机的结构和前面所介绍的三相异步电动机的结构相似。两者的转子都是一样，多采用笼型结构。定子都由硅钢片叠压而成的。不同的是单相异步电动机的定子绕组是单相的，有主绕组和辅助绕组两套。

知识链接 2 单相异步电动机的使用和维护方法

单相异步电动机电动机是一种主要作用在于 220V 电源电压下的电动机，如电风扇、电冰箱洗衣机等电器上。这种电动机一般效率比较低，通常在 40% ~ 65%，最高不会超过 65%。单相异步电动机除罩极式电动机在起动时使用的是短路环外，其他类型的在起动和运行时都要借助于电容。单相异步电动机可以方便地应用在没有 380V 交流电源的场合，但它不能实现正反转，并且起动时噪声比较大，运行也不太平稳，这是它的缺点。

因为单相异步电动机的功率普遍偏低，所以相对于三相异步电动机而言，单相异步电动机的绕组烧坏的可能性比较小，特别是罩极式电动机。故单相异步电动机的维护比三相异步电动机也简单些，主要集中在电容和轴承两个方面。使用中要注意电容的两端不要接触，避免短路。单相异步电动机一般使用带防尘盖的轴承，这种轴承不便于上油，但它的价格比较便宜，所以一旦轴承出现噪声等故障，就要直接更换。

【操作指导】

操作指导 1 单相异步电动机的拆装

1. 目的要求

掌握单相异步电动机的拆卸和安装方法。

2. 器材设施

木锤，拉马，待维修单相异步电动机一台，其他工具若干。

3. 实训前指导

单相异步电动机的拆装和三相异步电动机的拆装有许多相似的地方，在拆装时的一些方法可以借鉴。

4. 实训操作步骤

（1）拆卸步骤（由外到内拆卸）

1）拆除电动机的所有引线并做好标记，特别注意电容的拆装。

2）拆卸电动机轴上的叶轮（单相电机一般是由轴直接带动负载运行），固定螺钉或销子松脱或取下，再用专用工具“拉马”转动丝杠，把电动机从负载中取出。

3）拆卸轴承盖和端盖。一般单相电动机是取无轴端一侧的端盖。需要注意的是，不要将弹簧垫圈弄掉了，同时检查弹簧垫圈是否依然有弹力或出现裂痕，如有及时更换。

4）抽出转子。对于笼型转子，可直接从定子腔中抽出。

（2）安装步骤　单相异步电动机的安装过程与拆卸过程相反，安装时注意电容接线要正确，否则电动机无法运行。

操作指导2　单相异步电动机常见故障的检测及维修

1. 目的要求

掌握判断单相异步电动机的常见故障，并会维修处理。

2. 器材设施

木锤、拉马、套筒扳手、绕线机、螺钉旋具、铁锤、刮线板、其他工具若干，待维修单相异步电动机一台。

3. 实训前指导

由于不同结构的单相异步电动机，所产生的故障也有所不同。例如，单相罩极电动机由于结构比较简单、容量小，起动的转速低，故这类电动机容易产生起动困难、声音异常等问题；而分相异步电动机的结构相对复杂，功率也较高，因此容易出现定子绕组断路、短路、绕组接地不良和不能起动等故障。

4. 实训中可能遇到的故障及处理方法

（1）电动机不能起动

1）熔断器熔丝熔断：检查熔丝容量。

2）保护系统温度设置过低：重新设置。

3）无电压或电压过低：测量电压，寻找原因。

4）电动机接线错误：及时检查并纠正。

5）引线开路：用万用表找出开路处并重新焊接。

6）主绕组或辅助绕组开路：用万用表确定故障，重新换绕组。

7）主绕组或辅助绕组短路：用短路侦察器确定故障，重绕。

8）电容器损坏：更换同规格电容器。

9）定转子气隙中有杂物卡住：清除杂物。

（2）电动机发热

1）电动机接线错误：检查接线，改正错误。

2）绕组有匝间短路：更换绕组。

3）电压不正常：测量电压，并采取措施使电压正常。

4）电动机过载：减少负载或更换较大功率电动机。

5）起动后，离心开关未能断开：调整开关。

6）通风条件不好：清除通风道阻塞物。

7）周围室温太高：改善周围通风条件或选用别的电动机。

（3）电动机声音异常

1）转子未平衡好：重新平衡转子。

2）轴承磨损过多：换轴承。

3）离心开关发出“格格”声：调整或更换离心开关。

4）电动机底脚螺钉松动：紧固螺钉。

5）电动机附件，如出线盒、电容器座未紧固：紧固螺钉。

6）电动机与负载轴中心未对准：调整联轴器或用弹性连接。

7）电动机轴弯曲：要校直或换轴。

8）电动机与负载共振：用弹性连接隔振。

9）转子断条：更换转子。

（4）电动机转速降低

1）定子绕组有匝间短路：更换定子绕组。

2）轴承磨损造成阻力转矩加大：更换轴承。

3）电源电压太低：调整电源电压。

4）轴承缺油：清洗轴承补充新油。

5）电容器损坏：更换电容器。

（5）电动机振动大

1）电动机与机械负载之间的中心未校好：重新校中心。

2）各处螺钉未上：紧固螺钉。

3）转轴弯曲：更换转轴。

（6）电动机外壳带电　电动机外壳带电一般是绝缘损坏，处理办法就是更换损坏绕组；若为引线绝缘破裂，可包扎绝缘带。

（7）磁场故障　磁场故障一般是由于磁场圈短路或接线错误所致，处理的办法就是检查并排除短路或接地故障。

（8）电枢故障

1）电枢绕组引线与换向器连接错位：找出中性线后移动刷架或在浸漆前校正接线。

2）电枢绕组引线接反：从换向器上熔下接线改正后重焊。

3）电枢绕组断路：用压降法查出故障点，若故障点在引线端则解开绑扎线焊好即可；若故障在槽内则要重绕。

【考核与评价】

表 5-5-1　单相异步电动机维修考核

项目内容	配分	评分标准			自评	互评	教师评
电动机的拆卸与安装	40	①电动机拆卸与安装步骤　10分 ②电枢绕组无损伤　10分 ③零部件无损坏　10分 ④紧固螺栓拧紧　10分					
故障的检测与处理	50	①电动机是否起动与发热　20分 ②电动机无声音无异常与转速降低　10分 ③电动机无振动大与外壳带电现象　10分 ④电动机的磁场与电枢无故障　10分					
安全、文明操作①	10	违反一次　扣5分					
定额时间	90min	每超过5min　扣5分					
开始时间		结束时间		总评分			

① 要求与本项目任务一相同。

任务六　学习直流电动机的维修

【相关知识准备】

知识链接 1　直流电动机的工作原理

直流电动机比交流电动机在起动性能和调速性能方面更有优越性，这在电力机车、造纸和印刷等场合非常有用。但直流电动机的制造工艺复杂、成本高，运行可靠性差，维护困难。它的基本工作原理就是载流导体在磁场中会受到作用力。图 5-6-1 所示是一台两极直流电动机，N、S 为固定的主磁极，称为定子。绕组 abcd 放在转子铁心中，称为转子绕组，绕组和铁心也称为电枢。绕组的两端分别与两个半圆的铜环 1、2 连在一起，这两个铜环称为换向片。两个铜环间，及铜环与轴之间都是绝缘的。两个换向片固定在一个套筒上，并与转轴同时旋转。两个铜环上还固定有两个电刷 A、B 与之滑动接触，电刷再通过导线接通直流电源的正负极。

当电流从电源正极出发经电刷 A 至换向片 1 至绕组的 ab 边，再到 S 极下的 cd 边，经换向片 2、电刷 B 流回到电源负极。此时绕组 abcd 为载流导体，在磁场中受到电磁力的作用。根据左手定则可以判定电磁力的方向，ab 边和 cd 边受力相反，形成一对力偶，使电枢沿逆时针方向旋转，如图 5-6-1a 所示。

当转过 90°后，换向片 1、2 被电刷短接，如图 5-6-1b 所示。当电枢再转过一个小角度时，电刷 A 开始与换向片 2 接触，电刷 B 开始与换向片 1 接触。当再转过 90°后，电流仍由电刷 A 流入 N 极下的 cd 边，方向由 d 流向 c，再流向 ab 边，方向由 b 流向 a。可见，绕组内部的电流方向刚好调了个头，但导体受到的电磁力还是逆时针不变，如图 5-6-1c 所示。这样转子总是按着一个方向继续旋转，通过转轴带动机械负载工作。在使用直流电动机时需注意，在两个换向片脱离被电刷短接的时候会产生火花，火花可能会烧坏换向片，产生无线电干扰，故在易燃易爆的环境中易产生火灾。所以应把火花降到最小程度。此外，换向片 1、2 如果被碳粉或其他东西短接，则电流会直接由电刷 A 流向换向片 1，再经换向片 2 至电刷 B 回到电源负极，电枢中没有电流通过，电动机不能转动。

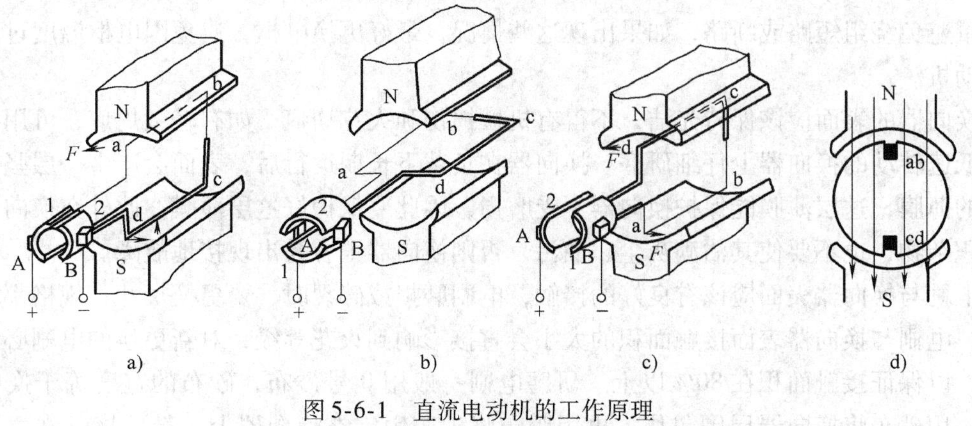

图 5-6-1　直流电动机的工作原理

知识链接2 直流电动机的结构形式及维护

1. 直流电动机的结构

直流电动机分为静止部分和转动部分，两者之间要有一定的间隙。

（1）静止部分 静止部分主要由主磁极、换向磁极、机座和电刷等组成。

1）主磁极的作用是产生一个恒定磁场，它主要由铁心和励磁绕组组成。

2）换向磁极的作用是改善电动机的换向，它也是由铁心绕在上而后绕组组成，它安装在相邻两个主磁极的中性线上，换向磁极的绕组一般与电枢绕组串联，换向磁极绕组的匝数不多，用扁平铜线绕成。铁心用整块钢板制成。

3）机座是磁路的一部分，还可以用以固定主磁极、换向磁极和端盖。它常用铸钢制成。

4）电刷是把电流引入电动机的部件，它由电刷、刷握、刷杆座等组成。电刷放在刷握内，用弹簧压紧在换向器上，刷握固定在刷杆上，刷杆固定在刷杆座上，彼此间相互绝缘，刷杆座固定在端盖或轴承内盖。

（2）转动部分 转动部分由电枢绕组、电枢铁心、换向器、转轴和风扇等组成。

1）电枢绕组是由许多按一定规律连接的绕组组成的，它是直流电动机的主要电路部分。绕组用带有绝缘的圆形或矩形截面的导线绕成，嵌放在电枢铁心周围的槽内。为防止电枢旋转时绕组因离心力而飞散，槽口用槽楔压住，端部用非磁性钢丝或玻璃丝扎紧。

2）电枢铁心除了嵌放电枢绕组，还是磁路的一部分。它由硅钢片叠加而成，在外圆上有均匀分布的槽，用来嵌入电枢绕组。

3）换向器是由许多铜质换向片组成的一个圆柱体，装在转子的一端。换向片间相互绝缘，而每一换向片又按一定的规则与电枢绕组元件连接。换向器通过与电刷的摩擦接触，将两个电刷之间固定极性的直流电流变换成为绕组内部的交流电流，以形成固定方向的电磁场转矩。

2. 直流电动机的维护

直流电动机结构及运行中的薄弱环节是电刷和换向器部分。直流电动机的故障也主要发生在电枢绕组、换向器及电刷部分，所以这些部分是维护的重点。

直流电动机电枢绕组常见的故障有电枢绕组接地、电枢绕组短路和电枢绕组断路等。对于接地故障，如果在铁心外部，重新做好绝缘即可，若在铁心槽内部，则需更换电枢。使用中尽量避免绕组短路或断路，如果出现这些情况，最好更换电枢，避免因电枢温度过高而烧坏电动机。

换向器的表面应该保持光洁，不得有机械损伤和火花灼痕。如有轻微灼痕，可用0号砂纸在低速转动的换向器上仔细研磨。换向器在负载下长期运行后，表面会产生一层坚硬的深褐色的薄膜，这层薄膜能保护换向器不受磨损，因此要保护好这层薄膜。此外在换向器上不要堆积杂物，也不要使其沾满灰尘、油污，否则换向器很容易出现接地故障。

电刷与换向器表面应该有良好的接触，电刷磨损或碎裂时，要更换尺寸、规格都相同的电刷。电刷与换向器表面接触面积的大小会直接影响到火花等级，对新更换的电刷必须进行研磨，以保证接触面积在80%以上。研磨电刷一般用0号砂布，砂布的宽度等于换向器的长度，用砂布将换向器周围包住，再用胶布将砂布固定在换向器上。最后将电刷放入刷握内，按电动机旋转的方向转动电枢，即可进行研磨。

【操作指导】

操作指导 1　直流电动机的拆装操作

1. 目的要求

掌握直流电动机的拆装方法。

2. 器材设施

拉具、扳手、刷子、绝缘电阻表，其他工具若干，直流电动机一台。

3. 实训前指导

对直流电动机要注意其电刷的安装方法。

4. 实训操作步骤

1）拆除所有外部接线，记好各线端标记，特别是有极性的线端。

2）拆除换向器侧端盖螺钉和轴承盖螺钉，取下轴承外盖。

3）打开换向器侧端盖的通风窗，从刷握中取出电刷，再拆下接到刷杆的连接线并做好标记。

4）拆卸换向器侧的端盖，拆卸时先在端盖与机座接合处打上标记，然后垫上木板，用铁锤均匀地敲打端盖边缘，使端盖上口慢慢地脱离机座和轴承外圈。记好刷架位置，取出刷架。

5）用厚纸或布将换向器包好，以保持换向器的清洁和防止碰伤。

6）拆除轴外侧的端盖螺钉，将电枢连同端盖从定子内抽出，注意不要碰伤绕组。

7）若需要更换轴承，可拆除轴外侧的轴承盖螺钉，取下轴承外盖、端盖和轴承。

8）将电枢放在木架上，并用布包好。

电动机的装配与拆卸时相反，注意按所做的标记使各部件复位，最后恢复接线。如果需要修理的直流电动机，在拆卸前要先用仪表和观察法进行整机检查，然后在拆卸电动机后查明故障，并采用维护和绕组等修理平行作业法，来缩短修理周期。

操作指导 2　直流电动机常见故障的检测及维修

1. 目的要求

掌握检测出直流电动机常见故障，并能进行维修。

2. 器材设施

毫伏表、绝缘电阻表，其他工具若干，直流电动机一台。

3. 实训前指导

熟悉直流电动机的内部结构，清楚直流电动机最易出现故障的地方，并能进行维修。

4. 实训操作步骤

（1）电枢绕组故障

1）电枢绕组接地故障

① 毫伏表法：将 6～12V 的低压直流电源的两端接在相隔 $k/2$ 或 $k/4$（k 为换向片数）的两片换向片上，然后用直流毫伏表一端接在电枢转轴，另一端接换向片，依次测量每片换向片对地电压。若读数不为零则说明电枢绕组正常；若读数为零，说明该换向片所连接的电

枢绕组接地。

② 绝缘电阻表法：将绝缘电阻表的一端连接在电枢绕组上，另一端连接在机座上，转动绝缘电阻表手柄，若电阻为零，说明绕组接地。

③ 白炽灯法：将36V低压电源串联一个白炽灯，一端接在转轴上，另一端接换向片，若灯亮，说明电枢接地。

电枢绕组出现接地故障后，若接地处在铁心外部，可重做好绝缘。若接地处在铁心槽内，就需要更换绕组。

2）电枢绕组短路故障。将6.3V的低压电源的两端接在相隔$k/2$或$k/4$（k为换向片数）的两片换向片上，然后用直流毫伏表的两支表笔接在紧临的两片换向片上，检测换向片间电压，若发现毫伏表的读数突然变小，说明该换向片所连接的电枢绕组有匝间短路情况。

若短路情况不严重，可重做绝缘；但若短路严重，只能重换绕组。

3）电枢绕组断路故障。该故障一般发生在绕组引出线和换向片的焊接处。可将6～12V低压直流电源的两端分别接在相隔$k/2$或$k/4$（k为换向片数）的两片换向片上，然后用直流毫伏表的两支表笔接在紧临的两片换向片上，检测换向片间电压，若发现毫伏表有读数，且指针剧烈跳动，说明这两片换向片间的绕组断路。毫伏表无读数说明正常。

找到断路处若在槽外，可焊牢后做好绝缘即可；但若断路严重，只能重换绕组。

（2）电动机不能起动故障

1）电源未接通：可检查线路是否完好，接触是否良好，熔断器是否熔断。

2）起动负载过大：减少负载再起动。

3）起动电流过小：检查起动电阻是否太大，更换合适的起动器，或改接起动器内部接线。

4）线路电压太低：用电压表测量后提高电压再起动。

（3）电动机转速不正常

1）电源电压波动过大：调节电源电压到额定值，并设法稳定电压。

2）串励电动机轻载或空载运行：可调整负载。

3）电枢绕组短路：重做绝缘或更换绕组。

（4）电动机温升过高

1）电枢绕组短路：重做绝缘或更换绕组。

2）电动机长期过载：将负载调至额定值，并拆下绕组重绕。

3）风道阻塞：用毛刷等工具清理风道。

（5）轴承过热

1）润滑油脂变质：更换质量好的润滑油脂。

2）轴承室润滑油脂加得过多：润滑油脂只能占轴承室的1/3～1/2，不宜过多。

3）轴承中夹有杂物：拆下清洗，并更换新润滑油脂。

4）挡油圈有毛刺与轴承盖摩擦：拆开挡油圈修理，重新安装。

5）轴承磨损过大或轴承内外圈破裂，更换新轴承。

（6）电刷火花过大

1）电刷磨损严重：更换新电刷。

2）电刷与换向器接触不良：重新研磨电刷，并使其在半负载下运行。

3）刷握松动：紧固刷握螺栓，并使刷握与换向器表面平行。

4）电刷刷杆偏斜：可用换向器云母槽为标准，来调整刷杆与换向器的平行度。

5）换向器表面不光洁：用砂纸研磨。

6）换向器偏摆：用千分表测量，偏摆值超过规定时应重新精车。

7）换向器表面有电刷粉、油污等引起的火花：用0号砂纸研磨换向器表面。

【考核与评价】

表5-6-1　直流电动机维护考核

项 目 内 容	配分	评 分 标 准	自评	互评	教师评
拆装电动机	40	①拆装步骤　10分 ②装配标记　10分 ③无损坏零件　10分 ④电枢绕组无碰伤　10分			
故障的检测及处理	50	①电枢绕组无故障　10分 ②电动机起动无故障　10分 ③电动机转速正常　10分 ④电动机无升温过高和轴承过热故障　10分 ⑤电刷和换向器安装　10分			
安全、文明操作①	10	违反一次　扣5分			
定额时间	90min	每超过5min　扣5分			
开始时间		结束时间		总 评 分	

① 要求与本项目任务一相同。

思考与练习

1. 三相异步电动机的运行维护工作有哪些？
2. 三相异步电动机的选择应从哪几个方面选择？
3. 完成下列三相异步电动机接线盒的接线工作。

（1）铭牌上接线是“Y”时，请在图5-6-2a上完成接线。

（2）铭牌上接线是“△”时，请在图5-6-2b上完成接线。

4. 在电动机的拆卸和安装时，要注意哪些操作问题？

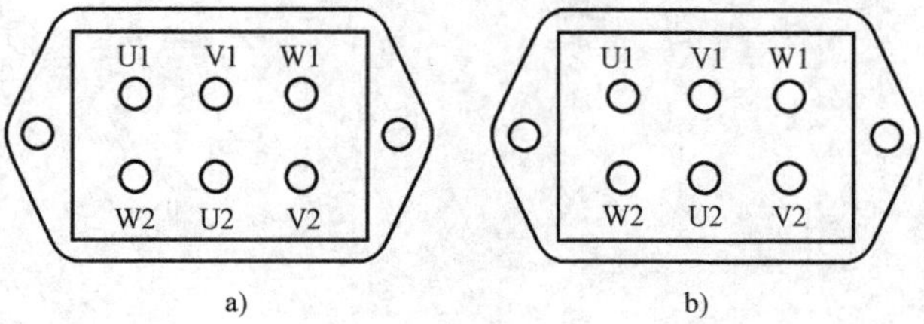

a)　b)

图5-6-2　习题3图

5. 三相异步电动机的维护保养制度是什么？
6. 三相异步电动机的检查，应从哪些方面进行检查？
7. 定子绕组的断路和接地的排查方法是什么？
8. 三相异步电动机修理后的检测与试验有哪些项目？
9. 简述三相异步电动机定子绕组的重绕修理工艺有哪些？
10. 单相异步电动机有哪些常见故障？
11. 直流电动机电枢绕组有几种故障和检测方法？

项目六　电子电路的安装、调试与维修

本项目主要介绍了各种常见电子元器件的识别和质量检测；整流滤波电路、稳压电源、放大电路和功率放大器等有关基础电子电路的安装、制作、检测、调试等技能训练，使学生熟悉常用电子元器件的性能、特性和主要参数，掌握基本检测方法，学会常用电子仪器、仪表的使用、维护和保养；掌握基本电路的结构、性能特点、工作原理及其应用，电路的安装、调试和检测方法。

知识目标

1. 了解常见电子元器件的参数。
2. 理解几种电源电路、放大电路和功率放大器的工作原理。
3. 了解 555 定时器的组成及应用。

技能目标

1. 掌握各种电子元器件的识别技能，能熟练进行电子元器件的测试。
2. 掌握电子焊接工具的使用方法，能熟练进行各种电子元器件的焊接。
3. 熟悉印制电路板的制作工艺，掌握电子电路的装配工艺。
4. 掌握单相桥式的整流滤波电路的安装及调试方法。
5. 掌握串联型稳压电源的安装和调试方法。
6. 掌握放大电路的安装和调试方法。
7. 掌握 OTL 功率放大器的安装和调试方法。
8. 掌握晶闸管触发电路的安装和调试技能。
9. 掌握集成电路的安装和调试技能。

任务一　掌握电子元件的识别与测试

【相关知识准备】

知识链接 1　常用电阻元件的识别与测试

电阻器（简称电阻）是在电子电路中用得最多的元件之一，在电路中起限流和分压的作用。电阻器在电路中的符号见表 6-1-1，文字符号用大写字母“*R*”表示。

1. 电阻器的外形和类型

常用的电阻器外形如图 6-1-1 所示。

几种常用电阻器的类型与特点见表 6-1-2。

可变电阻器也叫电位器，有三个接线端子，如图 6-1-2 所示，其中 1、3 脚为电阻固定端（两端阻值为标称值），2 端为电阻可调端。常用的连接方法如图 6-1-2a 所示。电位器可

表 6-1-1　常用电阻器的图形符号

图形符号	名　称	图形符号	名　称
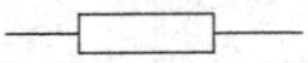	固定电阻	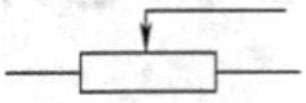	可调电位器
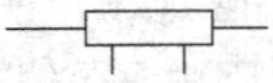	带抽头的固定电阻	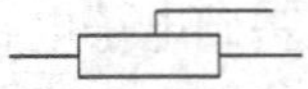	微调电位器
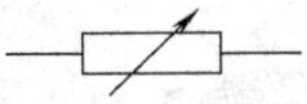	可调电阻（变阻器）	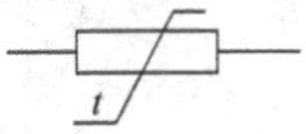	热敏电阻
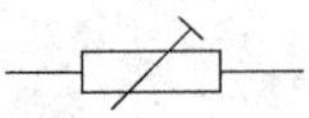	微调电阻	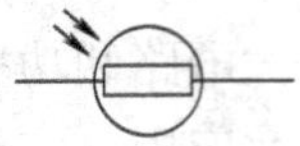	光敏电阻

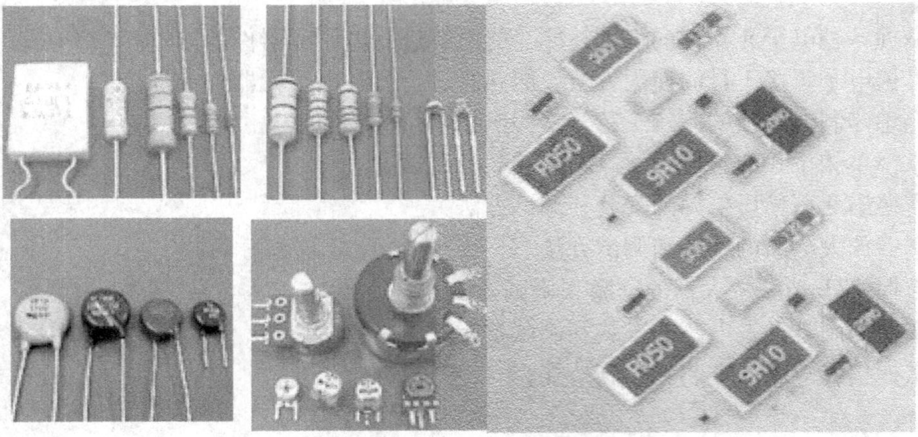

图 6-1-1　常用的电阻器外形

表 6-1-2　常用电阻器的类型与特点

电阻器的类型	型　号	应用特点
碳膜电阻器	RT 型	性能一般，价格便宜，大量应用于普通电路中
金属膜电阻器	RJ 型	与碳膜电阻相比，体积小、噪声低、稳定性好，但成本较高，多用于要求较高的电路中
金属膜氧化膜电阻器	RY 型	与金属膜电阻器相比，性能可靠、过载能力强、功率大
实心碳质电阻器	RS 型	过负荷能力强，可靠性较高，但噪声大、精度差、分布电容电感大，不适宜要求较高的电路
线绕电阻器	RX 型	阻值精确、功率范围大、工作稳定可靠、噪声小、耐热性能好，主要用于精密和大功率场合。但其体积较大、高频性能差、时间常数大、自身电感较大，不适用于高频电路

（续）

电阻器的类型	型　号	应用特点
碳膜电位器	WT 型	阻值变化和中间触头位置的关系有直线式、对数式和指数式三种，并有大型、小型、微型之分，有的和开关组成带开关电位器。碳膜电位器应用广泛
线绕电位器	WX 型	用电阻丝在环状骨架上绕制而成。其特点是阻值变化范围小、寿命长、功率大

用做分压器，如图 6-1-2b 所示电路。

2. 电阻（位）器的型号及命名法

根据国家标准 GB 2470—1995 的规定，电阻器及电位器的型号由四个部分组成，见表 6-1-3。

例如，有一电阻器为 RJ71-0.25-4.7KⅠ型，则其表示含义如下：

R 表示主称，为电阻；J 表示材料，为金属膜；7 表示分类，为精密型；1 表示序号；0.25 表示额定功率，为 1/4W；4.7K 表示标称阻值，为 4.7kΩ；Ⅰ表示允许误差，为Ⅰ级，即 ±5%。

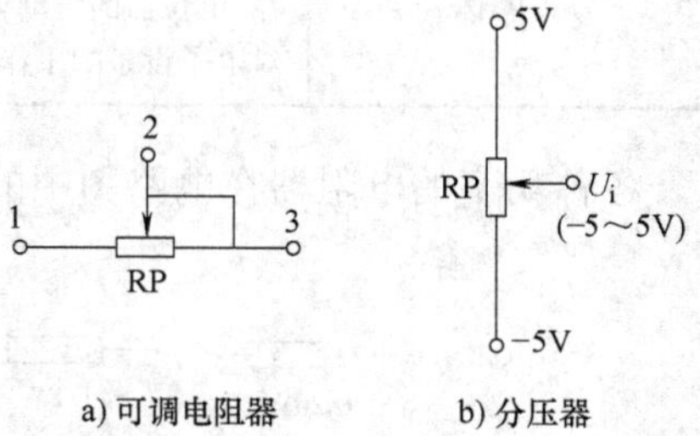

图 6-1-2　电位器符号及连接方法

表 6-1-3　电阻（位）器的型号命名

第一部分		第二部分		第三部分		第四部分
用字母表示主称		用字母表示材料		用数字或字母表示特征		用数字表示序号
符号	意义	符号	意义	符号	意义	意义
R	电阻器	T	碳膜	1,2	普通	包括：额定功率、阻值、允许误差精等级等
RP	电位器	H	合成膜	3	超高频	
		P	硼碳膜	4	高阻	
		U	硅碳膜	5	高温	
		C	沉积膜	7	精密	
		I	玻璃釉膜	8	电阻器-高压	
		J	金属膜	9	电位器-特殊函数	
		Y	氧化膜	G	高功率	
		S	有机实芯	T	可调	
		N	无机实芯	X	小型	
		X	线绕	L	测量用	
		R	热敏	W	微调	
		G	光敏	D	多圈	
		M	压敏			

3. 电阻器的主要参数

电阻器的主要参数见表 6-1-4。

表 6-1-4　电阻器的主要参数

主要参数	含　义	备　注
标称电阻值	电阻器上所标的阻值	单位为欧姆
允许误差	电阻器的实际阻值和标称值之差除以标称值所得到的百分数	

（续）

主要参数	含　义	备　注
额定功率	电阻器在交直流电路中长期连续工作所允许消耗的最大功率	
电阻值的变化形式	电位器的阻值随转轴旋转角度的变化关系可分为线性和非线性	仅用于电位器
动态噪声	由于电阻体阻值分布的不均匀性和滑动触点接触电阻的存在，电位器的滑动臂在电阻体上移动时会产生噪声，这种噪声对电子设备的工作将产生不良影响	仅用于电位器

各种功率的电阻器在电路图中的符号如图6-1-3所示。

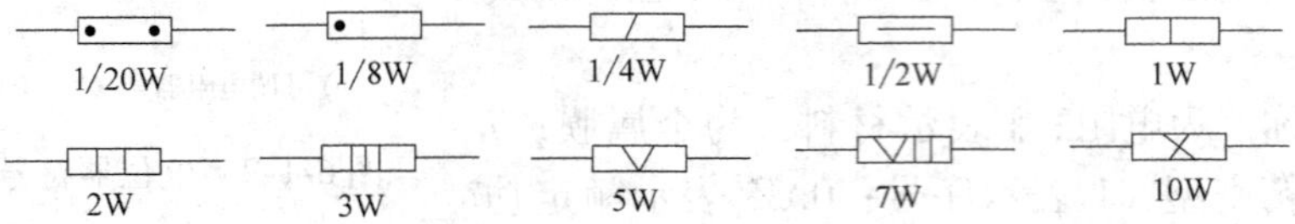

图6-1-3　电阻器功率符号的表示

4. 电阻器的选用

（1）根据电路的用途选择不同种类的电阻器　对性能要求不高的电子线路（如收音机、普通电视机等）可选用碳膜电阻器；对整机质量和工作稳定性、可靠性要求较高的电路可选用金属膜电阻器；对仪器、仪表电路应选用精密电阻器或线绕电阻器，但在高频电路中不能选用线绕电阻器。

（2）选择电阻器的额定功率　在一般情况下所选用的电阻器的额定功率要大于在电路中电阻实际消耗功率的两倍左右，以保证电阻器使用的安全可靠性。

（3）电阻器的误差选择　在一般电路中选用5%～10%的误差即可，在特殊电路中则根据要求选用。

（4）电位器的选用

1）电位器的体积大小和转轴的轴端式样要符合电路的要求，如经常旋转调整的选用铣平面式；作为电路调试用的可选用带起子槽式等。

2）根据用途选择电位器的阻值变化形式，如分压控制、偏流调整、音量调节等可用直线式电位器；音调控制、对比度调节用对数式电位器。

3）电位器在代用时应注意功率不得小于原电位器的功率，阻值可比原来电位器的阻值略大或略小。

（5）电阻器的代用原则　大功率电阻器可代换小功率电阻器，但用于保险的电阻例外；金属膜电阻器可代换碳膜电阻器；固定电阻器与半可调电阻器可相互代替使用。

5. 电阻器的识别和测试

（1）电阻的标记　电阻值和允许误差在电阻器上常用的标志方法有三种，见表6-1-5。图6-1-4列出了色环电阻所表示的有效数字和允许误差。

表 6-1-5　电阻器的标志方法

标志方法	含　义	示　例	备　注
直接标志法	将电阻器的阻值和误差等级直接用数字印在电阻器上	RJ 1W 2.2kΩ±5%	对小于 1000Ω 的阻值只标出数值，不标单位；对 kΩ、MΩ 数量级的只标注 k、M。准确度等级标Ⅰ或Ⅱ级，Ⅲ级不标明
文字符号法	将需要标志的主要参数与技术指标用文字和数字符号有规律的标志在产品表面上	8.2kΩ、误差为 ±10% 的电阻的文字符号标志为：8k2 Ⅱ	
色环标志法	用不同颜色的色环来标明阻值及精度，具有标志清晰，从各个方向都能看清标记等优点	见图 6-1-4	色环标志法有四环和五环两种。四环电阻的一端有四道色环，第 1 道环和第 2 道环分别表示电阻的第一位和第二位有效数字，第 3 道环表示 10 的乘方数（10^n，n 为颜色所表示的数字），第 4 道环表示允许误差（若无第四道色环，则误差为 ±20%）。色环电阻的单位一律为 Ω

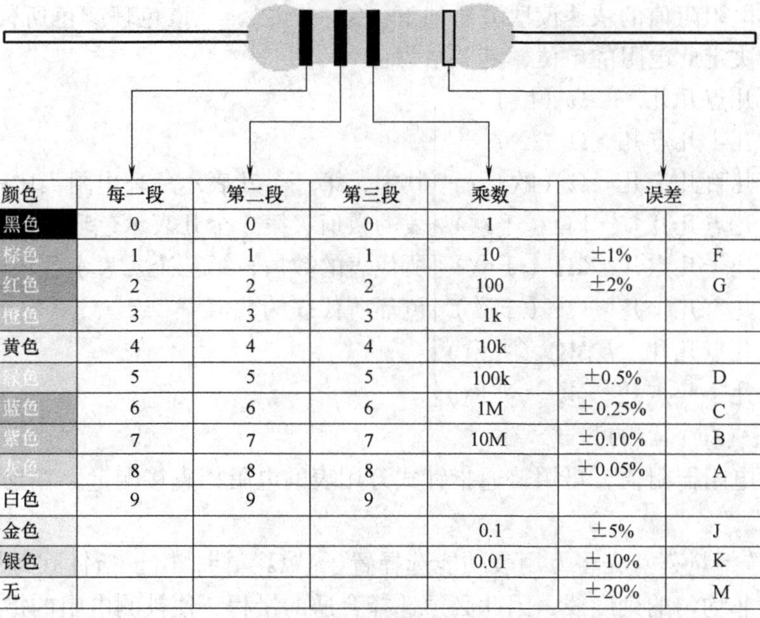

颜色	每一段	第二段	第三段	乘数	误差	
黑色	0	0	0	1		
棕色	1	1	1	10	±1%	F
红色	2	2	2	100	±2%	G
橙色	3	3	3	1k		
黄色	4	4	4	10k		
绿色	5	5	5	100k	±0.5%	D
蓝色	6	6	6	1M	±0.25%	C
紫色	7	7	7	10M	±0.10%	B
灰色	8	8	8		±0.05%	A
白色	9	9	9			
金色				0.1	±5%	J
银色				0.01	±10%	K
无					±20%	M

图 6-1-4　色环电阻所表示的有效数字和允许误差

例如，某电阻有 4 道色环，分别为黄、紫、红、金，则其色环的意义为

①环—黄色	②环—紫色	③环—红色	④环—金色
↓	↓	↓	↓
4	7	10^2	±5%

则其阻值为 4700（1±5%）Ω

精密电阻器一般用五道色环标注，它用前三道色环表示三位有效数字，第四道色环表示 10^n（n 为颜色所代表的数字），第五道色环表示阻值的允许误差。

如某电阻的五道色环为：橙橙红红棕，则其阻值为：$(332\times10^{2})(1\pm1\%)\Omega$

在色环电阻器的识别中，找出第一道色环是很重要的，可用以下方法识别：在四环标志中，第四道色环一般是金色或银色，由此可推出第一道色环，在五环标志中，第一道色环与电阻的引脚距离最短，由此可识别出第一道色环。

四道色环电阻阻值的快速读取方法如下：第一、二道色环颜色所代表的数值不变，第三道色环颜色决定此电阻的单位，其关系为：

银色	零点几几	Ω（欧）
金色	几点几	Ω（欧）
黑色	几十几	Ω（欧）
棕色	几百几十	Ω（欧）
红色	几点几	kΩ（千欧）
橙色	几十几	kΩ（千欧）
黄色	几百几十	kΩ（千欧）
绿色	几点几	MΩ（兆欧）
蓝色	几十几	MΩ（兆欧）

其中，第一个几表示色环电阻当中的第一个色环代表的数值；第二个几表示色环电阻当中的第二个色环代表的数值

五道色环电阻阻值的快速读取方法如下：第一、二、三道色环颜色所代表的数值不变，第四道色环即决定此电阻的单位，其关系为：

银色	几点几几	Ω（欧）
金色	几十几点几	Ω（欧）
黑色	几百几十几	Ω（欧）
棕色	几点几几	kΩ（千欧）
红色	几十几点几	kΩ（千欧）
橙色	几百几十几	kΩ（千欧）
黄色	几点几几	MΩ（兆欧）
绿色	几十几点几	MΩ（兆欧）

其中，第一个几表示色环电阻当中的第一色环所代表的数值；第二个几表示色环电阻当中的第二色环所代表的数值；第三个几表示色环电阻当中的第三色环所代表的数值

（2）电阻（位）器的测试

对于常用电阻器阻值，可用普通指针式万用表的电阻档直接测量。在具体测量时应注意以下几点：

1）合理选择量程。先将万用表功能选择置于“Ω”档，由于指针式万用电表的电阻档刻度线是一条非均匀的刻度线，因此必须选择合适的量程，使被测电阻的指示值尽可能位于刻度线的0刻度到全程2/3的这一段位置上，这样可提高测量的精度。对于上百千欧的电阻器，则应选用“R×10k”档来进行测量。

2）注意调零。所谓“调零”就是将电表的两只表笔短接，调节“调零”旋钮使表针指向表盘上的“0Ω”位置。“调零”是测量电阻器之前必不可少的步骤，而且每换一次量程都必须重新调零一次。顺便指出，若“调零”旋钮已调到极限位置，但指针仍回不到“0Ω”位置，说明电表内部的电池电压已不足了，应更换新电池后再进行调零和测量。

3）读数要准确。在观测被测电阻的阻值读数时，两眼应位于电表指针的正上方（万用表应水平放置），同时注意双手不能同时接触被测电阻的两根引线，以免人体电阻的存在影响测量的准确性，如图6-1-5所示。

（3）热敏电阻器的测试　目前在电路中应用较多的是负温系数热敏电阻。要判断热敏电阻器性能的好坏，可在测量其电阻的同时，用手指捏在热敏电阻器上，使其温度升高，或者利用电烙铁对其加热（注意不要让电烙铁接触上电阻）。若其阻值随温度的变化而变化，说明其性能良好；若不随温度变化或变化很小，说明其性能不好或已损坏。

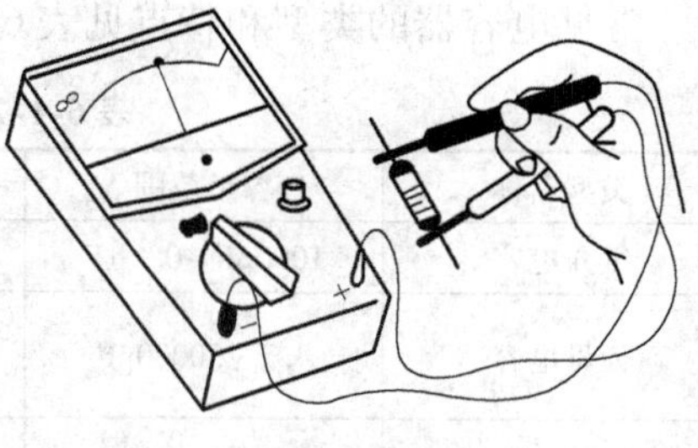

图 6-1-5　电阻的正确测法

（4）电位器的测试　先测量电位器的总阻值，即两端片之间的阻值应为标称值，然后再测量它的中心端片与电阻体的接触情况。将一只表笔接电位器的中心焊接片，另一只表笔接其余两端片中的任意一个，慢慢将其转柄从一个极端位置旋转至另一个极端位置，其阻值则应从零（或标称值）连续变化到标称值（或零）。在整个旋转过程中，万用表的指针不应有跳动现象。在电位器转柄的旋转过程中，应感觉平滑，松紧适中，不应有异常响声。开关接通时，开关两端之间的阻值应为零；开关断开时，其阻值应为无穷大。

知识链接 2　常用电容元件的识别与测试

电容器（简称电容）是一种能存储电能的元件，其特点是通交流、隔直流、阻低频、通高频，在电路中常用做耦合、旁路、滤波和谐振等。

电容用字母 C 表示，常用电容器的图形符号见表 6-1-6。

表 6-1-6　常用电容器的图形符号

固定电容器	极性电容器	微调电容	可变电容
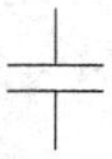	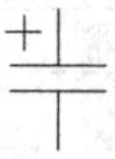	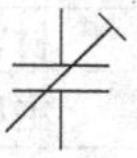	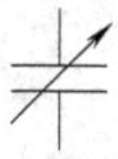

1. 电容器的外形和类型

常见电容器的外形如图 6-1-6 所示。

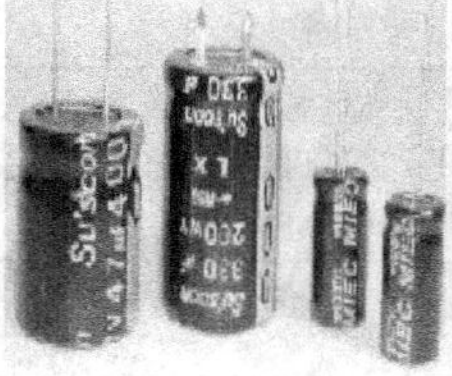

高压电解电容

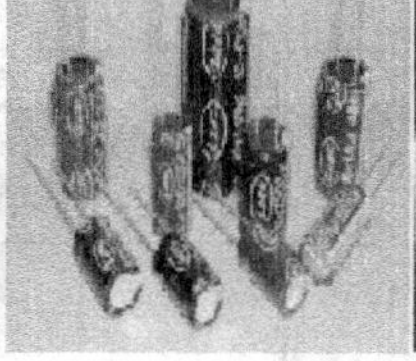

电解电容

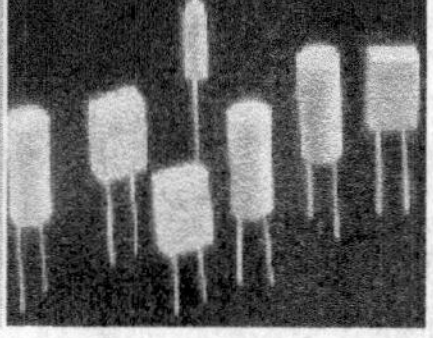

引线模压固体钼电容

积层陶瓷电容（独石电容）一径向引线

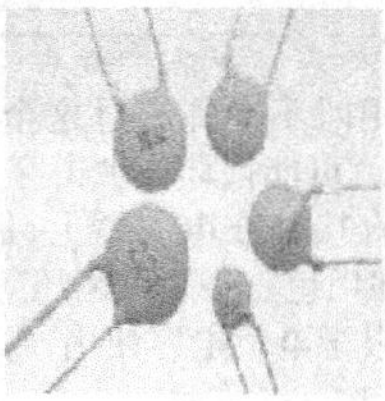

瓷片电容

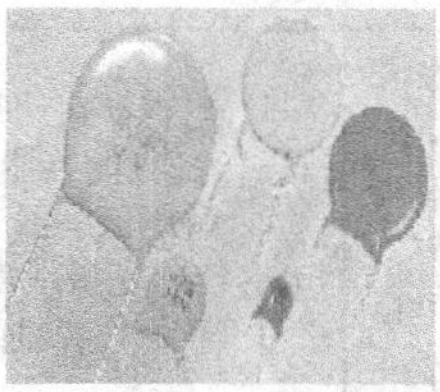

高压瓷片电容

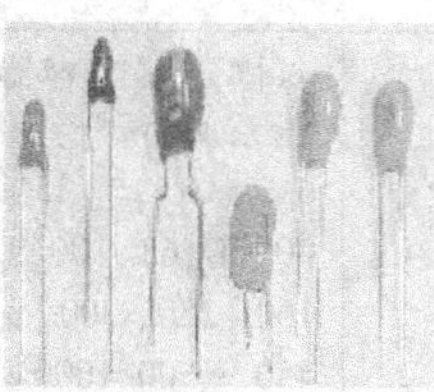

引线钽电容

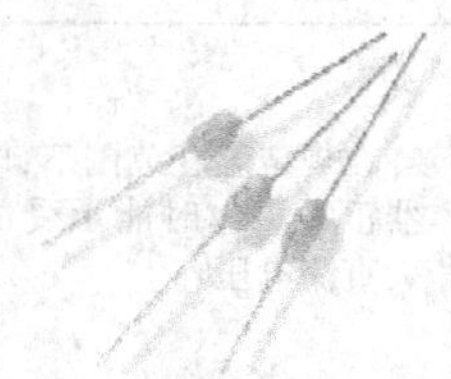

积层陶瓷电容（独石电容）一轴向引线

图 6-1-6　常见电容器的外形

常见电容器的类型和特点见表6-1-7。

表6-1-7　几种常见电容的类型和特点

类型名称	容量范围	额定工作电压	主要性能特点
纸介电容	1000pF～0.1μF	160～400V	成本低，损耗大，体积大
云母电容	4.7～30000pF	250～7000V	耐压高，耐高温，漏电小，损耗小，性能稳定，体积小，容量小
陶瓷电容	2pF～0.047μF	160～500V	耐高温，漏电小，损耗小，性能稳定，体积小，容量小
涤纶电容	1000pF～0.5μF	63～630V	体积小，漏电小，重量轻，容量小
金属膜电容	0.01～100μF	400V	体积小，电容量较大，击穿后有自愈能力
聚苯乙烯电容	3pF～1μF	63～250V	漏电小，损耗小，性能稳定，有较高的精密度
钽电解质	1～20000μF	3～450V	电容量大，有极性，漏电大

2. 电容器的型号命名法

根据国家标准，电容器的型号由四部分组成：第一部分用汉语拼音表示主称，第二部分用汉语拼音表示材料，第三部分用汉语拼音或阿拉伯数字表示特征，第四部分用阿拉伯数字表示参数。

例如，某小型金属化纸介质电容器 CJX250 0.33 ±10%，它表示的含义如下：

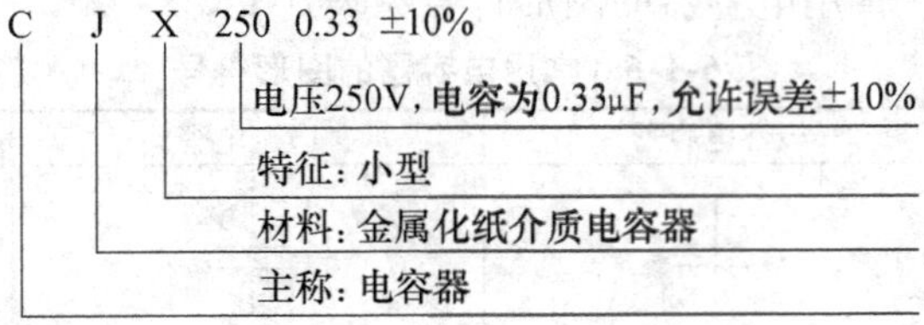

3. 电容器的主要参数

电容器的主要参数见表6-1-8。

表6-1-8　电容器的主要参数

主要参数	含　义	示列值	备　注
标称容量	电阻器上所标的阻值		标准单位是法拉（F），还有微法（μF）、纳法（nF）、皮法（pF），它们之间的换算关系为 $1F = 10^6\mu F = 10^9 nF = 10^{12} pF$
允许误差	电容器的标称容量与其实际容量之差，再除以标称值所得的百分比，就是允许误差		
额定耐压	在规定温度范围下，电容器正常工作时能承受的最大直流电压	固定式电容器的耐压系列值有：1.6、4、6.3、10、16、25、32*、40、50、63、100、125*、160、250、300*、400、450*、500、1000V等	1. 电容器在使用时不允许超过这个耐压值，若超过此值，电容器就可能损坏或被击穿，甚至爆裂 2. 耐压值一般直接标在电容器上，但有些电解电容器在正极根部用色点来表示耐压等级 3. 带*号者只限于电解电容使用
绝缘电阻	绝缘电阻指加到电容器上的直流电压和漏电流的比值，又称漏阻		漏阻越低，漏电流越大，介质耗能越大，电容器的性能就越差，寿命也越短

4. 电容器的标志方法

电容器的标志方法见表6-1-9。

表6-1-9　电容器的标志方法

标志方法	含　义	示　例	备　注
直接标志法	将电容器的阻值和误差等级直接用数字印在电阻器上	33μF ±5%、32V	
文字符号法	将需要标志的主要参数与技术指标用文字和数字符号有规律的标记在产品表面上	3.3pF 标志为 3p3	采用文字符号法时，将容量的整数部分写在容量单位标志符号前面，小数部分放在单位符号后面
色环标志法	用不同颜色的色环来标明容量值及精度，具有标记清晰，从各个方向都能看清标记等优点		单位为皮法（pF）
数字表示法	一般用三位整数，第一位、第二位为有效数字，第三位表示有效数字后面零的个数，单位为皮法（pF），但是当第三位数是9时表示10^{-1}	“243”表示容量为24000pF，而“339”表示容量为33×10^{-1}pF(3.3pF)	

5. 电容器的选用

（1）不同电路应选用不同种类的电容器　在电源滤波和退耦电路中应选用电解电容；在高频电路和高压电路中应选用瓷介和云母电容；在谐振电路中可选用云母、陶瓷和有机薄膜等电容器；用做隔直时可选用纸介、涤纶、云母、电解等电容器；用在谐振回路时可选用空气或小型密封可变电容器。

（2）耐压选择　为保证电容器的正常工作，被选用的电容器的耐压值不仅要大于其实际工作电压，而且还要有足够的余量，电容器的额定电压应高于其实际工作电压的10%～20%，以确保电容器不被击穿损坏。

（3）允许误差的选择　在业余制作电路时一般不考虑电容的允许误差；对于用在振荡和延时电路中的电容器，其允许误差应尽可能小（一般小于5%）；在低频耦合电路中的电容误差可以稍大一些（一般为10%～20%）。

（4）电容器的代用　电容器在代用时要与原电容器的容量基本相同（对于旁路和耦合电容，容量可比原电容大一些）；耐压值要不低于原电容器的额定电压。在高频电路中，电容器的代换一定要考虑其频率特性应满足电路的频率要求。

6. 电容器的测试

电容器装接前应进行测量，看其是否短路、断路或漏电严重，利用万用表的欧姆档可以简单地测量。具体方法是：容量大于100μF的电容器用“R×100Ω”档测量；容量在1～100μF的电容器用“R×1kΩ”档测量；容量更小的电容器用“R×10kΩ”档测量。对极性电容，将黑表笔接电容器的正极，红表笔接电容器的负极，若表针摆动大，且返回慢，返回位置接近“∞”，说明该电容器正常，且电容容量大；若表针摆动大，但返回时，表针显示的值较小，说明该电容漏电流较大；若表针摆动很大；接近于“0Ω”，且不返回，说明该电容器已被击穿；若表针不摆动，则说明该电容器已开路，失败。对非极性电容，两表笔接法随意。另外，如果需要对电容器再一次测量时，必须将其放电后方能进行，如图6-1-7所示。

知识链接 3　常用电感元件的识别与测试

电感元件可分为电感器和变压器。

电感器（简称电感）也是构成电路的基本元件，在电路中有阻碍交流电通过的特性。其基本特性是通低频、阻高频，在交流电路中常做扼流、降压、谐振等。电感用字母 L、T 表示，常用电感器的符号，如图 6-1-8 所示。

1. 电感器的外形和类型

电感器的外形如图 6-1-9 所示。

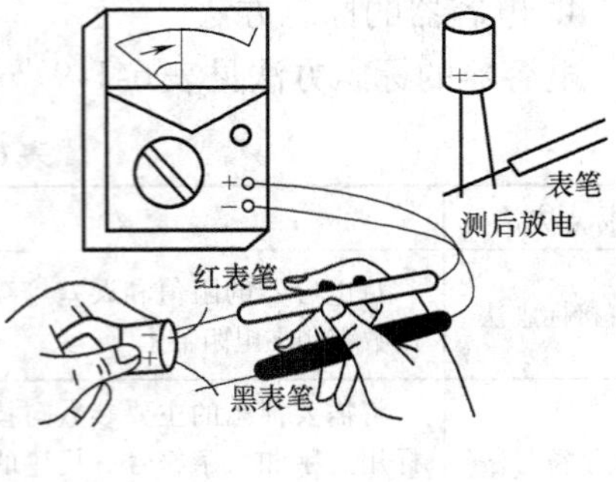

图 6-1-7　电容器的测试

图 6-1-8　常用电感器的符号

图 6-1-9　常用电感器的外形

电感器可分为固定电感和可变电感两大类。几种常见电感器见表 6-1-10。

表 6-1-10　常见电感器

名称	结　构	应　用	备　注
小型固定式电感线圈	将铜线绕在磁心上，再用环氧树脂或塑料封装而成	用于滤波、陷波、扼流、振荡和延迟等。广泛用于收录机、电视机等电子设备中	固定电感器有立式和卧式两种，其电感量一般为 0.1～3000μH，用直标法和色标法表示，允许误差分为 Ⅰ、Ⅱ、Ⅲ 三档，即 ±5%、±10%、±20%，工作频率在 10kHz～200MHz 之间
低频扼流圈	又称滤波线圈，一般由铁心和绕组等构成	低频扼流圈常与电容器组成滤波电路，以滤除整流后残存的交流成分	结构有封闭式和开启式两种
高频扼流圈		高频扼流圈用在高频电路中用来阻碍高频电流的通过。在电路中，高频扼流圈常与电容串联组成滤波电路，起到分开高频和低频信号的作用	
可变电感线圈	在线圈中插入磁心，改变磁心的位置就可以达到改变电感量的目的	能与可变电容组成调谐器，用于改变谐振回路的谐振频率	其电感量可在一定的范围内调节

2. 变压器

变压器是用做变换电路中电压、电流和阻抗的器件，按其工作频率的高低可分为低频变压器、中频变压器和高频变压器。常见变压器的符号与外形如图 6-1-10 所示。

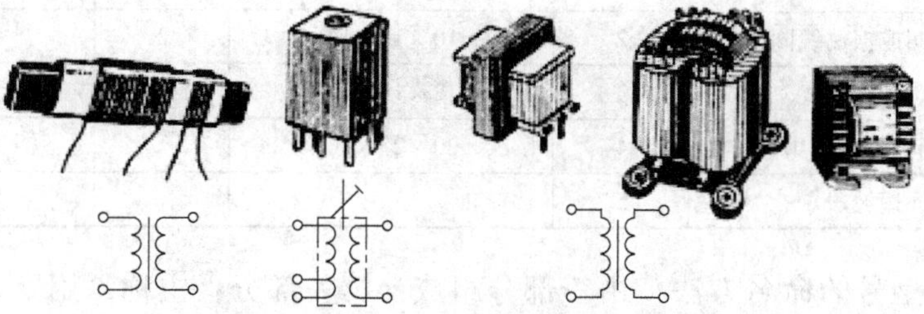

图 6-1-10　常见变压器的符号与外形

几种常见电器中的变压器类型见表 6-1-11。

表 6-1-11　常见电器中的变压器类型

名称	结构与种类	应　用	备　注
低频变压器	分为音频变压器和电源变压器两种	主要作用是实现阻抗匹配、耦合信号、将信号倒相等	音频变压器只有在电路阻抗匹配的情况下，音频信号的传输损耗及其失真才能降到最小；电源变压器是将 220V 交流电压升高或降低，变成所需的各种交流电压
中频变压器	又叫中周。它的磁心和磁帽是用高频或低频特性的磁性材料制成的	低频磁心用于收音机，高频磁心用于电视机和调频收音机	中频变压器的适用频率范围从几千赫到几十兆赫，在电路中起选频和耦合等作用，在很大程度上决定了接收机的灵敏度、选择性和通频带
高频变压器	分为耦合线圈和调谐线圈两类	调谐线圈与电容可组成串、并联谐振回路，用于选频等作用。天线线圈、振荡线圈等都是高频线圈	
行输出变压器	又称为逆行程变压器	接在电视机行扫描的输出级，将行逆程反峰电压经过升压整流、滤波，为显像管提供阳极高压、加速极电压、聚焦极电压以及其他电路所需的直流电压	

3. 电感线圈和变压器的型号及命名方法

（1）电感线圈的型号和命名方法　电感线圈的命名方法如下：

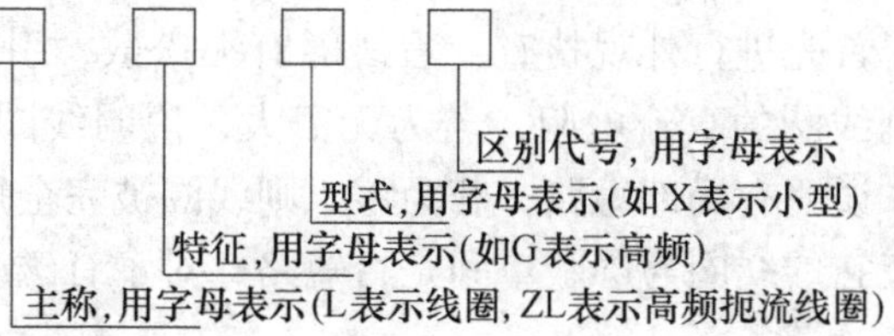

（2）中频变压器的型号命名方法　它由三部分组成：第一部分：主称，用字母表示；第二部分：尺寸，用数字表示；第三部分：级数，用数字表示。

各部分的字母和数字所表示的意义见表 6-1-12。

例如，TTF-2-1 型表示调幅收音机用磁性瓷心式中频变压器，外形尺寸为 10mm × 10mm × 14mm，用于中波第一级。

表 6-1-12　中频变压器型号各部分的字母和数字所表示的意义

主称		尺寸		级数	
字母	名称、特征、用途	数字	外形尺寸/mm×mm×mm	数字	用于中波级数
T	中频变压器	1	7×7×12	1	第一级
L	线圈或振荡线圈	2	10×10×14	2	第二级
T	磁性瓷心式	3	12×12×16	3	第三级
F	调幅收音机用	4	20×25×36		
S	短波段	5			

（3）变压器型号的命名方法　由三部分组成：第一部分：主称，用字母表示；第二部分：功率，用数字表示，计量单位用伏·安（V·A）或瓦（W）表示，但 RB 型变压器除外；第三部分：序号，用数字表示。

主称部分字母表示的意义见表 6-1-13。

表 6-1-13　变压器型号中主称部分字母所表示的意义

字母	意义	字母	意义
DB	电源变压器	HB	灯丝变压器
CB	音频输出变压器	SB 或 ZB	音频（定阻式）输送变压器
RB	音频输入变压器	SB 或 EB	音频（定压式或自耦式变压器）
GB	高频变压器		

4. 电感器的选用

（1）根据电路的要求选择不同的电感器。首先应明确其使用的频率范围。铁心线圈只能用于低频，铁氧体线圈、空心线圈可用于高频；其次要搞清线圈的电感量和适用的电压范围。

（2）在使用时，要注意通过电感器的工作电流要小于它的允许电流。否则，电感器将发热，使其性能变坏甚至烧坏。

（3）在安装时，要注意电感元件之间的相互位置，因电感线圈是磁感应元件，一般应使相互靠近的电感线圈的轴线互相垂直。

5. 电感器与变压器的测试

（1）电感器的测试　首先进行外观检查，看线圈有无松散，引脚有无折断、生锈现象。然后用万用表的欧姆档测线圈的直流电阻，若为无穷大，说明线圈（或与引出线间）有断路；若比正常值小很多，说明有局部短路；若为零，则线圈被完全短路。对于有金属屏蔽罩的电感器线圈，还需检查它的线圈与屏蔽罩间是否短路；对于有磁心的可调电感器，螺纹配合要好。

（2）变压器的测试　主要测试变压器的直流电阻和绝缘电阻。

1）直流电阻检查。变压器的直流电阻很小，一般用万用表的“R×1Ω”档来测绕组的电阻值，判断绕组有无短路或断路现象。如图 6-1-11 所示，用万用表测量绕组的①、②端，若电阻值无穷大，说明该绕组断路（开路）；若电阻值小于实际绕组线圈的电阻值，说明线圈内部有严重短路。局部短路的电感线圈或变压器，由于器件损坏后其线圈电阻值只发生微小变化，用万用表电阻档测不出其变化值，因而无法判别出它的好坏。

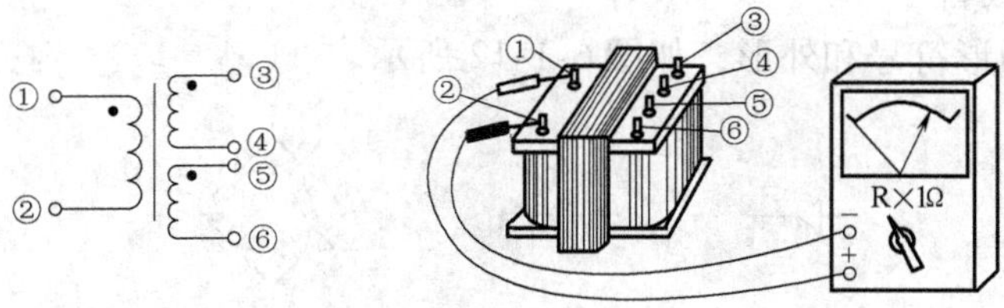

图6-1-11　变压器的测试

2）绝缘电阻的测量。变压器各绕组之间以及绕组和铁心之间的绝缘电阻可用500V或1000V绝缘电阻表进行测量。根据不同的变压器，选择不同的绝缘电阻表。一般电源变压器和扼流圈应选用1000V绝缘电阻表，其绝缘电阻应不小于1000MΩ；晶体管输入变压器和输出变压器用500V绝缘电阻表，其绝缘电阻应不小于100MΩ。若无绝缘电阻表，也可用万用表的“R×10kΩ”档，测量时，表头指针应不动（相当于电阻为无穷大）。

知识链接4　常用半导体元件的识别与测试

1. 半导体分立器件

半导体器件是近50年来发展起来的新型电子器件，具有体积小、重量轻、耗电省、寿命长和工作可靠等一系列优点，应用十分广泛。

（1）国产半导体器件型号命名法　国产半导体器件型号由五部分组成，见表6-1-14。半导体特殊器件、场效应器件、复合管、PIN型管、激光管等的型号由第三、四、五部分组成。

表6-1-14　中国半导体器件型号命名法

第一部分		第二部分		第三部分		第四部分	第五部分
用数字表示器件的电极数目		用字母表示器件的材料和类性		用字母表示器件的用途		用数字表示序号	用字母表示规格
符号	意义	符号	意义	符号	意义	意义	意义
2	二极管	A	N型，锗材料	P	小信号管	反映了极限参数、直流参数和交流参数等的差别	承受反向击穿电压的程度，如规格号为A、B、C、D、…。其中A承受的反响击穿电压最低，B次之…
		B	P型，锗材料	V	混频检波器		
		C	N型，硅材料	W	稳压管		
		D	P型，硅材料	C	变容器		
3	晶体管	A	PNP型，锗	Z	整流管		
		B	NPN型，锗	GS	光电子显示器		
		C	PNP型，硅	K	开关管		
		D	NPN型，硅	X	低频小功率管		
		E	化合材料	G	高频小功率管		
				D	低频大功率管		
				A	高频大功率管		

示例1：“2 A P 10”型为P型锗材料的小信号普通二极管，序号为10。

示例2：“3 A X 31 A”型为PNP型锗材料的低频小功率晶体管，序号31，规格号为A。

示例3："CS 2 B"型为场效应晶体管，序号为2，规格号为B。

（2）半导体二极管

1）二极管的图形符号和外形，如图6-1-12所示。

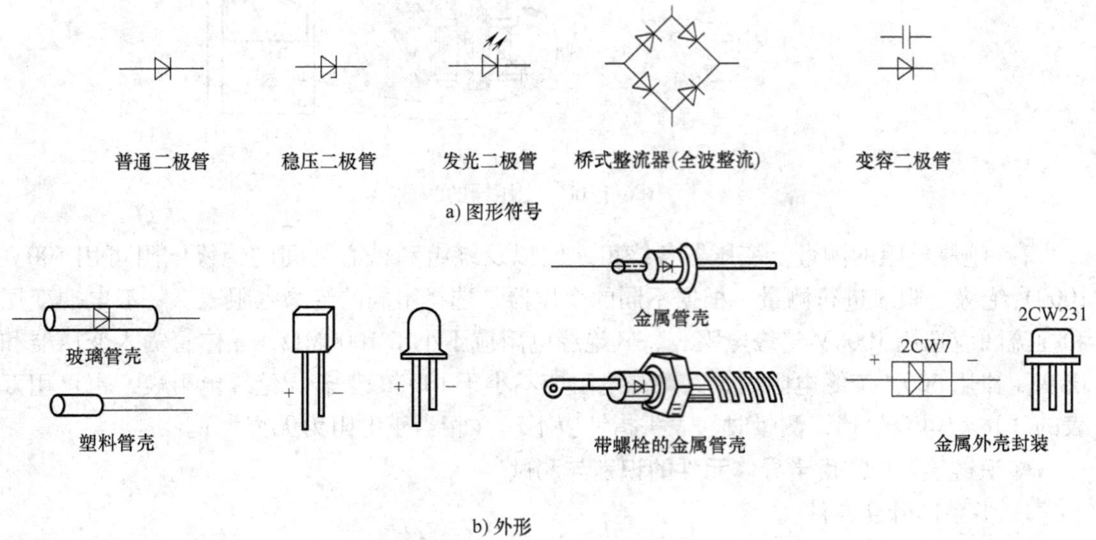

图6-1-12　二极管的图形符号与外形

二极管的工作特性如下：二极管具有单向导电性，给二极管施加正向电压（P正N负），二极管导通；给二极管施加反向电压（N正P负），二极管截止。

二极管的管压降：硅二极管（不发光类型）正向管压降为0.7V，发光二极管正向管压降随不同发光颜色而不同（1.5~3V），一般按2V估算。

2）常用二极管的类型及特点。二极管种类有很多，按照所用的半导体材料，可分为锗二极管（Ge管）和硅二极管（Si管）。根据其不同用途，可分为检波二极管、整流二极管、稳压二极管、开关二极管、隔离二极管、肖特基二极管、发光二极管、硅功率开关二极管和旋转二极管等。按照管心结构，又可分为点接触型二极管、面接触型二极管及平面型二极管。

3）二极管的主要参数。用来表示二极管的性能好坏和适用范围的技术指标，见表6-1-15。

表6-1-15　二极管的特性参数

特性参数	含　义
最大整流电流	二极管长期连续工作时允许通过的最大正向电流值，在规定散热条件下，二极管使用中不要超过二极管的最大整流电流值
最高反向工作电压	加在二极管两端的反向电压高到一定值时，会将二极管击穿，失去单向导电能力。为了保证使用安全，规定了最高反向工作电压值
反向电流	指二极管在规定的温度和最高反向电压作用下，流过二极管的反向电流。反向电流越小，二极管的单方向导电性能越好
最高工作频率	二极管工作的上限频率。超过此值后由于结电容的作用，二极管将不能很好地体现单向导电性

4）常用二极管的选用。应根据用途和电路的具体要求来选择二极管的种类、型号及参数。

选用检波管时，主要使其工作频率符合要求。常用的有 2AP 系列，还可用锗开关管 2AK 型代用。用锗高频晶体管的发射结进行检波的效果较好，因其发射结结电容很小。

选择整流二极管时主要考虑其最大整流电流、最高反向工作电压是否满足要求，常用的硅桥（硅整流组合管）为 QL 型。

（3）半导体晶体管　半导体晶体管又称双极型晶体管，简称晶体管，是一种电流控制型器件，最基本的作用是放大。它具有体积小、结构牢固、寿命长和耗电省等优点，被广泛应用于各种电子设备中。晶体管的图形符号和外形如图，如图 6-1-13 和图 6-1-14 所示。

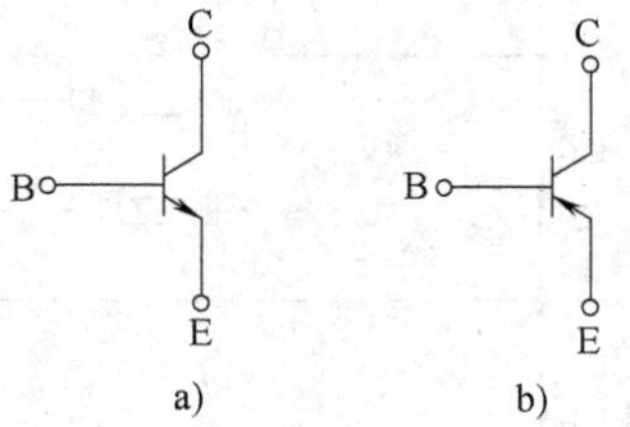

图 6-1-13　晶体管的图形符号

a）NPN 型晶体管　b）PNP 型晶体管

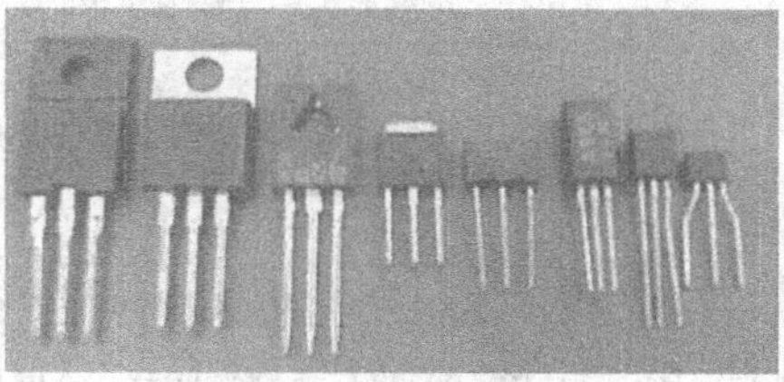

图 6-1-14　常见晶体管的外形

1）晶体管的种类。晶体管的种类按材料与工艺可分为硅平面管和锗合金管；按结构可分为 NPN 型与 PNP 型；按工作频率可分为低频管和高频管；按用途可分为电压放大管、功率管和开关管等。

2）晶体管的主要参数，见表 6-1-16。

表 6-1-16　晶体管的主要参数

主要参数	符　号	含　义
共射交流电流放大系数	β	β 是表征晶体管放大能力的重要指标。$\beta=\Delta I_c/\Delta I_B$，有些晶体管的壳顶上标有色点，作为 β 值的色点标志，为选用晶体管带来了很大的方便。其分档标志如下： 0～15～25～40～55～80～120～180～270～400～600 棕　红　橙　黄　绿　蓝　紫　灰　白　黑
极限参数		有集电极最大允许电流 I_{CM}、集-发射极击穿电压 $U_{(BR)CEO}$ 和集电极最大允许耗散功率 P_{CM}，在使用时不允许超过其极限值。
反向电流		有集-基极反向电流 I_{CBO} 和集-发射极反向电流（又称穿透电流）I_{CEO}。反向电流影响管子的热稳定性，其值愈小愈好。

3）晶体管的选用与代换

① 根据电路需要，应使其特征频率高于电路工作频率的 3～10 倍，但不能太高，否则将引起高频振荡。

② 晶体管的 β 值应选择适中，一般选 30～200 为宜。β 值太低，电路的放大能力差；β 值过高又可能使晶体管工作不稳定，造成电路的噪声增大。

③ 反向击穿电压 $U_{(BR)CEO}$ 应大于电源电压。在常温下，集电极耗散功率 P_{CM} 应选择适中。如选小了会因晶体管过热而烧毁；选大了又会造成浪费。

2. 半导体分立元件的识别与测试

（1）二极管的识别与测试

1）普通二极管的识别与测试。普通二极管外壳上均印有型号和标记。标记方法有箭头、色点、色环三种，箭头所指方向或靠近色环的一端为负极，有色点的一端为正极。若型号和标记脱落时，可用万用表的欧姆档进行判别，主要原理是根据二极管的单向导电性，其反向电阻远远大于正向电阻。具体方法见表 6-1-17。

表 6-1-17 普通二极管的识别与测试

项　目	方　法	图　示
判别极性	观察外壳上的符号标记：外壳上标有二极管的符号，带有三角形箭头的一端为正极，另一端则为负极	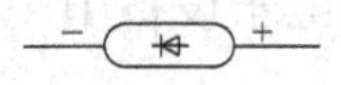
	观察外壳上的色点：一般标有色点的一端即为正极，还有二极管上标有色环，带色环一端为负极	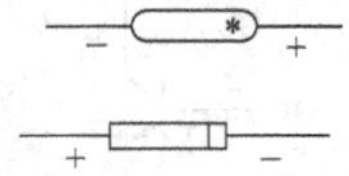
	观察玻璃壳内触针：将外壳上的黑色或白色漆层轻轻刮掉一点，透过玻璃观察二极管的内部结构，有金属触针的一端就是正极	
	用万用表测量判别：将万用表置于“R×1k”档，先用红、黑表笔任意测量二极管两个端子间的电阻值，然后交换表笔再测量一次，如果二极管是好的，两次测量结果必定出现一大一小。以阻值较小的一次测量为准，黑表笔所接的一端为正极，红表笔所接的一端则为负极	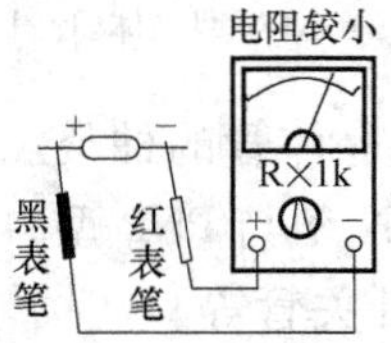
检查好坏	测量正、反向电阻来判断二极管的好坏，一般小功率硅二极管正向电阻为几百千欧～几千千欧，锗管约为100Ω～1kΩ	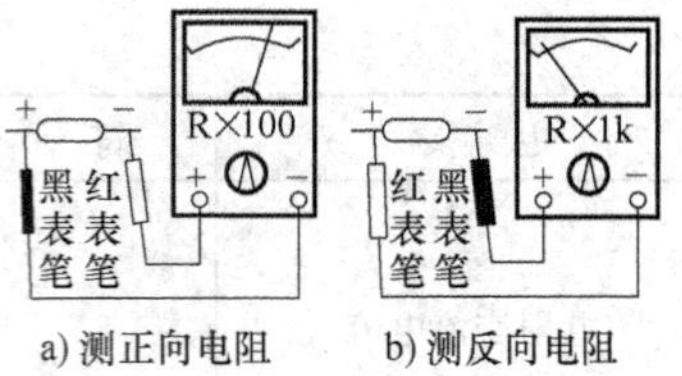a) 测正向电阻　b) 测反向电阻
判别硅、锗管	将二极管接在电路中，当其导通时，用万用表测其正向压降，硅管一般为 0.6～0.7V，锗管为 0.1～0.3V	

2）稳压管的测试

① 极性的判别：与上文介绍的普通二极管的判别方法相同。

② 检查好坏：万用表置于“R×10k”档，黑表笔接稳压管的“－”极，红表笔接“＋”，若此时的反向电阻很小（与使用“R×1k”档时的测试值相比校），说明该稳压管正常。因为万用表“R×10k”档的内部电压都在 9V 以上，可达到被测稳压管的击穿电压，使其阻值大大减小。

3）发光二极管的测试。用万用表“R×10k”档测试。一般正向电阻应小于 30kΩ，反向电阻应大于 1MΩ。若正、反向电阻均为零，说明其内部击穿；反之，若均为无穷大，则内部已开路。

（2）晶体管的识别与测试

1）外形识别。常用的小功率晶体管有金属外壳封装和塑料封装两种，其外形及管脚排列次序如图 6-1-15 所示，可直接观测出三个电极 e、b、c。判断管型和晶体管的好坏，一般可用万用表的“R×100”和“R×1k”档来进行判别。

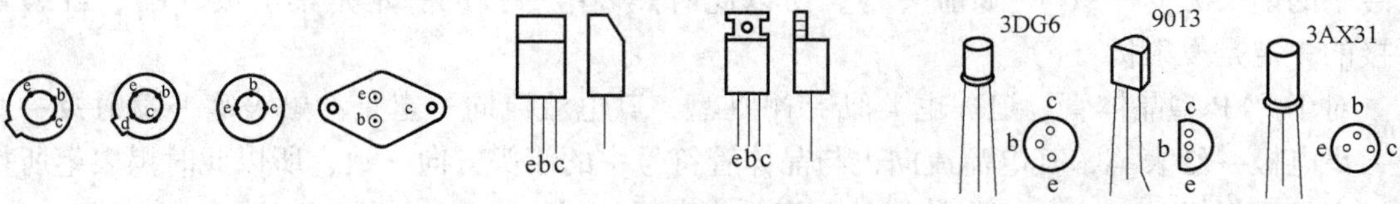

a) 金属封装晶体管的引脚判断　b) 塑料封装晶体管的引脚判断　c) 常见型号晶体管的引脚判断

图 6-1-15　外观判别晶体管的极性

2）晶体管的检测方法。检测方法如图 6-1-16 所示。

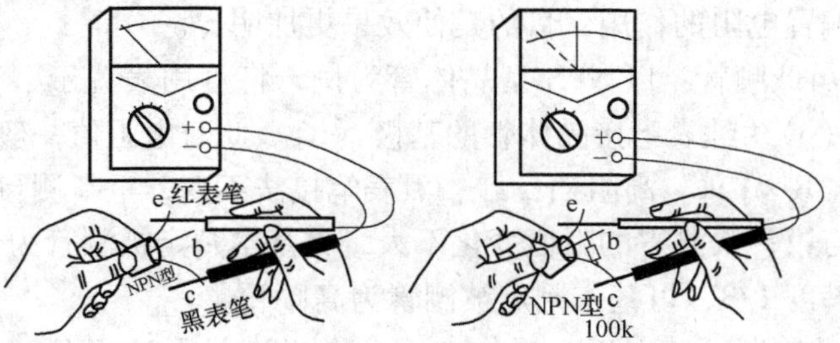

图 6-1-16　晶体管的检测

① 辨别晶体管的 e、b、c 电极及管型：测试晶体管要使用万用电表的欧姆档，并选择“R×100”或“R×1k”档位。万用表的红表笔连接的是表内电池的负极，黑表笔则连接着表内电池的正极（数字万用表红表笔所连接的是表内电池的正极，黑表笔连接着表内电池的负极。）

晶体管的管型及管脚的判别可用四句口诀概括：“三颠倒，找基极；PN 结，定管型；顺箭头，偏转大；测不准，动嘴巴。”

a. 三颠倒，找基极：假定人们并不知道被测晶体管是 NPN 型还是 PNP 型，也分不清各管脚是什么电极。测试的第一步是判断哪个管脚是基极。这时，任取两个电极（如这两个电极为 1、2），用万用表两支表笔颠倒测量它的正、反向电阻，观察表针的偏转角度；接着，再取 1、3 两个电极和 2、3 两个电极，分别颠倒测量它们的正、反向电阻，观察表针的偏转角度。在这三次颠倒测量中，必然有两次测量结果相近：即颠倒测量中表针一次偏转大，一次偏转小；剩下一次必然是颠倒测量前后指针偏转角度都很小，这一次未测的那只管脚就是的基极。

b. PN 结，定管型：找出晶体管的基极后，再来确定导电类型。将万用表的黑表笔接触基极，红表笔接触另外两个电极中的任一电极，若表头指针偏转角度很大，则说明被测晶体管为 NPN 型管；若表头指针偏转角度很小，则被测管即为 PNP 型。

c. 顺箭头，偏转大：找出了基极（b）以后，可以用测穿透电流 I_{CEO} 的方法确定集电极（c）和发射极（e）。

对于NPN型晶体管，用万用电表的黑、红表笔颠倒测量两极间的正、反向电阻 R_{ce} 和 R_{ec}，虽然两次测量中万用表指针偏转角度都很小，但仔细观察，总会有一次偏转角度稍大，此时电流的流向一定是：黑表笔→集电极→基极→发射极→红表笔，电流流向正好与晶体管符号中的箭头方向一致（"顺箭头"），所以此时黑表笔所接的一定是集电极（c），红表笔所接的一定是发射极（e）。

对于PNP型晶体管，道理也类似于NPN型，其电流流向一定是：黑表笔→发射极→基极→集电极→红表笔，其电流流向也与晶体管符号中的箭头方向一致，所以此时黑表笔所接的一定是发射极（e），红表笔所接的一定是集电极（c）。

d. 测不准，动嘴巴：若在"顺箭头，偏转大"的测量过程中，由于颠倒前后的两次测量指针偏转均太小难以区分时，就要"动嘴巴"了。具体方法是：在"顺箭头，偏转大"的两次测量中，用两只手分别捏住两表笔与管脚的结合部，用嘴巴含住（或用舌头抵住）基极（b），仍用"顺箭头，偏转大"的判别方法即可区分开集电极（c）与发射极（e）。其中人体起到直流偏置电阻的作用，目的是使效果更加明显。

② 辨别高频管与低频管：以NPN型晶体管为例，将万用表置于"R×1k"档，黑表笔接晶体管的发射结（e），红表笔接晶体管的基极（b）。此时电阻值一般均在几百千欧以上。接着将万用表拨至"R×10k"高阻档，红、黑表笔接法不变，重新测量一次e、b间的电阻值。若所测量阻值与第一次测得的阻值变化不大，可基本判定被测管为低频管；若阻值变化很大，超过万用表满度1/3，可基本判定被测管为高频管。

③ 晶体管好坏的判断：若在以上操作中无一电极满足上述现象，则说明晶体管已坏。也可用万用表的"h_{FE}"档，当管型确定后，将晶体管插入"NPN"或"PNP"插孔，将万用表置于"h_{FE}"档，若 h_{EF}（β）值不正常（如为零或为大于300），则说明晶体管已坏。

【操作指导】

操作指导　常用电子元件的识别和测试操作

1. 目的要求

1）认识电子常见电子元器件。

2）学会用万用表对电子元件的极性和好坏做出判断。

2. 器材设施

万用表、SIPIVT-E型PTH实训模板一块。

实训模板介绍：SIPIVT-E型PTH PCB是专门用于通孔焊接练习的实训电路板，可用于识别穿孔安装的电子元器件。图6-1-17所示为PTH实训模板。

3. 实训操作步骤

（1）色环电阻的识读与测试

四色环电阻（R1～R20），五色环电阻（R21～R26）的测试结果填入表6-1-18。

（2）电容器与电感参数的识别

将测试结果填入表6-1-19。

（3）二极管、晶体管的简易测试

将测试结果填入表6-1-20。

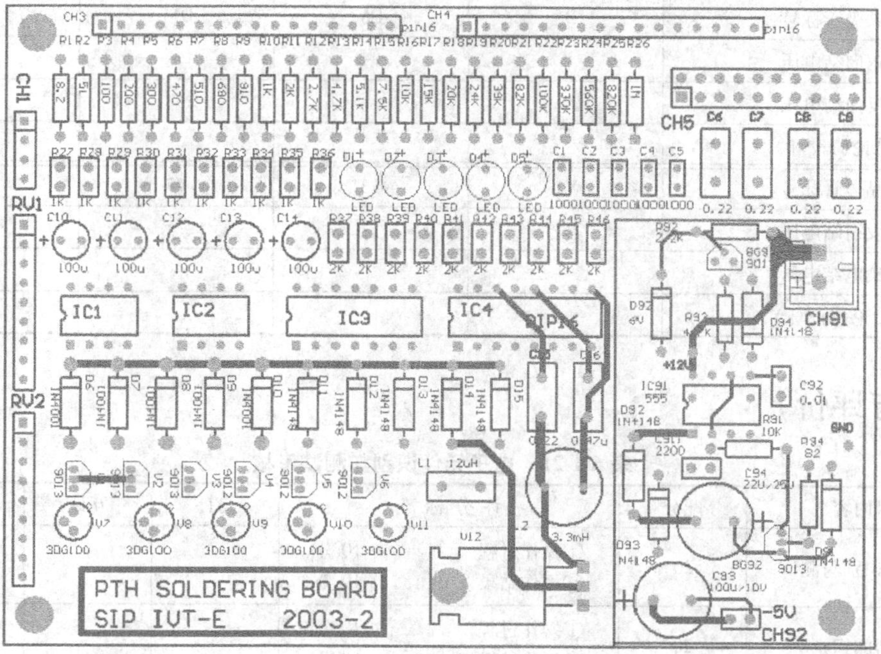

图 6-1-17　PTH 实训模板

表 6-1-18　实训结果 1

标号	R1	R2	R3	R4	R5	R6	R7	R8	R9
标称值									
实测值									
标号	R10	R11	R12	R13	R14	R15	R16	R17	R18
标称值									
实测值									
标号	R19	R20	R21	R22	R23	R24	R25	R26	
标称值									
实测值									

表 6-1-19　实训结果 2

标号	C1	C2	C5	C6	C10	C11	C15	C16
标称值								
介质种类								
标号	L1	L2						
标称值								
直流电阻								

表 6-1-20　实训结果 3

二极管标号	D1	D6	D11	D92
正向结电压				
反向结电压				
结论(好/坏)				
晶体管标号	V1	V3	V7	V12
发射结电压				
集电结电压				
结论(好/坏)				

【考核与评价】

表 6-1-21　电子元件识别与测试考核

项目内容	配分	评 分 标 准			自评	互评	教师评
电阻器的识别与测试	20	①操作过程 ②操作结果		10 分 10 分			
电容器的识别	20	①操作过程 ②操作结果		10 分 10 分			
电感器的识别	10	①操作过程 ②操作结果		5 分 5 分			
二极管的简易测试	20	①操作过程 ②操作结果		10 分 10 分			
晶体管的简易测试	20	①操作过程 ②操作结果		10 分 10 分			
安全、文明操作①	10	违反次		扣 5 分			
定额时间	45min	每超过 10min		扣 5 分			
开始时间		结束时间		总评分			

① 安全、文明操作的要求为：遵守实训纪律，团结协作，不损坏装备，遵守安全文明操作规程，不发生安全事故。

任务二　掌握电子焊接的基本操作

【相关知识准备】

知识链接　焊接的基本操作工艺

1. 手工焊接操作的要领

（1）保持烙铁头的清洁　焊接时烙铁头长期处于高温状态，又接触焊剂等杂质，其表面很容易氧化并沾上一层黑色杂质，这些杂质会形成隔热层，使烙铁头失去加热作用。因此，要随时在烙铁架上蹭去杂质，也可用一块湿布或湿海绵随时擦烙铁头。

（2）采用正确的加热方法　要靠增加接触面积加快传热，而不要用烙铁对焊件加力。正确办法应该根据焊件形状选用不同的烙铁头，或自己修整烙铁头，让烙铁头与焊件形成面接触而不是点或线接触，这就大大提高了效率。还要注意，加热时应让焊件上需要焊锡浸润的各部分均匀受热，而不是仅加热焊件的一部分。

（3）加热要靠焊锡桥　非流水线作业中，一次焊接的焊点形状是多种多样的，因此不可能不断更换烙铁头，要提高烙铁头加热的效率，需要形成热量传递的焊锡桥。所谓焊锡桥，就是靠烙铁上保留少量焊锡作为加热时烙铁头与焊件之间传热的桥梁。

（4）烙铁头撤离有讲究　烙铁头撤离要及时，而且撤离时的角度和方向对焊点形成有一定关系。还有的人总结出撤烙铁时轻轻旋转一下，可保持焊点适当的焊料。

（5）焊锡凝固之前不要使焊件移动或振动　用镊子夹住焊件时，一定要等焊锡凝固后再移去镊子，在焊锡凝固前，一定要保持焊件静止。

（6）焊锡量要合适　过量的焊锡会增加焊接时间，在高密度的电路中，过量的锡很容易造成不易觉察的短路，堆焊也容易造成虚焊；焊锡过少不能形成牢固的结合，容易形成虚焊。

（7）不要用过量的焊剂　过量的松香会延长加热时间（松香熔化、挥发需要并带走热量），而当加热时间不足时，容易夹杂到焊锡中形成“夹渣”缺陷。对开关元件、插座（如IC插座）的焊接，过量的焊剂容易流到触点处，从而造成接触不良。

（8）不要用烙铁头作为运载钎料的工具　烙铁头温度一般都在300℃左右，用烙铁头沾上焊锡去焊接，容易造成钎料的氧化、焊剂的挥发。

2. 焊接工艺和方法

（1）焊接前的准备

1）器件引脚加工成形与安装。为了便于安装和焊接，在安装前要预先把元器件引脚弯曲成一定的形状。在没有专用工具或只需加工少量元器件引脚时，可使用尖嘴钳和镊子等工具将引脚加工成形。

元器件引脚弯成的形状是根据焊盘孔的距离及装配上的不同而加工成形。电容的引脚可以弯成梯形，方便将电容垂直安装。二极管可以水平安装，当孔距较小时应垂直安装，为了将二极管的引脚弯成美观的圆形，应用螺钉旋具辅助弯制：把螺钉旋具紧靠二极管引脚的根部，十字交叉，左手捏紧交叉点，右手食指将引脚向下弯，直到两引脚平行。

各元器件的符号标志向上（卧式）或向外（立式），以便于检查。图6-2-1是几种成形图例。

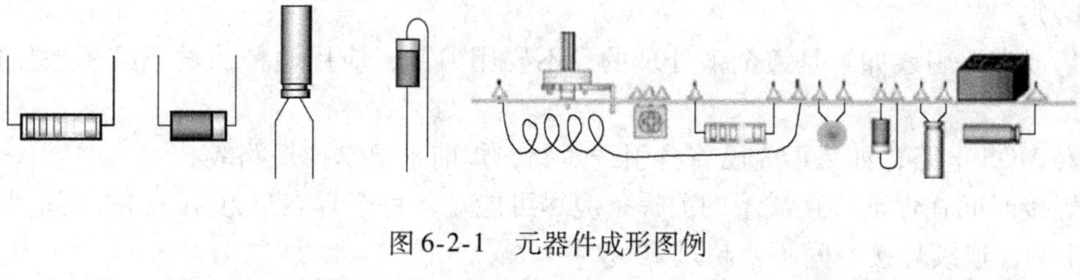

图6-2-1　元器件成形图例

2）镀锡。元器件引脚一般都镀有一层薄的钎料，但时间一长，引脚表面产生一层氧化膜，影响焊接。对于引脚氧化的元器件，在焊接前引脚都要重新镀锡。镀锡时要注意以下几点：

① 待镀面应清洁：元器件、焊片、导线等表面的污物，轻则用酒精或丙酮擦洗，严重的腐蚀性污点只有用机械办法去除，包括刀刮或砂纸打磨，直到露出光亮金属为止；

② 加热温度要足够：被焊金属表面温度应接近熔化时的焊锡温度才能形成良好的结合层，因此应该根据焊件的大小供给它足够的热量。但由于考虑到元器件承受温度不能太高，必须掌握恰到好处的加热时间。

③ 要使用有效的焊剂：松香是广泛应用的焊剂。

④ 多股导线镀锡：剥导线头的绝缘皮不要伤线，剥导线头的绝缘皮最好用剥皮钳，根据导线直径选择合适的槽口。剥好的多股导线一定要将其绞合在一起，否则在镀锡时就会散乱。绞合时旋转角一般约在30°～40°，旋转方向应与原线芯旋转方向一致。绞合时，最好是手不要直接触及导线，可捏紧已剥断而没有剥落的绝缘皮进行绞合。要注意，不要让锡浸入到绝缘皮中，最好在绝缘皮前留1～3mm间隔使之没有锡。

（2）典型焊接方法及工艺

1）印制电路板的焊接。印制电路板在焊接前要仔细检查，通常检查以下方面。

① 印制电路板图与所装配的电路图是否符合。

② 印刷电路板的质量是否符合要求，即无断路、短路、孔化不良等现象。

此外，要准备好需装配的元器件，并检查它们的型号、规格及数量是否符合电路图的要求。

焊接前，将印制电路板上所有的元器件作好焊前准备工作（整形、镀锡）。焊接时，根据元器件的尺寸高度，一般工序应先焊尺寸较低的元器件，后焊尺寸较高的和要求比较高的元器件等。次序是：电阻→电容→二极管→晶体管→其他元器件等。但根据印制电路板上的元器件特点，有时也可先焊高的元器件后焊低的元器件（如晶体管收音机），使所有元器件的高度不超过最高元器件的高度，保证焊好元件的印制电路板元器件比较整齐，并占有最小的空间位置。不论哪种焊接工序，印制板上的元器件都要排列整齐，同类元器件要保持高度一致。

晶体管装焊一般在其他元器件焊好后进行，要特别注意的是每个晶体管的焊接时间不要超过10s，并使用钳子或镊子夹持管脚散热，防止烫坏晶体管。

焊接结束后，必须检查有无漏焊、虚焊现象。

2）集成电路的焊接。集成电路的安装焊接有两种方式，一种是将集成块直接与印制板焊接，另一种是通过专用插座（IC插座）在印制板上焊接，然后将集成块直接插入IC插座上。静电和过热容易损坏集成电路，因此在焊接时必须非常小心。在焊接集成电路时，应注意下列事项：

① 集成电路引线如果是镀金银处理的，不要用刀刮，应用酒精擦拭或绘图橡皮擦干净就可以了。

② 对MOS电路，如果事先已将各引线短路，焊前不要拿掉短路线。

③ 焊接时间在保证焊接质量的前提下应尽可能短，每个焊点最好用3s的时间焊好，最多不超过4s，连续焊接时间不要超过10s。

④ 使用烙铁最好是20W内热式，接地线应保证接触良好。若用外热式，采用烙铁断电用余热焊接，必要时还要采取人体接地的措施。

⑤ 使用低熔点焊剂，一般不要高于150℃。

⑥ 工作台上如果铺有橡皮、塑料等易于积累静电的材料，电路片子及印制电路板等不宜放在台面上。

⑦ 集成电路若不使用插座，直接焊到印制电路板上，安全焊接顺序为地端 →输出端→电源端→ 输入端。

⑧ 焊接集成电路插座时，必须按集成块的引线排列图焊好每个点。

3）有机材料塑料元器件接点焊接　这一类元器件焊接时必须注意：

① 在元器件预处理时，尽量清理好接点，力争一次镀锡成功，不要反复镀，尤其将元器件在锡锅中浸镀时，更要掌握好浸入深度及时间。

② 焊接时烙铁头要修整尖一些，焊接一个接点不应碰相邻接点。

③ 镀锡及焊接时加助焊剂量要少，防止浸入电接触点。

④ 烙铁头在任何方向均不要对接线片施加压力。

⑤ 时间要短一些，焊后不要在塑壳未冷前对焊点作牢固性试验。

4）继电器、波段开关类元器件的接点焊接。继电器、波段开关类元器件的共同特点是簧片制造时加预应力，使之产生适应弹力，保证了电接触性能。如果安装施焊过程中对簧片施加外力，则易破坏接触点的弹力，造成元器件失效；如果装焊不当，容易造成以下 4 方面的问题：

① 装配时如对触片施力，造成塑性变形，开关失效。

② 焊接时对焊点用烙铁施力，造成静触片变形。

③ 焊锡过多，流到铆钉右侧，造成静触片弹力变化，开关失效。

④ 安装过紧，变形。

为了使元器件或导线在继电器、波段开关类元器件的焊片上焊牢，需要将导线插入焊片孔内绕住，然后再用电烙铁焊好，不应搭焊。如果焊片上焊的是多股导线，最好用套管将焊点套上，这样既保护焊点不易和其他部位短路，又能保护多股导线不容易散开。

5）导线焊接技术。导线同接线端子、导线同导线之间的焊接有三种基本形式：绕焊、钩焊和搭焊。

① 绕焊：把经过镀锡的导线端头在接线端子上绕一圈，用钳子拉紧缠牢后进行焊接。注意导线一定要紧贴端子表面，绝缘层不接触端子，一般 L 为 1～3mm 为宜（L 为导线绝缘皮与焊面之间的距离）。这种连接可靠性最好。操作步骤如图 6-2-2 和 6-2-3 所示。

a. 去掉导线端部一定长度的绝缘皮。

b. 导线端头镀锡，并穿上合适的热缩套管。

c. 两条导线绞合，焊接。

d. 趁热把套管推到接头焊点上，用热风或用电烙铁烘烤热缩套管，套管冷却后应该固定并紧裹在接头上。

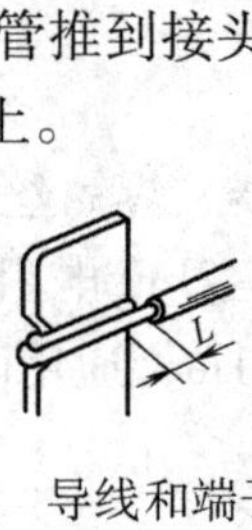

图 6-2-2　导线和端子的绕焊

a) 细导线绕到粗导线上　b) 同样粗细的导线的绕焊

图 6-2-3　导线与导线的绕焊

② 钩焊：将导线端子弯成钩形，钩在接线端子上并用钳子夹紧后施焊，端头处理与绕焊相同。这种方法强度低于绕焊，但操作简便，如图 6-2-4 所示。

③ 搭焊：把经过镀锡的先搭到接线端子上施焊，如图 6-2-5 所示。这种连接最方便，但

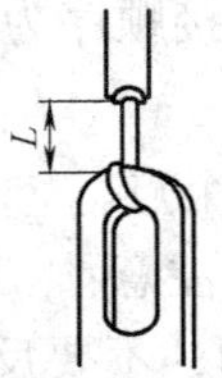

图 6-2-4 导线和端子的钩焊

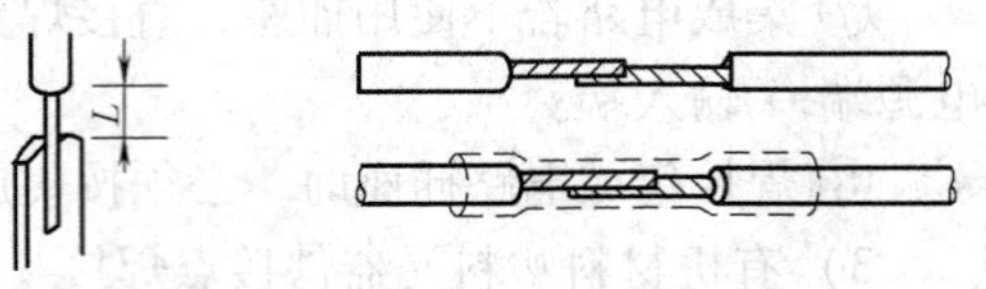

a) 导线和端子的搭焊　b) 导线和导线的搭焊

图 6-2-5 搭焊

强度可靠性最差，仅用于临时连接或不便于缠、钩的以及某些接插件上。对调试或维修中的临时线，也可采用搭焊的办法。只是这种接头强度和可靠性都较差，不能用于生产中的导线焊接。

6）杯形焊件焊接法。这类接点多见于接线柱和接插件，一般尺寸较大，如果焊接时间不足，容易造成“冷焊”。这种焊件一般是和多股软线连接，焊前要对导线进行处理，先绞紧各股软线，然后镀锡，对杯形件也要进行处理。操作方法如图 6-2-6 所示。

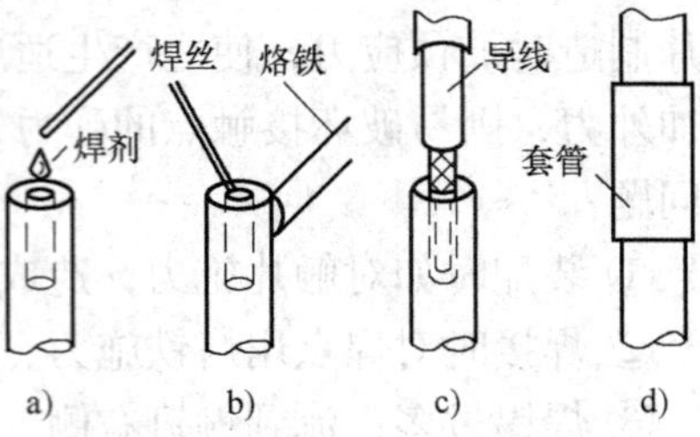

图 6-2-6 杯形接线柱焊接方法

① 往杯形孔内滴助焊剂。若孔较大，用脱脂棉蘸助焊剂在孔内均匀擦一层。

② 用烙铁加热并将锡熔化，靠浸润作用流满内孔。

③ 将导线垂直插入到孔的底部，移开烙铁并保持到凝固。在凝固前，导线切不可移动，以保证焊点质量。

④ 完全凝固后立即套上套管。由于这类焊点一般外形较大，散热较快，所以在焊接时应选用功率较大的电烙铁。

【操作指导】

操作指导　焊接的操作

1. 目的要求

1）掌握手工焊接的技巧。

2）掌握各工具的使用方法和焊接技巧。

2. 器材设施

1）220V/25W 电烙铁一把。

2）常用工具一套：钳子、镊子、螺钉旋具、热风枪、吸锡器、焊锡丝、漆包线等。

3）若干套元器件如下：100kΩ 电阻一只；2.2kΩ 电阻一只；2kΩ 电阻一只；10uF/16V 电解电容两个，1MΩ 可调电位器一个，3DG6 晶体管一只，导线 1m，通用电路板一块。

3. 实训操作步骤：

（1）工具使用前的准备

第一步，准备好常用工具。

第二步，把电烙铁、热风枪、焊锡丝等放置在工作台右边。

第三步，工作台的抽屉里可放入其他工具。

（2）焊接单级交流放大电路　在通用电路板上根据图7-2-7所示手工焊接单级交流放大电路进行焊接。

第一步，把通用电路板、需要焊接的元器件、锡丝和烙铁准备好。

第二步，把各元器件安装在电路板上。

第三步，对被焊件进行加热。

第四步，将手中的锡丝触到被焊件上使之熔化适量的钎料。

第五步，当锡丝熔化一定量后迅速移开锡丝。

第六步，当钎料的扩散范围达到要求后移开电烙铁。

第七步，填写实训报告。

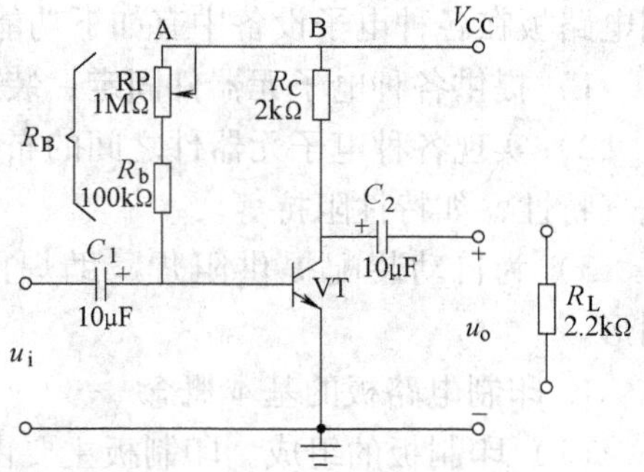

图6-2-7　单级交流放大电路

【考核与评价】

表6-2-1　电子焊接基本操作考核

项目内容	配分	评 分 标 准		自评	互评	教师评
焊接工艺	50	①在印制电路板上所焊接的元器件的焊点大小适中，无漏、假、虚、连焊，焊点光滑、圆润、干净，无毛刺 ②引脚加工尺寸及成形符合工艺要求 ③导线长度、剥头长度符合工艺要求，芯线完好，捻头镀锡 以上内容不符合1处扣1分，扣完为止				
装配工艺	30	①印制电路板插件位置正确，元器件极性正确，元器件、导线安装及字标方向均应符合工艺要求 ②接插件、紧固件安装可靠牢固，印制电路板安装对位 ③无烫伤和划伤处，整机清洁无污物 以上内容不符合1处扣1分，扣完为止				
安全、文明操作①	20	违反一次	扣5分			
定额时间	45min	每超过10min	扣5分			
开始时间		结束时间		总评分		

① 要求与本项目任务一相同。

任务三　学习印制电路板的制作工艺

【相关知识准备】

知识链接1　印制电路板的制作

印制电路板简称PCB，是由绝缘底板、连接导线和装配焊接电子元器件的焊盘组成，印制电路板在各种电子设备中有如下功能：

1）提供各种电子元器件固定、装配的机械支撑。

2）实现各种电子元器件之间的布线和电气连接（信号传输）或电绝缘，提供所要求的电气特性，如特性阻抗等。

3）为自动装配提供阻焊、助焊图形，为元器件插装、检查、维修提供识别字符和图形。

1. 印制电路板的基本概念

（1）印制板的组成　印制板主要由绝缘底板（基板）和印制电路（也称导电图形）组成，具有导电线路和绝缘底板的双重作用。

1）基板。基板是由绝缘隔热、并不易弯曲的材料所制作成，一般常用的基板是敷铜板，又称覆铜板，全称为敷铜箔层压板。敷铜板的整个板面上通过热压等工艺贴敷着一层铜箔。

2）印制电路。覆铜板被加工成印制电路板时，许多覆铜部分被蚀刻处理掉，留下来的那些各种形状的铜膜材料就是印制电路，它主要由印制导线和焊盘等组成。

① 印制导线：用来形成印制电路的导电通路。

② 焊盘：用于印制板上电子元器件的电气连接、元件固定或两者兼备。

③ 过孔和引线孔：分别用于不同层面的印制电路之间的连接以及印制板上电子元器件的定位。

3）助焊膜。在印制电路板的焊盘表面可看到许多比之略大的各浅色斑痕，这就是为提高可焊性能而涂覆的助焊膜。

（2）印制板的种类　印制板根据其基板材质刚、柔强度不同，分为刚性板、挠性板以及刚挠结合板，又根据板面上印制电路的层数分为单面板、双面板以及多层板。

1）单面板。仅一面上有印制电路的印制板。这是早期电路（THT 元件）才使用的板子，元器件集中在其中一面——元件面，印制电路则集中在另一面上——印制面或焊接面，两者通过焊盘中的引线孔形成连接。单面板在设计线路上有许多严格的限制，如布线间不能交叉而必须绕独自的路径。

2）双面板。两面均有印制电路的印制板。这类的印制板，两面导线的电气连接是靠穿透整个印制板并金属化的通孔来实现的。相对来说，双面板的可利用面积比单面板大了一倍，并且有效地解决了单面板布线间不能交叉的问题。

3）多层板。由多于两层的印制电路与绝缘材料交替粘结在一起，且层间导电图形互连的印制板。如用一块双面做内层、两块单面做外层，每层板间放进一层绝缘层后粘牢（压合），便有了四层的多层印制板。板子的层数就代表了有几层独立的布线层，通常层数都是偶数，并且包含最外侧的两层。比如大部分计算机的主机板都是 4 ~ 8 层的结构。目前，技术上已经可以做到近 100 层的印制板。在多层板中，各面导线的电气连接采用埋孔和盲孔技术来解决。

2. 印制电路板的设计

印制电路板的设计，是根据设计人员的意图，将电气原理图转换成印制电路板图，确定加工技术要求的过程。它必须符合原理图的电气连接以及产品电气性能、机械性能的要求，同时考虑印制电路板加工工艺和电子装配工艺的基本要求。

（1）印制电路板的设计

1）印制电路板设计的主要内容。印制电路板的设计包括电路设计和封装设计（即印制导线设计）两部分。设计的过程应根据电子产品的电原理图及电子产品的技术性能指标来进行。

2）元器件布局的一般方法与要求。印制电路板上元器件的排列称为布局。印制电路板的设计是根据电路原理图及元器件的特点，研究各元器件的布局排列，确定它们在印制电路板上的最佳位置。

3）印制板的设计步骤和方法。

① 选定印制板的材料、厚度和板面尺寸。

② 印制电路板上元器件排列的设计。

③ 印制电路板上地线的设计。

④ 排版连线图的设计。

（2）印制电路板的计算机辅助设计　目前，印制电路板的设计大多利用计算机辅助设计（CAD）软件进行。CAD 的特点是：设计速度快，布线均匀、美观，既能保证设计质量，又可以大大节省设计和绘图的时间。

CAD 的操作步骤如下：

1）在计算机辅助设计软件上画出电路原理图。

2）向计算机输入印制电路板布线结构的参数。

3）计算机执行布线设计命令，完成印制电路板的设计。

4）审查走线的合理性，修改不合理之处。

5）将定稿的设计存盘，可通过绘图机按所需比例直接绘制黑白底图，也可以生成 GER 格式文件，供光学绘图机制作曝光使用的胶片，或者使用激光印字机输出到塑料膜片上，直接代替照相底版。

几种常用的印制电路板计算机辅助设计软件有 Smart Work、Tango、Protel。

3. 印制板的制作过程

通常印制电路板的制作过程分为底图胶片制版、图形转移、腐刻、印制电路板的机械加工与质量检验等。

（1）底图胶片制版　在印制板的生产过程中，无论采用什么方法都需要使用符合质量要求的 1∶1 的底图胶片。获得底图胶片通常有两种基本途径：CAD 光绘法和照相制版法。

（2）图形转移　把相版上的印制电路图形转移到覆铜板上，称为图形转移。具体方法有丝网漏印、光化学法。

（3）腐蚀技术（腐刻）　腐刻是指利用化学或电化学方法，对涂有抗蚀剂并经感光显影后的印制电路板上未感光的部分，进行腐蚀去除铜箔，在印制板上留下精确的线路图形的过程。腐刻方法有摇槽法、浸蚀法和喷蚀法三种。

（4）印制电路板的机械加工与质量检验

1）机械加工包括印制电路板剪切、钻孔和涂助焊剂等。

2）在完成机械加工后，应对印制电路板进行质量检验。检验的主要项目有目视检验、连通性试验、绝缘电阻的检测和焊接性检验。

知识链接 2　电子元器件的安装要求

电子元器件的安装，就是将元器件安装到电路上。根据电子元器件的封装外形和安装方式的不同，可将元器件分为插装元器件和表面贴装元器件两种。

1. 插装元器件的引线成型要求

要将插装元器件安装到印制电路板上，其引线有时需要成型，成型的目的是为了满足安装尺寸与印制板的配合等要求（当然对于已经满足要求的元件，如双列直插封装的集成电路，就不必成型了）。手工插装焊接的元器件引脚加工形状如图 6-3-1 所示。需要注意的是：

1）引线不应在根部弯曲，至少要在根部 1.5mm 以上。

2）弯曲处的圆角半径 R 要大于两倍的引脚直径。

3）弯曲后的两根引线要与元器件本体垂直，且与元器件中心位于同一平面内。

4）元器件的标志符号应和方向一致，以便于观察。

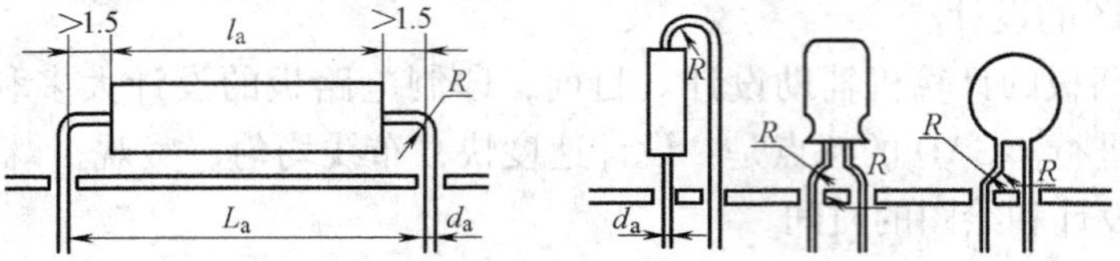

a) 轴向引线元件卧式插装方式　　b) 竖式

图 6-3-1　元器件引线加工形状示意图

自动安装时，元器件引脚成型的形状如图 6-3-2 所示，易受热元器件引脚成型的形状如图 6-3-3 所示。

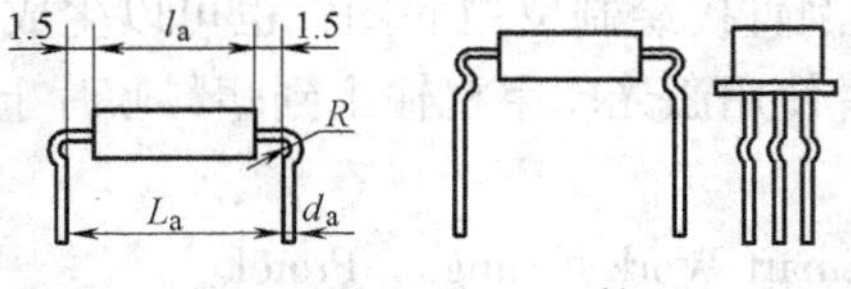

a)　b)

图 6-3-2　自动插装元器件引脚成型形状

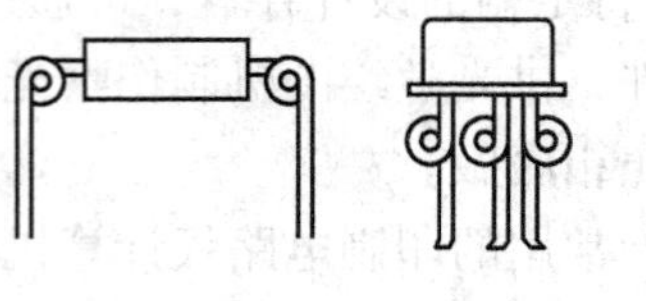

图 6-3-3　易受热的元器件引脚成型形状

2. 电子元器件引脚成型的方法

一般元器件的引脚成型多采用模具手工成型。模具如图 6-3-4 所示。模具的垂直方向开有供插入元器件引脚的长条形孔，将元器件的引脚从上方插入长条形孔后，再插入插杆，引脚即成型。这样加工的引脚具有较好的一致性，安装在印制电路板上比较美观。集成电路的引脚成型如图 6-3-5 所示。当印制电路板安装孔的距离不合适时，则元器件引脚采用如图 6-3-6所示的方法成型。另外，当没有模具，而需要成型的元器件量少时，也可以用尖嘴钳加工元器件引脚，如图 6-3-7 所示。

3. 元器件的插装方法

电子元器件插装通常是指将插装元器件的引脚插入印制电路板上相应的安装孔内，分为手工插装和自动插装两种。

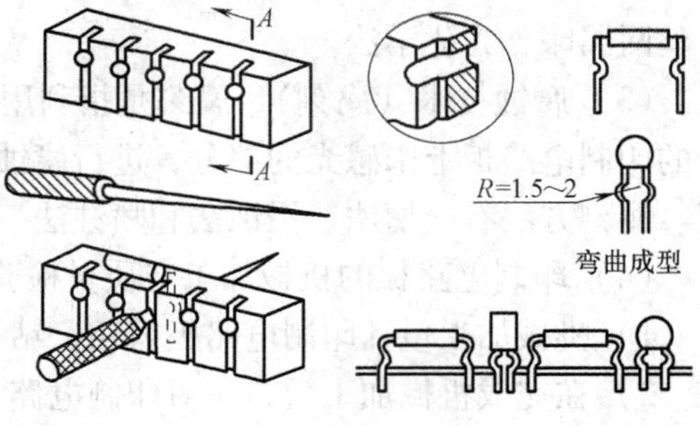

图 6-3-4　引脚成型模具

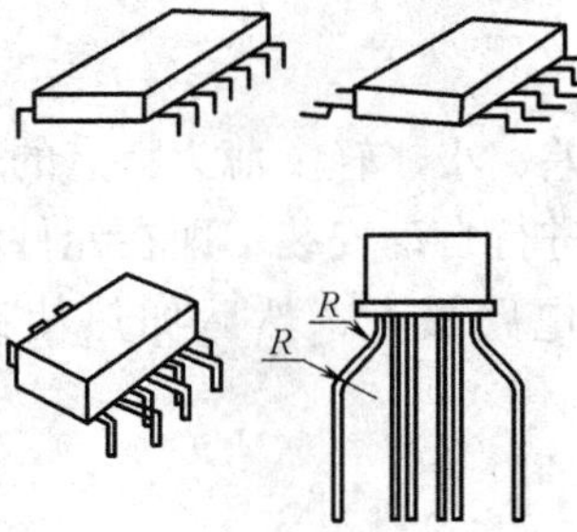

图 6-3-5　集成电路引脚成型

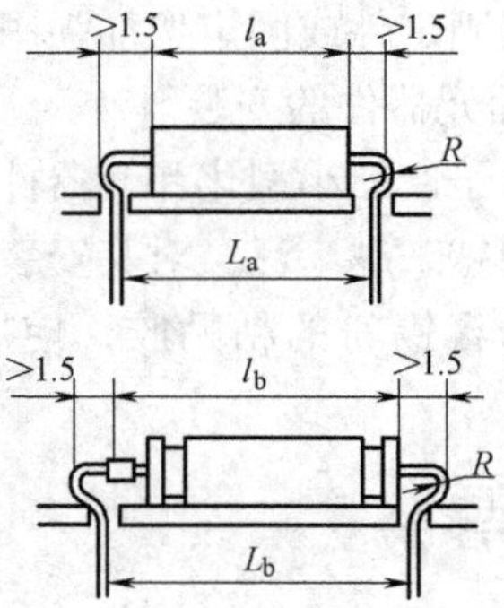

图 6-3-6　元器件安装孔距不合适的引线成型

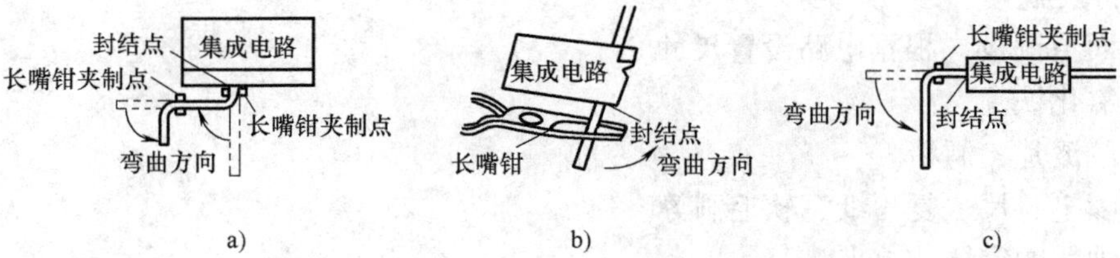

图 6-3-7　用尖嘴钳加工元器件引脚

（1）手工装配方式　手工装配方式分为手工独立插装和流水线手工插装。

1）手工独立插装是一人完成一块印制电路板上全部元器件的插装及焊接等工作程序的装配方式。其操作的顺序是：待装元件→引脚整形→插件→调整、固定位置→焊接→剪切引线→检验。

2）流水线手工插装是把印制电路板的整体装配分解成若干道简单的工序，每个操作者在规定的时间内，完成指定的工作量的插装过程。流水线装配的工艺流程如下：每节拍元件插入→全部元器件插入→一次性剪切引脚→一次性锡焊→检查。

手工装配方式的特点是设备简单，操作方便，使用灵活；但装配效率低，差错率高，不适用现代化大批量生产的需要。

（2）自动插装　自动插装采用自动插装机完成插装。根据印制板上元件的位置，由事先编制出的相应程序控制自动插装机插装，插装机的插件夹具有自动打弯机构，能将插入的元件牢固地固定在印制板上，提高了印制电路板的焊接强度。自动插装机消除了由手工插装所带来的误插、漏插等差错，保证了产品的质量，提高了生产效率。

（3）印制电路板上元器件的插装原则

1）元器件的插装应使其标记和色码朝上，以便于辨认。

2）有极性的元器件由其极性标记方向决定插装方向。

3）插装顺序应该先轻后重、先里后外、先低后高。

4）应注意元器件间的距离。印制电路板上元器件的距离不能小于 1mm；引脚间的间隔要大于 2mm；当有可能接触到时，引脚要套绝缘套管。

5）对于较大、较重的特殊元器件，如大电解电容、变压器、阻流圈和磁棒等，插装时必须用金属固定件或固定架加强固定。

4. 表面元器件的安装

随着电子产品小型化和元器件集成化的发展，以短、差、小、轻、薄为特点的表面安装器件的应用越来越广泛，对其安装主要采用表面贴装技术进行自动安装，即在元件的引脚上粘上特制的含锡粉的粘贴胶，使用贴装机将器件粘贴在电路板上，然后加热使锡粉熔化焊接。

【操作指导】

操作指导　印制电路板的制作

1. 目的要求

通过印制板的设计与制作，熟悉并掌握其设计方法和制作方法。

2. 器材设施

1）单面覆铜板（根据电路设置尺寸）。

2）三氯化铁。

3）虫胶漆片、酒精。

4）鸭嘴笔、尺、复写纸、软毛刷等。

5）腐蚀用的容器、竹夹。

6）小钢锯。

7）小型台式钻床或手电钻、钻头等。

3. 实训操作步骤

制作印制电路板就是在覆铜板铜箔上把需要的部分留下来，把不需要的地方腐蚀掉，剩下的就是想要的电路了。手工制作印制电路板的方法很多，有描图蚀刻法、贴图蚀刻法、雕刻法和热转印法等。这里采用热转印法，具体步骤如下。

（1）选材　根据电路的电气功能和使用的环境条件选取合适的印制板材质，选好一块大小合适的覆铜板，用细砂纸打磨，去掉氧化层。这里选用稳压电源如图 6-3-8 所示电路制作电路板。

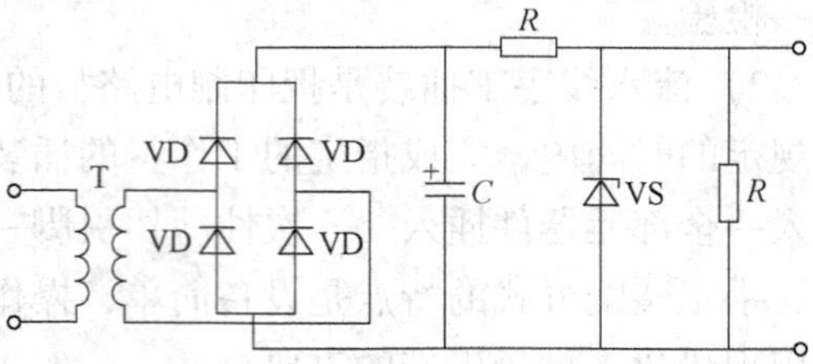

图 6-3-8　稳压电源电路

（2）下料　按实际设计尺寸剪裁覆铜板，并用平板挫刀或砂布将四周打磨平整、光滑，去除毛刺。

（3）清洁板面　将准备加工的覆铜板的铜箔面先用水磨砂纸打磨几下，然后加水用布将板面擦亮，最后用干布擦干净。

（4）图形转移　图形转移是把设计好的 PCB 的图样通过打印机按照 1∶1 的比例打印到转印纸上，然后剪下来，固定好图和板，可以用胶带等物固定。把固定好的图和板放入已经预热结束的转印机中。板在下，图在上放好，开动转印机的进给按钮。通过上下滚轮的加热和挤压，把转印纸上的图转到覆盖铜板的铜箔上。

（5）贴图　用带有单面胶的广告纸或透明胶带覆盖住铜箔面，用刻刀去除拓图后留在铜箔面上图形以外的广告纸或透明胶带，注意留下导线的宽度和焊盘的大小。

（6）腐蚀　将前面处理好的电路板放入盛有腐蚀液的容器中，并来回晃动。为了加快腐蚀速度可提高腐蚀液的浓度并加温，但温度不应超过50℃，否则会破坏覆盖膜，使其脱落。待板面上没用的铜箔全部腐蚀掉后，立即将电路板从腐蚀液中取出。该腐蚀容器具有加热和流动液体的功能，以加快蚀刻速度。

（7）清水冲洗　用清水冲洗腐蚀好的印制电路板，然后用干净的抹布擦干。

（8）除去保护层　用砂纸打磨干净，露出闪亮的铜箔。

（9）修板　将腐蚀好的印制电路板再一次与原图对照，使导电条边缘平滑无毛刺，焊点圆润。用刻刀修整导电条的边缘和焊盘。

（10）钻孔　利用自动打孔机或高速钻床进行打孔。孔必须钻正，并一定要钻在焊盘的中心且垂直板面。钻孔时，一定要使钻出的孔光洁、无毛刺。

（11）涂助焊剂　将钻好孔的电路板放入5%～10%稀硫酸溶液中浸泡3～5min，进行表面处理。取出后用清水冲洗，然后将铜箔表面擦至光洁明亮为止。最后，将电路板烘烤至烫手时即可喷涂或刷涂助焊剂。待焊剂干燥后，就可得到所需要的电路板。涂助焊剂的目的是容易焊接，保证导电性能，保护铜箔，防止产生铜锈。

【考核与评价】

表6-3-1　印制电路板制作工艺考核

项目内容	配分	评分标准			自评	互评	教师评
印制电路板的设计与绘制	30	①印制电路板的设计(PCB设计) ②图形的转移 ③在铜箔面贴图		10分 10分 10分			
印制电路板的腐蚀与修理	30	①铜箔贴图面的腐蚀 ②铜箔贴图面的冲洗与清理 ③在铜箔面按PCB设计修图		10分 10分 10分			
印制电路板的钻孔与组装	30	①按PCB设计钻孔 ②铜箔贴图面涂助焊剂 ③组装焊接		10分 10分 10分			
安全、文明操作①	10	违反一次		扣5分			
定额时间	180min	每超过10min		扣5分			
开始时间		结束时间		总评分			

① 要求与本项目任务一相同。

任务四　掌握单相桥式整流滤波电路的安装与调试

【相关知识准备】

知识链接　电路原理与分析

1. 单相桥式整流电路

单相桥式整流电路如图6-4-1所示。

（1）电路原理图

（2）原理分析　电压、电流波形图如图6-4-1b、d所示。

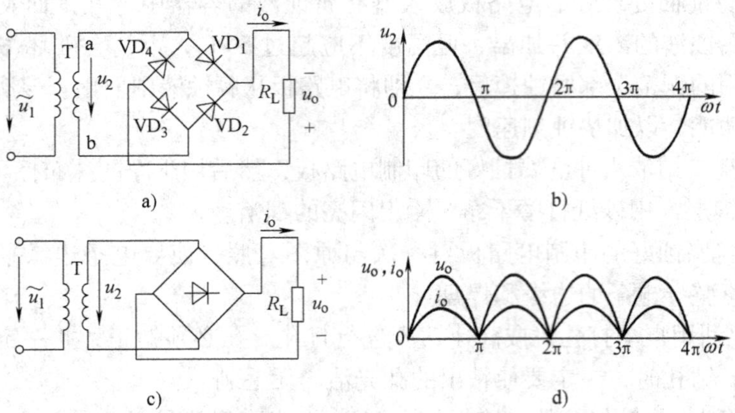

图 6-4-1　单相桥式整流电路

1）$u_2>0$ 时　a 点电压为正、b 点电压为负。VD_1、VD_3 同时正向导通，VD_2、VD_4 截止，导通路径为 $a \to VD_1 \to R_L \to VD_3 \to b$。此时负载电阻 R_L 上得到一个上正、下负的半波电压，如图 6-4-1b 中的 $0 \sim \pi$ 段所示。

2）$u_2<0$ 时　VD_2、VD_4 同时正导通，而 VD_1、VD_3 截止，导通路径为 $b \to VD_2 \to R_L \to VD_4 \to a$。同样在负载电阻上得到一个上正、下负的半波电压，如图 6-4-1b 中的 $\pi \sim 2\pi$ 段所示。

可见，一个周期内 VD_1、VD_3 与 VD_2、VD_4 轮流导通，在负载电阻 R_L 上得到的整流电压 u_o 在正、负半周内都有，而且是同一方向。

3）平均值的计算。全波整流电路的整流电压的平均值为 $U_o=2\times0.45U_2=0.9U_2$

负载电流（整流电流的平均值）为 $I_o=U_o/R_L=0.9\ U_2/R_L$

流过每只二极管的电流平均值为负载电流的一半，即 $I_D=(1/2)I_o=0.45U_2/R_L$

4）变压器二次电流有效值为　　　$I_2=1.11I_0$

2. 整流二极管测量及选用

（1）二极管的极性及一般质量判断　将万用表置“R×1k”档，用万用表的负表笔（万用表内部电池的正极）接二极管的一端，正表笔接二极管的另一端。如果测出的正向电阻值为几百欧至数千欧，则与负表笔所接的二极管的一端为正极。再将表笔对调，测出的反向电阻值应大于几百千欧，对于硅整流二极管来说，反向电阻值应为无穷大。测量的电路连接如图 6-4-2 所示。如果测出的正、反向电阻均很大或很小，则说明二极管已开路或已被击穿。上述的测量方法也适用于检波二极管。

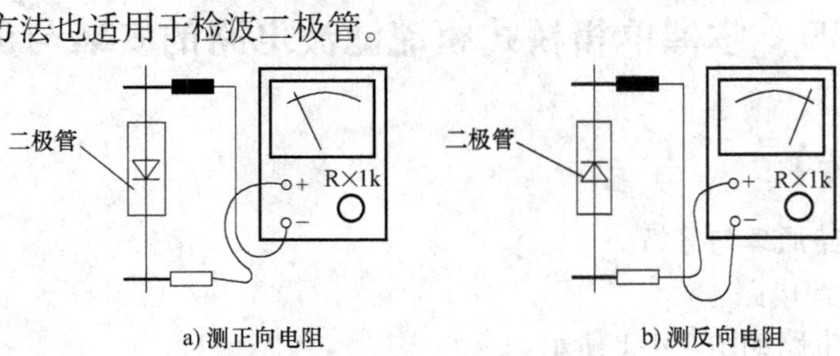

图 6-4-2　整流二极管的测量

（2）整流元件的选择和运用　整流二极管一般为平面型硅二极管，用于各种电源整流电路中。选用整流二极管时，主要应考虑其最大整流电流、最大反向工作电流、截止频率及反向恢复时间等参数。

其有关参数选择为 $U_{RWM} > U_{DRM} = \sqrt{2}U_2$，$I_{OM} > I_D = (1/2)I_0$

普通电路中使用的整流二极管，对截止频率的反向恢复时间要求不高，只要根据电路的要求选择最大整流电流和最大反向工作电流符合要求的整流二极管即可。例如，1N 系列、2CZ 系列、RLR 系列等。

（3）正向特性的测量 测量正向整流特性时，应将万用表置于“R×1 档”，二极管的额定电流在 2A 以下的，正向电阻应小于 15Ω，二极管的额定电流 2A 以上的，正向电阻应为 12Ω；否则，说明整流二极管正向特性不良，在使用过程中易发热损坏。

3. 滤波电路

电容滤波：与负载并联一个容量足够大的电容就是电容滤波电容，利用电容器的充放电，以发送输出电压 u_o 的脉动程度。

交流电经过二极管整流之后，方向单一了，但是电流大小还是处在不断地变化之中。这种脉动直流一般是不能直接用来给无线电装供电的。滤波的任务，就是把整流器输出电压中的波动成分尽可能地减小，改造成接近恒稳的直流电。

（1）电路图 接有电容滤波的单相半波整流电路如图 6-4-3 所示。

（2）原理分析 由图 6-4-3 看出以下方面。

1）当 $u_2 > u_c$ 时，二极管导通，电源在给负载供电时，也对电容 C 进行充电。充电电压 u_c 随着正弦电压 u_2 升至峰值，如图 6-4-4b 中 $O \sim m'$ 段波形所示。

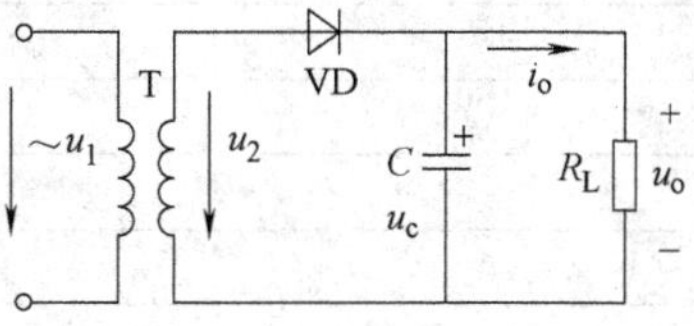

图 6-4-3 接有电容滤波的单相半波整流电路

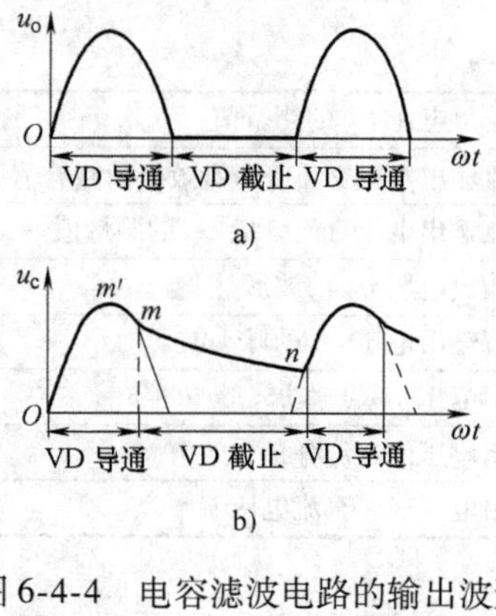

图 6-4-4 电容滤波电路的输出波形

2）当 $u_2 < u_c$ 时（即 m 点），二极管截止。电容 C 放电，直到下一个正半周到出现 $u_2 > u_c$（即 n 点）为止，二极管又重新导通，电源再一次放电。如此重复，负载得到的是在全周期内都变化不大的平滑直流电。也就是说，不仅波形脉动程度大大减小，而且负载得到的整流电压数值也提高了。一般有 $U_o = 1.2U_2$。

（3）电容滤波的选择

1）电容值 C：为获得较好的滤波效果，通常选择 $\tau = R_L C \geqslant (3 \sim 5)T/2$

因此，$C \geqslant (1.5 \sim 2.5)T/R_L$

式中 T——交流电源的周期。

2）电容耐压值 $U \geqslant \sqrt{2}U_2$

【操作指导】

操作指导　单相桥式整流滤波电路的安装与调试

1. 目的要求

掌握单相桥式整流滤波电路的安装与调试的方法，学会整流二极管的简易测试。

2. 器材设施

晶体管毫伏表一块、双踪示波器一台、万用表一只、电路板一块、元器件一套、电烙铁及焊锡、常用工具。

3. 实训电路

实训电路为单相桥式整流电路，如图6-4-5所示。

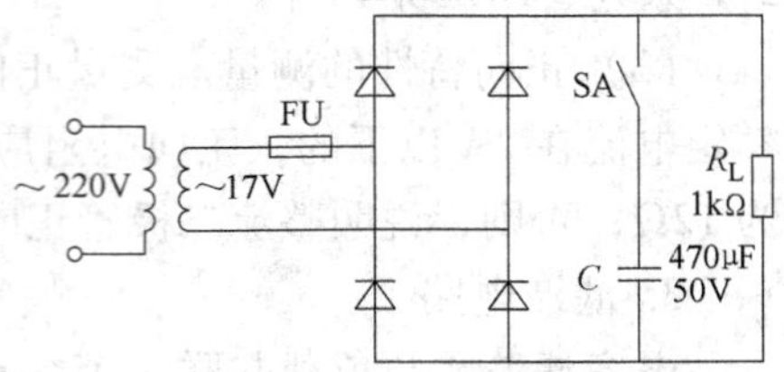

图6-4-5　单相桥式整流电路

4. 实训操作步骤

1）根据电路列出元件清单，检查各元件的好坏。

2）完成各元件的安装。

3）检查各元件安装无误后，装上2A的熔断器，接通220V交流电源。

4）用示波器分别观察变压器输出电压 u_2 和桥式整流输出电压 u_{o1} 的脉动波形；用晶体管毫伏表测量变压器输出电压有效值 U_2 和桥式整流输出电压的交流分量有效值；再用万用表直流电压档测量桥式整流输出电压的直流分量 U_{o1}，并做好记录。

5）合上开关SA（用断口代替开关时，用焊锡连上断口A），用示波器观察滤波输出电压 u_o 的脉动波形；用晶体管毫伏表测量其交流分量有效值；用万用表直流电压档测量其输出直流电压 U_o，并做好记录，将结果填入表6-4-1。

表6-4-1　实训记载表

变压器输出电压 U_2 的测量值	
桥式整流输出电压交流分量有效值的测量值	
桥式整流输出电压直流分量 U_{o1} 的测量值	
变压器输出电压 U_2 的波形	
桥式整流输出电压 U_{o1} 的脉动波形	
滤波输出电压 u_o 的脉动波形	
滤波输出电压的交流分量有效值	
滤波输出电压输出直流电压 U_o	

【考核与评价】

表6-4-2　单相桥式整流滤波电路的安装与调试

项目内容	配分	评分标准	自评	互评	教师评
焊接工艺	30	①在电路板上所焊接的元器件的焊点大小适中，无漏、假、虚、连焊，焊点光滑、圆润、干净，无毛刺 ②引脚加工尺寸及成形符合工艺要求 ③导线长度、剥头长度符合工艺要求，芯线完好，捻头镀锡 以上内容不符合1处扣1分，扣完为止			

（续）

项目内容	配分	评分标准			自评	互评	教师评
装配工艺	20	①电路板插件位置正确，元器件极性正确，元器件、导线安装及字标方向均应符合工艺要求 ②接插件、紧固件安装可靠牢固，电路板安装对位 ③无烫伤和划伤处，整机清洁无污物 以上内容不符合1处扣1分，扣完为止					
调试测量	30	能正确测试各测试点电压值及波形 以上内容不符合1处扣5分，扣完为止					
安全、文明操作①	20	违反一次		扣5分			
定额时间	45min	每超过5min		扣5分			
开始时间		结束时间		总评分			

① 要求与本项目任务一相同。

任务五　掌握串联型稳压电源的安装与调试

【相关知识准备】

知识链接　电路原理与分析

1. 直流稳压电源

（1）直流稳压电源的基本原理　直流稳压电源一般由电源变压器T、整流滤波电路及稳压电路所组成，基本框图如图6-5-1所示。

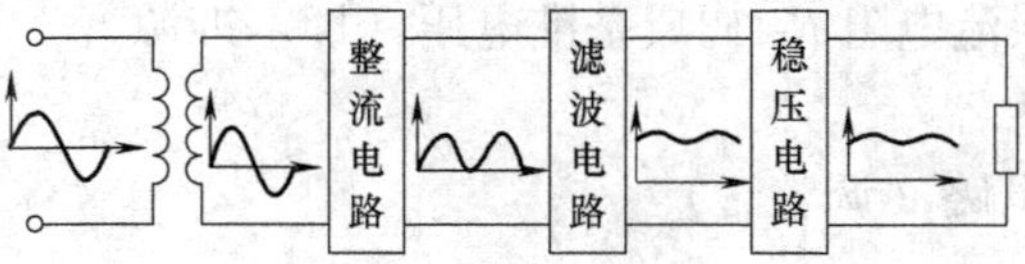

图6-5-1　直流稳压电源框图

各部分的作用如下。

1）电源变压器T的作用是将电网220V的交流电压变换成整流滤波电路所需要的交流电压 u_i。变压器二次侧与一次侧的功率比为 $P_2/P_1=\eta$，式中，η 是变压器的效率。

2）整流滤波电路。整流电路将交流电压 U_i 变换成脉动的直流电压，再经滤波电路滤除较大的纹波成分，输出纹波较小的直流电压 U_1。常用的整流滤波电路有全波整流滤波和桥式整流滤波等。

3）稳压电路。当电网电压或负载变动引起输出电压 u_o 变化时，通过电路调整维持输出电压基本不变。

（2）稳压电流的性能指标及测试方法　稳压电源的技术指标分为两种：一种是特性指标，包括允许输入电压、输出电压、输出电流及输出电压调节范围等；另一种是质量指标，用来衡量输出直流电压的稳定程度，包括稳压系数（或电压调整率）、输出电阻（或电流调整率)、纹波电压（纹波系数）及温度系数。

1）纹波电压。叠加在输出电压上的交流电压分量。用示波器观测其峰-峰值一般为毫伏量级。也可用交流毫伏表测量其有效值，但因纹波不是正弦波，所以有一定的误差。

2）稳压系数。在负载电流、环境温度不变的情况下，输入电压的相对变化引起输出电压的相对变化。

3）电压调整率。输入电压相对变化为 ±10% 时的输出电压相对变化量，稳压系数和电压调整率均说明输入电压变化对输出电压的影响，因此只需测试其中之一即可。

4）输出电阻及电流调整率。输出电阻与放大器的输出电阻相同，其值为当输入电压不变时，输出电压变化量与输出电流变化量之比的绝对值。电流调整率是指输出电流从 0 变到最大值时所产生的输出电压相对变化值。输出电阻和电流调整率均说明负载电流变化对输出电压的影响，因此也只需测试其中之一即可。

2. 串联型稳压电源

串联型稳压电路是比较常用的一种电路。除了变压、整流、滤波外，稳压部分一般有四个环节：调整环节、基准电压、比较放大器和取样电路。当电网电压或负载变动引起输出电压 u_o 变化时，取样电路将输出电压 u_o 的一部分馈送回比较放大器和基准电压进行比较，产生的误差电压经放大后去控制调整管的基极电流，自动地改变调整管集-射极间的电压，补偿 u_o 的变化，从而维持输出电压基本不变。

晶体管 VT 在电路中是调整元件，每当由于供电或用电发生变化，电路输出电压波动加剧的时候，它都能及时地加以调节，使输出电压保持基本稳定，因此它被称做调整管。因为在电路中作为调整元件的晶体管是与负载相串联的，所以这种电路叫串联型稳压电路。

（1）电路组成　图 6-5-2 所示为输出电压可调的串联型稳压电路，图 6-5-3 为该电路的框图。

1）由 R_1、R_2 构成的取样环节。

2）由稳压管 VZ 和限流电阻 R_3 构成基准电压（即基准源）。

3）VT_2 组成比较放大器。

4）VT_1 组成的调整电路（调整管）。

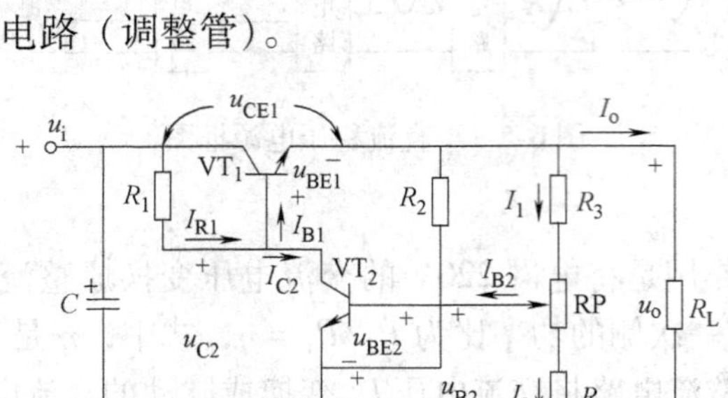

图 6-5-2　具有放大环节的串联型稳压电路

（2）工作原理

1）当负载 R_L 不变，输入电压 U_i 减小时，输出电压 U_o 有下降趋势，通过取样电阻的分压使比较放大管的基极电位 U_{B2} 下降，而比较放大管的发射极电压不变（$U_{E2}=U_Z$），因此 U_{BE2} 也下降，于是比较放大管导通能力减弱，U_{C2} 升高，调整管导通能力增强，调整管 VT1

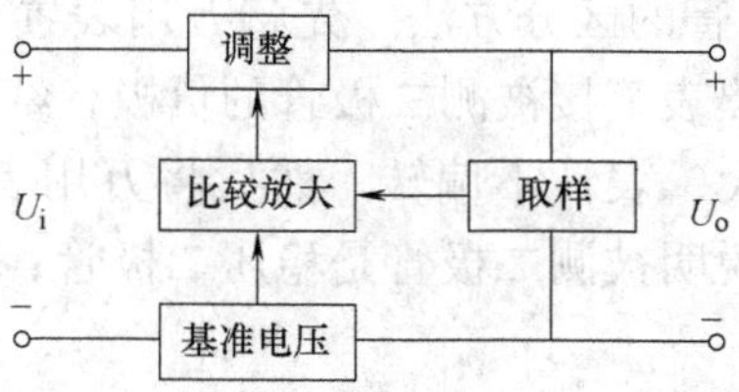

图 6-5-3　具有放大环节的串联型稳压电源框图

集射之间的电阻 R_{CE1} 减小，管压降 U_{CE1} 下降，使输出电压 U_o 上升，保证了 U_o 基本不变。上述稳压过程表示如下，当输入电压减小时，稳压过程与上述过程相反。

$U_i\downarrow \rightarrow U_o\downarrow$ 下降趋势 $\rightarrow U_{B2}\downarrow \xrightarrow{U_{E2}\text{不变}} U_{BE2}\downarrow \rightarrow U_{C2}\uparrow$

$(U_{B1})\uparrow \rightarrow R_{CE1}\downarrow \rightarrow U_{CE1}\downarrow$

$U_o = U_i - U_{CE1}$

$U_o\downarrow$

2）当输入电压 U_i 不变，负载 R_L 增大时，引起输出电压 U_o 有增长趋势，则电路将产生下列调整过程，当负载 R_L 减小时，稳压过程相反。

$U_i\uparrow \rightarrow U_o\uparrow \rightarrow U_{BE2}\uparrow \rightarrow U_{C2}\downarrow\ (U_{B1})\downarrow \rightarrow R_{CE1}\uparrow \rightarrow U_{CE1}\uparrow$

$U_o = U_i - U_{CE1}$

$U_o\downarrow$

3. 稳压管及其检测

稳压二极管一般用在稳压电源中作为基准电压源或用在过电压保护电路中作为保护二极管。其特性是：当反向电压加到一定程度时，虽然管子呈现击穿状态，通过较大电流，却不损毁，并且这种现象的重复性很好；反过来着，只要管子处在击穿状态，尽管流过管子的电流变化很大，而管子两端的电压却变化极小，起到稳压作用。稳压二极管的稳定电压值应与应用电路的基准电压值相同，稳压二极管的最大稳定电流应高于应用电路的最大负载电流 50% 左右。稳压管的型号有 2CW、2DW 等系列，它的图形符号如图 6-5-4a 所示。稳压管的稳压特性，可用伏安特性曲线（见图 6-5-4b）很清楚地表示出来。

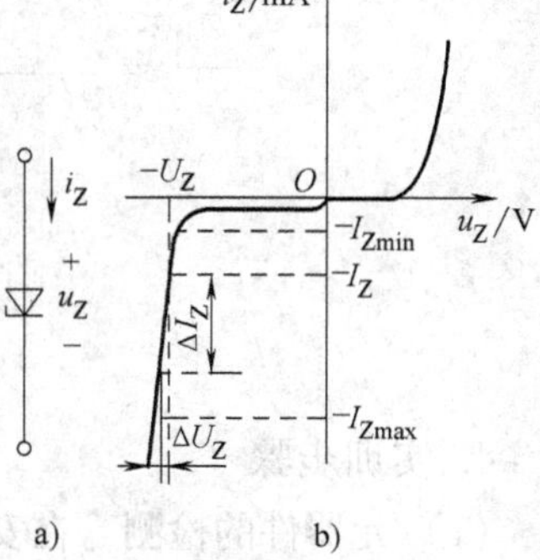

图 6-5-4　稳压管的图形符号与伏安特性曲线

（1）稳压二极管的识别

1）稳压二极管正、负极的识别方法。稳压二极管正、负极的识别方法和普通二极管相同，有 3 只管脚的稳压管从外形识别类似晶体管，但其内部是两只正极相连的稳压二极管。这种稳压管正、负极的识别方法与两只管脚的稳压管相同，只需测出公共正极，另两脚均为负极。

2）普通二极管与稳压二极管的区分方法。先将万用表置“R×1k”档，按前述方法测出二极管的正、负极；然后将黑表笔接被测二极管的负极，红表笔接二极管的正极，此时所测为PN结反向电阻，阻值很大，表针不偏转。然后将万用表转换到“R×10k”档，此时表针如果向右偏转一定角度，说明被测二极管是稳压二极管；若表针不偏转，说明被测二极管可能不是稳压二极管。

（2）稳压二极管的检测

用万用表“R×1k”档测量其正、反向电阻，正常时反向电阻阻值较大，若发现表针摆动或其他异常现象，就说明该稳压管性能不良甚至损坏。将稳压管接入电路的方法也可以大致测得稳压管的好坏，其方法是用万用表直流电压档测量稳压管两端的直流电压，若接近该稳压管的稳压值，说明该稳压二极管基本完好；若电压偏离标称稳压值太多或不稳定，说明稳压管损坏。

【操作指导】

操作指导　串联型稳压电源的安装与调试

1. 目的要求

1）掌握串联型稳压电源的安装和调试方法。

2）掌握串联型稳压电源性能指标的测试方法。

2. 器材设施

元器件一套、电源插头、电烙铁及焊锡、常用工具一套、万用表一块、电路板一块。

3. 实训电路图

实训用串联稳压电源电路如图6-5-5所示。

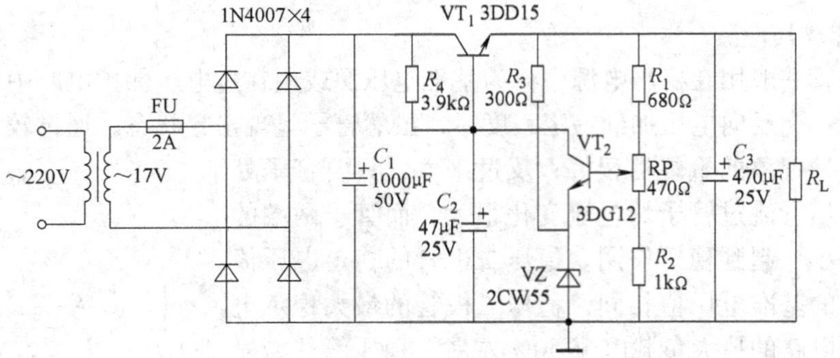

图6-5-5　串联稳压电源电路

4. 实训步骤

（1）元器件的检测　在安装前应对元器件的好坏进行检查，防止已损坏的元器件被安装。

（2）按装配图正确安装各元器件　在印制电路板上安装元器件时，应按元器件安装要求进行。

（3）焊接各元器件　在进行焊接操作时要注意安全，注意焊接操作要领等。

（4）接通电源　检查各元器件安装焊接无误后，装上2A的熔断器，接通220V交流电源。用万用表测量C_3两端输出电压是否正常。若输出电压正常，调节电位器RP，测量输出电压变化范围，并做好记录。

（5）调节电位器 RP 使空载时输出电压为 12V，按表 6-5-1 中的内容检测电路有关数据，并记录表中。

表 6-5-1　串联型稳压电源电压数据　（单位：V）

输入端交流电压	C_1 两端电压	VT_1		VT_2		VZ 两端电压	空载输出电压
		U_{BE}	U_{CE}	U_{BE}	U_{CE}		

（6）记录数据　空载时调节电位器 RP，使输出电压为 12V，然后分别接入 270Ω、100Ω 负载电阻，按表 6-5-2 中的内容进行测量，将结果记入该表中，并按下式计算出稳压性能后也记入该表中。

$$稳压性能=\frac{输出电压-12V}{12V}\times 100\%$$

表 6-5-2　串联型稳压电源稳压性能测试数据　（单位：V）

输入交流电压	C_1 两端电压	U_{C1}	U_{C2}	R_L/Ω	输出电压	稳压性能
				∞		
				270		
				100		

【考核与评价】

表 6-5-3　串联型稳压电源的安装与调试考核

项目内容	配分	评分标准			自评	互评	教师评
焊接工艺	30	①在电路板上所焊接的元器件的焊点大小适中，无漏、假、虚、连焊，焊点光滑、圆润、干净，无毛刺 ②引脚加工尺寸及成形符合工艺要求 ③导线长度、剥头长度符合工艺要求，芯线完好，捻头镀锡 以上内容不符合 1 处扣 1 分，扣完为止					
装配工艺	20	①印制电路板插件位置正确，元器件极性正确，元器件、导线安装及字标方向均应符合工艺要求 ②接插件、紧固件安装可靠牢固，印制电路板安装对位 ③无烫伤和划伤处，整机清洁无污物 以上内容不符合 1 处扣 1 分，扣完为止					
调试测量	30	能正确调试并测试各测试点电压值					
安全、文明操作①	20	违反一次		扣 5 分			
定额时间	120min	每超过 5min		扣 5 分			
开始时间		结束时间		总评分			

① 要求与本项目任务一相同。

任务六　掌握放大电路的安装与调试

【相关知识准备】

知识链接　电路原理与分析

1. 晶体管的电流放大作用

（1）放大的概念　电子电路中所说的放大，有两方面含义：一是放大的对象是变化量，不是恒定量，例如，扬声器是把人讲话时声音的轻重和高低放大出来；二是指对能量的控制作用，即在输入端用一个较小的变化量去控制电源，使输出端产生一个与输入变化量相应的较大的变化量，体现了对能量的控制作用。

（2）实现电流放大作用的条件

1）晶体管必须工作在放大区。就是给它设置合适的偏置电压，即在发射结加正向电压（正向偏置），在集电结加反向电压（反向偏置）。因此 NPN 管的集电极电位高于基极电位，基极电位高于发射极电位，即 $U_C > U_B > U_E$；而 PNP 管的情况正好相反，即 $U_E > U_B > U_C$。

2）输入回路将变化的电压转化成变化的基极电流。

3）输出回路将变化的集电极电流转化成变化的集电极电压，经电容耦合输出交流信号。

（3）电流放大原理　如图 6-6-1 所示，发射结加正向电压，使发射区向基区“发射”大量电子，形成 I_E，进入基区的电子小部分与基区空穴复合（因基区浓度小，空穴数少），形成 I_B 电流，绝大部分继续向集电结扩散并达到集电结边缘，因集电结加的是反向电压，这个电压在集电结处产生的电场对于扩散到基区的这些电子来说是加速电场，因此它们在这个电场的作用下可以非常容易地穿过集电结到达集电区，形成集电极电流 I_C，I_C、I_B 的大小总是成一定比例的。因此只要使 I_B 有小的变化，I_C 就会成倍变化，所以半导体晶体管具有放大作用，而且是一个电流型控制元件。

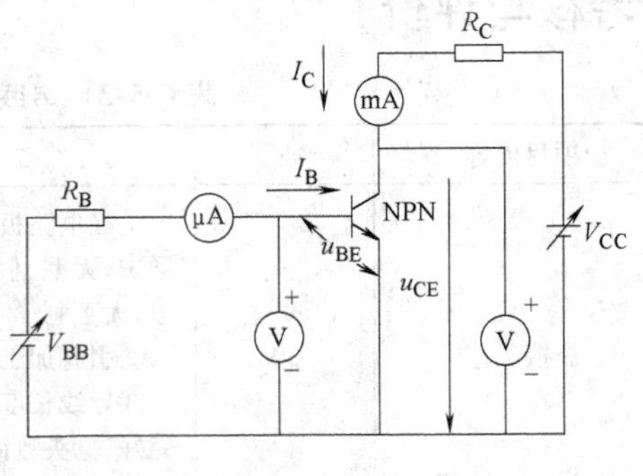

图 6-6-1　晶体管的电流放大原理

（4）晶体管特性曲线　晶体管的特性曲线分为输入特性曲线和输出特性曲线。晶体管的特性曲线可以用晶体管特性图示仪测得。

1）晶体管输入特性曲线。共发射极输入特性曲线是一簇曲线，反映当输出电压为一定值时，输入电流 I_B 与输入电压 U_{BE} 的关系。共发射极接法的输入特性曲线如图 6-6-2 所示。其中，$U_{CE}=0V$ 的那一条相当于发射结的正向特性曲线。

2）晶体管输出特性曲线。共射极输出特性曲线是在输入电流 I_B 为一定值时，输出电流 I_C 与输出电压 U_{CE} 之间的关系曲线。共发射极接法的输出特性曲线如图 6-6-3 所示。输出特性曲线可以分为三个区域：饱和区、截止区和放大区。

饱和区：I_C 受 U_{CE} 显著控制的区域，该区域内 U_{CE} 的数值较小，一般 $U_{CE} < 0.7V$（硅管）。此时发射结正偏，集电结正偏。

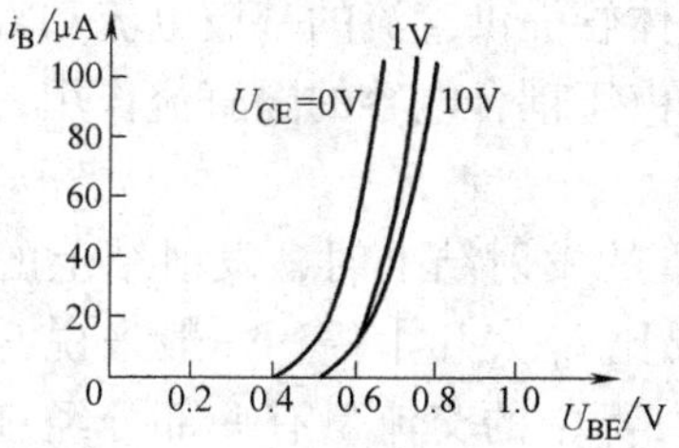

图6-6-2　共射极输入特性曲线

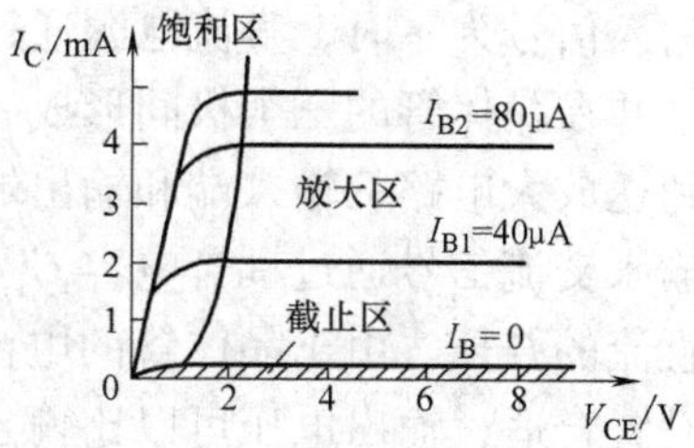

图6-6-3　共射极输出特性曲线

截止区：I_C 接近零的区域，相当 $I_B=0$ 的曲线的下方。此时，发射结反偏，集电结反偏。

放大区：I_C 平行于 U_{CE} 轴的区域，曲线基本平行等距。此时，发射结正偏，集电结反偏，电压大于0.7V左右（硅管）。

NPN型三极管三种工作状态的特点见表6-6-1。

表6-6-1　NPN型晶体管三种工作状态的特点

工作状态		放　大	饱　和	截　止
条件		发射结正偏，集电结反偏 $(0<I_B<I_{BS})$	发射结正偏，集电结正偏 $(I_B\approx 0)$	发射结反偏，集电结反偏 $(I_B>I_{BS})$
电位关系		$U_C>U_B>U_E$	$U_B>U_C>U_E$	$U_C>U_E>U_B$
工作特点	集电极电流	$I_C=\beta I_B$	$I_C=I_{CS}\approx U_{CC}/R_C$	$I_C\approx 0$
	管压降	$U_{CE}=U_{CC}-I_CR_C$	$U_{CE}=U_{CES}\approx 0.3V$	$U_{CE}=U_{CC}$
	近似的等效电路	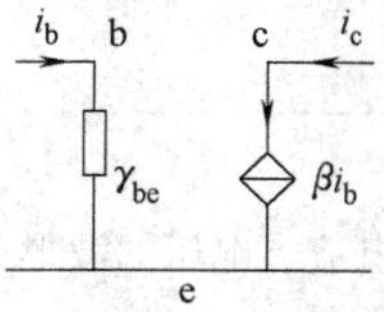	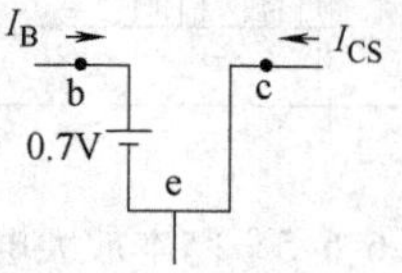	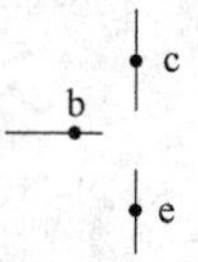
	c、e间等效内阻	可变	很小，约为数百欧，相当于开关闭合	很大，约为数百千欧，相当于开关断开

2. 晶体管基本放大电路

（1）基本放大电路　基本放大电路是放大电路中最基本的结构，是构成复杂放大电路的基本单元。它利用双极型半导体晶体管输入电流控制输出电流的特性控制输出电流的特性，实现信号的放大。一般是指由一个晶体管组成的放大电路。从电路的角度来看，可以将基本放大电路看成一个双端口网络。共射基本放大电路的组成如图6-6-4所示。

共射基本放大电路是输入信号加在基极和发射极之间，耦合电容器 C_1 和 C_E 视为对交流信号短路。输出信号从集电极对地取出，经耦合电容器 C_2 隔除直流量，仅将交流信号加到负载电阻 R_L 之上。放大电路的共射组态实际上是指放大电路中的晶体管是共射组态。

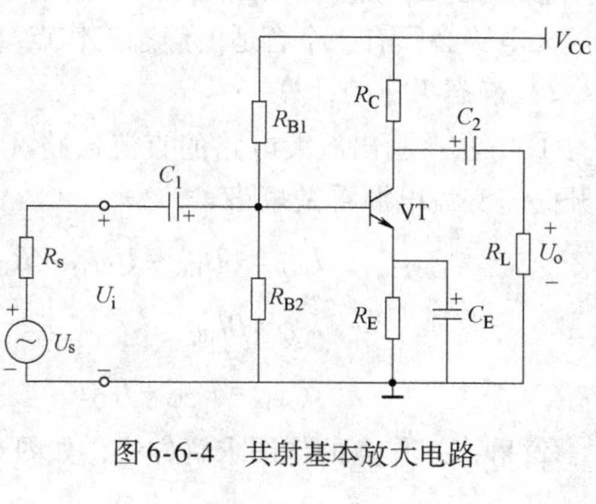

图6-6-4　共射基本放大电路

在输入信号为零时，直流电源通过各偏置电阻为晶体管提供直流的基极电流和直流集电极电流，并在晶体管的三个极间形成一定的直流电压。由于耦合电容的隔直流作用，直流电压无法到达放大电路的输入端和输出端。

当输入交流信号通过耦合电容 C_1 和 C_E 加在晶体管的发射结上时，发射结上的电压变成交、直流的叠加。由于晶体管的电流放大作用，i_c 要比 i_b 大几十倍，一般来说，只要电路参数设置合适，输出电压可以比输入电压高许多倍。u_{CE} 中的交流量有一部分经过耦合电容到达负载电阻，形成输出电压，完成电路的放大作用。

由此可见，放大电路中晶体管集电极的直流信号不随输入信号的改变而改变，而交流信号随输入信号发生变化。在放大过程中，集电极交流信号是叠加在直流信号上的，经过耦合电容，从输出端提取的只是交流信号。因此，在分析放大电路时，可以采用将交、直流信号分开的办法，分成直流通路和交流通路来分析。

电路中各极电流、电压的波形如图 6-6-5 所示。

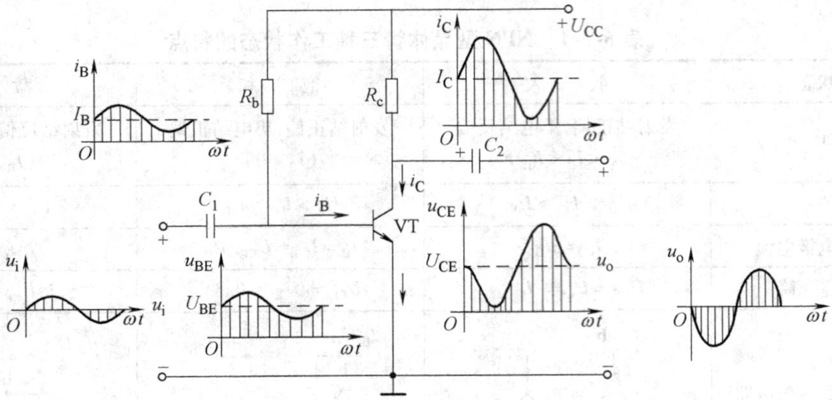

图 6-6-5　基本放大电路各极电流、电压的波形

（2）基本放大电路的静态分析

1）静态工作点及作用

① 静态是指无交流信号输入时，电路中的电流、电压都处不变（直流）的状态，静态时晶体管各极电流和电压值称为静态工作点 Q（主要指 I_{BQ}、I_{CQ} 和 U_{CEQ}）。静态分析主要是确定放大电路中的静态值 I_{BQ}、I_{CQ} 和 U_{CEQ}。用直流通路进行分析，如图 6-6-6 所示。

② 静态工作点的作用：静态工作点保证一个放大器不失真地把输入信号放大并输出，即放大电路必须有一个合适的静态工作点。

2）静态工作的计算

① 方法：画出放大电路的直流通路（即把放大电路中的电容看做开路，交流电源看做短路

$$I_{BQ} = (U_{CC} - U_{BEQ})/R_B \approx U_{CC}/R_B$$

$$I_{CQ} = \beta I_{BQ}$$

$$U_{CEQ} = U_{CC} - I_{CQ}R_C$$

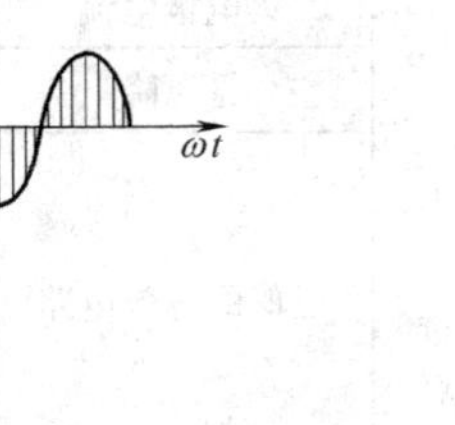

图 6-6-6　直流通路

② 静态工作点的作图求解方法，如图 6-6-7 所示。

3. 带负反馈的两级放大电路

（1）多级放大电路的分类

1）阻容耦合放大电路。各极之间通过耦合电容及下级输入电阻连接，如图6-6-8 所示。

优点：各级静态工作点互不影响，可以单独调整到合适位置，且不存在零点漂移问题。

缺点：不能放大变化缓慢的信号和直流分量变化的信号，且由于需要大容量的耦合电容，因此不能在集成电路中采用。

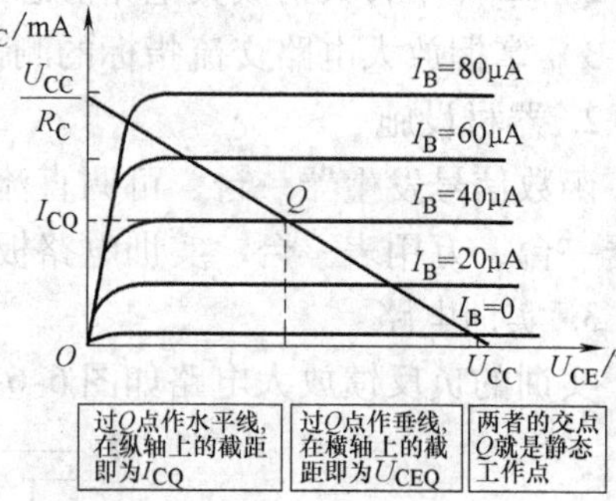

图 6-6-7　静态工作点的图解法

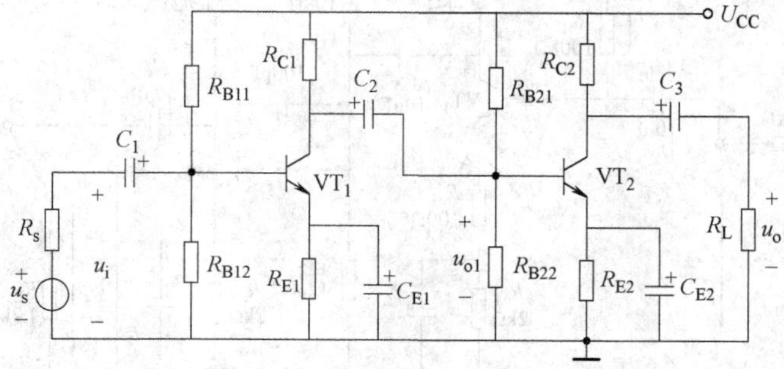

图 6-6-8　阻容耦合放大电路

2）变压器耦合。

优点：前后两级的静态工作点互不影响。

缺点：耦合电容使信号能量受到损耗。

3）直接耦合。

优点：前后两级的静态工作点相互影响。

缺点：前后两级的信号传递不受损耗。

（2）阻容耦合放大电路的分析

1）静态分析：各级单独计算。

2）动态分析。

① 电压放大倍数等于各级电压放大倍数的乘积。

$$\dot{A}_u = \frac{\dot{U}_o}{\dot{U}_i} = \frac{\dot{U}_{o1}}{\dot{U}_i}\frac{\dot{U}_o}{\dot{U}_{o1}} = \dot{A}_{u1}\dot{A}_{u2}$$

需要注意的是，计算前级的电压放大倍数时必须把后级的输入电阻考虑到前级的负载电阻之中。如计算第一级的电压放大倍数时，其负载电阻就是第二级的输入电阻。

② 输入电阻就是第一级的输入电阻，输出电阻就是最后一级的输出电阻。

【操作指导】

操作指导　带负反馈的两级放大电路的安装与调试

1. 目的要求

1）掌握带负反馈的两极放大电路的组成和制作过程。

2）掌握单管共射放大电路静态工作点的调整与测试方法。

3）掌握放大电路交流指标的测试方法。

2. 器材设施

函数信号发生器一台、可调直流稳压电源（0～30V）一台、交流毫伏表一台、双踪示波器一台、万用表一台、实训电路板及元器件、焊接及安装工具。

3. 实训电路

实训的负反馈放大电路如图 6-6-9 所示。

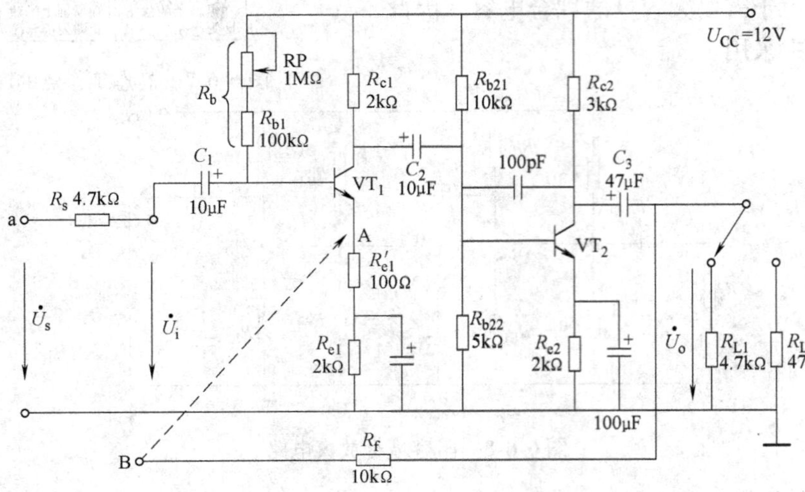

图 6-6-9　负反馈放大电路

4. 实训操作步骤

1）根据图 6-6-9 所示电路，选择所需元器件，检测各元器件的好坏。

2）根据电路图完成各元器件的安装与焊接。

3）电路调试与测试。

（1）建立合适的静态工作点　检查之后接通电源使 $U_{CC}=12V$（注意极性）调解 RP 使 $U_{CQ}(U_{C1})=9V$，并测其他各点电位，记于表 6-6-2 中。

表 6-6-2

测量项目	U_{C1}	U_{BE1}	U_{E1}	$U_{B1}=U_{BE1}+U_{E1}$	U_{B2}	U_{E2}	U_{C2}
测量值							

（2）测量基本放大电路性能（见表 6-6-2）

1）测量基本放大电路的放大倍数 A_u

从 a、o 间加入信号电压 $U_s(f=1kHz)$，使 $U_i=3mV$，负载开路，在输出波形不失真的情况下测 U_o，接入负载 $R_L=4.7K\Omega$，测 U'_o记入表 6-6-2。

2）测量此时的 U_s（记为 U_{s1}），作计算 r_i 用。

（3）测量反馈放大电路性能（见表 6-6-2）

将“B”从“地”线中拆除，并与 A 点（即 VT$_1$ 的发射极）相接，即构成了一个电压串联负反馈放大电路。

1）测量反馈放大电路的放大倍数 A_{uf}。

从 a、o 间加入信号电压 $u_s(f=1\text{kHz})$，使 $U_i=3\text{mV}$，负载开路，在输出波形不失真的情况下测量此时输出电压 U_{of}，接入负载 $R_L=4.7\text{K}\Omega$，测 U'_{of}，记入表 6-6-3。

2）测出此时的 U_s（记为 U_{s2}），以作计算 r_{if} 用。

（4）示波器观察　比较负反馈加入前后电路输出波形。

表 6-6-3

条　件		$U_i=3\text{mV}, f=1\text{kHz}$		
		$R_L=\infty$	$R_L=4.7\text{k}\Omega$	$R_S=4.7\text{k}\Omega, R_L=\infty$
待测值	基本放大电路	$U_o=(\quad)\text{V}$	$U_o=(\quad)\text{V}$	$U_{s1}=(\quad)\text{V}$
	负反馈放大电路	$U_{of}=(\quad)\text{V}$	$U'_{of}=(\quad)\text{V}$	$U_{s2}=(\quad)\text{V}$

【考核与评价】

表 6-6-4　放大电路的安装与调试考核

项目内容	配分	评分标准			自评	互评	教师评
焊接工艺	30	①在电路板上所焊接的元器件的焊点大小适中，无漏、假、虚、连焊，焊点光滑、圆润、干净，无毛刺 ②引脚加工尺寸及成形符合工艺要求 ③导线长度、剥头长度符合工艺要求，芯线完好，捻头镀锡 以上内容不符合 1 处扣 1 分，扣完为止					
装配工艺	30	①印制电路板插件位置正确，元器件极性正确，元器件、导线安装及字标方向均应符合工艺要求 ②接插件、紧固件安装可靠牢固，印制电路板安装对位 ③无烫伤和划伤处，整机清洁无污物 以上内容不符合 1 处扣 1 分，扣完为止					
调试测量	30	能正确调试并测试各测试点电压值，观察波形					
安全、文明操作①	10	违反一次		扣 5 分			
定额时间	180min	每超过 5min		扣 5 分			
开始时间		结束时间		总评分			

① 要求与本项目任务一相同。

任务七　掌握功率放大器的安装与调试

【相关知识准备】

知识链接　电路原理与分析

1. 功率放大电路的基本概念、特点和类型

在电子系统中，模拟信号被放大后，往往要去推动一个实际的负载，如使扬声器发声、

继电器动作、仪表指针偏转等。所以，实际的多级放大电路除了应有电压放大级外，还要求有一个能输出一定信号功率的输出级，这类主要用于向负载提供功率的放大电路常称为功率放大电路。

（1）特点

1）输出功率大。在规定的非线性失真范围内，能向负载提供尽可能大的输出信号功率。

2）效率高。功率转换效率低，不仅意味着能量的浪费，更为严重的是将导致器件工作温度的增加，引起电路工作的稳定性变差。

（2）功率放大电路的类型　按晶体管导通时间的不同，可分为甲类、乙类和甲乙类等，如图6-7-1所示。

甲类功率放大电路的特征是在输入信号的整个周期内，晶体管均导通；乙类功率放大电路的特征是在输入信号的整个周期内，晶体管仅在半个周期内导通；甲乙类功率放大电路的特征是在输入信号的整个周期内，晶体管导通时间大于半周而小于全周。

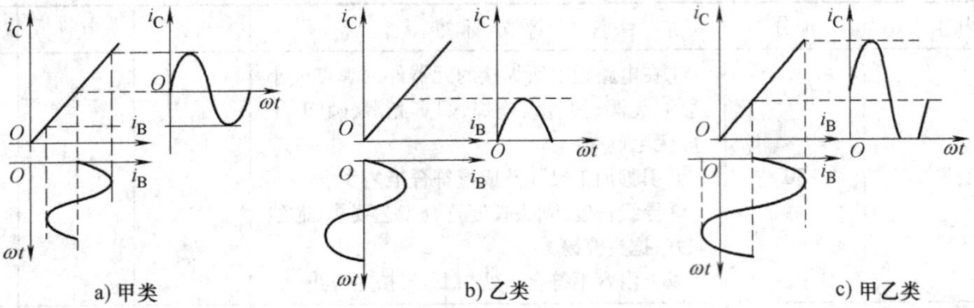

图6-7-1　甲类、乙类、甲乙类功率放大电路的工作状态示意图

1）甲类放大电路，如图6-7-1a所示，甲类放大电路就是给放大管加入合适的静态偏置电流，用一只晶体管同时放大信号的正、负半周。功率晶体管的静态工作电流比较大，在没有输入信号时对直流电源的消耗比较大。

2）乙类放大电路，如图6-7-1b所示，乙类放大电路就是不给晶体管加静态偏置电流，且用两只性能对称的晶体管来分别放大信号的正半周和负半周，正、负半周再在放大电路的负载上将正、负半周信号合成一个完整的周期信号。

由于这种放大电路没有给功放输出管加入静态电流，它会产生交越失真，这种失真是非线性失真的一种，对声音的音质破坏严重，所以，乙类放大电路不能用于音频放大电路中。

3）甲乙类放大电路，如图6-7-1c所示，为了克服交越失真，必须使输入信号避开晶体管的截止区，可以给晶体管加入很小的静态偏置电流，以使输入信号“骑”在很小的静态偏置电流上，这样可以避开晶体管的截止区，使输出信号不失真。

甲乙放大电路具有电路无交越失真、输出功率大和省电的优点，被广泛地应用于音频功率放大电路中。

2. 互补对称功率功率放大电路

互补对称电路是功率放大电路输出级的基本形式。当它通过容量较大的电容与负载耦合时，由于省去了变压器而被称为无输出变压器（Output Transformerless）电路，简称OTL电路。

若互补对称电路直接与负载相连，输出电容也省去，就成为无输出电容（Output Capacitorless）电路，简称OCL电路。

OTL电路采用单电源供电，OCL电路采用双电源供电。

【操作指导】

操作指导　OTL功率放大器的安装与调试

1. 目的要求

1）通过安装和调试，掌握OTL功率放大器的组成及工作特点。

2）掌握安装分立元件电路的要领和技巧。

3）熟悉常用仪器的使用方法。

2. 器材设施

稳压电源、低频信号发生器、双踪示波器、晶体管毫伏表、失真度测试仪、常用工具一套、电烙铁及焊锡、元器件一套、电路板一块。

3. 实训电路及原理

OTL功放是一种没有输出变压器的功率放大器。如图6-7-2所示，VT_1是推动管，工作在甲类状态。VT_2、VT_3是互补对管，VT_2是NPN型，VT_3是PNP型，它们实际上是两个共集电极组态的射极跟随器，都工作在甲乙类状态，其电压增益小于1，功率增益主要靠它的电流增益来保证。互补对管的β值可在50~250内任意选择使用，配对要求并不严格。β值选大一些，配对性好一些，功率增益可以提高一些，失真也可减少一些。

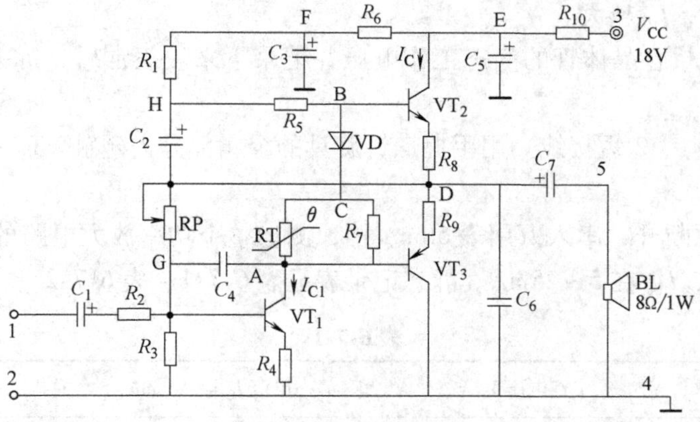

图6-7-2　OTL功放电路

OTL功放电源是整流滤波后的18V直流电压。R_{10}、C_5、R_6、C_3再一次组成滤波电路，使电路工作更稳定。VD、RT、R_7为VT_2、VT_3提供直流偏置，V_{BA}在1V左右，保证VT_2、VT_3工作在甲乙类状态。RT、R_7越大，V_{BA}越大，I_C也就越大。调节RT、R_7可消除交越失真。R_1、C_3组成自举电路，可以提高功率增益，减少失真。RP、R_3是VT_1的上下偏置电阻，保证VT_1工作在甲类放大状态。调节RP可改变中点电压V_D，使V_D为电源电压的一半，即9V。C_4、C_6是防止高频自激的电容，C_7是输出耦合电容，一般容量较大。

综上所述，VT_1工作在甲类，基-射极间电压V_{BE}为0.6V左右，集-射极间电压V_{CE}应为几伏。VD、VT_2工作在甲乙类状态，基射极V_{BE}电压在0.2V左右，集射极V_{CE}电压在8V左右。调节RP可改变V_D电位，使它为9V，调节R_7可改变I_C，使它在5~20mA之间。

4. 实训操作步骤

（1）元器件的安装与焊接

1）元器件的检测。在安装前应对元器件的好坏进行检查，防止已损坏的元器件被安装。

2）根据元器件封装画好装配图。

3）按装配图正确安装焊接各元器件。

（2）功率放大电路的调试

1）通电前的检查。电路安装完毕后，应先对照电路图按顺序检查一遍。

① 检查每个元器件的规格型号、数值、安装位置引脚接线是否正确。

② 检查每个焊点是否有漏焊、假焊和搭锡现象，线头和焊锡等杂物是否残留在印制电路板上。

③ 检查调试所用仪器仪表是否正常，清理好测试场地和台面，以便做进一步的调试。

2）静态电压、电流的调试（把输入端1、2短接）

① 接上假负载电阻（8Ω/2W）代替扬声器。

② 接通电源（18V），用万用表10V档测量推挽互补管VT_2、VT_3中点D对地电压V_D，调节RP，使该点电压为（1/2）V_{CC}（即9V）。为了调试中点电压方便，可将VT_2、VT_3的基极用导线短接，调完后再去掉短接线。

③ 在VT_2的集电极电路串入万用表（直流50mA档）调整电阻R_7，使该功放静态电流I_C为5~20mA。静态电流太大，功率放大管发热损坏，静态电流太小，输出功率不足且有交越失真。R_7越大，I_C越大。

④ 用万用表测量各晶体管的静态工作电压并记录下来。正常后，拆去负载电阻，接上扬声器。

⑤ 拆除输入端1、2短接线。用手握螺钉旋具的金属部分去碰触VT_1基极，扬声器中应听到“嘟嘟”声。

⑥ 将18V电源断开，串入万用表50mA档，测量整个功率放大电路的静态电流$I_总$，并记录下来。正常时，$I_总$在5~25mA。静态记录表见表6-7-1、表6-7-2。

表 6-7-1

电源电压 V_{CC} = V， 中点电压 V_D = V， 静态电流 I_C = mA， 总机电流 $I_总$ = mA			
	VT_1	VT_2	VT_3
V_C			
V_B			
V_E			

表 6-7-2

	V_A	V_B	V_C	V_D	V_E	V_F	V_G	V_H	I_{C1}
测量值									
正常值	8.2V	9.6V	8.8V	9V	17V	16V	0.18V	13.2V	4mA

3）动态测试。测试电路和仪器连接如图 6-7-3 所示。

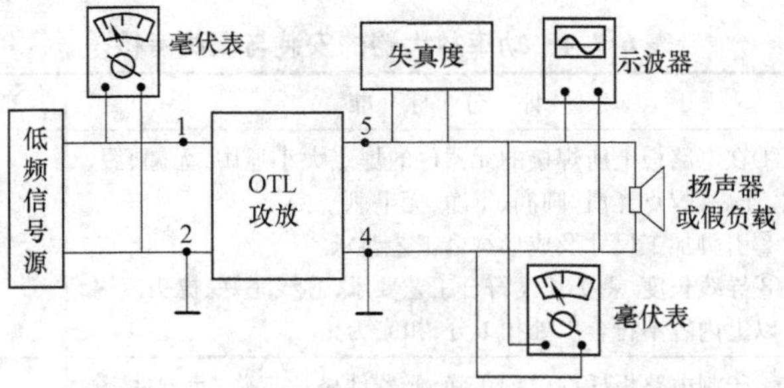

图 6-7-3　测试电路和仪器连接图

① 测量放大器不失真最大输出功率。

a. 用 8Ω/2W 电阻代替扬声器。

b. 调节低频信号发生器的输出电压缓慢增大，直至放大电路输出信号在示波器上的波形刚要产生切峰失真而又未产生失真时为止。用失真度仪测出输出电压的失真度；用毫伏表测出输入电压和输出电压的大小，并记录下来。

输入电压 U_i = __________ mv，信号频率 f = __________ Hz，

输出电压 U_o = __________ V，失真度 = __________%。

根据 $A_u = U_o/U_i$，$P_o = U_o^2/R_L$（R_L 为负载电阻阻值）计算放大器的电压放大倍数 A_u 和最大输出功率 P_o：A_u = __________，P_o = __________ W。

需要注意，最大不失真输出功率应在 1.5W 以上。

输入信号在 200mV 时，输出电压在 1.5 ~4V 之间。

② 测放大电路灵敏度：使低频信号发生器输出 1kHz 信号，调节其输出电压，让放大电路的输出电压为 2V（有效值）。用毫伏表测输入信号的大小即为输入灵敏度。

输入电压 U_i = ______ V，信号频率 f = ______ Hz，电压放大倍数 A_u = ______。

③ 测频率响应曲线

a. 测出输入信号在 f = 1kHz，U_i = 150mV 时的低频放大器输出电压并记录下来。

b. 保持输入电压不变（U_i = 150mV），改变输入信号频率，分别测出它们的输出电压值记录在表 6-7-3 中。

c. 计算出 A_u。在坐标纸上画出频率响应曲线。

d. 拆下假负载电阻，换上扬声器。

表 6-7-3

f/Hz	20	40	60	80	100	130	160	200	400	600	800
U_o/V											
A_u											
f/kHz	1	1.3	1.6	2	4	6	8	10	13	16	20
U_o/伏											
A_u											

【考核与评价】

表 6-7-4　功率放大器的安装与调试考核

项目内容	配分	评分标准			自评	互评	教师评
焊接工艺	30	①在电路板上所焊接的元器件的焊点大小适中，无漏、假、虚、连焊，焊点光滑、圆润、干净，无毛刺 ②引脚加工尺寸及成形符合工艺要求 ③导线长度、剥头长度符合工艺要求，芯线完好，捻头镀锡 以上内容不符合 1 处扣 1 分，扣完为止					
装配工艺	20	①印制电路板插件位置正确，元器件极性正确，元器件、导线安装及字标方向均应符合工艺要求 ②接插件、紧固件安装可靠牢固，印制电路板安装对位 ③无烫伤和划伤处，整机清洁无污物 以上内容不符合 1 处扣 1 分，扣完为止					
调试测量	30	能正确进行静态和动态测试 以上内容不符合 1 处扣 5 分，扣完为止					
安全、文明操作①	20	违反一次		扣 5 分			
定额时间	90min	每超过 5min		扣 5 分			
开始时间		结束时间		总评分			

① 要求与本项目任务一相同。

任务八　掌握晶闸管触发电路的安装与调试

【相关知识准备】

知识链接　电路原理与分析

1. 晶闸管的结构及符号

晶闸管旧称可控硅，是一种大功率开关型半导体器件，在电路中用文字符号为“V”、“VT”表示。晶闸管具有硅整流器件的特性，能在高电压、大电流条件下工作，且其工作过程可以控制，被广泛应用于可控整流、交流调压、无触点电子开关、逆变及变频等电子电路中。

它由四层半导体材料组成的，有三个 PN 结，对外有三个电极，如图 6-8-1a 所示：第一层 P 型半导体引出的电极为阳极（A），第三层 P 型半导体引出的电极为门极（G），第四层 N 型半导体引出的电极为阴极（K）。从晶闸管的电路符号，如图 6-8-1b 可以看到，它和二极管一样是一种单方向导电的器件，关键是多了一个门极（G），这就使它具有与二极管完全不同的工作特性。常见晶闸管的外形如图 6-8-2 所示。

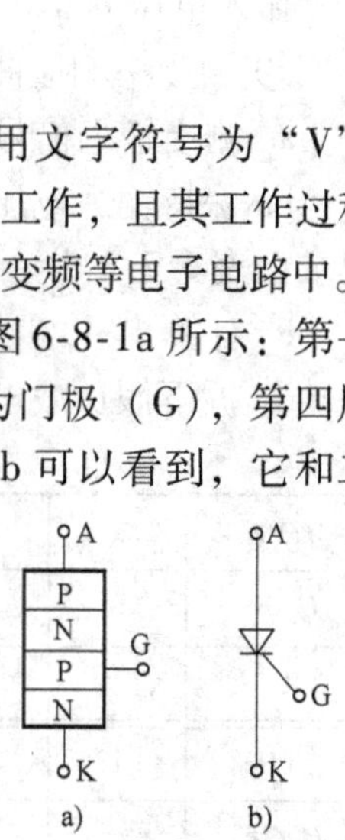

图 6-8-1　晶闸管的结构与电路符号

2. 晶闸管的主要参数

晶闸管的主要参数见表 6-8-1。

3. 晶闸管的种类

晶闸管的种类见表 6-8-2。

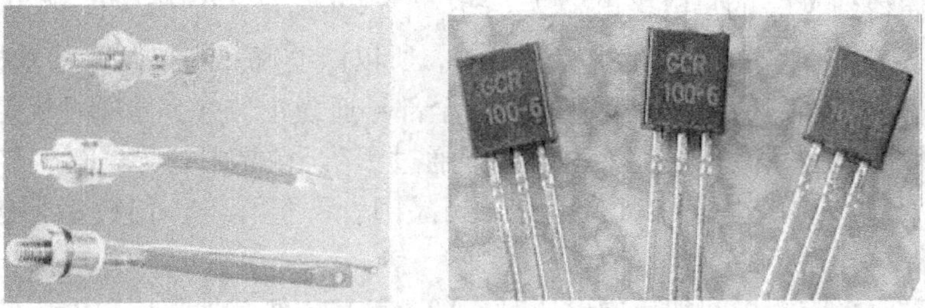

图 6-8-2　常见晶闸管的外形

表 6-8-1　晶闸管的主要参数

主要参数	符号	含　义
额定通态平均电流	I_T	在一定条件下，阳极-阴极间可以连续通过的 50Hz 正弦半波电流的平均值
正向阻断峰值电压	U_{PF}	在门极开路未加触发信号，阳极正向电压还未超过导能电压时，可以重复加在晶闸管两端的正向峰值电压
反向阻断峰值电压	U_{PR}	当晶闸管加反向电压，处于反向关断状态时，可以重复加在晶闸管两端的反向峰值电压
门极触发电流、电压	I_{gt}、U_{GT}	在规定的环境温度下，阳极-阴极间加有一定电压时，晶闸管从关断状态转为导通状态所需要的最小门极电流和电压。
维持电流	I_H	在规定温度下，门极断路，维持晶闸管导通所必需的最小阳极正向电流

表 6-8-2　晶闸管的种类

类　型	类　型
按关断、导通及控制方式	分为普通晶闸管、双向晶闸管、逆导晶闸管、门极关断晶闸管（GTO）、BTG 晶闸管、温控晶闸管和光控晶闸管等多种
按引脚和极性	分为二极晶闸管、三极晶闸管和四极晶闸管
按封装形式	分为金属封装晶闸管、塑封晶闸管和陶瓷封装晶闸管三种类型，其中，金属封装晶闸管又分为螺栓形、平板形、圆壳形等多种；塑封晶闸管又分为带散热片型和不带散热片型两种
按电流容量	分为大功率晶闸管、中功率晶闸管和小功率晶闸管三种
按关断速度	分为普通晶闸管和高频（快速）晶闸管

4. 晶闸管的工作原理

根据晶闸管的内部结构，可以把它等效地看成是两只晶体管的组合，其中，一只为 PNP 型晶体管 VT_1，另一只为 NPN 型晶体管 VT_2，中间的 PN 结为两管共用，如图 6-8-3 所示。

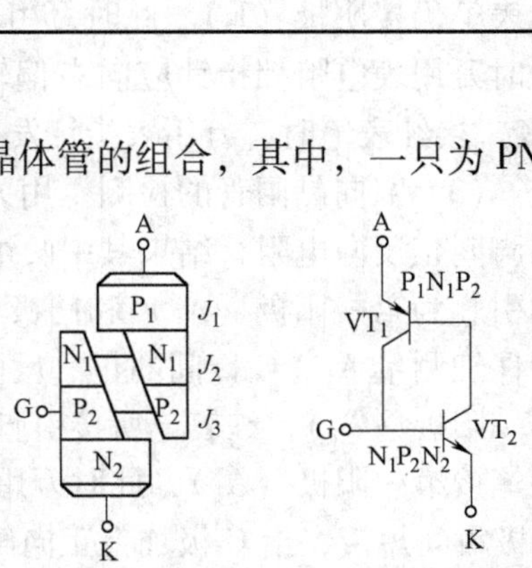

a) 结构分解图　　b) 晶体管等效电路

图 6-8-3　晶闸管的等效电路

当晶闸管的阳极与阴极之间加上正向电压时，这时 VT_1 和 VT_2 都承受正向电压，如果在门极上加上一个对阴极为正的电压，就有控制电流 I_g 流过，它就是 VT_2 的基极电流 I_{b2}，经过 VT_2 的放大，在 VT_2 的集电极就产生电流 $I_{C2}=\beta_2 I_{b2}=\beta_2 I_g$（$\beta_2$ 为 VT_2 的电流放大系数），而 I_{C2} 又恰恰是 VT_1 的基极电流 I_{b1}，该电流再经过 VT_1

的放大作用，便得到 VT_1 的集电极电流 $I_{C2}=\beta_1 I_{b1}=\beta_1\beta_2 I_g$（$\beta_1$ 为 VT_1 的电流放大系数），由于 VT_1 的集电极和 VT_2 的基极是接在一起的，所以该电流又流入 VT_2 的基极，再次放大。如此循环下去，形成强烈的正反馈，直至元件全部导通为止，这个导通过程是在极短的时间内完成的，一般不超过几微秒，称为“触发导通过程”。在晶闸管导通后，VT_2 的基极始终有比控制电流 I_g 大得多的电流流过，因此，当晶闸管一经导通，门极即使去掉控制电压，晶闸管仍然可保持导通。

当在晶闸管阳极与阴极间加反向电压时，VT_1 和 VT_2 便都处于反向电压的作用下，它们都没有放大作用，这时即使加入控制电压，导通过程也不可能产生。由于晶闸管导通时，相当于两只晶体管饱和导通，因此，阳极与阴极间的管压降为 1V 左右。

综上所述，可以得到下述结论：

1）起始时若门极不加电压，则不论阳极加正向电压还是反向电压晶闸管都不导通，这说明晶闸管具有正、反向阻断的能力。

2）晶闸管的阳极和门极相对于阴极同时加正向电压时晶闸管才导通，这是晶闸管导通必须同时具备的两个条件。

3）在晶闸管导通之后，其门极就失去控制作用，要使晶闸管恢复阻断状态，必须把阳极正向电压降低到一定的数值以下。

5. 晶闸管的检测方法

晶闸管的检测如图 6-8-4 所示。

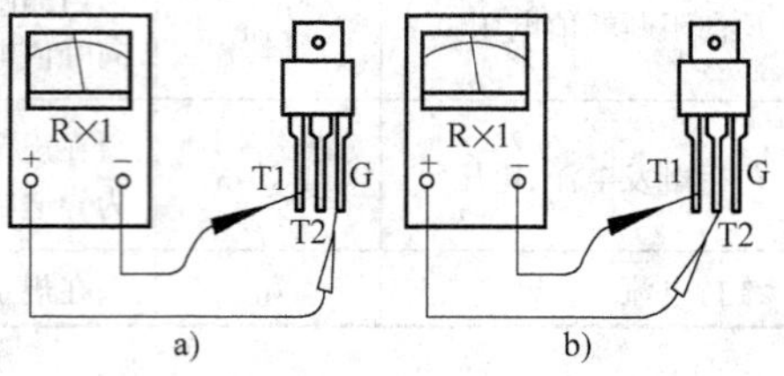

图 6-8-4　晶闸管检测

（1）晶闸管（晶闸管）的管脚判别　先用万用表“R×1k”档测量三脚之间的阻值，阻值小的两脚分别为门极和阴极，所剩的一脚为阳极。再将万用表置于“R×10k”档，用手指捏住阳极和另一脚，且不让两脚接触，黑表笔接阳极，红表笔接剩下的一脚，如表针向右摆动，说明红表笔所接为阴极，不摆动则为门极。

（2）单向晶闸管的检测　万用表选电阻“R×1Ω”档，用红、黑两表笔分别测任意两引脚间正反向电阻直至找出读数为数十欧的一对引脚，此时黑表笔的引脚为门极（G），红表笔的引脚为阴极（K），另一空脚为阳极（A）。此时将黑表笔接已判断了的阳极（A），红表笔仍接阴极（K）。此时万用表指针应不动。用短线瞬间短接阳极（A）和门极（G），此时万用表电阻档指针应向右偏转，阻值读数为 10Ω 左右。如阳极（A）接黑表笔，阴极（K）接红表笔时，万用表指针发生偏转，说明该单向晶闸管已击穿损坏。

（3）双向晶闸管的检测　用万用表电阻“R×1Ω”档，用红、黑两表笔分别测任意两引脚间正反向电阻，结果其中两组读数为无穷大。若一组为数十欧时，该组红、黑表所接的两引脚为第一阳极（A_1）和门极（G），另一空脚即为第二阳极（A_2）。确定 A_1、G 极后，再仔细测量 A_1、G 极间的正、反向电阻，读数相对较小的那次测量的黑表笔所接的引脚为第一阳极（A_1），红表笔所接引脚为控制极（G）。将黑表笔接已确定的第二阳极（A_2），红表笔接第一阳极（A_1），此时万用表指针不应发生偏转，阻值为无穷大。再用短接线将 A_2、G 极瞬间短接，给 G 极加上正向触发电压，A_2、A_1 间阻值约 10Ω 左右。随后断开 A_2、G 间短接线，万用表读数应保持 10Ω 左右。互换红、黑表笔接线，红表笔接第二阳极（A_2），黑表笔接第一阳极（A_1）。同样万用表指针应不发生偏转，阻值为无穷大。用短接线将 A_2、G

极间再次瞬间短接，给 G 极加上负的触发电压，A_1、A_2 间的阻值也是 10Ω 左右。随后断开 A_2、G 极间短接线，万用表读数应不变，保持在 10Ω 左右。符合以上规律，说明被测双向晶闸管未损坏且三个引脚极性判断正确。

检测较大功率晶闸管时，需要在万用表黑笔中串接一节 1.5V 干电池，以提高触发电压。

【操作指导】

操作指导　晶闸管直流调光电路的安装与调试

1. 目的要求

1）能正确安装电路及调试波形。

2）掌握晶闸管的性能与特点，电路构成方法与调试。

3）掌握二极管、晶闸管等器件的测试判断。

2. 器材设施

万用表、示波器、电烙铁及焊锡、元器件一套、电路板一块、常用工具等。

3. 实训电路与原理

实训用调光台灯电路图如图 6-8-5 所示，其工作波形图如图 6-8-6 所示。它是一个由可

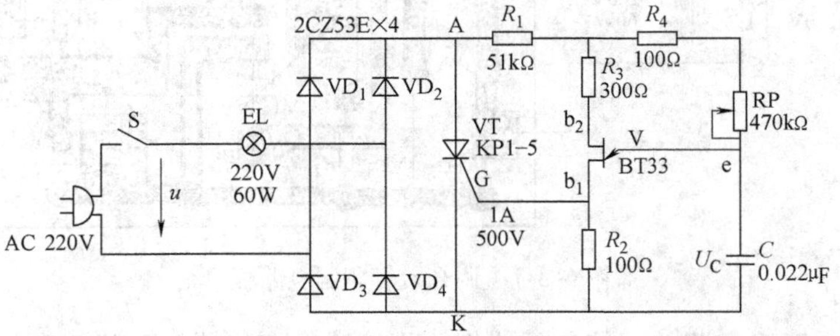

图 6-8-5　调光台灯电路图

控整流电路和触发电路组成的晶闸管调压装置。图中，二极管 VD_1 ~ VD_4 组成桥式整流电路，双基极二极管 V 构成的张弛振荡器作为晶闸管的同步触发电路。当台灯合上开关接通市电后，220V 交流电（波形见图 6-8-6a）通过白炽灯经二极管 VD_1 ~ VD_4 整流，在晶闸管 VT 的 A、K 两端形成一个脉动直流电压（如图 6-8-6b 所示），该电压由电阻 R_1 降压后作为触发电路的直流电源。在交流电的正半周时，整流电压通过 R_4、RP 对电容 C 充电，当充电电压 U_C 达到 V 的峰点电压 U_P 时，VD 由截止变为导通，于是电容 C 两端的电压通过 V 管的 e、b_1 结和 R_2 迅速放电，结果在 R_2 上获得一个尖脉冲（见图 6-8-6c），这个尖脉冲作为控制信号送到晶闸管 VT 的门极（G），使晶闸管导通。晶闸管导通后的管压降很低，一般小于 1V，所以张弛振荡器停止

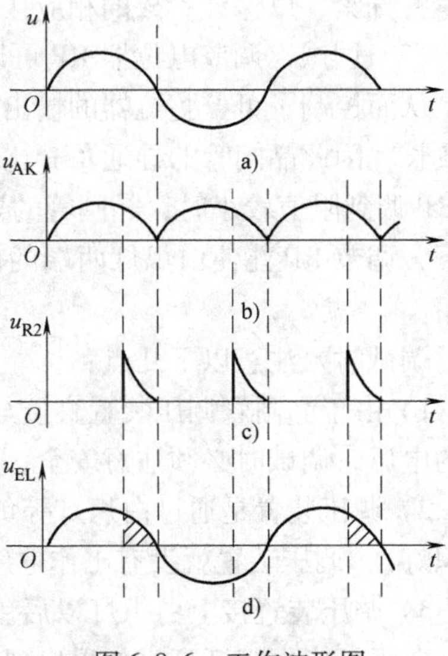

图 6-8-6　工作波形图

工作，当交流电通过零点时，晶闸管自动关断。当交流电处于负半周时，电容 C 又重新充电，如此周而复始，便使白炽灯泡两端电压形成如图 6-8-6d 所示的波形。

4. 实训操作步骤

（1）元器件选择及检测

1）电位器 RP 选用阻值为 470kΩ 的合成碳膜电位器。

2）C_1，C_2 可用 CJ10-300V 以上金属膜纸介电位器。

3）R_1 要选用功率为 1W 的金属膜电阻，其他电阻可用 1/2W 的金属膜电阻。

4）VD_1 ~ VD_4 选用反向击穿电压大于 300V，额定平均电流大于 1A 的整流二极管或桥式整流块。晶闸管选用 KP1-J 型。

5）V 管选用 BT31、BT32、BT33 等型号的双基极二极管。照明灯可选用 60W 或 100W、220V 的白炽灯。

6）专用的印制电路板，如图 6-8-7 所示。

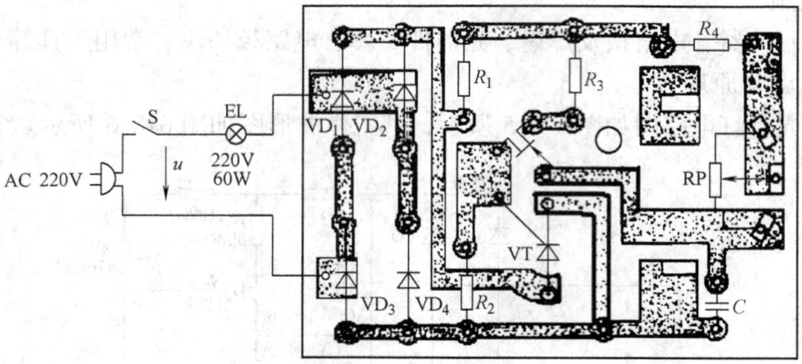

图 6-8-7　调光台灯印制电路板

（2）按装配图正确安装并焊接各元器件　焊接时，电位器 RP 应在敷有电路的这一面插入实验板，然后用焊锡焊牢。晶闸管的阳极是一个螺栓，要在板上钻出适当的孔，装入板后用螺钉拧紧，以保证和板的相应接点焊接起来，组装好后可放在台灯的底座中。

（3）调试　调节电位器 RP 可以改变电容 C 的充电速度，即可改变晶闸管导通时间的长短，从而控制了可控整流器的输出电压。当 RP 调到阻值较大时，电容 C 充至 U_P 电压的时间较长，因此晶闸管的导通角 θ 比较小，可控整流器输出的电压较低，白炽灯较暗。反之，当 RP 调到阻值较小时，晶闸管的导通角 θ 比较大，输出电压较高，白炽灯就较亮。正常情况下，调节 RP 能使白炽灯两端的电压在 0 ~ 200V 范围内变化，从而有效地控制了台灯的明暗。

调试时要注意以下几点：

1）由于晶闸管调压装置直接与交流电网相连，因此整个调压装置的电路部分都带有较高的电压，调试时必须注意安全，防止触电。

2）调压装置是通过白炽灯等负载与交流电网构成电路的，所以如果不接负载（如不接白炽灯），调压装置就没有工作电压，就无法进行电路的调试工作。

3）调压装置接上白炽灯以后就能进行调试。正常情况下，由大到小逐渐调整 RP 的阻值，白炽灯应由暗渐亮。如果出现调小 RP 阻值，白炽灯反而突然熄灭的反常现象，则说明

R_4 的阻值选得太小了，应适当增大 R_4 的阻值，直到 RP 调到阻值最小位置而白炽灯不发生突然熄灭现象为止。

4）调压器输出功率的大小与整流电流及晶闸管额定平均电流大小有关，如果将 VD_1 ~ VD_4 改成最大整流电流为 1A 的 2CZ220B 或 2CZ85E 整流二极管，VT 改用额定平均电流 3A 的 KP3 整流器件，则调压器的输出功率可增大到 300W。

【考核与评价】

表 6-8-3　晶闸管触发电路的安装与调试考核

项目内容	配分	评分标准	自评	互评	教师评
焊接工艺	30	①在电路板上所焊接的元器件的焊点大小适中，无漏、假、虚、连焊，焊点光滑、圆润、干净，无毛刺 ②引脚加工尺寸及成形符合工艺要求 ③导线长度、剥头长度符合工艺要求，芯线完好，捻头镀锡 以上内容不符合 1 处扣 1 分，扣完为止			
装配工艺	20	①印制电路板插件位置正确，元器件极性正确，元器件、导线安装及字标方向均应符合工艺要求 ②接插件、紧固件安装可靠牢固，印制电路板安装对位 ③无烫伤和划伤处，整机清洁无污物 以上内容不符合 1 处扣 1 分，扣完为止			
调试测量	30	能正确进行调试			
安全、文明操作①	20	正确使用并爱惜维护工具、设备、仪器、元件，工作过程中保持工位整洁，遵守安全操作规程和劳动纪律			
定额时间	90min	每超过 5min　扣 5 分			
开始时间		结束时间　　　总评分			

① 要求与本项目任务一相同。

任务九　学习 555 定时器应用电路的安装与调试

【相关知识准备】

知识链接　555 集成定时器

1. 555 定时器的电路结构与功能

555 定时器是一种应用极为广泛的中规模集成电路，该电路只需外接少量阻容元件就可构成单稳、多谐和施密特触发器，因而在信号产生、变换、控制和检测等方面应用非常广泛。

（1）555 定时器的电路结构　555 定时器主要由三个阻值为 5kΩ 的电阻组成的分压器、两个高精度的电压比较器、基本 RS 触发器以及一个作为放电通路的晶体管 VT 组成。为了提高电路的驱动能力，在输出级又增加了一个非门 D_3，如图 6-9-1 所示。在结构图中，引脚旁的数字为 8 引脚封装的 555 定时器产品的引脚编号，如图 6-9-2 所示。

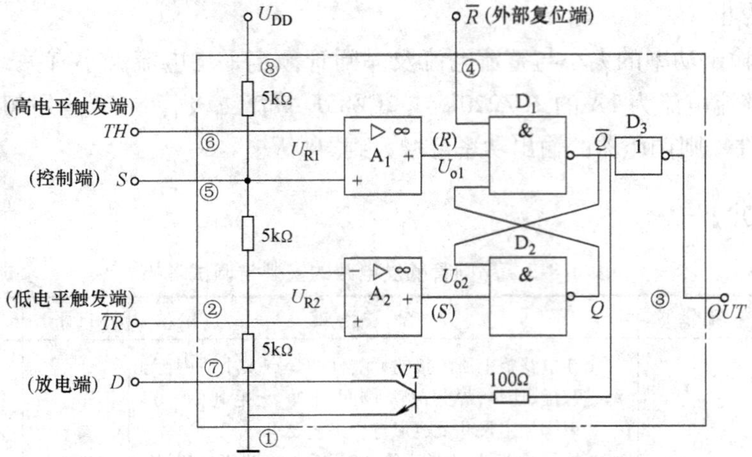

图 6-9-1　555 定时器的电路结构图

电阻分压器：控制端 S 不用时，$U_{R1}=(2/3)V_{CC}$，$U_{R2}=(1/3)V_{CC}$,，外加控制电压 U_S 时，$U_{R1}=U_S$，$U_{R2}=(1/2)U_S$

电压比较器：由两个结构相同的集成运放 A_1、A_2 构成。A_1 用来比较参考电压 U_{R1} 和高电平触发端电压 U_{TH}：当 $U_{TH}>U_{R1}$ 时，A_1 输出 $U_{o1}=0$；当 $U_{TH}<U_{R1}$ 时，A_1 输出 $U_{o1}=1$。A_2 用来比较参考电压 U_{R2} 和低电平触发端电压 U_{TR}。

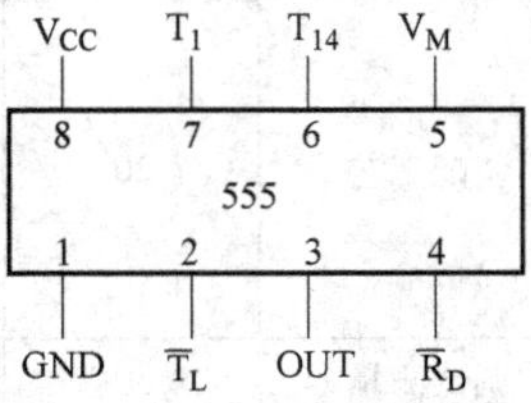

图 6-9-2　555 芯片引脚

(2) 555 定时器的功能　555 定时器的功能表见表 6-9-1。

表 6-9-1　555 定时器的功能表

输　入			输　出	
阈值端 6	触发端 2	复位端 4	输出端 3	放电端 7
×	×	0	0	导通
$<\frac{2}{3}V_{CC}$	$<\frac{1}{3}V_{CC}$	1	1	截止
$>\frac{2}{3}V_{CC}$	$>\frac{1}{3}V_{CC}$	1	0	导通
$>\frac{2}{3}V_{CC}$	$>\frac{1}{3}V_{CC}$	1	不变	不变

(3) 555 定时器的主要参数和特点

555 定时器的主要参数和特点见表 6-9-2。

2. 555 时基集成电路的分类

555 时基集成电路按内部元件分可分为双极型和单极型，其中双极型内部采用晶体管，单极型内部采用场效应晶体管；按电路中包含定时器的个数分，可分为单时基和双时基。

表 6-9-2　555 定时器的主要参数和特点

参　数	单位	CMOS 型 CC7555	TTL 型 5G555
电源电压 U_{DD}	V	3～18	4.5～16
静态电源电流 I_{DD}	mA	0.12	10
定时精度		2%	1%
高电平触发断电压 U_{TH}	V	$\frac{2}{3}U_{DD}$	$\frac{2}{3}U_{DD}$
高电平触发端电流 I_{TH}	μA	0.00005	0.1
低电平触发端电压	V	$\frac{1}{3}U_{DD}$	$\frac{1}{3}U_{DD}$
复位端复位电压	V	1	1
复位端复位电流	μA	0.1	400
放电端放电电流	mA	10～50	200
输出端驱动电流	mA	1～20	200
最高工作频率	kHZ	500	500

3. 555 定时器的工作原理

555 电路的内部电路框图如图 6-9-1 所示，其功能表见表 6-9-1。它含有两个电压比较器，一个基本 RS 触发器，一个放电开关管 VT，比较器的参考电压由三只 5kΩ 的电阻器构成的分压器提供。它们分别使高电平比较器 A_1 的同相输入端和低电平比较器 A_2 的反相输入端的参考电平为（2/3）V_{CC}和（1/3）V_{CC}。A_1 与 A_2 的输出端控制 RS 触发器状态和放电管开关状态。当输入信号自 6 脚，即高电平触发输入并超过参考电平（2/3）V_{CC}时，触发器复位，555 的输出端 3 脚输出低电平，同时放电开关管导通；当输入信号自 2 脚输入并低于（1/3）V_{CC}时，触发器置位，555 的 3 脚输出高电平，同时放电开关管截止。

$\overline{R}$ 是复位端（4 脚），当 $\overline{R}=0$ 时，555 输出低电平。平时 $\overline{R}$ 端开路或接 V_{CC}。

S 是控制电压端（5 脚），平时输出（2/3）V_{CC}作为比较器 A_1 的参考电平，当 5 脚外接一个输入电压，即改变了比较器的参考电平，从而实现对输出的另一种控制，在不接外加电压时，通常接一个 0.01μF 的电容器到地，起滤波作用，以消除外来的干扰，以确保参考电平的稳定。

VT 为放电管，当 VT 导通时，将给接于脚 7 的电容器提供低阻放电通路。

555 定时器主要是与电阻、电容构成充放电电路，并由两个比较器来检测电容器上的电压，以确定输出电平的高低和放电开关管的通断。这就很方便地构成从微秒级到数十分钟的延时电路，可方便地构成单稳态触发器、多谐振荡器和施密特触发器等脉冲产生或波形变换电路。555 定时器的 3 种应用电路及特点见表 6-9-3。

表 6-9-3　555 定时器的 3 种应用电路及特点

	电路	输入 u_i(u_C)与输出 u_O 的波形	特点(说明)
施密特触发器	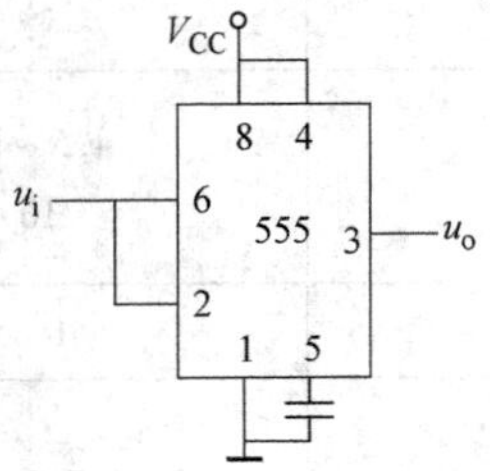	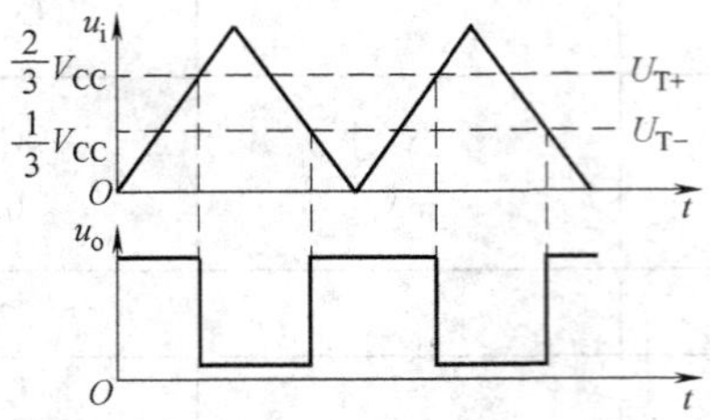	(1) $U_{T+}=\frac{2}{3}V_{CC}$，$U_{T-}=\frac{1}{3}V_{CC}$，$\Delta U_T=\frac{1}{3}V_{CC}$ (2)将高电平阈值端 6 和低电平阈值端 2 连在一起做输入端
多谐振荡器	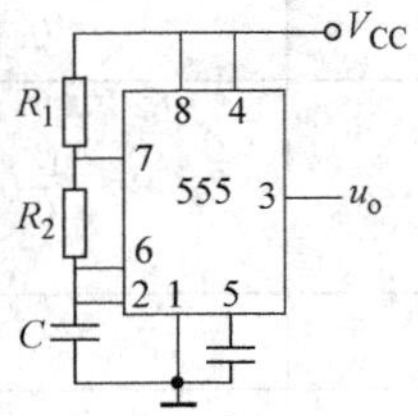	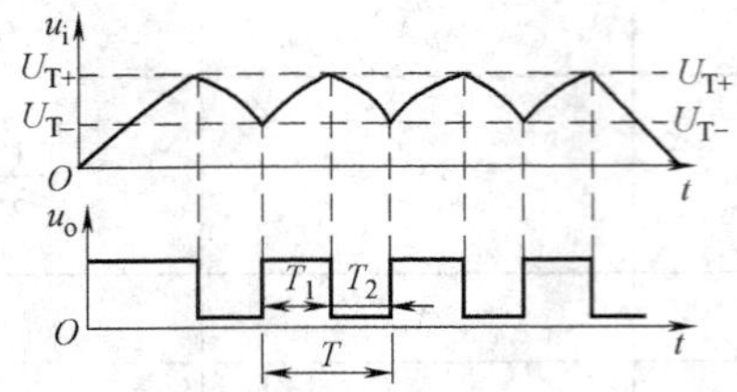	$T=0.69(R_1+2R_2)C$
单稳态触发器	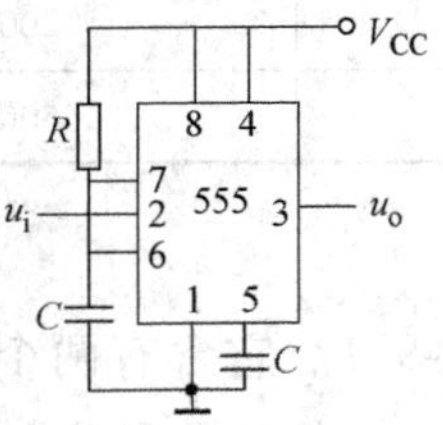	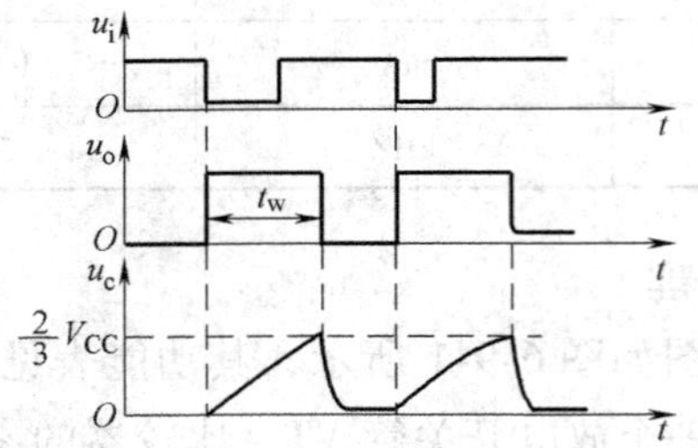	(1) $t_W\approx1.1RC$ (2)将高电平阈值端 6 和放电端 7 相连并通过电阻 R 和电容 C 分别接至电源端和地端

【操作指导】

操作指导　门铃电路的安装、测试和分析

1. 目的要求

1）熟悉所用 555 定时器的引线端子排列及各端子功能。

2）掌握 555 定时器的使用方法。

3）加深对 555 定时器电路工作原理的理解与认识。

2. 器材设施

双踪示波器、555 芯片一块、扬声器等元件、常用工具、电烙铁及焊锡、电路板一块。

3. 实训电路和原理

电路原理图如图 6-9-3 所示。未按门铃按 AN 钮时，UC_3 两端电压为零，555 的 R 复位端有效、输出 3 脚为 0，门铃不响。按下门铃 AN，二极管正向导通，给电容 C_3 充电，使 C_3 两端电压接近 5V、R = 1，555 芯片工作。按门铃 AN 的同时 VD_1 导通，5V 经过 VD_1、R_1、R_2 向电容 C 充电。当充电至 $U_C\gg(2/3)\ V_{CC}$时，555 定时器置 0，输出跳变为低电平；同时泄放开关导通，通过电容 C—电阻 R_2—7 脚—地（GND）开始放电。当电容放电至 $U_C\ll(2/$

3) V_{CC}时，555 定时器置 1，输出电位又跳变为高电平，同时泄放开关 VT 截止，电容 C 重新开始充电，重复上述过程。如此周而复始，电路产生振荡。松开门铃 AN，二极管 VD_1、VD_2 截止，C_3 通过 RP 产生放电回路。放电至电源电压的 1/3（即 1.4V）时，555 复位，停止振荡。综上所述，静态时门铃不响，按下时按 f_1 频率响，扬声器发出“叮”的声音。松开时按 f_2 频率响，扬声器发出“咚”的声音，“咚”声余音的长短可通过改变变阻器 R_4 的数值来改变。

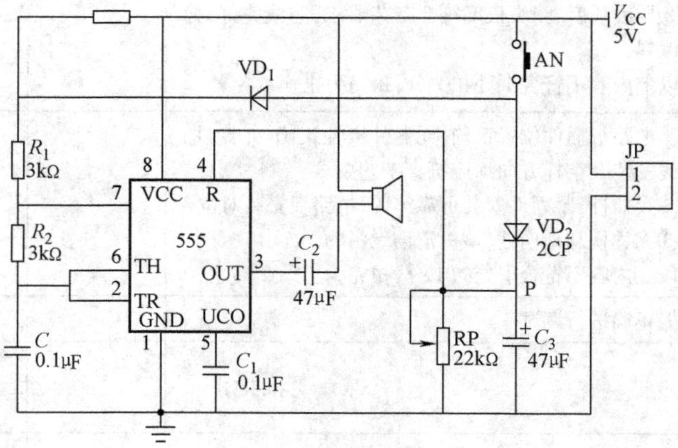

图 6-9-3　双音门铃电路原理图

参数计算：

按门铃 AN 的同时 VD_1 导通，5V 经过 VD_1、R_1、R_2 向电容 C 充电时，振荡频率为

$$f=1/(T_1+T_2)$$

式中，$T_1=0.693(R_1+R_2)C$，$T_2=0.693R_2C$

松开门铃 AN，二极管 VD_1、VD_2 截止，C_3 通过 RP 产生放电回路。放电至 1/3 电源电压（即 1.4V）时，555 复位，停止振荡。这段时间的振荡频率为

$$f=1/(T_1+T_2)$$

式中，$T_1=0.693(R_1+R_2+R_3)C$，$T_2=0.693R_2C$

松开门铃 AN，门铃维持响的时间约为 $1.3R_4C_3$。

4. 实训操作步骤

（1）确定元器件并检测

时基芯片 555，3kΩ 碳膜电阻器 2 个，3.9kΩ 电阻 1 个，电位器 1 只，0.1μF、0.01μF 瓷介电容器各 1 个，47μF/16V 电解电容 2 个，二极管 2 只，8Ω/0.25W 扬声器 1 个。5V 电源或 4 节 5 号干电池串联供电。

（2）按装配图正确安装各元器件

注意扬声器先可不接。

（3）焊接各元器件

在进行焊接操作时要注意安全，注意芯片的焊接等。

（4）接通电源

检查各元器件安装焊接无误后，接通电源，用示波器观察输出波形并记录。

（5）接上扬声器，调试到声响效果满意。

【考核与评价】

表 6-9-4　555 定时器应用电路安装与调试考核

项目内容	配分	评分标准			自评	互评	教师评
焊接工艺	30	①在电路板上所焊接的元件的焊点大小适中，无漏、假、虚、连焊，焊点光滑、圆润、干净，无毛刺 ②引脚加工尺寸及成形符合工艺要求 ③导线长度、剥头长度符合工艺要求，芯线完好，捻头镀锡 以上内容不符合 1 处扣 1 分，扣完为止					
装配工艺	20	①电路板插件位置正确，元器件极性正确，元器件、导线安装及字标方向均应符合工艺要求 ②接插件、紧固件安装可靠牢固，电路板安装对位 ③无烫伤和划伤处，整机清洁无污物 以上内容不符合 1 处扣 1 分，扣完为止					
调试测量	30	能正确进行调试					
安全、文明操作①	20	违反一次		扣 5 分			
定额时间	90min	每超过 5min		扣 5 分			
开始时间		结束时间		总评分			

① 要求与本项目任务一相同。

思考与练习

1. 写出下列标示元件的标称值和精度。

四色环 PTH 电阻色环为：　橙　白　棕　金

五色环 PTH 电阻色环为：　紫　绿　黑　银　棕

精密电阻标注为：RN55　3001F　　　　薄膜电容的标注为：02M

CHIP 电阻标记为：182　　　　CHIP 电阻标记为：1101

CHIP 电阻标记为：49R8　　　　瓷片电容标记为：302 ± 1%

钽电容标记为：106K　　　　电感器标记为：152K

2. 合成碳膜电位器、线绕电位器、金属玻璃釉电位器各有哪些主要优缺点？

3. 选用电阻器必须遵循哪些基本原则？

4. 云母电容器在性能上有何主要优缺点？适用于哪些场合？

5. 什么是电感？电感有哪些主要参数？

6. 电感线圈在电子线路中主要起哪些作用？

7. 什么是印制电路板？它有何作用？

8. 简述电路板的主要优点。

9. 手工自制印制电路板常用的方法有哪几种？简述描图法制作印制电路板的基本步骤。

10. 在用万用表“R×10”，“R×100”，“R×1000”三个欧姆档测量某个二极管的正向电阻时，共测得三个数值：4kΩ，85Ω，680Ω。试判断它们各是哪一档测出的。

11. 晶体管有哪几个引脚？从结构上看，它有哪些类型？如何用万用表检测？

12. 在两个放大电路中，测得晶体管各极电流分别如图 6-9-4 所示。求另一个电极的电流，并在图中标出其实际方向及各电极 e、b、c。试分别判断它们是 NPN 管还是 PNP 管。

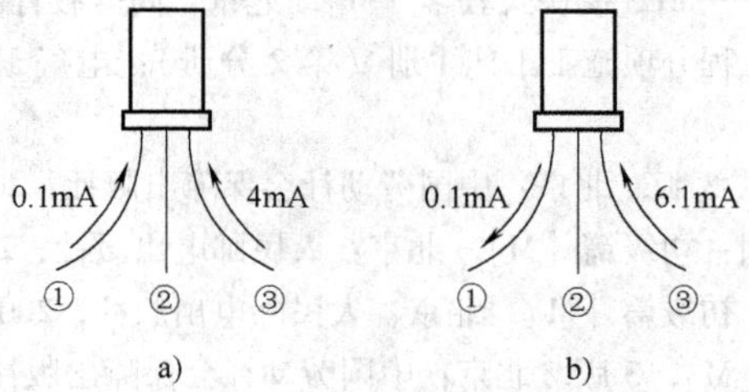

图 6-9-4　习题 12 图

13. 如图 6-9-5 所示，试根据晶体管各电极的实测对地电压数据，判断图中各晶体管的工作区域（放大区、饱和区、截止区）。

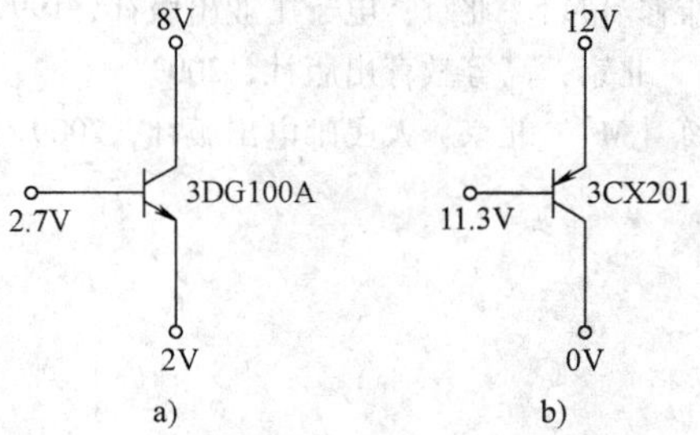

图 6-9-5　习题 13 图

参考文献

[1] 秦曾煌．电工学［M］．6版．北京：高等教育出版社，2004.

[2] 孙达夫．维修电工技术——MES模块式教学［M］．北京：高等教育出版社，2007.

[3] 强十渤，程协瑞．安装工程分项施工工艺手册（第2分册）：电气工程［M］．北京：中国计划出版社，1993.

[4] 姚文江．安全用电［M］．3版．北京：中国劳动社会保障出版社，2001.

[5] 金国砥．维修电工与实训：初级篇［M］．北京：人民邮电出版社，2006.

[6] 谭克清．电子技能实训：初级篇［M］．北京：人民邮电出版社，2006.

[7] 刘光源．电工技能训练［M］．3版．北京：中国劳动社会保障出版社，2001.

[8] 周万平．维修电工技能［M］．北京：中国劳动社会保障出版社，2006.

[9] 曾祥福，邓朝平．电工技能与实训［M］．北京：高等教育出版社，2002.

[10] 周定文，付植桐．电工技术［M］．北京：高等教育出版社，2004.

[11] 邓星钟．机电传动控制［M］．3版．武汉：华中科技大学出版社，2001.

[12] 杜德昌．电动机的机构与维修［M］．北京：电子工业出版社，1999.

[13] 赵承荻．电机及应用［M］．北京：高等教育出版社，2003.

[14] 汪华．维修电工与技能训练［M］．北京：人民邮电出版社，2009.

教学资源网上获取途径

为便于教学，职业教育课程改革创新教材配有电子教案、助教课件、视频等教学资源，选择这些教材教学的教师可登录**机械工业出版社教材服务网**（www. cmpedu. com）网站，注册、免费下载。会员注册流程如下：

教材服务网会员注册流程图

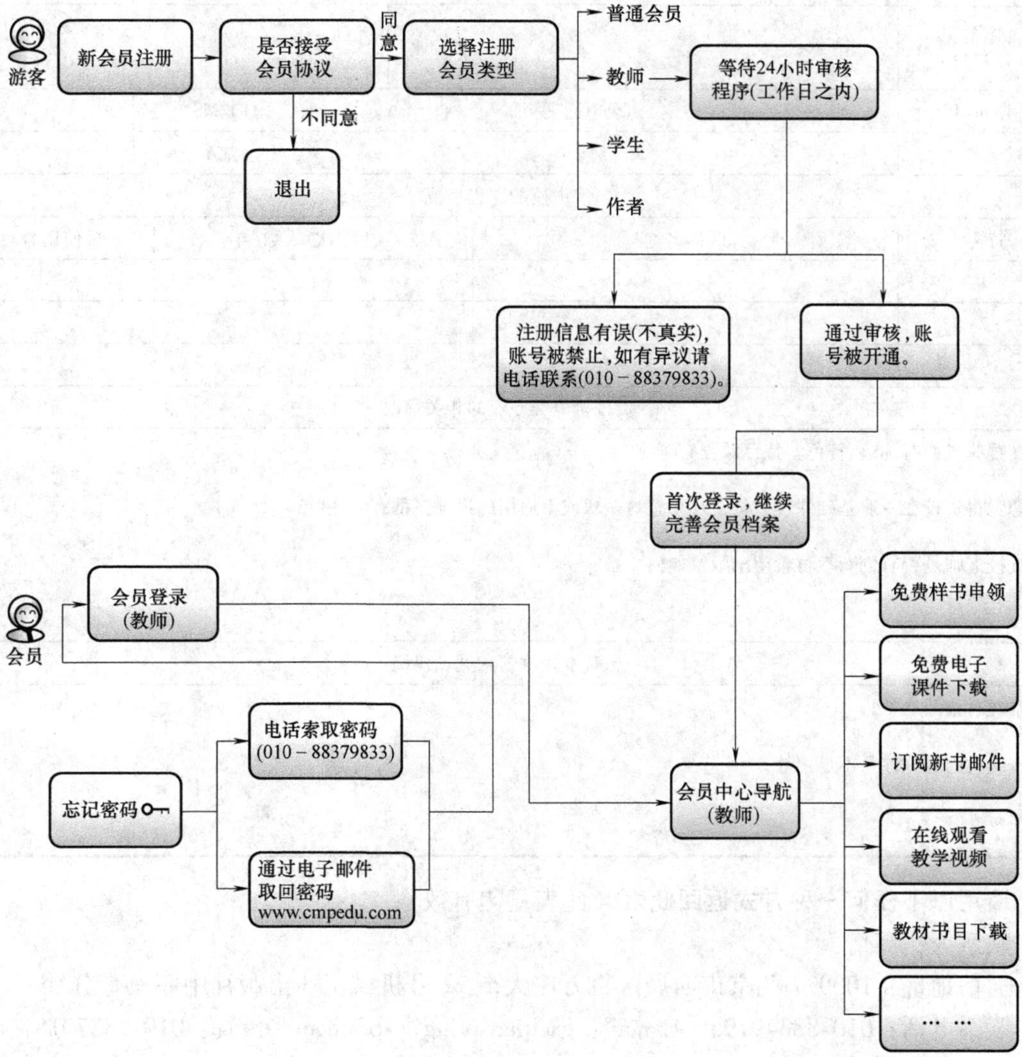

信息反馈表

尊敬的老师：

您好！为了进一步提高我社教材的出版质量，更好地为我国职业教育发展服务，欢迎您对我社的教材多提宝贵意见和建议。如贵校有相关教材的出版意向，请及时与我们联系。感谢您对我社教材出版工作的支持！

<table>
<tr><td colspan="8">您的个人情况</td></tr>
<tr><td>姓名</td><td></td><td>性别</td><td></td><td>年龄</td><td></td><td>职务/职称</td><td></td></tr>
<tr><td>工作单位
及部门</td><td colspan="3"></td><td>从事专业</td><td colspan="3"></td></tr>
<tr><td>E-mail</td><td></td><td>办公电话/手机</td><td colspan="2"></td><td>QQ/MSN</td><td colspan="2"></td></tr>
<tr><td>联系地址</td><td colspan="4"></td><td>邮编</td><td colspan="2"></td></tr>
<tr><td colspan="8">您讲授的课程情况</td></tr>
<tr><td>序号</td><td colspan="3">课程名称</td><td colspan="2">学生层次、人数/年</td><td colspan="2">现使用教材</td></tr>
<tr><td>1</td><td colspan="3"></td><td colspan="2"></td><td colspan="2"></td></tr>
<tr><td>2</td><td colspan="3"></td><td colspan="2"></td><td colspan="2"></td></tr>
<tr><td>3</td><td colspan="3"></td><td colspan="2"></td><td colspan="2"></td></tr>
<tr><td colspan="8">贵校机电类专业的相关情况</td></tr>
<tr><td colspan="8">1. 在哪些方面有优势、特色？特色课程有哪些？

2. 您觉得贵校在专业基础课程中是否存在教材短缺或不适用的情况？都有哪些？

3. 贵校老师是否有创新教材希望出版？如何联系？</td></tr>
<tr><td colspan="8">您对本教材的意见和建议</td></tr>
<tr><td colspan="8">1. 本教材错漏之处；

2. 本教材内容和体系不足之处；</td></tr>
</table>

请用以下任何一种方式返回此表（此表复印有效）：

联系人：高倩

通信地址：100037 北京市西城区百万庄大街 22 号机械工业出版社中职教育分社

联系电话：010-88379195　E-mail：gaoqianspring@163.com　传真：010-88379181